AF503590

HISTOIRE NATURELLE

DES

VÉGÉTAUX.

PHANÉROGAMES.

VII.

IMPRIMERIE D'ÉVERAT ET COMP.,
Rue du Cadran, n° 16.

HISTOIRE NATURELLE

DES

VÉGÉTAUX.

PHANÉROGAMES.

Par M. Édouard SPACH,

AIDE-NATURALISTE AU MUSÉUM D'HISTOIRE NATURELLE, MEMBRE DE PLUSIEURS SOCIÉTÉS SAVANTES.

TOME SEPTIÈME.

OUVRAGE ACCOMPAGNÉ DE PLANCHES.

PARIS.

LIBRAIRIE ENCYCLOPÉDIQUE DE RORET,

RUE HAUTEFEUILLE, N° 10 BIS.

AVRIL 1839.

VÉGÉTAUX PHANÉROGAMES

DICOTYLÉDONES.

VEGETABILIA DICOTYLEDONEA.

DIX-SEPTIÈME CLASSE.

(SUITE.)

LES RHÉADÉES.

RHŒADEÆ Bartl.

CENTIÈME FAMILLE.

LES PAPAVÉRACÉES.—*PAPAVERACEÆ*.

Papaveraceæ Juss. Gen. — De Cand. Syst. Nat. II, p. 67; Prodr. I, p. 117. — Bartl. Ord. Nat., p. 260. — Bernhardi, Diss. de Papav. in Linnæa, v. 8. — *Papaveracearum* tribus III (*Papavereæ*) et (ex parte) II (*Bocconieæ*) Reichenb. Consp. p. 186 et 187. — *Papaveracearum* tribus II (*Papavereæ*) et (ex parte) III (*Berberidearum* sectio I: *Bocconieæ* excl. genn.) Reichenb. Syst. Nat. I, p. 264 (1).

Cette famille, dont on ne connaît qu'environ quarante espèces (abstraction faite des variétés et doubles-emplois qui figurent comme espèces dans beaucoup d'ouvrages), appartient presque exclusivement aux régions tempérées de l'hémisphère septentrional.

---

(1) M. Reichenbach comprend en outre dans ses Papavéracées, les Fumariacées et les Berbéridées (y comprises les Podophyllées).

Les propriétés narcotiques que tout le monde connaît aux Pavots, se retrouvent à un degré plus ou moins prononcé dans le suc-propre des autres Papavéracées; mais les graines de ces végétaux contiennent de l'huile grasse, laquelle ne renferme en général aucun principe nuisible. L'horticulture doit à cette famille plusieurs plantes d'ornement très-élégantes.

Caractères de la Famille.

Herbes (annuelles, ou bisannuelles, ou vivaces) ou (peu d'espèces) *sous-arbrisseaux;* sucs-propres colorés, en général épais. Tiges et rameaux inarticulés, cylindriques.

Feuilles alternes (par exception verticillées), simples (pennatiparties, ou pennatifides, ou sinueuses, ou incisées, ou lobées, ou dentées, rarement très-entières, par exception palmatifides), sessiles, ou pétiolées, non-stipulées. Pétiole inarticulé (par exception articulé par sa base).

Fleurs blanches, ou jaunes, ou rouges, hermaphrodites, régulières. Pédoncules terminaux, ou terminaux et oppositifoliés, ou rarement axillaires et terminaux, solitaires, longs, uniflores (rarement paniculés ou ombellifères). Inflorescence en général centrifuge.

Sépales 2 (latéraux), ou moins souvent 3, libres (par exception soudés en coeffe), caducs dès l'épanouissement, concaves, en estivation imbriqués par les bords et recouvrant les pétales.

Pétales (par exception nuls) en nombre double ou triple (ou rarement multiple) des sépales, bisériés (rarement pluri-sériés), hypogynes (dans quelques espèces périgynes), non-persistants (souvent fugaces), rétrécis à la base, en estivation imbriqués et plus ou moins convolutés : ceux de la série externe alternes avec les sépales.

Réceptacle disciforme ou cupuliforme (dans quelques espèces cyathiforme ou tubuleux et engaînant la partie inférieure de l'ovaire).

Disque hypogyne (périgyne dans les espèces à réceptacle creusé), adné au réceptacle.

Étamines en nombre indéfini (souvent très-nombreuses), pluri-sériées ou multi-sériées (accidentellement pauci-sériées), non-persistantes, plus courtes que les pétales, insérées au disque (par exception à la base des pétales). Filets filiformes ou spathulés, en général brusquement rétrécis au sommet. Anthères innées ou moins souvent adnées, dithèques : bourses déhiscentes latéralement (ou, dans quelques espèces, postérieurement) par une fente médiane longitudinale, en général juxta-posées antérieurement; connectif très-étroit (dans quelques espèces aussi large que les bourses), linéaire, plane (rarement convexe et proéminent).

Pistil. Ovaire inadhérent, uni-loculaire, ou incomplétement pluri-loculaire; placentaires 2-20 (opposés aux sépales lorsqu'ils sont en même nombre que ceux-ci), nerviformes, ou moins souvent septiformes, pariétaux, multi-ovulés (dans quelques espèces uni-ovulés). Ovules anatropes ou amphitropes, renversés, ou horizontaux, uni-bi-ou pluri-sériés; funicule nul ou très-court (excepté dans les *Bocconia*). Style nul, ou indivisé et persistant. Stigmate accrescent ou marcescent, souvent pelté, en général à autant de lobes (ou de bourrelets, ou de lanières) qu'il y a de placentaires dans l'ovaire (1).

(1) Ces lobes, ou bourrelets, ou lanières du stigmate alternent avec les placentaires dans un certain nombre d'espèces, tandis que dans d'au-

—Dans quelques espèces le pistil offre quatre stigmates et seulement deux placentaires. —Dans le *Hunnemannia* le stigmate est en disque parfaitement indivisé, papilleux à toute sa surface supérieure. — Dans le *Platystemon*, le pistil se compose de 7 à 12 coques uniloculaires, placentifères à l'angle interne, cohérentes seulement par leur bord antérieur, et terminées chacune par un stigmate distinct.

Péricarpe (capsule à valves soit complètes, soit incomplètes, ou silique, ou silicule; dans une seule espèce baie charnue) uni-loculaire, ou incomplétement pluri-loculaire (dans les *Glaucium* : comme bi-loculaire par une fausse-cloison fongueuse), polysperme, ou rarement soit oligosperme, soit monosperme; placentaires septiformes et séminifères aux deux faces, ou plus souvent soit filiformes, soit nerviformes, intervalvaires, persistants, ou rarement emportés par le bord des valves. — Dans le *Platystemon* (genre établissant une transition des Papavéracées aux Renonculacées) le péricarpe se compose de 7 à 12 follicules libres.

Graines amphitropes (presque campylotropes), ou anatropes, renversées, ou horizontales, souvent nidulantes sur chaque placentaire, en général petites, strophiolées, ou (seulement dans les *Bocconia*) arillées incomplétement, ou non-strophiolées; strophiole cristée, ou marginiforme, de consistance glanduleuse, adnée au raphé; tégument double : l'extérieur inadhérent, crustacé, assez épais, souvent réticulé et scrobiculé; l'inté-

---

tres (notamment dans les Pavots mêmes) ils sont perpendiculaires aux placentaires. C'est donc faute d'avoir examiné des espèces de tous les genres, que M. Lindley et quelques autres auteurs ont cru caractériser les Papavéracées par des stigmates alternes avec les placentaires.

rieur pelliculaire, adhérent au périsperme. Périsperme charnu, huileux, conforme à la graine. Embryon rectiligne, moins long que le périsperme (rarement presque aussi long que le périsperme; le plus souvent minime) : cotylédons (2 à 4 dans le *Macleaya*) plus ou moins divergents, minces, planes antérieurement, convexes au dos, souvent très-courts, dans quelques espèces bifides ou bilobés; plumule imperceptible ; radicule columnaire ou conique, obtuse, quelquefois apiculée.

La famille des Papavéracées se compose des genres suivants :

Ire TRIBU. LES PAPAVÉRÉES. — *PAPAVEREÆ* Spach.

Sépales 2 (par exception 3 ou 4). Pétales 4 (par exception 5 à 8), fugaces (par exception non-éphémères), irrégulièrement chiffonnés en estivation. Ovaire incomplétement pluri-loculaire (par des placentaires septiformes), ou uni-loculaire. Ovules et graines amphitropes ou anatropes. Péricarpe à placentaires intervalvaires, persistants. — Sucs-propres colorés. Embryon très-petit.

SECTION I. PAPAVÉRINÉES. — *PAPAVERINEÆ* Spach.

Capsule déhiscente au sommet (ou rarement du sommet jusque vers son milieu) en 3 à 20 valvules persistantes.

Calomecon Spach. — *Papaver* Linn. (Subgenn. *Meconium* Spach. *Rhœadium* Spach. *Meconella* Spach. *Argemonidium* Spach. *Meconidium* Spach). — *Meconopsis* Vig. — *Stylophorum* Nutt. — *Argemone* Linn.

SECTION II. **CHÉLIDONINÉES**. — *CHELIDONINEÆ* Spach.

Silique déhiscente en 2 à 4 valves caduques ; placentaires nerviformes.

Rœmeria Medik. — *Glaucium* Tournef. — *Chelidonium* C. Bauh.

IIe TRIBU. LES SANGUINARIÉES. — *SANGUINARIEÆ* Spach.

Sépales 2. *Pétales* 6-14 *(ou nuls), planes et non chiffonnés en estivation, non-éphémères. Ovaire uni-loculaire. Ovules et graines anatropes. Péricarpe (silique ou silicule) bivalve, à deux placentaires intervalvaires, persistants. —Sucs-propres colorés. Embryon minime.*

Sanguinaria Linn.—*Macleaya* R. Br.—*Bocconia* Linn.

IIIe TRIBU. LES HUNNÉMANNIÉES. — *HUNNEMANNIEÆ* Reichenb.

Sépales 2, *libres ou soudés en coeffe. Pétales* 4, *non-éphémères, longitudinalement plissés en estivation. Étamines périgynes, insérées (ainsi que les pétales) à la gorge d'un disque tapissant la surface interne d'un réceptacle concave, lequel est continu avec le pédoncule et engaîne la base de l'ovaire. Ovaire uni-loculaire. Péricarpe siliquiforme, déhiscent (avec élasticité, de bas en haut) en deux valves caduques, placentifères aux bords.—Sucs-propres de la racine colorés; sucs-propres des parties herbacées presque aqueux. Embryon seulement de moitié à* 2 *fois plus court que le périsperme; cotylédons ordinairement bifides ou bilobés.*

Dendromecon Benth. — *Hunnemannia* Sweet. — *Eschscholtzia* Chamiss.

IVe TRIBU. LES PLATYSTÉMONÉES. — *PLATYSTEMONEÆ* Reichenb.

Sépales 3 (*accidentellement* 4). *Pétales* 6, *non-éphémères, non-chiffonnés en estivation. Filets aplatis, spathulés. Ovaire uni-loculaire, ou composé de* 8 *à* 12 *coques contiguës, cohérentes par le bord antérieur. Ovules* (*et graines*) *anatropes. Péricarpe soit uni-loculaire et à* 3 *valves caduques* (*placentifères aux bords*), *soit composé de* 8 *à* 12 *follicules contigus* (*mais non-cohérents*), *lomentacés. Embryon ordinairement presque aussi long que le perisperme.*

Platystigma Benth. — *Platystemon* Benth.

Ire TRIBU. LES PAPAVÉRÉES. — *PAPAVEREÆ* Spach.

Sépales 2 (*par exception* 3 *ou* 4). *Pétales* 4 (*par exception* 5 *à* 8), *fugaces* (*par exception non-éphémères*), *irrégulièrement chiffonnés en estivation. Ovaire uni-loculaire, ou incomplétement pluri-loculaire par des placentaires septiformes. Ovules* (*et graines*) *anatropes ou amphitropes, renversés. Péricarpe à placentaires intervalvaires, persistants. — Sucs-propres colorés. Embryon très-petit* (*au moins* 3 *fois plus court que le périsperme*).

SECTION I. PAPAVÉRINÉES. — *Papaverineæ* Spach.

Capsule déhiscente au sommet (ou rarement jusque vers son milieu) en 3 à 20 (plus de 5 dans la plupart des espèces) valvules persistantes.

Genre CALOMÉCONE. — *Calomecon* Spach.

Sépales 2-4. Pétales 4-8, non-éphémères. Étamines très-nombreuses. Filets linéaires-spathulés, aplatis. Anthères elliptiques. Ovaire incomplétement 9-20-loculaire; ovules amphitropes, nidulants. Stigmate disciforme ou subhémisphérique, sessile, lobé au bord, à 9-20 bourrelets rayonnants, perpendiculaires aux placentaires. Capsule turbinée, innervée, polysperme, incomplétement 9-20-loculaire, 9-20-valvulée au sommet : valvules non recourbées. Graines petites, réniformes, scrobiculées, non-strophiolées.

Herbes vivaces, touffues, hérissées de soies basilées. Racine pivotante, rameuse. Tiges peu ou point rameuses, feuillues inférieurement, nues vers leur sommet. Feuilles pennatiparties : les radicales pétiolées; les autres sessiles ou subsessiles, non-amplexicaules. Fleurs très-grandes, solitaires à l'extrémité des tiges ou des rameaux. Boutons dressés. Corolle durant plusieurs jours et se refermant pendant la nuit; pétales courtement onguiculés, pourpres ou écarlates, avec une tache noire ou violette au-dessus de leur base. Filets violets (de même que les anthères avant l'anthèse). Anthères échancrées aux 2 bouts. Réceptacle gros, annulaire. Ovaire non-stipité; placentaires atteignant presque le centre de la cavité. Stigmate tantôt déprimé tantôt relevé au centre : bourrelets saillants, carénés, non-débordants; lobes marginaux arrondis; sinus perpendiculaires aux valvules. Capsule subcoriace, sans veines ni nervures, mais quelquefois relevée de côtes peu saillantes, correspondantes aux placentaires; valvules très-courtes, érigées, triangulaires, subobtuses; placentaires chartacés, minces, arqués, commençant un peu au-dessus de la base de la capsule, et s'élargissant graduellement jusqu'à son sommet. Graines sessiles, non-luisantes; tégument extérieur crustacé; chalaze peu apparente, apicilaire relativement au péricarpe, assez rapprochée du hile; raphé peu apparent, marginiforme; embryon très-petit : radicule columnaire, obtuse; cotylédons plus courts, un peu écartés, elliptiques, obtus.

Ce genre, très-remarquable, parmi les autres espèces de cette tribu, par sa corolle non-éphémère, ne se compose que des deux espèces dont nous allons faire mention.

A. *Pédoncules non-bractéolés au sommet.*

Calomécone d'Orient. — *Calomecon orientale* Spach. — *Papaver orientale* Linn. — Bot. Mag. tab. 57.

Tiges simples, uniflores, dressées, cylindriques, légèrement cannelées, hautes de 2 à 3 pieds, hérissées de soies blanches apprimées. Feuilles scabres, hérissées aux deux faces de soies semblables à celles de la tige (mais tantôt apprimées, tantôt dressées ou étalées); les feuilles radicales longues de 1/2 pied à 2 pieds, larges de 3 à 8 pouces; les autres graduellement plus petites; les supérieures longues de 2 à 3 pouces; segments lancéolés ou lancéolés-oblongs, sessiles, pointus, inégalement dentés, ou incisés-dentés, ou quelquefois presque pennatifides, plus ou moins rapprochés (ordinairement confluents dans la partie supérieure de la feuille), décrescents du milieu de la feuille aux deux extrémités, ou décrescents dès la base; dents ou lanières pointues ou obtuses, très-entières ou dentelées, sétifères. Sépales 2 ou 3, longs de 15 à 18 lignes, concaves, obovales, très-obtus, verts, membraneux aux bords, hérissés à l'extérieur de soies couchées et semblables à celles de la tige. Pétales 4 à 6, larges de près de 4 pouces, flabelliformes, de couleur écarlate, avec une tache basilaire noirâtre. Étamines beaucoup plus courtes que les pétales, à peu près aussi longues que le pistil. Capsule longue d'environ un pouce; disque du stigmate large de 8 à 15 lignes, à lobes arrondis, légèrement crénelés. Graines brunes, du volume de celles du Coquelicot.

Cette espèce, indigène en Arménie, se cultive fréquemment comme plante de parterre.

B. *Pédoncules garnis à leur sommet (immédiatement audessous du calice) de 5 à 7 bractées persistantes : 1 ou 2 extérieures, plus grandes, foliacées, souvent pennatifides; les autres conformes aux sépales, mais plus petites.*

Calomécone a bractées. — *Calomecon bracteatum* Spach. — *Papaver bracteatum* Lindl. Collect. tab. 25. — Bot. Reg. tab. 658.

Plante semblable à l'espèce précédente, tant par le port et la pubescence, que par le feuillage, mais en général plus élancée, et souvent à tiges rameuses. Bractées inférieures longues de 1 pouce à 2 pouces, ordinairement conformes aux feuilles supérieures des tiges ou des rameaux, moins souvent dentées ou incisées-dentées; bractées supérieures obovales, ou oblongues-obovales, très-obtuses, concaves, longues de 6 à 12 lignes, scarieuses et plus ou moins lacérées aux bords, couvertes à l'extérieur (ainsi que les sépales) de sétules blanches couchées. Sépales longs d'environ 2 à 4 (ordinairement 3) pouces, elliptiques ou elliptiques-obovales, très-obtus, concaves, membraneux aux bords. Pétales longs de 3 à 4 pouces, à peu près aussi larges que longs, courtement onguiculés, cunéiformes-obovales, ou flabelliformes, de couleur pourpre, avec une tache plus ou moins grande et d'un pourpre violet. Étamines beaucoup plus courtes que les pétales, un peu plus longues que le pistil. Capsule et graines semblables à ceux de l'espèce précédente.

Cette espèce, originaire du Caucase, se cultive fréquemment dans les parterres; on la préfère même au *Calomecon orientale*, parce qu'elle donne plus de fleurs, et que la couleur de sa corolle est plus éclatante.

Genre PAVOT. — *Papaver* (Linn.) Spach.

Sépales 2. Pétales 4, fugaces. Étamines nombreuses. Filets capillaires, ou filiformes, ou linéaires-spathulés. Anthères elliptiques-oblongues. Ovaire incomplétement 5-20-loculaire; ovules amphitropes, nidulants. Stigmate disciforme, ou subhémisphérique, ou pyramidal-conique, lobé ou anguleux ou crénelé au bord, sessile, à 5 à 20 bourrelets rayonnants, perpendiculaires aux placentaires. Capsule incomplétement 5-20-loculaire (par exception presque 1-loculaire), 5-20-valvulée au sommet, polysperme; valvules réfléchies. Graines petites, réniformes, scrobiculées, non-strophiolées.

Herbes rameuses ou acaules. Racine vivace, ou bisannuelle, ou annuelle, pivotante. Feuilles pennatiparties, ou pennatifides (par exception indivisées). Pédoncules radicaux, ou terminaux et oppositifoliés, nus, uniflores, longs, avant la floraison nutants, plus tard dressés. Fleurs grandes. Sépales concaves, inappendiculés. Pétales blancs, ou jaunes, ou rouges (panachés dans des variétés de culture), ordinairement marqués d'une tache basilaire noirâtre, courtement onguiculés, étalés. Étamines beaucoup plus courtes que les pétales. Filets blancs, ou violets, ou noirâtres. Anthères échancrées aux 2 bouts, avant l'anthèse blanchâtres, ou violettes, ou bleues, ou pourpres; connectif très-étroit. Réceptacle gros, annulaire. Ovaire non-stipité (dans une seule espèce : rétréci en stipe court et gros); placentaires atteignant presque le centre de la cavité. Stigmate déprimé au centre ou ombiliqué, relevé de côtes plus ou moins saillantes correspondantes aux bourrelets; bourrelets en général non-débordants; lobes marginaux arrondis ou rarement pointus; sinus perpendiculaires aux valvules. Capsule chartacée, nerveuse (dans une seule espèce : innervée, subcoriace) et plus ou moins veineuse, anguleuse dans plusieurs espèces (les angles alternant avec les placentaires); nervures planes à la surface, correspondantes aux placentaires; valvules courtes, dentiformes (1); placentaires chartacés, minces, plus ou moins élargis vers le haut, séminifères des deux côtés, en général oblitérés vers la base du péricarpe. Graines sessiles, non-luisantes; tégument extérieur crustacé; chalaze peu apparente, apicilaire relativement au péricarpe, plus ou moins rapprochée du hile; raphé peu apparent, court, marginiforme; embryon très-petit : radicule columnaire, obtuse; cotylédons plus courts, elliptiques, obtus.

Les *Pavots* sont remarquables par les vertus narcotiques

(1) La capsule reste tout à fait close dans une variété (de culture) du *Pavot somnifère*.

de leur suc-propre, lequel n'est autre chose que de l'opium à l'état liquide. Le genre renferme environ dix espèces, dont voici les plus remarquables :

SECTION I. MECONIUM Spach.

Stigmate disciforme, lobé au bord; bourrelets (au nombre de 7 à 20) non-débordants. Capsule subcoriace, innervée, courtement stipitée. — Plante annuelle, rameuse. Feuilles caulinaires amplexicaules. Fleurs très-grandes. Pétales (fimbriés ou déchiquetés dans des variétés de culture) blancs, ou pourpres, ou roses, ou lilas, ou (dans des variétés de culture) panachés; tache basilaire d'un pourpre noirâtre. Filets d'un pourpre noirâtre. Anthères violettes avant l'anthèse. Capsule glabre, souvent légèrement anguleuse, quelquefois indéhiscente.

PAVOT SOMNIFÈRE. — *Papaver somniferum* Linn. — Engl. Bot. tab. 2145. — Lob. Ic. tab. 274, fig. 1. — Bull. Herb. tab. 57. — Blackw. Herb. tab. 482 et 483. — Flor. Græc. tab. 483. — *Papaver somniferum* et *Papaver setigerum* (Sweet, Brit. Flow. Gard. tab. 172.) De Cand. Syst. et Prodr.

Tige dressée, plus ou moins rameuse, cylindrique, atteignant 3 à 5 pieds de haut (dans la plante cultivée), ou (dans la plante spontanée) haute seulement de 1 pied à 2 pieds, tantôt glabre (ainsi que les feuilles, les pédoncules et les sépales), tantôt plus ou moins hérissée de courtes soies blanches tantôt couchées, tantôt étalées. Feuilles obtuses ou pointues, glauques, lisses (en général glabres dans les variétés de culture), toutes sessiles : les radicales et les caulinaires inférieures longues de 3 pouces à 1 pied, oblongues, rétrécies à leur base, plus ou moins profondément incisées-dentées ou sinuées-pennatifides (lobes dentés, en général triangulaires et pointus); les supérieures cordiformes et amplexicaules à leur base, oblongues, ou ovales-oblongues, ou obovales, inégalement dentées, ou crénelées, ou incisées-dentées : dents souvent terminées en sétule. Pédoncules terminaux et oppositifoliés, grêles, atteignant jusqu'à 1/2 pied de long. Sépales elliptiques, obtus, concaves, verdâtres, membraneux aux bords. Pétales cunéiformes-obovales, ou flabelliformes, larges de 1 pouce à 3 pouces. Capsule ellipsoïde ou globuleuse, atteignant parfois (dans les variétés cultivées en terre fertile) le volume du poing d'un homme. Graines noirâtres, ou brunes, ou blanches.

Dans la culture en grand on distingue deux variétés ou races de cette espèce, savoir : le *Pavot à graines blanches* (*Papaver officinale* Gmel. — *Papaver album* Hell. — *Papaver indehiscens* Dumort), et le *Pavot à graines noires*. Le pavot à graines blanches offre en général des capsules plus volumineuses et indéhiscentes; mais ces caractères ne sont rien moins que constants : aussi est-ce tout-à-fait à tort que quelques auteurs l'ont distingué comme espèce. Cultivé comme plante de parterre, le *Pavot somnifère* ne se rencontre guère qu'à fleurs doubles : dans cet état, la plupart de ses pétales sont plus ou moins fimbriés, et souvent panachés de diverses nuances de rose, de pourpre, de blanc ou de violet.

C'est à cette espèce, originaire d'Orient, que s'applique vulgairement le nom de *Pavot*, sans autre désignation spéciale. Sa culture remonte à la plus haute antiquité, car, suivant un passage de l'Iliade, le Pavot était connu des Grecs dès le siècle d'Homère. La plante est depuis longtemps comme indigène dans beaucoup de contrées de l'Europe méridionale; et même dans les jardins du Nord, elle relève spontanément dans les endroits où on la cultivait. Peu de végétaux d'ailleurs sont plus féconds en graines; on a calculé qu'un seul pied peut en produire jusqu'à trente-deux mille.

En Europe, surtout en Allemagne et en Flandre, le Pavot se cultive en grand à cause de l'huile grasse qu'on exprime de ses graines, et qui, du reste, ne participe nullement aux propriétés narcotiques du suc-propre de la plante. L'huile de Pavot, plus généralement connue sous le nom d'*huile d'œillette*, s'emploie très-fréquemment aux usages alimentaires, et l'huile d'olive qui se débite dans le Nord en contient d'ordinaire, par fraude, une quantité plus ou moins considérable. Dans le midi de la France, le *Pavot à graines blanches* se cultive pour l'usage pharmaceutique. Le Pavot, cultivé à titre de plante oléagineuse, exige un sol profond, un peu humide, nouvellement fumé, et ameubli par des labours réitérés. Les semis se font d'ordinaire en automne.

La graine de Pavot, torréfiée et pétrie avec du miel, ou préparée de diverses autres manières, constituait chez les anciens Romains des mets estimés comme gourmandises. Dans quelques départements du nord de la France, on fait aussi entrer ces graines dans les pâtisseries; chez les habitants du Caucase, ainsi qu'en Hongrie et en Pologne, cet usage est encore plus universel; en Italie, surtout à Gênes, on en confectionne de petites dragées.

Tout le monde connaît les effets narcotiques de l'opium, qui n'est autre chose que le suc-propre épaissi du Pavot qu'on cultive dans l'Inde, la Perse, l'Arabie, et d'autres contrées de l'Orient. Autrefois la Haute-Égypte en fournissait beaucoup; aussi l'opium des pharmacies est-il connu sous le nom *d'opium thebaicum*.

En Orient, l'extraction de ce médicament se fait de deux manières. L'une consiste à pratiquer, le soir, des incisions à la surface des capsules vertes et tendres du Pavot. Le suc laiteux qui découle de la plante, condensé par la chaleur du soleil, est enlevé et mis en masse. La seconde manière se fait par l'expression des têtes de Pavot; on réduit ensuite sur le feu, ou au soleil, le suc ainsi gagné. Cet extrait, appelé *Meconium*, est beaucoup plus commun dans le commerce que l'*Opium en larmes*, ou *Affion*, obtenu par incision; celui-ci, plus rare et plus précieux, reste dans le pays; l'opium le moins estimé est celui qu'on obtient par la décoction.

Chez nous, l'opium n'est employé que dans la médecine; chez les Orientaux, il remplace l'usage des spiritueux. On n'ignore point que les musulmans en font un usage journalier, et que l'ivresse délirante produite par des doses plus ou moins fortes de ce médicament, est pour eux la félicité suprême. Leur imagination semble se dédommager, dans ces instants fugitifs de plaisir, de la monotonie de leur existence journalière; volontiers elle se laisse aller à toutes les images voluptueuses et riantes qui flottent alors devant elle. Malheureusement, un état de torpeur et de somnolence extrêmes succède à cette extase passagère; et comme, pour reproduire ces délicieuses rêveries, il faut à la longue doubler et tripler la dose, il en résulte un amaigrissement, une faiblesse progressive, qui aboutit à l'abrutissement de toutes les facultés.

Les soldats turcs se précipitent sur l'ennemi, enivrés par l'opium; par son moyen les charlatans indiens procurent des extases et des visions aux esprits crédules; les Malais, lorsqu'ils en ont pris, tombent souvent dans des accès de fureur que rien ne maîtrise. Heureusement qu'outre ces effets pernicieux, l'opium, administré avec précaution, agit aussi d'une manière salutaire; il endort les douleurs dans les maladies aiguës; il procure le sommeil aux tempéraments agités, aux personnes nerveuses; il arrête des flux violents, tels que la dyssenterie, la diarrhée, le choléra, lorsque ces maladies ne proviennent pas d'un état inflammatoire. Il s'emploie quelquefois avec succès dans les fièvres de toute espèce; il est indispensable dans les névralgies, les spasmes, les convulsions. Cependant son usage doit toujours provenir d'une prescription médicale, puisqu'une application intempestive de ce remède énergique peut entraîner les effets les plus graves et les plus fâcheux. Pris à trop forte dose, il se transforme en poison et produit la mort, non pas à la suite d'un paisible sommeil, comme se l'imagine le vulgaire, mais après de violentes convulsions, des douleurs abdominales, des défaillances, des sueurs froides, des vomissements, etc. Qnelquefois on parvient encore à arrêter ces effets délétères, en faisant prendre au malade de forts vomitifs, puis en pratiquant des saignées, en appliquant des sinapismes, des vésicatoires, en administrant des boissons acidulées et des lavements de même nature.

Le commerce nous fournit l'Opium en morceaux, d'un rouge brun ou noirâtre, d'une forme arrondie un peu aplatie, du poids d'une livre à peu près et enveloppés dans des débris de feuilles et de graines de plantes. Ces morceaux sont cassants et répandent une odeur nauséabonde, vireuse, provenant d'une matière âcre et résineuse, qui est unie à la partie extractive. La préparation qu'on fait dans les pharmacies de la matière extractive dépouillée de la partie vireuse et plus particulièrement nuisible, est connue sous le nom d'*Extrait gommeux d'opium*. On le dissout aussi dans de l'alcool, pour en faire le *Laudanum liquide* ou gouttes anodines, et la *Teinture de Rousseau*. Il entre dans d'autres compositions pharmaceutiques, comme la *Thériaque*, l'*Orviétan*, etc. Le *sirop diacode* ou de *Pavot blanc*, préparé autrefois avec des têtes sèches de Pavot, se fait maintenant avec de l'opium.

L'analyse chimique a fait découvrir dans l'opium deux substances : l'une, regardée comme base alcaline, a été appelée *Morphine*; l'autre, reconnue comme acide végétal, a été nommée *Acide méconique*. D'après les essais de M. le docteur Orfila, les effets produits par la morphine pure sur l'économie animale sont moindres que ceux causés par l'extrait d'opium; mais les sels solubles de morphine agissent avec la même intensité et produisent les mêmes effets que l'extrait pur; d'où M. Orfila conclut que l'efficacité de l'opium doit être attribuée à un sel de morphine; car l'extrait aqueux d'opium, exactement dépouillé de morphine, peut être donné impunément à très-haute dose.

M. le docteur Loiseleur Deslongchamps a prouvé par de nombreuses expériences, qu'on peut parfaitement remplacer l'opium exotique par l'opium qu'on préparerait en Europe, ou par différents extraits retirés des diverses parties du Pavot, et qu'on en obtient dans la pratique d'aussi heureux effets; seulement il faut donner les préparations indigènes à des doses plus élevées.

Section II. RHŒADIUM Spach.

Stigmate disciforme ou subhémisphérique, lobé au bord: bourrelets 5-14, non-débordants. Capsule chartacée, non-stipitée, munie de nervures (plus ou moins saillantes) correspondantes aux placentaires; valvules très-courtes. — Plante tantôt annuelle, tantôt bisannuelle, rameuse. Feuilles non-amplexicaules. Pétales pourpres ou écarlates. Filets capillaires, d'un violet noirâtre. Anthères noirâtres avant l'anthèse. Capsule glabre.

Pavot Coquelicot. — *Papaver segetale* Spenn. Flor. Friburg.

— α : Commun (*vulgare*). —*Papaver Rhœas* Linn. — Engl.

Bot. tab. 645. — Sturm, Deutschl. Flor. fasc. 17. — Curt. Flor. Lond. tab. 32. — Flor. Dan. tab. 1580. — Svensk Bot. tab. 519. — *Papaver Rhœas* et *Papaver Roubiœi* De Cand. Syst. et Prodr. — *Papaver segetale* : α. Spenn. l. c. *Papaver sinense* Weinm. tab. 789 et 790. — Plante plus ou moins hérissée de soies toutes horizontales. Feuilles pennatifides ou pennatiparties. Pétales ordinairement immaculés. Capsule obovée ou ellipsoïde.

— β : Intermédiaire (*intermedium*). — *Papaver obtusifolium* Desfont. Flor. Atlant. — *Papaver intermedium* Reich. Flor. Germ. Excurs. — *Papaver commutatum* Fisch. et Mey. Ind. IV. Hort. Petrop. — Plante plus ou moins hérissée : soies des pédoncules tantôt dressées, tantôt étalées. Feuilles pennatiparties ou bipennatifides : lobes linéaires ou sublinéaires. Pétales maculés. Capsule ellipsoïde ou oblongue.

— γ : A capsule allongée (*corynocarpum*). — *Papaver dubium* Linn. — Engl. Bot. tab. 644. — Schk. Handb. tab. 140. — Flor. Dan. tab. 902. — Svensk Bot. tab. 457. — *Papaver arenarium* et *Papaver lævigatum* Marsch. Bieb. Flor. Taur. Cauc. — Reichb. Plant. Crit. v. 4, fig. 533. — Plante plus ou moins hérissée, ou quelquefois glabre : soies des pédoncules tantôt érigées, tantôt horizontales. Pétales ordinairement d'un rouge terne et maculés de noir à leur base. Capsule oblongue ou oblongue-claviforme (1).

— δ : a feuilles trilobées (*trilobum*). — *Papaver trilobum* Wallroth, Sched. Crit. tab. 1. — Plante presque glabre. Feuilles indivisées ou trilobées, cunéiformes à la base, glauques. Fleurs petites. Capsule obovée ou turbinée, petite (du volume d'un gros pois) (2).

---

(1) Le nombre des rayons ou bourrelets stigmatiques, sur lequel on s'est principalement fondé pour distinguer spécifiquement les variétés du *Papaver segetale*, est très-inconstant dans toutes.

(2) M. Reichenbach pense que cette plante pourrait être une hybride du *Papaver Rhœas* et du *Papaver somniferum*.

Plante haute de ½ pied à 2 pieds, en général très-rameuse, multiflore, plus ou moins hérissée de poils assez raides et tantôt blancs, tantôt roussâtres. Tige dressée, cylindrique, paniculée. Rameaux presque nus ou médiocrement feuillés, ascendants, ou étalés, grêles. Feuilles d'un vert tantôt foncé, tantôt plus ou moins glauque : les radicales et les caulinaires inférieures pétiolées, longues de 3 à 6 pouces, larges de 1 pouce à 4 pouces; les supérieures ordinairement sessiles; lobes ou segments tantôt presque égaux, tantôt très-inégaux (soit accrescents, soit décrescents), linéaires, ou oblongs, ou lancéolés, ou ovales, ou cunéiformes, pointus, ou obtus, très-entiers, ou lobés, ou dentés, ou pennnatifides, ordinairement terminés par une sétule. Pédoncules très-grêles, solitaires, terminaux, ou terminaux et oppositifoliés, atteignant 8 à 20 pouces de long. Sépales longs de 5 à 9 lignes, elliptiques, obtus, membraneux aux bords, ordinairement très-hérissés à l'extérieur. Pétales larges de 6 à 18 lignes (quelquefois jusqu'à 2 pouces, dans les variétés cultivées), tantôt immaculés, tantôt marqués d'une tache noirâtre, flabelliformes, ou cunéiformes, arrondis ou tronqués au sommet : les deux extérieurs souvent plus larges que les intérieurs. Capsule longue de 3 à 12 lignes, d'un diamètre tantôt égal à la longueur, tantôt moindre; disque du stigmate large de 2 à 6 lignes, à crénelures marginales en général arrondies, tantôt un peu imbriquées par leurs bords, tantôt contiguës mais non imbriquées, tantôt séparées par des sinus assez larges. Graines petites, brunâtres, fortement scrobiculées.

Cette espèce, connue sous les noms vulgaires de *Coquelicot*, *Coq*, et *Pavot rouge*, habite toute l'Europe (excepté les contrées polaires) ainsi que l'Orient, et l'Afrique septentrionale. Elle se plaît dans les localités sèches et découvertes : aussi abonde-t-elle surtout dans les champs sablonneux.

Le Coquelicot est très-recherché comme plante de parterre; dans cet état ses fleurs sont en général plus grandes et doubles; il y en a des variétés à pétales soit roses, soit pourpres, soit écarlates, soit de l'une ou de l'autre de ces couleurs et bordés d'une bande blanche plus ou moins large. La culture des Coquelicots n'exige aucun soin particulier, si ce n'est qu'ils doivent être semés sur place, soit dès l'automne, soit au printemps, car ils ne supportent pas la transplantation. Les fleurs doubles du Coquelicot, de même que les fleurs doubles du *Pavot somnifère*, durent plusieurs jours, au lieu d'être caduques comme dans leur état naturel.

L'infusion des pétales de Coquelicot s'emploie fréquemment à titre de potion pectorale et adoucissante. Ces pétales constituent aussi la base d'un sirop qui sert aux mêmes usages que l'infusion ; ils contiennent un principe colorant en rouge, dont les confiseurs et les liquoristes tirent assez souvent parti.

SECTION III. ARGEMONIDIUM Spach.

Stigmate disciforme ou subhémisphérique, lobé au bord : bourrelets 4-9, non-débordants. Capsule chartacée, non-stipitée, munie de nervures (plus ou moins saillantes) correspondantes aux placentaires, et d'angles (plus ou moins saillants) alternes avec les nervures ; valvules très-courtes. — Plantes tantôt annuelles tantôt bisannuelles, à tige rameuse. Feuilles non-amplexicaules. Pétales pourpres ou écarlates. Filets aplatis, linéaires-spathulés (mais très-étroits), noirâtres. Anthères avant l'anthèse d'un bleu d'ardoise. Capsule plus ou moins strigueuse (surtout aux angles et aux nervures).

Cette section est constituée par le *Papaver hybridum* Linn., et le *Papaver Argemone* Linn.

SECTION IV. MECONELLA Spach.

Stigmate disciforme ou subhémisphérique, sinueux au bord : bourrelets débordant le disque. Capsule chartacée, non-stipitée, munie de nervures (peu saillantes) correspondantes aux placentaires ; valvules très-courtes. — Plante vivace, acaule, touffue. Hampes uniflores. Pétales tantôt blancs, tantôt d'un jaune de citron, tantôt d'un jaune orange ou rougeâtre. Filets capillaires, d'un pourpre brunâtre. Capsule plus ou moins strigueuse.

PAVOT DES ALPES. — *Papaver alpinum* Fisch. et C. A. Mey. Ind. III. Sem. Hort. Petrop. p. 45.

— α : A FLEUR BLANCHE (*leucanthum*). — *Papaver alpinum* Jacq. Austr. tab. 83.—Reichb. Plant. Crit. vol. 8, fig. 988. — Sweet, Brit. Flow. Gard. tab. 247.

— β : A FLEUR JAUNE (*citrinum*). — *Papaver nudicaule* Linn. —Flor. Dan. tab. 41. — Bot. Mag. tab. 1633. — Reichenb. Plant. Crit. vol. 8, fig. 985. — *Papaver alpinum* Sturm, Deutschl. Flor. fasc. 17. — *Papaver Burseri* Crantz. — Reichenb. l. c. fig. 987.

— γ : A FLEUR ORANGE (*croceum*). — *Argemone pyrenaica* Linn. — *Papaver pyrenaicum* Willd. — Reichenb. l. c. fig. 586. — *Papaver aurantiacum* Loisel. — *Papaver suaveolens* Lapeyr. — *Papaver croceum* Ledeb. Ic. Flor. Alt. tab. 141. — *Papaver nudicaule* : δ, Bot. Mag. tab. 2344.

— δ : A FLEUR ROUGEATRE (*miniatum*). — *Papaver miniatum* Reichenb. l. c. fig. 989.—*Papaver microcarpum* De Cand. Syst. et Prodr.

Feuilles pennatifides, ou pennatiparties, ou bipennatiparties, glabres ou plus ou moins hérissées; lanières linéaires, ou oblongues, ou lancéolées-oblongues, ou lancéolées-obovales, ou cordiformes, très-entières, ou trifides, ou incisées-dentées; hampes et sépales hérissés de sétules (tantôt étalées, tantôt dressées). Capsule oblongue, ou oblongue-obovée, ou ellipsoïde, ou obovée, ou subglobuleuse, strigueuse. Graines finement réticulées.

Plante très-variable. Racine rameuse, fibreuse, polycéphale. Souches courtes, décombantes, persistantes, très-feuillues. Feuilles longues de 6 lignes à 8 pouces (y compris le pétiole, lequel est souvent plus long que la lame), d'un vert glauque, rapprochées en touffe sur les souches; lanières ordinairement sétifères (de même que les dents), le plus souvent rétrécies à leur base, tantôt égales, tantôt accrescentes, tantôt décrescentes; pétiole assez large, souvent rougeâtre; hampes longues de 2 pouces à 1 pied, très-grêles, cylindriques, hérissées (ainsi que les sépales) de sétules roussâtres ou d'un brun noirâtre. Pétales flabelliformes ou cunéiformes-obovales, larges de 6 à 15 lignes, ordinairement marqués d'une tache livide ou jaunâtre : capsule longue de 3 à 7 lignes, couverte de soies noirâtres ou d'un brun roux. Graines brunes, un peu plus petites que celles du Coquelicot.

Cette plante est commune dans toute la zone arctique, ainsi que dans les régions élevées des Alpes et des Pyrénées. On la cultive parfois pour l'ornement des rocailles.

SECTION V. MECONIDIUM Spach.

Stigmate pyramidal-conique, pointu, 5-8-gone; bourrelets 5-8, très-saillants, non-débordants. Capsule chartacée, substipitée, non-anguleuse, munie de nervures assez larges et correspondantes aux placentaires; valvules assez longues. — Plante bisannuelle, à tige paniculée. Feuilles non-amplexicaules. Pétales de couleur écarlate, à tache basilaire d'un blanc jaunâtre. Filets filiformes, blancs. Anthères blanches avant l'anthèse. Bourrelets-stigmatiques (à l'époque de la floraison) presque aussi longs que l'ovaire, très-saillants. Capsule tantôt glabre, tantôt hérissée de soies plus ou moins étalées.

PAVOT D'ARMÉNIE. — *Papaver armeniacum* Lamk. Dict. — *Argemone armeniaca* Linn.

— α : A CAPSULE GLABRE (*leiocarpum*). — *Papaver floribundum* Desfont. Coroll. tab. 46. — *Papaver caucasicum* Marsch. Bieb. Flor. Taur. Caucas. — Bot. Mag. tab. 1675. — *Papaver fugax* Poiret, Dict. — *Papaver turbinatum* De Cand. Syst. et Prodr.

— 6 : A CAPSULE HISPIDE (*trichocarpum*). — *Papaver hispidum* Desfont. Suppl. Cat. Hort. Par. ed. 3. — *Papaver persicum* Lindl. Bot. Reg. tab. 1570.

Feuilles pennatifides, ou pennatiparties (les supérieures quelquefois linéaires, indivisées) : lanières tantôt indivisées (soit très-entières, soit dentées, linéaires, ou linéaires-lancéolées, ou lancéolées, ou oblongues, ou elliptiques, ou subrhomboïdales, obtuses ou pointues, souvent diversiformes sur la même feuille), tantôt trifides, ou pennatifides, ou pennatiparties. Rameaux pluriflores (du moins les inférieurs). Sépales glabres, ou poilus, ou très-hispides. Capsule subglobuleuse, ou ellipsoïde, ou obovée, ou turbinée, ou ovoïde, ou oblongue, ou oblongue-obovée.

Plante haute de 1/2 pied (quelquefois moins, dans des localités arides) à 2 1/2 pieds, d'un vert très-glauque sur toutes ses parties herbacées, plus ou moins hérissée (rarement presque glabre) de longs poils étalés, tantôt blancs, tantôt roussâtres. Racine assez grosse, rameuse. Tige dressée, anguleuse, feuillue inférieurement, en général rameuse dès sa base. Rameaux ascendants ou plus ou moins divergents, le plus souvent rapprochés et disposés en panicule subpyramidale : les inférieurs feuillés, pluriflores ; les supérieurs très-grêles, pauciflores, nus ou presque nus. Feuilles assez semblables à celles du Coquelicot, ordinairement hérissées aux deux faces (du moins sur la côte, les nervures et le pétiole) : les radicales et les caulinaires inférieures (longues de 3 pouces à 1 pied, larges de 1 pouce à 4 pouces) pétiolées ; les autres sessiles ou subsessiles ; les raméaires supérieures en général petites et linéaires ou linéaires-lancéolées, souvent très-entières ; lanières tantôt presque égales, tantôt plus ou moins inégales (soit accrescentes, soit décrescentes), presque toujours terminées (ainsi que les dents) par une longue soie. Pédoncules longs de 2 à 8 pouces, grêles, tantôt très-glabres, tantôt hispides. Boutons oblongs, ou elliptiques, ou subglobuleux. Sépales longs de 4 à 8 lignes, elliptiques, ou elliptiques-oblongs, très-obtus. Pétales cunéiformes-orbiculaires, ou flabelliformes, ou cunéiformes-obovales, subsinuolés, courtement onguiculés, larges de 1 pouce à 2 pouces. Étamines à peu près aussi longues que le pistil. Ovaire glabre ou hispide, cylindrique, beaucoup plus court que les pétales. Bourrelets stigmatiques gros, violets. Capsule longue de 3 à 9 lignes (y compris le stigmate). Graines brunâtres, plus petites que celles du Coquelicot.

Cette espèce croît au Caucase, ainsi que dans les montagnes

de la Perse, de l'Asie-Mineure, de l'Arménie et de la Syrie. Elle mérite d'être cultivée comme plante d'ornement, car ses fleurs sont très-élégantes et se succèdent en abondance pendant près de deux mois de l'été.

Genre MÉCONOPSIS. — *Meconopsis* Vig.

Sépales 2. Pétales 4, non-éphémères. Étamines nombreuses. Filets filiformes. Anthères elliptiques. Ovaire uniloculaire ; placentaires 4 ou 5, nerviformes; ovules amphitropes, nidulants. Style court, gros, claviforme. Stigmate à 4 ou 5 bourrelets adnés au style, rayonnants, confluents au centre. Capsule 1-loculaire, 4-ou 5-valvée au sommet, 4-ou 5-nervée, polysperme; valvules réfléchies. Graines petites, subréniformes, scrobiculées, non-strophiolées.

Herbe vivace. Suc-propre jaune. Tige rameuse, feuillée. Feuilles pétiolées, pennatiparties : segments (du moins les inférieurs) comme pétiolulés. Pédoncules terminaux ou axillaires et terminaux, solitaires, uniflores, nus, nutants avant la floraison, puis dressés. Fleurs grandes. Sépales concaves, inappendiculés. Pétales étalés, courtement onguiculés, immaculés, d'un jaune vif devenant orange par la dessiccation. Réceptacle assez gros, annulaire. Étamines plurisériées, beaucoup plus courtes que les pétales, d'un jaune pâle. Filets anguleux, anisomètres. Anthères échancrées aux deux bouts; connectif linéaire, presque aussi large que les bourses. Ovaire non-stipité, ellipsoïde, obscurément octo-ou déca-gone; ovules presque anatropes, multisériés sur chaque placentaire. Bourrelets stigmatiques jaunes, à peu près trois fois plus courts que le style. Capsule chartacée, veineuse, subclaviforme, obscurément tétra- ou pentagone, à 4 ou 5 nervures assez larges, planes à la surface, correspondantes aux placentaires et aux angles; valvules ovales-triangulaires, obtuses, environ dix fois plus courtes que la partie évalve de la capsule; placentaires minces, étroits, aspermes vers les deux extrémités. Graines sessiles, non-luisantes, noires, nidulantes sur chaque placentaire, mais par avortement beaucoup moins nombreuses que les ovules; tégument extérieur crustacé, assez épais; raphé court, filiforme, superficiel; chalaze terminale, petite; exostome ponctiforme; embryon minime: cotylédons elliptiques, obtus, minces, un peu divergents; radicule conique, obtuse, apiculée, à peu près aussi longue que les cotylédons.

L'espèce dont nous allons traiter est la seule qu'on puisse rapporter avec certitude à ce genre.

Méconopsis élégant. — *Meconopsis cambrica* Vig. Diss. fig. 3. — *Papaver cambricum* Linn. — Engl. Bot. tab. 66. — *Stylophorum cambricum* Spreng. Syst.

Plante haute de $^1/_2$ pied à 1 $^1/_2$ pied. Tiges grêles, subcylindriques, dressées, feuillées, plus ou moins abondamment couvertes (ainsi que les rameaux) de courts poils crépus. Rameaux dressés ou presque dressés, effilés, feuillés, ou presque nus, uniflores, ou pauciflores. Feuilles d'un vert foncé et un peu glauques, assez semblables à celles de la Chélidoine, tantôt pubescentes aux nervures et à la côte, tantôt glabres : les radicales inférieures (longues de 5 à 8 pouces) longuement pétiolées ; les autres courtement pétiolées ou subsessiles ; segments opposés ou moins habituellement alternes, tantôt obtus, tantôt pointus : les latéraux en général presque égaux, ovales, ou ovales-lancéolés, ou oblongs-lancéolés, pennatifides, ou incisés-dentés ; le segment terminal ordinairement plus grand, subrhomboïdal, et plus ou moins profondément trifide ou pennatifide. Pédoncules atteignant jusqu'à un pied de long, ordinairement pubescents. Boutons subglobuleux. Sépales pubérules. Pétales cunéiformes-orbiculaires ou obovales-orbiculaires, larges de 10 à 15 lignes. Étamines trois à quatre fois plus courtes que les pétales, un peu débordées par le pistil. Ovaire glabre. Capsule longue de 10 à 15 lignes, insensiblement rétrécie depuis sa base jusqu'à son sommet, couronnée par le style long d'environ 2 lignes. Graines du volume de celles du Coquelicot.

Cette espèce habite les Pyrénées et les montagnes du Cornouaille; ses fleurs, de la grandeur de celles du Coquelicot, et d'un beau jaune, se succèdent pendant la plus grande partie de l'été. La plante mérite d'être cultivée dans les jardins; elle aime les expositions fraîches et ombragées.

Genre ARGÉMONE. — *Argemone* Linn.

Sépales 3. Pétales 6 (accidentellement 4 ou 5), éphémères. Étamines nombreuses. Filets filiformes. Anthères linéaires-tétragones, tronquées aux deux bouts. Ovaire uni-loculaire; placentaires 3 à 7, nerviformes; ovules anatropes, nidulants. Style court ou presque nul, obconique. Stigmate à 3 à 7 lobes condupliqués, alternes avec les placentaires. Capsule uniloculaire, polysperme, 3-7-nervée, 3-7-valvée au sommet; valvules réfléchies. Graines subglobuleuses, scrobiculées, strophiolées; funicule dentiforme, persistant.

Herbes annuelles. Tige paniculée, feuillée. Feuilles glauques, marbrées (de taches blanchâtres), glabres, lisses, sinuées-pennatifides (dents et lobes ordinairement terminés en spinule) : les radicales et les caulinaires inférieures rétrécies en pétiole; les autres sessiles, amplexicaules. Pédoncules terminaux ou subterminaux, solitaires, uniflores, en général courts, toujours dressés. Fleurs grandes. Sépales cuculliformes, corniculés postérieurement au-dessous du sommet. Pétales courtement onguiculés, étalés, blancs ou d'un jaune pâle, immaculés, bisériés : 3 extérieurs, plus larges, alternes avec les sépales; 3 intérieurs, opposés aux sépales. Réceptacle assez gros, annulaire. Étamines plurisériées, jaunâtres, beaucoup plus courtes que les pétales; connectif très-étroit. Ovaire ellipsoïde ou ovoïde, peu ou point stipité, 3-7-gone, 5-7-sulqué (angles correspondants aux placentaires); placentaires alternes avec les sépales, lorsqu'ils sont comme ceux-ci au nombre de 3. Ovules subsex-sériés sur chaque placentaire : raphé saillant. Stigmate mince, pelté, à lobes violets, ondulés, arrondis, veloutés en-dessus, plus ou moins recourbés, connivents par leur base. Capsule chartacée, 5-7-sulquée (sillons alternes avec les placentaires), subréticulée, à nervures assez saillantes correspondantes aux placentaires, déhiscente à peu près jusqu'au quart de sa longueur; placentaires presque filiformes et aspermes vers leur sommet, assez gros inférieurement. Graines non-luisantes, noires, fortement scrobiculées, assez grosses (pour des graines de Papavéracées), tronquées antérieurement, apiculées à l'extrémité radiculaire, nidulantes sur chaque placentaire, mais par avortement beaucoup moins nombreuses que les ovules; tégument extérieur crustacé, assez épais; raphé constitué par une strophiole en forme de crête (blanchâtre et très-étroite); chalaze inapparente au dehors; embryon très-petit; radicule columnaire, obtuse; cotylédons elliptiques, obtus, un peu plus courts que la radicule.

Ce genre se compose des deux espèces suivantes:

A. *Tige, rameaux, feuilles, sépales et capsules plus ou moins abondamment garnis de soies spinescentes. Corolle tantôt jaune, tantôt blanche.*

ARGÉMONE COMMUNE. — *Argemone vulgaris* Spach.

— α : A FLEUR JAUNE DE CITRON (*citrina*). — *Argemone mexicana* Linn. — Bot. Mag. tab. 243.

— 6 : A FLEUR JAUNE PALE (*ochroleuca*). — *Argemone ochroleuca* Sweet, Brit. Flow. Gard. tab. 242. — Bot. Reg. tab. 1343. — *Argemone Barclayana* Link et Otto, Ic. Sel.

— γ : A FLEUR BLANCHE (*albiflora*). — *Argemone albiflora* Horn. Hort. Hafn. — Bot. Mag. tab. 2342.

Plante haute de 1/2 pied à 3 pieds. Aiguillons jaunâtres, longs de 1 ligne à 3 lignes, en général horizontaux ou réfléchis (excepté sur les capsules, où ils sont dressés ou apprimés). Tige dressée, cylindrique, glauque, feuillée, rameuse ordinairement dès sa base. Rameaux dressés ou ascendants, feuillés, en général paniculés; ramules 1-3-flores, le plus souvent presque nus.

Feuilles assez semblables à celles du *Chardon-Marie*, à peu près oblongues : les inférieures longues de 3 à 9 pouces; les supérieures graduellement plus petites; les ramulaires longues seulement de quelques lignes, souvent indivisées; lobes arrondis, ou subtriangulaires, ou suboblongs, ou subrhomboïdaux, plus ou moins profondément sinués-dentés ou trifides, égaux ou inégaux, séparés par des sinus plus ou moins élargis et souvent eux-mêmes sinués-dentés; dents toujours terminées en spinule plus ou moins allongée. Pédoncules atteignant jusqu'à deux pouces de long, mais souvent très-courts ou presque nuls. Sépales longs de 4 à 6 lignes, glauques, prolongés postérieurement (un peu au-dessous du sommet) en appendice spinescent long de 2 à 4 lignes. Pétales longs de 9 à 20 lignes, larges de 3 à 18 lignes, obovales, ou cunéiformes-obovales, ou flabelliformes, ou obovales-oblongs. Étamines à peu près aussi longues que le pistil. Style atteignant jusqu'à 3 lignes de long, mais souvent presque nul. Capsule longue de 6 à 18 lignes, ovoïde, ou ellipsoïde, ou oblongue, ou obovée, quelquefois rétrécie aux bouts. Graines noires, du volume de celles du Chou.

Cette espèce, qui se cultive parfois comme plante de parterre, croît dans presque toute l'Amérique équatoriale, ainsi que dans les provinces méridionales des États-Unis; on la retrouve dans l'Inde et à Ténériffe. Au témoignage du prince Maximilien de Neuwied, les Brésiliens considèrent le suc-propre de la plante, à tort ou à raison, comme un antidote contre le venin des serpents; les médecins hindous l'administrent, à l'extérieur, contre les ophthalmies et les maladies de la peau. Aux Antilles, les graines sont employées comme purgatif.

B. *Tige, rameaux, feuilles et capsules peu ou point garnis de soies spinescentes. Sépales toujours inermes. Corolle très-grande, toujours blanche.*

ARGÉMONE GRANDIFLORE. — *Argemone grandiflora* Sweet, Brit. Flow. Gard. tab. 226. — Bot. Reg. tab. 1264.

Plante atteignant jusqu'à quatre pieds de haut. Feuilles semblables à celles de l'espèce précédente, mais peu ou point garnies d'aiguillons, et en général à lobes moins profondément dentés ou même très-entiers; dents souvent inermes. Pédoncules ordinairement plus longs. Fleurs plus nombreuses, larges de 3 pouces et plus. Sépales longs de 6 à 9 lignes. Pétales cunéiformes, ou cunéiformes-obovales, ou flabelliformes. Étamines à peu près aussi longues que le pistil. Capsule longue de 6 à 12 lignes, ovoïde, ou ellipsoïde, ou oblongue, quelquefois rétrécie aux deux bouts; stigmate tantôt subsessile, tantôt porté sur un style atteignant jusqu'à 2 lignes de long. Graines semblables à celles de l'espèce précédente.

Cette espèce, originaire du Mexique, se cultive fréquemment dans les parterres.

SECTION II. **CHÉLIDONINÉES**. — *Chelidonineæ* Spach.

Silique déhiscente en 2 à 4 valves caduques; placentaires nerviformes.

Genre ROEMERIA. — *Rœmeria* Medik.

Sépales 2. Pétales 4, fugaces. Étamines 12-30; filets capillaires. Anthères linéaires-oblongues. Ovaire uniloculaire : placentaires 2-4; ovules amphitropes, nidulants. Stigmate sessile, à 2-4 lobes linéaires, recourbés, perpendiculaires aux placentaires. Silique grêle, columnaire, nerveuse, non-corniculée, 1-loculaire, 2-4-valve de haut en bas, polysperme; placentaires minces, presque membraneux, avant la déhiscence recouverts par les bords des valves. Graines unisériées sur chaque placentaire, réniformes, scrobiculées, non-strophiolées.

Herbes annuelles. Tiges rameuses, feuillées. Feuilles pennatiparties ou bipennatiparties : les radicales et les caulinaires inférieures pétiolées; les autres sessiles ou subsessiles. Pédoncules terminaux ou terminaux et oppositifoliés, plus courts que la silique, nutants avant la floraison, puis dressés : les fructifères quelquefois recourbés. Fleurs assez grandes. Sépales concaves, verdâtres, ordinairement hispides. Pétales courtement onguiculés, d'un violet pâle, marqués à leur base d'une tâche d'un pourpre violet. Réceptacle annulaire, peu apparent. Étamines pauci-sériées, 2 à 3 fois plus courtes que les pétales. Filets d'un violet noirâtre. Anthères jaunes, échancrées aux deux bouts : connectif très-étroit. Ovaire grêle, cylindrique, non-stipité. Silique longue, non-stipitée, obscurément anguleuse; valves subnaviculaires, non-carénées, binervées : nervures planes, non-saillantes, intra-marginales. Graines petites, non-luisantes, par avortement superposées en une seule série sur chaque placentaire; tégument crustacé, mince; raphé court, marginiforme; exostome concave, ponctiforme; chalaze peu apparente à l'extérieur. Embryon minime : radicule columnaire, obtuse; cotylédons elliptiques, obtus, plus courts que la radicule.

Ce genre renferme deux ou trois espèces, dont voici la plus notable :

Roemeria violet. — *Rœmeria hybrida* De Cand. Syst. et Prodr. — *Chelidonium hybridum* Linn. — Engl. Bot. tab. 201. — *Chelidonium violaceum* Lamk. Flore Franç. — *Chelidonium dodecandrum* Forsk.

Plante ayant le port du *Papaver Argemone*, tantôt glabre ou presque glabre, tantôt plus ou moins poilue. Racine uni- ou pluri-caule, pivotante, peu rameuse. Tiges hautes de 1/2 pied à 1 1/2 pied, dressées, ou ascendantes, grêles, subcylindriques, ordinairement paniculées. Feuilles d'un vert foncé, ordinairement bipennatiparties : les inférieures longues de 5 à 6 pouces; segments et lanières presque égaux ou décrescents, obtus, ou pointus, linéaires, ou sublinéaires, souvent mucronés par une sétule. Pédoncules longs de 1/2 pouce à 3 pouces, cupuliformes au sommet : les fructifères dressés ou presque dressés, à peu près aussi gros que la silique. Sépales longs d'environ 6 lignes, oblongs-obovales. Pétales obovales, ou cunéiformes-obovales, longs d'environ 1 pouce. Étamines à peu près aussi longues que l'ovaire. Silique longue de 2 à 4 pouces, rectiligne et érigée, ou plus ou moins arquée et déclinée, tantôt très-glabre, tantôt plus ou moins hérissée de sétules blanches horizontales; valves larges d'environ 1 ligne. Graines du volume de celle du Coquelicot, d'un brun tirant sur le violet.

Cette plante est commune dans presque toute la région méditerranéenne.

Genre GLAUCIUM. — *Glaucium* Tournef.

Sépales 2. Pétales 4, fugaces. Étamines nombreuses (accidentellement 6-12). Filets filiformes. Anthères linéaires. Ovaire uni-loculaire: placentaires 2; ovules amphitropes, nidulants. Stigmate sessile, accrescent, pelté, disciforme, condupliqué en deux lames subtriangulaires, alternes avec les placentaires. Silique longue, columnaire, comprimée, striée, appendiculée au sommet (par le stigmate), comme bi-loculaire (par un épais tissu fongueux, développé après la floraison et formant une fausse cloison entre les deux placentaires), bivalve de haut en bas, polysperme; valves naviculaires, non-carénées, innervées; placentaires gros, nerviformes, trigones, superficiels. Graines subglobuleuses ou subréniformes, non-strophiolées, uni-sériées de chaque côté du diaphragme et plus ou moins enchâssées dans la substance de celui-ci.

Herbes bisannuelles, ou tantôt annuelles, tantôt bisannuelles. Suc-propre jaune. Tiges rameuses, feuillées. Feuilles sinuées, ou sinuées-pennatifides, ou roncinées, glauques : les caulinaires inférieures et les radicales rétrécies en pétiole; les autres sessiles ou amplexicaules. Pédoncules oppositifoliés et terminaux, solitaires, uniflores, cupuliformes au sommet, nutants avant la floraison, puis dressés, en général courts. Fleurs grandes, éphémères. Sépales concaves, verdâtres, subacuminés. Pétales rouges ou d'un jaune orange, marqués d'une tache basilaire noirâtre ou violette, courtement onguiculés, étalés, bisériés (2 extérieurs, alternes avec les sépales; 2 intérieurs, opposés aux sépales, moins larges que les extérieurs). Réceptacle court, annulaire. Étamines pluri-sériées ou accidentellement uni-sériées, à peu près 2 fois plus courtes que les pétales. Filets jaunes. Anthères jaunes ou violettes, obtuses, échancrées à la base; connectif très-étroit. Ovaire non-stipité, assez grêle, comprimé antérieurement et postérieurement; placentaires latéraux (opposés aux sépales), gros, canaliculés antérieurement. Stigmate laminaire, velouté en-dessus, après la floraison tantôt sagittiforme ou hastiforme (soit très-obtus, soit un peu pointu), tantôt comme quadri-lobé (les deux lamelles divergeant plus ou moins au sommet), tantôt en forme de fer à cheval dont les deux extrémités sont tournées vers en bas. Silique tantôt rectiligne et dressée, tantôt flexueuse, tantôt plus ou moins arquée et soit déclinée soit ascendante, non-stipitée, comprimée en sens contraire du diaphragme; valves fragiles, à mésocarpe subéreux; endocarpe pelliculaire, luisant; nervures placentairiennes planes au dos, lequel n'est pas recouvert par les bords des valves. Graines assez grosses, un peu luisantes, presque anatropes, subrectilignes ou rectilignes au bord antérieur, curvilignes au dos, un peu comprimées des côtés, apiculées à l'extrémité radiculaire, très-obtuses à l'autre bout; tégument extérieur crustacé, assez épais; raphé marginiforme; chalaze peu apparente à l'extérieur. Embryon court : radicule columnaire, apiculée; cotylédons oblongs, obtus, un peu divergents, de moitié au moins plus courts que la radicule.

Ce genre renferme trois ou quatre espèces, dont voici les plus notables :

A. *Feuilles-supérieures profondément cordiformes à leur base et amplexicaules, en général ovales et sinuolées, ou sinuées-pennatifides. Anthères jaunes. Ovaire et silique couverts de papilles scabres. Graines subréniformes, noi-*

res, finement scrobiculées.—Fleurs grandes. Plante toujours bisannuelle.

GLAUCIUM A FLEURS JAUNES.— *Glaucium luteum* Scopol. Carn.—Gærtn. Fruct. II, tab. 115, fig. 6.—Mirb. in Annal. des Sc. Nat. v. 6 (Fruct. Anal.). — Hook. Flor. Lond. tab. 46. —*Glaucium flavum* Crantz, Austr.—*Chelidonium Glaucium* Linn.— Flor. Dan. tab. 585. —Engl. Bot. tab. 8.—Svensk Bot. tab. 171.—Schk. Handb. tab. 140.

— β A FLEURS ROUGEATRES. — *Glaucium fulvum* Smith, Exot. Bot. tab. 7. — *Chelidonium fulvum* Poir. Enc.

Racine assez grosse, fusiforme, roussâtre à l'extérieur, jaune en dedans. Tige haute de 1 pied à 3 pieds, cylindrique, dressée, glauque, lisse, glabre, ou parsemée de courts poils blancs, en général rameuse presque dès sa base. Rameaux ascendants ou plus ou moins étalés, feuillés, souvent paniculés. Feuilles très-glauques, un peu charnues : les radicales et les caulinaires inférieures longues de 6 à 18 pouces, profondément pennatifides (segments souvent crépus, très-inégaux : les inférieurs dentiformes, très-entiers ou à peine dentés, petits, pointus; les suivants oblongs, ou ovales-oblongs, incisés-dentés, ou sinués-pennatifides; le segment terminal plus large, plus ou moins arrondi, ordinairement partagé jusqu'au milieu en lobes sinués-pennatifides), oblongues, rétrécies vers la base, ordinairement pubescentes aux 2 faces; les supérieures ovales ou ovales-oblongues, en général glabres, à lobes tantôt arrondis et très-entiers, tantôt plus ou moins allongés et soit sinuolés, soit sinués-dentés. Pédoncules longs de 3 lignes à 1 pouce, glabres : les fructifères presque aussi gros que le rameau, un peu moins gros que la silique. Sépales longs d'environ 1 pouce, elliptiques, subacuminés, plus ou moins abondamment hérissés de sétules crépues. Pétales d'un jaune de citron, ou d'un rouge orange, obovales, ou obovales-orbiculaires, ou cunéiformes-obovales, plus ou moins érosés (accidentellement bi- ou tri-lobés), larges de 10 à 15 lignes; tache basilaire oblongue, roussâtre. Silique longue de ½ pied à 1 pied, d'environ 2 lignes de diamètre, plus ou moins flexueuse, glabre, mais couverte de papilles rudes. Graines longues d'environ 1 ligne.

Cette espèce, connue sous les noms vulgaires de *Pavot cornu* et *Chélidoine cornue*, croît sur les côtes de l'Océan, dans presque toute l'Europe (la zone polaire exceptée), ainsi que sur le littoral de la Méditerranée. Elle mérite d'être cultivée comme plante d'agrément, tant à cause de ses belles fleurs, qui se succèdent pendant tout l'été, que pour son feuillage élégant. Le suc propre de la plante a les propriétés de celui de la *Chélidoine* ou *Éclaire*, et s'emploie de même dans l'art vétérinaire; quelques médecins l'ont aussi recommandé comme anti-syphilitique.

B. *Feuilles supérieures peu ou point cordiformes ni amplexicaules à leur base (rarement subamplexicaules), souvent décurrentes d'un côté, en général profondément sinuées-pennatifides. Ovaires et siliques hispides ou poilus. Anthères rougeâtres. Graines subglobuleuses, d'un bleu d'ardoise, fortement scrobiculées. — Fleurs de grandeur médiocre. Plante tantôt annuelle, tantôt bisannuelle.*

GLAUCIUM CORNICULÉ. — *Glaucium corniculatum* Curt. Flor. Lond. 6, tab. 32.

— α : A FLEUR POURPRE (*phœniceum*). — *Chelidonium corniculatum* Linn. — *Glaucium phœniceum* Smith, Flor. Græc. tab. 489. — Engl. Bot. tab. 1433. — Gærtn. Fruct. 2, tab. 115. — *Glaucium tricolor* Bernhard. — Reichenb. Plant. Crit. 2, fig. 376.

— β : A FLEUR ROUGEATRE (*rubrum*). — *Glaucium rubrum* Sibth. et Smith, Flor. Græc. tab. 488. — *Glaucium maculatum* Hortor.

— γ : A FLEUR JAUNE (*flavum*). — *Glaucium corniculatum* β : *flaviflorum* De Cand. Syst. et Prodr.

Plante en général plus petite, dans toutes ses parties, que l'espèce précédente, et d'un vert moins glauque. Racine grêle. Tige plus ou moins rameuse (quelquefois simple), subdichotome, dressée, subcylindrique, tantôt glabre, tantôt plus ou moins fortement poilue; rameaux plus ou moins divergents. Feuilles ordinairement poilues ou pubescentes (quelquefois presque incanes) : les inférieures et les radicales longues de 3 pouces à 1 pied (y compris le pétiole), oblongues, ou oblongues-obovales, tantôt roncinées ou très-profondément pennatifides (à segments assez semblables à ceux du *Glaucium luteum*), tantôt sinuées-pennatifides (à lobes sinués-dentés ou incisés-dentés), tantôt seulement sinuées-dentées; les supérieures longues de 1 pouce à 4 pouces, à peu près oblongues, plus ou moins profondément sinuées-pennatifides (à segments en général oblongs ou lancéolés-oblongs, pointus, inégalement dentés, ou incisés-dentés), à sinus très-larges. Pédoncules longs de 2 lignes à 1 pouce, poilus ou glabres : les fructifères à peu près aussi gros que le rameau, plus ou moins divergents. Sépales longs de 6 à 10 lignes, elliptiques-oblongs, subacuminés, ordinairement couverts de poils blancs crépus. Pétales cunéiformes, ou cunéiformes-oblongs, ou cunéiformes-obovales, ou obovales-orbiculaires, érosés (accidentellement bi- ou tri-lobés), longs de 8 à 15 lignes : les 2 extérieurs aussi larges que longs; les 2 intérieurs moins larges : tache basilaire oblongue, d'un pourpre noirâtre, quelquefois (dans les variétés à fleurs rouges) entourée d'une large bande jaunâtre. Silique longue de 4 à 8 pouces, sur 1 1/2 ligne à 2 lignes de diamètre, rectiligne, ou subfalciforme, ou moins souvent un peu flexueuse, érigée, ou plus ou moins divergente, couverte ou parsemée soit de sétules soit de poils tantôt apprimés, tantôt horizontaux. Graines un peu moins longues que celles de l'espèce précédente, mais plus grosses et plus fortement scrobiculées.

Cette espèce est commune dans presque toute la région méditerranéenne, et se retrouve çà et là dans l'Europe moyenne. On la cultive parfois comme plante d'agrément.

Genre CHÉLIDOINE. — *Chelidonium* C. Bauh.

Sépales 2, colorés. Pétales 4, fugaces. Étamines 20-30. Filets filiformes-spathulés. Anthères elliptiques. Ovaire uni-loculaire : placentaires 2; ovules anatropes, bisériés sur chaque placentaire. Style court, gros, subcylindrique. Stigmate non-accrescent, biparti : lobes connivents, alternes avec les placentaires. Silique longue, linéaire, comprimée bilatéralement, uni-loculaire, polysperme, élastiquement bivalve de bas en haut; valves subnaviculaires, légèrement carénées, innervées; placentaires filiformes, superficiels. Graines ovoïdes, finement réticulées, strophiolées, bisériées sur chaque placentaire.

Herbe vivace, multicaule. Suc-propre jaune, épais. Racine pivotante, grosse, rameuse. Tiges rameuses, feuillées. Feuilles pennatiparties (segments comme pétiolulés, décurrents sur le pétiole par leur bord supérieur), flasques : les inférieures pétiolées; les supérieures sessiles ou subsessiles, souvent bi-auriculées à leur base. Fleurs éphémères, de grandeur médiocre, disposées en ombelles simples. Pédoncules oppositifoliés et terminaux, solitaires (rarement géminés); pédicelles cupuliformes au sommet, longs, filiformes, toujours dressés (ainsi que les pédoncules), munis chacun à sa base d'une bractéole engaînante persistante. Sépales jaunes, cymbiformes, apiculés. Pétales d'un jaune vif, étalés, bisériés : 2 extérieurs, alternes avec les sépales; 2 intérieurs, opposés aux sépales. Réceptacle court, annulaire. Étamines pauci-sériées, jaunes, à peu près de moitié plus courtes que les pétales : filets subancipités. Anthères comprimées, échancrées aux deux bouts : connectif aussi large que les bourses, un peu caréné antérieurement ainsi que postérieurement. Ovaire linéaire, non-stipité, comprimé bilatéralement; placentaires latéraux (opposés aux sépales), multi-ovulés. Stigmate blanchâtre : lobes subovales, obtus, convexes postérieurement, planes antérieurement. Silique non-stipitée, rectiligne, ou flexueuse, dressée, toruleuse, mince, chartacée; valves plus ou moins contournées après la déhiscence. Graines luisantes, cylindriques; tégument extérieur mince, crustacé; strophiole en forme de crête presque aussi large que la graine, blanche, papilleuse, charnue, subovale, dentée, recouvrant le raphé; exostome ponctiforme; chalaze concave. Embryon minime: radicule conique, apiculée; cotylédons divergents, elliptiques, obtus, plus courts que la radicule.

L'espèce que nous allons décrire constitue à elle seule le genre.

Chélidoine Éclaire. — *Chelidonium majus* Linn. — Flor. Dan. tab. 542. — Schk. Handb. tab. 140. — Bull. Herb. tab. 61. — Svensk Bot. tab. 67. — Engl. Bot. tab. 1581. — *Chelidonium grandiflorum* De Cand. Syst. et Prodr. — *Chelidonium davuricum* Bernh.

— β : *Chelidonium laciniatum* Mill. Ic. tab. 92, fig. 2. — *Chelidonium quercifolium* Willem.

Racine grosse, rameuse, fibrilleuse, roussâtre, d'un jaune-orange à l'intérieur. Tiges hautes de 1 pied à 2 ½ pieds, dressées, subcylindriques, grêles, cassantes, subdichotomes, un peu renflées aux articulations, plus ou moins abondamment parsemées de poils blancs, courts, crépus, subhorizontaux. Feuilles d'un vert foncé en dessus, glauques en dessous : les caulinaires inférieures et les radicales comme 11-15-foliolées, atteignant jusqu'à 1 pied de long; les supérieures en général comme 5-ou 7-foliolées; pétiole subtrigone, canaliculé; segments (folioles) ovales, ou ovales-oblongs, ou suboblongs, ou irrégulièrement lancéolés, ou subrhomboïdaux : le terminal ordinairement trifide, ou trilobé, ou triparti (quelquefois 5-parti, comme pédalé), tantôt comme pétiolulé, tantôt confluent avec la dernière paire; les segments latéraux accrescents ou décrescents, longs de quelques lignes à 4 pouces, tantôt profondément crénelés, ou incisés-dentés, ou sinués-lobés, tantôt sinués-pennatifides à lanières incisées-dentées ou quelquefois sublinéaires. Pédoncules longs de 1 pouce à 4 pouces, glabres, ou pubérules, grêles, 4-9-flores. Pédicelles (ordinairement anisomètres dans la même ombelle) longs de 8 lignes à 4 pouces. Sépales longs de 3 à 4 lignes, glabres, ou pubérules, ou poilus, jaunâtres, subelliptiques, rétrécis aux deux bouts. Pétales longs de 5 à 8 lignes, obovales, ou elliptiques-obovales, ou oblongs-obovales, quelquefois crénelés au sommet. Silique longue de 1 pouce à 2 pouces, verdâtre même à la maturité, lisse, très-glabre; valves larges de ½ ligne à 1 ligne. Graines noires, un peu plus grosses que celles du Pavot.

Cette plante, nommée vulgairement *Grande Chélidoine, Felougue*, et *Éclaire*, est commune dans toute l'Europe, ainsi qu'en Sibérie et en Orient. Elle se plaît dans les endroits ombragés, tels que les bois, le bord des haies et des buissons, les décombres, etc. On la trouve en fleurs depuis le mois de mai jusque vers la fin de l'été.

Le suc-propre âcre et amer qui abonde dans toutes les parties de la Chélidoine était un médicament fort préconisé dans la thérapeutique des anciens, surtout comme ophthalmique et dépuratif : on lui attribue en outre des propriétés fébrifuges, sudorifiques et anti-syphilitiques; mais son administration à l'intérieur peut devenir mortelle à forte dose; aussi n'en fait-on guère usage aujourd'hui, si ce n'est à l'extérieur, pour extirper les verrues et autres excroissances de la peau, ou bien dans l'art vétérinaire, pour cautériser les ulcères.

IIe TRIBU. SANGUINARIÉES. — *SANGUINARIEÆ* Spach.

Sépales 2. Pétales 6-14 (ou nuls), planes et non-chiffonnés en estivation, non-éphémères. Ovaire uniloculaire. Ovules (et graines) horizontaux ou renversés, anatropes. Péricarpe (silique ou silicule) bivalve, à 2 placentaires intervalvaires, persistants. Embryon minime. — Sucs-propres colorés.

Genre SANGUINARIA. — *Sanguinaria* Linn.

Sépales 2, concaves, colorés, mutiques. Pétales 6-14. Étamines nombreuses. Filets filiformes-spathulés, comprimés. Anthères elliptiques-oblongues. Ovaire subcylindrique; placentaires larges, nerviformes; ovules nidulants, horizontaux. Style court, gros, columnaire. Stigmate biparti : lobes dressés, connivents, oblongs, obtus, comprimés. Silique rostrée (par le style), lancéolée-oblongue, un peu comprimée, renflée, uni-loculaire, bi-valve, polysperme. Graines subglobuleuses, lisses, strophiolées, horizontales : funicule presque nul.

Herbe vivace, acaule. Rhizome tubéreux, rameux, rampant, garni de racines fibrilleuses, et vers ses extrémités de bourgeons écailleux à la fois folifères et scapifères. Suc-propre rouge. Feuilles solitaires ou géminées dans chaque bourgeon, longuement pétiolées, lisses, succulentes, d'un vert glauque, cordiformes-orbiculaires ou réniformes, nerveuses, palmati-lobées. Hampes solitaires dans chaque bourgeon, nues, dressées, uniflores, peu ou point dilatées sous la fleur. Fleurs dressées, assez grandes, épanouies au soleil, fermées à l'ombre et pendant la nuit. Sépales subpétaloïdes, d'un blanc rose ou d'un rouge verdâtre. Pétales d'un blanc soit pur, soit carné, immaculés, peu à peu rétrécis vers leur base, tri-ou pluri-sériés (tantôt ternés, tantôt quaternés par série), étalés pendant l'épanouissement : les intérieurs plus étroits que les extérieurs. Réceptacle court, annulaire, peu apparent. Étamines 20-40, pluri-sériées : les extérieures plus courtes que les intérieures; celles-ci 2 à 3 fois plus courtes que les pétales. Filets blancs, étroits, non-subulés au sommet. Anthères adnées, jaunes, échancrées au sommet, comprimées, non-arquées après l'anthèse : connectif linéaire, à peu près aussi large que les bourses. Pistil plus court que les étamines. Ovaire non-stipité, rétréci aux 2 bouts, plus long que le style; nervures placentairiennes larges, planes, saillantes. Ovules ovoïdes, nombreux, irrégulièrement quadri-sériés sur chaque placentaire : exostome infère. Style rectiligne, subcylindrique. Lobes du stigmate plus longs que le style, peu ou point accrescents, papilleux antérieurement et aux bords. Silique rectiligne ou subfalciforme, dressée; valves subnaviculaires, non-carénées, minces, herbacées, uni-nervées. Graines par avortement irrégulièrement bisériées sur chaque placentaire, assez grosses, brunes, luisantes, mucronulées à l'extrémité radiculaire; tégument testacé, fragile; strophiole blanche, mince, dentée, en forme de crête assez étroite, mais un peu plus longue que la graine; raphé couvert par la strophiole; chalaze orbiculaire; exostome inapparent. Embryon minime, subovale : radicule conique, apiculée; cotylédons (quelquefois à peine indiqués par une légère échancrure) obtus, très-courts, plus ou moins divergents.

L'espèce suivante constitue à elle seule le genre.

Sanguinaria du Canada. — *Sanguinaria canadensis* Linn. — Dill. Hort. Elth. tab. 252. — Lamk. Ill. tab. 449. — Bigel. Med. Bot. tab. 7. — Bot. Mag. tab. 162. — *Sanguinaria grandiflora* Rosc. Flor. Ill. Seas. tab. 8. — Sweet, Brit. Flow. Gard. ser. 2, tab. 147.

Rhizome horizontal ou oblique, brunâtre à l'extérieur, rouge à l'intérieur, atteignant la grosseur du pouce d'un homme. Écailles des bourgeons ovales ou ovales-elliptiques, rougeâtres, glabres comme les autres parties de la plante. Feuilles larges de 3 à 10 pouces, souvent rougeâtres étant jeunes, plus ou moins profondément divisées en 5 ou 7 (rarement en 9) lobes tantôt arrondis, tantôt subrhomboïdaux, incombants, rétrécis à la base et séparés par des sinus arrondis plus ou moins larges; les trois lobes terminaux ordinairement trifides et moins larges; les autres lobes sinuolés, ou profondément crénelés, ou incisés-crénelés; pétiole long de 3 à 10 pouces, subcylindrique, assez gros, dressé, plane et quelquefois légèrement canaliculé en dessus. Hampe grêle, rougeâtre, tantôt plus longue que les feuilles, tantôt plus courte. Sépales longs de 5 à 8 lignes, oblongs, obtus, échancrés. Pétales longs de 6 à 15 lignes, oblongs, ou elliptiques-oblongs, ou lancéolés-oblongs, ou lancéolés-elliptiques, arrondis au sommet. Silique longue de 1 ½ pouce à 2 pouces (y compris le style); valves larges de 2 à 3 lignes. Graines du volume de celles du Chou.

Cette plante croît au Canada et dans les montagnes des États-Unis. Ses fleurs, qui paraissent dès le commencement du printemps et qui ressemblent à celles d'une Anémone, la font cultiver dans les parterres. Elle ne prospère que dans les terrains légers et humides.

Aux États-Unis, le suc-propre du *Sanguinaria* est fréquemment employé en thérapeutique : administré avec les précautions nécessaires, c'est un excellent remède tant purgatif qu'émétique; à très-petite dose, il est stimulant et sudorifique; appliqué à l'extérieur, il sert à cautériser les ulcères.

Genre MACLÉAYA. — *Macleaya* R. Br.

Sépales 2, colorés, cuculliformes, mucronés. Pétales nuls. Étamines nombreuses. Filets capillaires. Anthères linéaires. Ovaire comprimé, stipité; placentaires filiformes, 3-5-ovulés; ovules horizontaux, unisériés sur chaque placentaire. Style très-court. Stigmate biparti : lobes linéaires, obtus, dressés, connivents, alternes avec les placentaires. Silicule spathulée, marginée (par les nervures placentairiennes), comprimée, un peu renflée, apiculée, courtement stipitée, uni-loculaire, 3-6-sperme, bivalve de bas en haut. Graines ovoïdes ou ellipsoïdes, cylindriques, scrobiculées, strophiolées, horizontales : funicule presque nul.

Herbe vivace. Racine pivotante, polycéphale. Tiges dressées, élancées, feuillues, rameuses seulement dans leur partie supérieure. Rameaux nus (du moins les supérieurs), ou médiocrement feuillés, disposés en panicule pyramidale. Feuilles grandes, pétiolées, lisses, discolores, penninervées, cordiformes à leur base, sinuées-lobées. Fleurs de grandeur médiocre, disposées sur chaque rameau en panicule plus ou moins composée, aphylle ou subaphylle, assez dense, oblongue : ramules filiformes ou très-grêles, naissant chacun à l'aisselle d'une bractéole, ou quelquefois (surtout les inférieurs) à l'aisselle d'une petite feuille. Pédicelles (disposés en corymbes courtement pédonculés) capillaires, pendants avant et après la floraison, dressés lors de l'anthèse, tri- ou bi-bractéolés à leur base. Bractéoles petites, persistantes, membraneuses, ciliolées, subverticillées ou opposées. Boutons claviformes, bi-apiculés. Sépales subspathulés, d'un blanc tirant sur le rose. Réceptacle petit, conique. Étamines 20-40, à peu près aussi longues que les sépales; filets blanchâtres, anisomètres, pluri-sériés; anthères à peu près aussi longues que les filets, jaunâtres, comprimées, apiculées; connectif très-étroit. Pistil à peine aussi long que les filets. Ovaire petit, rétréci aux deux bouts. Lobes du stigmate comprimés, papilleux aux bords, plus longs que le style. Silicule pendante, chartacée, très-lisse, oblongue-spathulée, courtement apiculée par le style, portée sur un court stipe filiforme; valves caduques dès la maturité, très-minces, un peu concaves, légèrement carénées, munies d'une nervure médiane filiforme et de quelques veinules très-fines; endocarpe luisant, membraneux. Graines petites, luisantes, d'un brun de châtaigne, apiculées à l'extrémité radiculaire, obtuses à l'autre bout, finement scrobiculées; tégument testacé, assez épais; strophiole blanche, formant un bourrelet rectiligne, une fois plus court que la graine, adné au raphé, quelquefois libre au sommet et prolongé un peu au-delà de l'exostome; raphé nerviforme, caréné, en partie recouvert par la strophiole; chalaze mammiforme. Embryon minime; cotylédons (*presque toujours au nombre de 3 ou 4*) divergents, très-courts, arrondis; radicule courte, grosse, conique, apiculée.

L'espèce que nous allons décrire constitue à elle seule le genre.

MACLÉAYA A FEUILLES CORDIFORMES. — *Macleaya cordata* R. Br. in Denh. et Clappert. Trav. Append. p. 13. — *Bocconia cordata* Willd. — Jacq. Fragm. tab. 93, fig. 1. — Bot. Mag. tab. 1905.

Tiges hautes de 3 à 5 pieds, fermes, subcylindriques, rougeâtres ou couvertes d'une poussière glauque. Feuilles glabres et d'un vert pâle en dessus, pubérules et d'un glauque blanchâtre en dessous, ovales, ou suborbiculaires, ou ovales-orbiculaires, en général profondément cordiformes à leur base : les radicales et les inférieures atteignant jusqu'à un pied de large; les autres graduellement plus petites; lobes sinuolés ou sinués-dentés, arrondis; pétiole (celui des feuilles supérieures court; celui des feuilles inférieures long de 4 à 8 pouces) nervures et veines d'un pourpre violet. Panicule générale longue de 1/2 pied à 3 pieds. Pédicelles plus courts que le calice. Sépales longs de 5 à 6 lignes. Silicule longue de 6 à 10 lignes, sur 2 lignes de large à son sommet, glauque avant la maturité, finalement brunâtre. Graines longues de 2/3 de ligne à 1 ligne.

Cette plante, originaire de la Chine, se cultive dans les grands parterres.

Genre BOCCONIA. — *Bocconia* (Linn.) R. Br.

Sépales 2, colorés, concaves, acuminés. Pétales nuls. Étamines 6-24. Filets capillaires. Anthères linéaires-tétragones. Ovaire stipité, uni-ovulé; placentaires nerviformes; ovule renversé, attaché (un peu au-dessus de la base de l'un des placentaires) moyennant un funicule filiforme ascendant. Style court, linéaire, comprimé. Stigmate biparti : lobes subulés, divergents, alternes avec les placentaires. Silicule elliptique, un peu comprimée, marginée (par les nervures placentairiennes), rostrée (par le style), longuement stipitée, uniloculaire, monosperme, bivalve de bas en haut. Graine ellipsoïde ou ovoïde, grosse (remplissant la silicule), lisse, renversée, recouverte à l'extrémité radiculaire par un arille incomplet, un peu charnu.

Sous-arbrisseaux peu rameux. Suc-propre jaune. Feuilles grandes, persistantes, courtement pétiolées, pennatifides, ou seulement dentées, ou très-entières, roselées à l'extrémité des rameaux. Fleurs de grandeur médiocre, disposées en panicule terminale aphylle, subpyramidale, composée d'une multitude de petits corymbes ou de grappes corymbiformes. Pédicelles filiformes, dilatés en disque au-dessous de la fleur, dressés ou divergents après la floraison, uni-bractéolés à la base. Bractéoles petites, persistantes. Sépales subpétaloïdes, d'un rouge verdâtre. Filets blanchâtres. Anthères jaunâtres, obtuses aux deux bouts, aussi longues que les filets : connectif très-étroit. Pistil plus long que les étamines. Lobes du stigmate longs, papilleux antérieurement. Silicule portée sur un long stipe linéaire, rabattu, comprimé de même que les nervures placentairiennes et le style; valves chartacées, naviculaires, innervées, à peine veinées, rétrécies vers la base, arrondies au sommet: endocarpe luisant, membraneux; nervures placentairiennes assez larges, saillantes. Graines solitaires, cylindriques, luisantes, apiculées à l'extrémité radiculaire (infère relativement au péricarpe), obtuses à l'autre bout, attachées moyennant un funicule filiforme, ascendant, persistant, plus court que la graine; arille court, sinueux, en forme de coiffe conique; tégument testacé; chalaze subterminale, concave; raphé filiforme. Embryon minime; cotylédons divergents, très-courts, arrondis; radicule conique, apiculée.

Ce genre, propre à l'Amérique équatoriale, renferme deux ou trois espèces, dont voici la plus notable:

Bocconia frutescent. — *Bocconia frutescens* Linn. — Sloan. Jam. 1, tab. 125. — Lamk. Ill. tab. 394. — Loddig. Bot. Cab. tab. 83.

Tige atteignant 10 pieds de haut, finalement ligneuse, remplie de moelle blanche. Rameaux terminaux, fragiles, simples, peu nombreux, feuillus vers l'extrémité. Feuilles longues de 1/2 pied à 1 pied, larges de 2 à 4 pouces, vertes et glabres en dessus, glauques et pubescentes ou cotonneuses en dessous, lancéolées-oblongues, ou lancéolées-elliptiques, sinuées-pennatifides; lobes oblongs ou ovales-oblongs, obtus, inégalement dentés. Panicules amples, pyramidales, longues de 1 pied, ou plus. Bractéoles oblongues, ou oblongues-lancéolées, acuminées, 3-ou 5-nervées, plus courtes que les pédicelles. Pédicelles longs de 2 à 4 lignes. Sépales longs d'environ 3 lignes, elliptiques-oblongs, finalement striés. Étamines à peu près aussi longues que les sépales. Silicules pendantes, glauques avant la maturité; valves longues de 3 à 4 lignes, larges de 1/2 ligne à 2 lignes: stipe à peu près aussi long que les valves. Graines d'un brun de châtaigne : arille jaunâtre (du moins à l'état sec).

Cette espèce, indigène aux Antilles, au Mexique et dans l'Amérique méridionale, se cultive fréquemment dans les collections de serre; son feuillage est très-élégant.

IIIe TRIBU. LES HUNNÉMANNIÉES. — *HUNNEMANNIEÆ* Bernh.

Sépales 2, libres, ou soudés en coiffe. Pétales 4, non-éphémères, plissés en préfloraison. Étamines périgynes, insérées (ainsi que les pétales) à la gorge d'un disque tapissant la surface interne d'un réceptacle concave, continu avec le pédoncule et engaînant la base de l'ovaire. Ovaire uni-loculaire. Ovules (et graines) anatropes, horizontaux. Péricarpe siliquiforme, déhiscent (avec élasticité, de bas en haut) en deux valves caduques, placentifères aux bords. Embryon de moitié ou jusqu'à 2 fois plus court que le périsperme.

Genre DENDROMÉCONE. — *Dendromecon* Benth.

« Sépales 2, ovales, caducs. Pétales 4. Étamines très-« nombreuses. Filets filiformes. Anthères linéaires. Stig-« mates 2, sessiles, courts, épais. Capsule siliquiforme, sil-« lonnée, uni-loculaire, bivalve de bas en haut; valves « coriaces; placentaires marginaux, filiformes, polysper-« mes. Graines pyriformes, lisses. » (Bentham.)

Sous-arbrisseau très-feuillu, glabre. Feuilles coriaces, persistantes, denticulées, penninervées, réticulées, subsessiles. Pédoncules axillaires et terminaux, uniflores. Fleurs grandes, jaunes. (Étamines hypogynes?)

On ne connaît que l'espèce suivante :

DENDROMÉCONE RAIDE. — *Dendromecon rigidum* Benth. in Trans. of the Hort. Soc. ser. 2, vol. 1; p. 407. — Hook. Ic. Plant. 1, tab. 36.

Arbuste bas. Feuilles lancéolées ou ovales-lancéolées, pointues, rugueuses ; pétiole (suivant M. Hooker) articulé à sa base. Fleurs de la grandeur de celles du *Papaver nudicaule*. Sépales cymbiformes. Pétales obovales-orbiculaires. Capsule grêle, assez semblable à celle des *Escholzia*.

Cette plante a été découverte en 1832, dans la Californie, par M. Douglas.

Genre HUNNÉMANNIA. — *Hunnemannia* Sweet.

Sépales 2, concaves. Pétales 4, courtement onguiculés. Réceptacle court, cupuliforme. Disque charnu. Étamines nombreuses. Filets courts, linéaires-tétragones. Anthères linéaires-oblongues, latéralement déhiscentes. Ovaire columnaire, subcylindrique, 10-sulqué ; placentaires 2, nerviformes, multi-ovulés ; ovules nidulants. Style très-court, turbiné. Stigmate pelté, disciforme, presque carré, concave au centre. Capsule grêle, subcylindrique, 10-nervée, rétrécie aux deux bouts, uni-loculaire, bi-valve, polysperme. Graines subglobuleuses, chagrinées, non-strophiolées.

Sous-arbrisseau très-rameux, très-glabre. Feuilles pétiolées, triternatiparties, glauques; lanières étroites, très-entières. Pédoncules solitaires, terminaux, longs, nus, uniflores, toujours dressés. Réceptacle dilaté au sommet en rebord étroit. Disque charnu, débordant la gorge du réceptacle sous forme d'anneau assez large. Fleurs grandes. Sépales verdâtres, subacuminés. Corolle d'un jaune vif, épanouie au soleil, fermée à l'ombre et à l'obscurité (les pétales se redressant et se recouvrant mutuellement comme dans le bouton). Étamines (environ 40) jaunes, beaucoup plus courtes que les pétales; filets à peine élargis à leur base, à peu près aussi longs que les anthères; anthères obtuses, un peu comprimées : connectif linéaire, étroit. Pistil un peu plus long que les étamines. Ovaire enfoncé par sa base dans le réceptacle. Ovules subquadri-sériés sur chaque placentaire. Capsule rectiligne ou un peu arquée, dressée : valves subcoriaces, 5-nervées, trisulquées, naviculaires, plus ou moins tordues après la déhiscence. Graines assez grosses, noirâtres, apiculées à l'extrémité radiculaire, par avortement unisériées sur chaque placentaire ; tégument double : l'extérieur crustacé ; l'intérieur testacé ; raphé filiforme, superficiel; chalaze orbiculaire, un peu concave. Embryon à peu près deux fois plus court que le périsperme; cotylédons ovales-orbiculaires, divergents, à peu près aussi longs que la radicule, tantôt très-entiers, tantôt plus ou moins profondément bilobés; radicule columnaire, très-obtuse.

On ne connaît que l'espèce dont nous allons traiter.

HUNNÉMANNIA A FEUILLES DE FUMARIA. — *Hunnemannia fumariæfolia* Sweet, Brit. Flow. Gard. tab. 276. — Bot. Mag. tab. 3061.

Tiges suffrutescentes, hautes de 1 pied à 2 pieds, grêles, dressées, striées de côtes rougeâtres. Rameaux nombreux, plus ou moins allongés, ordinairement simples et uniflores. Feuilles larges de 2 à 5 pouces : lanières linéaires ou linéaires-spathulées, obtuses, quelquefois mucronulées. Pédoncules grêles, longs de 3 à 6 pouces. Pétales larges de 10 à 15 lignes, obovales-orbiculaires, ou cunéiformes-obovales. Capsule longue de 2 à 4 pouces. Graines du volume de celles du Chou, d'un brun foncé.

Cette plante, indigène au Mexique, se cultive dans les collections d'orangerie; elle fleurit pendant la plus grande partie de l'année.

Genre ÉSCHOLZIA. — *Eschscholzia* Chamiss.

Calice calyptriforme, cuspidé au sommet. Pétales 4. Réceptacle cyathiforme ou tubuleux. Disque membraneux. Étamines nombreuses. Filets courts, linéaires, très-élargis à leur base. Anthères oblongues, extrorses. Ovaire columnaire, subcylindrique, 10-sulqué ; placentaires 2, nervi-formes, multi-ovulés. Ovules nidulants. Style court, gros, conique, bifide au sommet. Stigmates 4 (ou accidentellement 2), filiformes, subulés, divergents, anisomètres : 2 plus courts (quelquefois nuls ou abortifs), alternes avec les placentaires. Capsule grêle, rétrécie aux deux bouts, comprimée bilatéralement, 10-nervée, uni-loculaire, bivalve, polysperme. Graines globuleuses, réticulées, non-strophiolées.

Herbes vivaces, très-glabres. Suc-propre légèrement laiteux, blanchâtre. Racine pivotante, polycéphale. Tiges touffues, feuillues, très-rameuses. Feuilles triternatiparties ou bipennatiparties, glauques, pétiolées : lanières sublinéaires, étroites. Pédoncules terminaux et oppositifoliés, solitaires, longs, nus, uniflores, toujours dressés, plus ou moins dilatés au sommet. Réceptacle plus ou moins allongé, dilaté à son sommet en rebord plus ou moins large. Disque prolongé au-delà de la gorge du réceptacle en gaîne membraneuse. Calice verdâtre, inséré à la gorge du réceptacle et se détachant d'une seule pièce. Corolle grande, d'un jaune vif ou orange, épanouie au soleil, fermée à l'ombre et à l'obscurité (les pétales se redressant et se recouvrant mutuellement comme dans le bouton) ; pétales larges, subflabelliformes, à peine onguiculés, immaculés, ou marqués d'une tache basilaire. Étamines jaunes, 2 à 4 fois plus courtes que les pétales, au nombre d'environ 40, plurisériées : les séries extérieures insérées à la base des pétales ; les autres insérées à la gorge du disque. Filets plus courts que les anthères, aplatis, épaissis et dilatés à la base, non-subulés au sommet. Anthères adnées, apiculées, falciformes après l'anthèse, parfaitement extrorses : connectif convexe, plus large que les bourses. Ovaire quelquefois enfoncé jusque vers son milieu dans le réceptacle. Pistil un peu plus long que les étamines. Placentaires latéraux. Ovules subquadri-sériés sur chaque placentaire. Stigmates papilleux, blanchâtres, non-accrescents, marcescents. Capsule rectiligne ou subfalciforme, dressée, subcoriace, rétrécie aux deux bouts; valves 5-sulquées, 5-nervées, naviculaires, plus ou moins arquées après la déhiscence; nervures convexes, saillantes : 3 médianes, plus fortes, et 2 presque marginales, plus fines; placentaires filiformes, simples, emportés ordinairement aux bords de la même valve, dont ils sont facilement séparables. Funicules courts, capillaires. Graines assez grosses, noirâtres, apiculées aux deux bouts, subbisériées sur chaque placentaire; tégument crustacé, assez épais; raphé filiforme; chalaze mammiforme. Embryon à peu près de moitié plus court que le périsperme : cotylédons divergents, aussi longs que la radicule, profondément bifides (lobes linéaires-oblongs, obtus, divergents); radicule columnaire, obtuse.

Ce genre dont on connaît quatre espèces, est propre aux côtes occidentales de l'Amérique septentrionale. En général, les *Escholzia* sont très-remarquables par la beauté de leurs fleurs; aussi les espèces que nous allons décrire se cultivent-elles fréquemment dans les parterres.

A. *Réceptacle cyathiforme, à rebord étroit. Pétales d'un jaune de citron, excepté vers leur base, laquelle est de couleur orange de même que les filets. Stigmates majeurs à peine plus longs que l'ovaire (ou quelquefois un peu plus courts), de moitié plus longs que les deux autres stigmates.*

ÉSCHOLZIA DE CALIFORNIE. — *Eschscholzia californica* Chamisso, in Hor. Phys. Berol. p. 73, tab. 15. — Bot. Reg. tab. 1168.—Sweet, Brit. Flow. Gard. tab. 265. — Bot. Mag. tab. 2887.

Tiges ascendantes ou décombantes, striées, grêles, touffues, très-rameuses, longues de 1 pied à 2 pieds. Feuilles triternatiparties ou bipennatiparties, un peu charnues, longues de 2 à 4 pouces; lanières linéaires, obtuses, quelquefois bi- ou tri-fides. Pédoncules grêles, raides, striés, longs de 3 à 6 pouces. Calice long d'environ 8 lignes, plus ou moins longuement cuspidé. Corolle large de 2 à 3 pouces : pétales cunéiformes-obovales, ou flabelliformes, 2 à 3 fois plus longs que les étamines. Capsule longue de 2 à 3 pouces, glauque avant la maturité, finalement brune. Graines du volume de celles du Chou, irrégulièrement marbrées de jaune.

Cette espèce, déjà découverte par Menzies, en Californie, a été retrouvée par M. de Chamisso, et plus tard par Douglas; c'est par les soins de ce dernier qu'elle fut introduite en Angleterre. Elle fleurit pendant la plus grande partie de l'été.

B. *Réceptacle cyathiforme, à rebord très-large. Pétales d'un jaune orange. Filets panachés de noir au-dessus de leur base. Les deux stigmates majeurs ordinairement* 3 *à* 4 *fois plus longs que les deux autres, toujours plus longs que l'ovaire.*

ÉSCHOLZIA SAFRANÉ.—*Eschscholzia crocea* Benth. in Trans. Hort. Soc. ser. 2, v. 1, p. 407. — Bot. Reg. tab. 1677. — Bot. Mag. tab. 3495. — *Chryseis compacta* Bot. Reg. tab. 1948.

Plante tout à fait semblable à l'espèce précédente, tant par le port que par le feuillage, la grandeur de la fleur et la forme de la capsule. Calice longuement cuspidé. Pétales acuminés, ou rétus, ou tronqués. Rebord du réceptacle rougeâtre, subsinuolé, large d'environ 1 ligne.

Cette espèce a été découverte par M. Douglas, en Californie. Elle est très-répandue dans les jardins depuis plusieurs années, et mérite d'être préférée à l'*Eschscholzia californica*, la couleur de ses fleurs étant beaucoup plus brillante.

IVe TRIBU. LES PLATYSTÉMONÉES. — *PLATYSTEMONEÆ* Reichenb.

Sépales 3 (accidentellement 4). Pétales 6, non-éphémères, non chiffonnés en estivation. Filets aplatis, spathulés. Ovaire uni-loculaire, ou composé de 8 à 12 coques contiguës, cohérentes par le bord antérieur. Ovules (et graines) renversés ou horizontaux, anatropes. Péricarpe soit uni-loculaire et à 3 valves caduques (placentifères aux bords), soit composé de 8 à 12 follicules contigus (mais non-cohérents), lomentacés (à articles monospermes). Embryon en général presque aussi long que le périsperme.

Genre PLATYSTIGMA. — *Platystigma* Benth.

Sépales 3, ovales, concaves. Pétales 6. Étamines 18 ou plus : Filets linéaires-spathulés. Anthères linéaires, adnées, apiculées. Ovaire trigone ; placentaires 3, gros, multi-ovulés ; ovules nidulants. Stigmates 3, sessiles, subpétaloïdes, ovales, dressés, divergents, presque planes, alternes avec les placentaires. Capsule fusiforme, profondément trisulquée (presque tri-coque), tricéphale, oblongue, uniloculaire, polysperme, trivalve de haut en bas : valves épaissies et placentifères aux bords, naviculaires ; placentaires filiformes. Graines minimes, ovoïdes, ou ellipsoïdes, très-lisses, non-strophiolées.

Herbe annuelle, multicaule. Tiges basses, feuillues. Feuilles étroites, très-entières, amplexicaules, tantôt alternes, tantôt opposées ou verticillées-ternées. Pédoncules oppositifoliés (ou axillaires) et terminaux, longs, grêles, nus, uni-flores, dressés. Fleurs de grandeur médiocre. Sépales verdâtres, caducs. Corolle étalée au soleil, fermée à l'ombre et pendant la nuit ; pétales courtement onguiculés : les 3 extérieurs d'un jaune vif, avec une tache basilaire blanche; les 3 intérieurs blancs, avec une tache basilaire jaune. Étamines jaunes, plus courtes que les pétales. Filets membraneux, uni-nervés, subulés au sommet. Anthères comprimées, latéralement déhiscentes : connectif étroit, linéaire. Ovaire court; non-stipité. Stigmates non-accrescents, marcescents. Capsule chartacée, innervée, non-stipitée, petite, dressée, rétrécie à sa base. Graines un peu plus petites que celles du Coquelicot, noires, luisantes, un peu comprimées bilatéralement, subapiculées à l'extrémité radiculaire, ou obtuses aux deux bouts; tégument crustacé; raphé filiforme, superficiel; chalaze inapparente à l'extérieur. Embryon très-grêle, cylindracé, un peu curviligne, en général presque aussi long que le périsperme (quelquefois de moitié plus court); cotylédons un peu divergents, linéaires, obtus, presque deux fois plus courts que la radicule; radicule columnaire, obtuse.

L'espèce dont nous allons parler est la seule qu'on connaisse de ce genre.

Platystigma a feuilles linéaires. — *Platystigma lineare* Benth. in Trans. Hort. Soc. ser. 2, vol. 1, p. 406. — Bot. Reg. tab. 1954. — Bot. Mag. tab. 3575. — Hook. Ic. Sel. v. 1, tab. 38.

Plante haute de quelques pouces à 1/2 pied (y compris les pédoncules), glauque, plus ou moins poilue : poils raides, blanchâtres, long de 1 ligne à 2 lignes, en général horizontaux ou réfléchis. Racine pivotante, presque filiforme, fibrilleuse inférieurement. Tiges ascendantes ou dressées, très-grêles, touffues, feuillues, beaucoup plus courtes que les pédoncules, florifères presque dès la base, en général ramuleuses : ramules très-courts, feuillus, pauciflores, simples. Feuilles glabres ou ciliées, subtrinervées, linéaires-lancéolées, pointues, longues de 1 pouce à 3 pouces, larges de 1/3 de ligne à 1 ligne. Pédoncules très-grêles ou presque filiformes, poilus, longs de 3 pouces à 1/2 pied. Pétales obovales, longs de 3 à 6 lignes. Pistil glabre, lors de l'anthèse un peu plus court que les étamines. Stigmates à peu près 2 fois plus courts que l'ovaire. Capsule longue d'environ 6 lignes.

Cette jolie plante est indigène en Californie, d'ou elle fut introduite en Angleterre par Douglas. Elle fleurit en été et mérite d'être cultivée pour l'ornement des parterres : sa corolle, moitié jaune, moitié blanche, produisant un effet fort élégant.

Genre PLATYSTÉMON. — *Platystemon* Benth.

Sépales 3, cymbiformes. Pétales 6, marcescents. Étamines nombreuses, marcescentes. Filets bilobés au sommet, spathulés : les intérieurs très-larges. Anthères linéaires, adnées, apiculées. Ovaire à 8-12 coques uniloculaires, linéaires, conniventes, contiguës, cohérentes par le bord antérieur; placentaires nerviformes, bipartiples, 7-12-ovulés, solitaires dans chaque coque, suturaux; ovules renversés, unisériés dans chaque coque. Stigmates en même nombre que les coques, terminaux, sessiles, divergents, filiformes, trigones. Péricarpe à 7-12 follicules lomentacés, unisériés, verticillés, contigus (mais non-cohérents), comprimés, moniliformes, articulés, rostrés; articles monospermes (à endocarpe coriace), se désunissant lors de la maturité. Graines subovoïdes, lisses, non-strophiolées.

Herbe annuelle, multi-caule. Racine pivotante. Feuilles étroites, très-entières, ou légèrement denticulées, amplexicaules, sessiles : les caulinaires tantôt alternes, tantôt verticillées-ternées. Pédoncules terminaux et oppositifoliés, grêles, nus, uniflores, solitaires, très-longs, dilatés au sommet en réceptacle disciforme, en préfloraison nutants, durant la floraison dressés, puis défléchis. Boutons subglobuleux, ou ellipsoïdes, très obtus, semblables à ceux du Coquelicot, ordinairement hérissés de longs poils. Sépales verdâtres, caducs. Corolle de grandeur médiocre, étalée au soleil, fermée à l'ombre et à l'obscurité; pétales très-courtement onguiculés, bisériés, d'un jaune pâle (avec une tâche basilaire d'un jaune vif) : les trois extérieurs elliptiques-obovales; les trois intérieurs elliptiques, une fois moins larges et un peu plus courts que les extérieurs. Disque annulaire. Étamines environ 40 à 100, plurisériées, à peu près de moitié plus courtes que les pétales. Filets d'un jaune pâle, 1-nervés, subulés entre les deux lobes apicilaires : les extérieurs oblongs-spathulés; les intérieurs obovales-spathulés, plus courts que les extérieurs. Anthères latéralement déhiscentes, jaunes, échancrées au sommet, comprimées : connectif étroit, linéaire. Ovaire glabre ou hérissé : coques substipitées, rectilignes, étroites, comprimées bilatéralement, uni-nervées au dos, 2-nervées au bord antérieur, tantôt glabres, tantôt poilues. Stigmates plus ou moins accrescents. Placentaires adnés à l'angle interne des coques. Ovules superposés en une seule série (dans chaque coque), attachés un peu au-dessus de leur base; funicules très-courts. Follicules du péricarpe tantôt glabres, tantôt poilus, chartacés entre les articles séminifères (lesquels sont renflés et tantôt presque immédiatement superposés, tantôt plus ou moins éloignés, suivant qu'il avorte un nombre plus ou moins considérable d'ovules), grêles, substipités, plus ou moins flexueux, longuement rostrés par les stigmates, comprimés bilatéralement, marginés par une nervure dorsale et par deux nervures suturales. Graines noires, luisantes, très-petites, renversées (1), subovoïdes ou oblongues, un peu courbées, subcylindriques, obtuses aux deux bouts; tégument extérieur crustacé; chalaze et exostome ponctiformes; raphé marginiforme, très-étroit. Embryon cylindrique, ordinairement presque aussi long que le périsperme, quelquefois un peu courbé : cotylédons linéaires, obtus, non-divergents, à peu près aussi longs que la radicule; radicule columnaire, obtuse.

---

(1) C'est par erreur que M. Bentham avance qu'elles sont *suspendues*.

On ne connaît de ce genre d'autre espèce que la suivante :

Platystémon de Californie. — *Platystemon californicus* Benth. in Trans. Hort. Soc. ser. 2, vol. 1, p. 405. — Bot. Reg. tab. 1679. — Bot. Mag. tab. 3579. — *Platystemon leiocarpus* Fisch. et Mey. Ind. II. Hort. Petrop. p. 47.

Plante haute de 4 pouces à 1 pied, plus ou moins hérissée (sur toutes ses parties herbacées) de poils horizontaux tantôt blancs, tantôt roussâtres. Tiges ascendantes ou dressées, grêles, feuillées, rameuses. Rameaux ordinairement simples et uni-ou bi-flores, en général triphylles à l'origine des pédoncules. Feuilles longues de 1/2 pouce à 2 pouces, linéaires, ou linéaires-lancéolées, ou oblongues-lancéolées, ou liguliformes, subobtuses, ou pointues, 3- ou 5-nervées, ordinairement hispides aux bords. Pédoncules longs de 4 à 8 pouces, très-grêles. Sépales obovales, très-obtus, longs de 3 à 4 lignes. Corolle large de 1/2 pouce à 1 pouce. Pistil à peu près aussi long que les étamines. Ovaire glabre ou poilu, à peine plus long que les stigmates. Stigmates blanchâtres. Follicules longs d'environ 6 lignes, larges de 1/2 ligne à 1 ligne, glabres, ou poilus. Graines du volume de celles du Coquelicot.

Cette espèce, originaire de la Californie, a été introduite en Angleterre par Douglas, et se cultive depuis quelques années comme plante d'ornement.

CENT-UNIÈME FAMILLE.

LES FUMARIACÉES. — *FUMARIACEÆ.*

Papaveracearum genn. Juss. — *Fumariaceæ* De Cand. Syst. Nat. v. 2, p. 105; Prodr. v. 1, p. 125. — Bartl. Ord. Nat. p. 259. — *Fumarieæ* et *Hypecoeæ* Bernhard. Diss. de Papav. in Linnæa, v. 8. — *Papaveracearum* tribus I, (*Fumarieæ*) Reichenb. Consp. p. 186, et Syst. Nat. p. 264.

De même que les Papavéracées, les *Fumariacées* appartiennent presque toutes aux régions extra-tropicales de l'hémisphère septentrional. On n'en connaît qu'environ quarante espèces. En général, ces végétaux contiennent un suc-propre plus ou moins amer, mais sans propriétés narcotiques. Les fleurs de la plupart des Fumariacées se font remarquer tant par leur élégance, que par la singularité de leurs formes.

CARACTÈRES DE LA FAMILLE.

Herbes (annuelles, ou bisannuelles, ou vivaces) succulentes, quelquefois acaules. Suc-propre aqueux, peu ou point coloré. Tiges cylindriques ou anguleuses, inarticulées, fragiles.

Feuilles alternes (les supérieures, dans quelques espèces, opposées ou verticillées), pétiolées (du moins les inférieures), non-stipulées, composées (imparipennées ou ternées), ou décomposées, ou surdécomposées, ou (surtout les supérieures) soit pennatiparties, soit ternatiparties; pétiole-commun quelquefois cirrifère.

Fleurs jaunes, ou blanches, ou rouges, ou panachées, non-éphémères, hermaphrodites, irrégulières, quelquefois solitaires, en général disposés en grappe, ou en cyme, ou en corymbe, ou en panicule. Inflorescences centrifuges ou plus habituellement centripètes. Pédoncules terminaux, ou oppositifoliés et terminaux, ou moins souvent soit axillaires et terminaux, soit dichotoméaires et terminaux, solitaires; pédicelles insérés à l'aisselle d'une bractée persistante (soit membraneuse et très-petite, soit foliacée).

Sépales (bractéoles suivant M. Bernhardi) 2 (nuls dans plusieurs espèces), égaux, petits, membraneux, non-persistants, apprimés, distants en estivation : l'un supérieur, l'autre inférieur, ou bien (par torsion du pédicelle) latéraux.

Réceptacle petit, cupuliforme, concave, subpérigyne. Disque ordinairement inapparent.

Pétales 4 (en général plus ou moins cohérents, ou connivents de manière à simuler une corolle personée), non-persistants (excepté dans quelques espèces), bisériés, insérés au réceptacle, souvent fongueux, ordinairement cuculliformes au sommet : les 2 extérieurs (soit latéraux, soit supérieur et inférieur par torsion du pédicelle) plus grands, alternes avec les sépales, valvaires et recouvrants en estivation, inonguiculés, naviculaires, uni-carénés au dos, souvent inégaux et dissemblables, libres (mais en général connivents presque jusqu'à leur sommet), ou bien soit cohérents inférieurement tant entre eux qu'avec les onglets des pétales intérieurs, soit seulement le supérieur cohérent avec les onglets des pétales intérieurs (le pétale inférieur restant libre de toute adhérence avec les trois autres pétales), en général l'un et l'autre ou seulement le supérieur prolongés au-delà de leur base soit en éperon creux, soit en bosse (1); les deux intérieurs (en estivation recou-

---

(1) Dans les *Hypécoées* seulement, ni l'un ni l'autre des 2 pétales extérieurs ne se prolonge au-delà de son insertion.

verts et valvaires) plus petits, alternes avec les pétales extérieurs, égaux, conformes, onguiculés (onglets planes, ordinairement plus longs que le limbe, lequel est naviculaire ou cuculliforme), uni- ou tri-carénés au dos, connivents (en général calleux et cohérents au sommet), recouvrant les organes sexuels.

Étamines subhypogynes, plus courtes que les pétales intérieurs, au nombre de 6 (insérées trois à trois à la base des pétales extérieurs), ou (dans peu d'espèces) au nombre de 4 (insérées une à une à la base des quatre pétales). Filets libres (dans les espèces tétrandres), ou (dans presque toutes les espèces hexandres) soudés (soit jusqu'à leur sommet, soit jusque vers leur milieu, soit seulement dans leur partie moyenne) en deux androphores naviculaires et connivents de manière à former une gaîne autour du pistil : l'androphore supérieur souvent adné inférieurement au pétale correspondant, et en outre soudé par les bords aux onglets des pétales intérieurs, en général prolongé postérieurement en appendice ou en bosse de nature glanduleuse; l'androphore inférieur inappendiculé et inadhérent. Lorsque les deux pétales extérieurs sont latéraux et conformes, les androphores sont l'un et l'autre ou adhérents ou inadhérents, et ou appendiculés ou inappendiculés postérieurement. Anthères déhiscentes assez longtemps avant l'épanouissement de la fleur, adnées, conniventes en gaîne autour du stigmate, dithèques et latéralement déhiscentes (dans les espèces tétrandes), ou bien (dans toutes les espèces hexandres) extrorses : la médiane de chaque phalange dithèque, les autres monothèques; bourses longitudinalement bivalves (avant la déhiscence comme dicoquès) : valvules anisomètres (la marginale, dans les anthères dithèques, plus courte que l'autre, laquelle se prolonge au-delà du connectif en forme de bosse) ; connectif filiforme, inapparent postérieurement.

Pistil : Ovaire inadhérent, uni-loculaire; placentaires 2, pariétaux, nerviformes, ou filiformes, pluri-ovulés, opposés aux pétales intérieurs. — Dans quelques espèces l'ovaire ne contient qu'un seul ovule, lequel est attaché un peu au-dessus de la base de la loge. — Ovules amphitropes ou campylotropes (par exception presque orthotropes), renversés, ou subhorizontaux, uni-bi- ou pluri-sériés sur chaque placentaire. Style continu avec l'ovaire et persistant (dans la plupart des espèces), ou articulé au sommet de l'ovaire et caduc, indivisé. Stigmate bifide, ou biparti, ou en forme de crête 2-3-ou-4-appendiculée.

Péricarpe : silique (ou silicule) 1-loculaire, 2- valve (dans quelques espèces lomentacée), oligosperme, ou polysperme : valves se détachant avec élasticité ; placentaires persistants, filiformes.—Dans quelques espèces le péricarpe est un carcérule monosperme ; dans une seule espèce c'est une baie (polysperme).

Graines campylotropes ou amphitropes (par exception presque orthotropes), renversées, ou horizontales, subglobuleuses, ou lenticulaires, ou subréniformes, souvent strophiolées. Tégument double : l'extérieur crustacé ou testacé, souvent scrobiculé ou réticulé ; l'intérieur pelliculaire, inadhérent. Chalaze et raphé inapparents à l'extérieur. Périsperme charnu, huileux, conforme à la graine, ou plus ou moins courbé en fer à cheval. Embryon (dans quelques espèces monocotylédoné !) en général petit ou minime (1), apicilaire (re-

---

(1) M. Bernhardi fait remarquer, avec raison, que M. de Candolle se trompe en attribuant aux Fumariacées à fruit déhiscent, un embryon

lativement au périsperme) et axile (dans les Hypécoées : unilatéral et aussi long que la graine), rectiligne, ou rarement un peu arqué ; radicule courte, cylindrique, obtuse; cotylédons plano-convexes, entiers, connivents, foliacés en germination.

La famille des Fumariacées se compose des genres suivants :

Ire TRIBU. LES HYPÉCOÉES. — *HYPECOEÆ* Bernh.

Étamines 4, insérées une à une devant les pétales; anthères toutes dithèques, latéralement déhiscentes; filets libres. Ovaire à deux placentaires pluri-ovulés, nerviformes. Stigmates 2, filiformes, alternes avec les placentaires. Péricarpe siliquiforme, lomentacé. Embryon dicotylédoné, unilatéral, presque aussi long que le périsperme.

Hypecoum (Linn.) Bernh.—*Chiazospermum* Bernh.

IIe TRIBU. LES FUMARIÉES. — *FUMARIEÆ* Bernh.

Étamines 6 : filets (par exception libres) soudés trois à trois en deux androphores insérés devant les pétales extérieurs. Anthères extrorses : la médiane (de chaque androphore) dithèque, les latérales (de chaque androphore) monothèques. Ovaire à deux placentaires filiformes, pluri- ou multi-ovulés, ou quelquefois à un

---

arqué et plus allongé que celui des Fumariacées à fruit indéhiscent. Dans toutes les Fumariées dont nous avons examiné les graines, l'embryon est très-court (souvent à peine perceptible à l'œil nu) et parfaitement rectiligne, excepté dans le *Cysticapnos*, où il est en effet un peu arqué et presque aussi long que l'une des moitiés du périsperme.

seul ovule, lequel est attaché au fond de la loge. Stigmate en forme de crête diversement lobée ou dentée. Péricarpe siliqueux, ou carcérulaire, ou (par exception) charnu. Embryon (dans quelques espèces imperceptible avant la germination et monocotylédoné) petit, axile, rectiligne.

SECTION I. **DIÉLYTRINÉES.** — *Dielytrineæ* Reichenb.

Sépales supérieur et inférieur. Pétales marcescents ou longtemps persistants, soudés au moins jusques vers leur milieu : les deux extérieurs (latéraux) éperonnés ou gibbeux à leur base, égaux, conformes. Filets libres ou diadelphes. Androphores égaux, l'un et l'autre ou inappendiculés, ou prolongés en appendice charnu (soit glanduliforme, soit calcariforme). Pistil rectiligne. Ovaire à 2 placentaires filiformes, pluri-ovulés. Style persistant, continu avec l'ovaire. Péricarpe (silique ou silicule) bivalve ou (dans une seule espèce) indéhiscent et charnu, non-articulé au pédicelle, polysperme; placentaires intervalvaires, persistants. Graines à tégument testacé. Inflorescence en grappes, ou paniculée, ordinairement centrifuge. Fleurs pendantes.

Dactylicapnos Wallich. — *Eucapnos* Bernh. — *Dielytra* Borkh. (Cucullaria Rafin. Diclytra De Cand.) — *Adlumia* Rafin.

SECTION II. **CORYDALINÉES.** — *Corydalineæ* Reichenb.

Sépales (nuls dans les *Bulbocapnos*) latéraux. Pétales non-persistants : les 2 extérieurs (l'un supérieur, l'autre inférieur) dissemblables, inégaux; le supérieur (libre, ou plus souvent soudé en court tube avec les onglets des pétales intérieurs et la partie correspondante de l'androphore antéposé) plus grand, éperonné ou gibbeux à sa base; l'inférieur non-gibbeux ni éperonné, toujours libre. Androphores inégaux : le supérieur plus large, prolongé postérieurement en appendice charnu (calcariforme); l'inférieur inappendiculé. Pistil curviligne. Style plus ou moins géniculé et ascendant, en général continu avec l'ovaire et persistant. Péricarpe (silique, ou silicule, ou par exception capsule vésiculeuse) bivalve, non-articulé au pédicelle, polysperme, ou oligosperme; placentaires filiformes ou nerviformes, intervalvaires, persistants. Graines à tégument testacé. — Inflorescence centripète. Fleurs (par exception pendantes) obliquement horizontales, disposées en grappes simples.

Calocapnos Spach. — *Corydalis* Vent. (Neckeria Scop.) — *Bulbocapnos* Bernh. — *Phacocapnos* Bernh. — *Capnoides* Gærtn. — *Cysticapnos* Bœrh. — *Sarcocapnos* De Cand.

Section III. **FUMARINÉES.** — *Fumarineæ* Reichenb.

Sépales latéraux. Pétales non-marcescents : les 2 extérieurs (l'un supérieur, l'autre inférieur) dissemblables, inégaux; le supérieur plus grand, éperonné à sa base; l'inférieur non-gibbeux ni éperonné. Androphores inégaux, cohérents inférieurement aux bords du pétale correspondant : le supérieur plus large, prolongé postérieurement en appendice charnu (soit calcariforme, soit glandiforme); l'inférieur inappendiculé, libre. Style ascendant, caduc, articulé au sommet de l'ovaire. Péricarpe indéhiscent (mais séparable en deux valvules), monosperme (sans placentaire apparent), articulé au pédicelle, caduc à la maturité. Graine attachée vers la base de la loge : tégument mince, presque membraneux. — Inflorescence centripète. Fleurs dressées (du moins en préfloraison et pendant l'anthèse), disposées en grappes simples.

Fumaria Linn. — *Platycapnos* (De Cand.) Bernh. — *Discocapnos* Chamiss. et Schlecht.

Ire TRIBU. LES HYPÉCOÉES. — *HYPECOEÆ* Bernh.

Etamines 4, insérées une à une devant les 4 pétales : anthères toutes dithèques, latéralement déhiscentes ; filets libres. Ovaire à deux placentaires pluri-ovulés, nerviformes. Stigmates 2, filiformes, alternes avec les placentaires. Péricarpe siliquiforme, lomentacé. Embryon (1) *dicotylédoné, unilatéral, filiforme, un peu arqué, presque aussi long que le périsperme. — Pédoncules uniflores, nus.*

Genre HYPÉCOUM. — *Hypecoum* (Linn.) Bernh.

Sépales 2, ovales. Pétales 4, courtement onguiculés, ordinairement trilobés : les 2 extérieurs plus grands, un peu divergents, cunéiformes, carénés au dos, non-éperonnés ; les 2 intérieurs connivents, cuculliformes au sommet.

---

(1) Nous ne l'avons examiné que dans le *Hypecoum procumbens*.

Filets linéaires-lancéolés, aplatis, bi-glanduleux à leur base. Anthères linéaires-oblongues, courtement appendiculées au sommet. Ovaire grêle, cylindrique, subfusiforme; ovules renversés, presque orthotropes, uni-sériés sur chaque placentaire. Style très-court, conique. Stigmates 2, trigones, obtus, legèrement papilleux aux bords. Péricarpe falciforme, comprimé, rostré, nerveux, coriace, transversalement pluri-articulé et pluri-loculaire (par des diaphragmes coriaces); articles monospermes, indéhiscents, se désunissant à la maturité. Graines finement chagrinées, subovoïdes, courbées, hémi-tropes, renversées, non-strophiolées.

Herbes annuelles, multi-caules, semblables aux *Fumaria* par le port. Feuilles glauques : les radicales longuement pétiolées, imparipennées (folioles pennatiparties ou pennatifides); les caulinaires sessiles ou subsessiles, subopposées aux dichotomies, la plupart digitées ou pédalées (folioles indivisées, ou pennatifides, ou pennatiparties. Pédoncules dichotoméaires et terminaux, grêles, cupuliformes au sommet, nutants avant la floraison, puis dressés : les florifères assez courts; les fructifères longs, épaissis. Tiges indivisées et nues inférieurement, subdichotomes vers leur sommet. Sépales petits, presque membraneux, verdâtres, denticulés, non-persistants. Pétales non-persistants, jaunes : les extérieurs trilobés au sommet, fortement carénés au dos (lobes arrondis, le terminal plus large, cuculliforme, les latéraux convolutés); les intérieurs profondément trifides (lobe terminal plus long et plus large, cuculliforme, comme onguiculé, caréné au dos, enveloppant l'étamine antéposée et une partie du pistil; les lobes latéraux planes, oblongs, obtus, divergents). Réceptacle cupuliforme, un peu concave. Disque peu apparent, annulaire, adné à la base de l'ovaire. Étamines plus courtes que les pétales, convergentes : celles opposées aux pétales intérieurs un peu plus longues et plus larges (tant les anthères que les filets) que les deux autres. Filets membraneux, uni-nervés (les deux intérieurs quelquefois binervés). Anthères jaunes, comprimées; connectif linéaire, plus étroit que les bourses, prolongé au sommet en un petit appendice membraneux. Pistil engaîné par les capuchons des deux pétales intérieurs. Ovaire rétréci aux deux bouts. Stigmates courts, divergents. Ovules basifixes, immédiatement superposés, un peu courbés. Péricarpe plus ou moins fortement arqué, décliné, rétréci aux deux bouts, marginé par les nervures placentairiennes, en outre tri-nervé sur chaque face, terminé en bec inarticulé et asperme. Graines assez grosses (pour la famille), remplissant la cavité des articles, noires, non-luisantes, un peu comprimées bilatéralement, rectilignes au bord antérieur, curvilignes postérieurement, apiculées à l'extrémité radiculaire (basilaire relativement au péricarpe), obtuses à l'autre bout; tégument extérieur crustacé; tégument interne membraneux, facilement séparable du périsperme; hile et chalaze confondus en aréole terminale, concave, oblongue; raphé nul. Embryon situé du côté curviligne de la graine, à peu près du quart plus court que le périsperme; radicule cylindrique, columnaire, obtuse; cotylédons linéaires, obtus, de moitié plus longs que la radicule.

Ce genre, propre à la région méditerranéenne, renferme 5 ou 6 espèces, d'ailleurs d'un intérêt purement scientifique.

IIe TRIBU. LES FUMARIÉES. — *FUMARIEÆ* Bernh.

Étamines 6. Filets (par exception libres) soudés trois à trois en deux androphores insérés devant les pétales extérieurs. Anthères extrorses : la médiane de chaque androphore dithèque, les latérales monothèques; bourses (celles des anthères dithèques juxta-posées postérieurement, séparées antérieurement par un large connectif proéminent; celles des anthères monothèques carénées au dos par le prolongement du filet) partagées (avant la déhiscence) par le sillon longitudinal en deux coques anisomètres dont la plus courte est latérale. Ovaire à 2 placentaires nerviformes, pluri- ou multi-ovulés, ou quelquefois uni-ovulé et sans placentaire apparent. Stigmate en forme de crête diversement lobée ou dentée. Péricarpe siliqueux, ou carcérulaire, ou par exception charnu. Embryon (dans quelques espèces imperceptible avant la germination et monocotylédoné) petit, axile, rectiligne. — Pédoncules pluri-flores ou multiflores; pédicelles uni-bractéolés à leur base.

SECTION I. **DIÉLYTRINÉES.** — *Dielytrineæ* Reichenb.

Sépales supérieur et inférieur. Pétales marcescents ou longtemps persistants, soudés au moins jusque vers leur milieu : les deux extérieurs (latéraux) éperonnés ou gibbeux à leur base, égaux, conformes. Filets libres ou diadelphes; androphores égaux : l'un et l'autre ou inappendiculés, ou prolongés en appendice charnu (glanduliforme ou calcariforme). Pistil rectiligne. Ovaire à 2 placentaires filiformes, pluri-ovulés. Style continu avec l'ovaire, persistant. Péricarpe bivalve (silique ou silicule), ou (dans une seule espèce) indéhiscent et charnu, non-articulé au pédicelle, polysperme; placentaires intervalvaires, persistants. Graines à tégument testacé. — Inflorescence en grappe, ou paniculée, ordinairement centrifuge. Fleurs pendantes.

Genre DACTYLICAPNOS. — *Dactylicapnos* Wallich.

Sépales 2, denticulés. Pétales 4 (soudés en corolle ringente, comprimée), non-persistants : les deux extérieurs éperonnés à la base; les deux intérieurs à onglets filiformes. Filets soudés jusqu'au delà du milieu en deux androphores ovales-lancéolés. Ovaire comprimé, fusiforme; ovules nidulants. Style grêle, tétraèdre-ancipité. Stigmate comprimé, disciforme, subrhomboïdal, papilleux aux bords. Baie succulente, polysperme. Graines subréniformes, chagrinées, strophiolées.

Racine fibreuse, annuelle. Tige rameuse. Feuilles décomposées : pétiole-commun irrégulièrement dichotome : une partie des ramifications terminées (en place de folioles) en vrille trifide spiralée; folioles pétiolulées, très-entières, en général ternées à l'extrémité des ramifications. Pédoncules axillaires ou oppositifoliés, 5-12-flores, solitaires, plus ou moins inclinés; pédicelles filiformes, épaissis au sommet, uni-bractéolés, disposés en grappe corymbiforme. Sépales minimes, cordiformes, pointus. Corolle grande, jaune, panachée de rouge au sommet; pétales extérieurs soudés jusqu'au-delà du milieu, élargis au sommet en forme de nacelle courtement acuminée, prolongés au-delà de leur base en court éperon obtus; pétales intérieurs à onglet filiforme: lame cuculliforme-obovale, échancrée à la base, apiculée au sommet. Androphores trinervés; filets courts, capillaires; anthères minimes, jaunes, elliptiques. Style plus long que l'ovaire. Stigmate verdâtre. Baie grosse, oblongue, subcylindrique, polysperme. Graines noires, subréniformes, garnies d'une strophiole médifixe, membraneuse, en forme de crête.

L'espèce suivante constitue à elle seule le genre.

Dactylicapnos a feuilles de Thalictrum. — *Dactylicapnos thalictrifolia* Wall. Tent. Flor. Nepal. tab. 39. — Don, in Sweet, Brit. Flow. Gard. ser. 2, tab. 127.—*Diclytra scandens* Don, Prodr. Flor. Nepal.

Plante annuelle, sarmenteuse, lisse et glabre sur toutes ses parties. Tige grêle, cylindrique, flexueuse, parsemée (ainsi que les pétioles) de points et de petites lignes rougeâtres. Feuilles larges de 2 à 4 pouces, multifoliolées ; folioles ovales ou ovales-lancéolées, pointues, rétrécies à leur base, subtrinervées, d'un vert foncé en dessus, glauques en dessous ; vrilles filiformes, à ramifications plus courtes que les folioles. Grappes plus courtes que les feuilles. Pédicelles longs d'environ 6 lignes. Fleurs longues de 6 à 8 lignes. Baie violette, longue de près de 1 pouce. Graines noires.

Cette espèce, indigène au Népaul, mérite d'être cultivée comme plante d'ornement ; mais elle est rare dans les jardins.

Genre EUCAPNOS. — *Eucapnos* Bernh.

Sépales 2, denticulés, colorés, basifixes. Pétales 4 (soudés jusqu'au milieu en corolle ringente, subovale, comprimée), marcescents : les deux extérieurs éperonnés à leur base ; les deux intérieurs à onglets linéaires. Filets ascendants, libres aux deux bouts, soudés par leur partie moyenne en deux androphores naviculaires. Ovaire subcylindrique, rétréci aux deux bouts ; ovules horizontaux, amphitropes, nidulants (subtrisériés sur chaque placentaire). Style tétraédre-ancipité, grêle, dilaté au sommet. Stigmate ovoïde, comprimé, bordé d'une crête papilleuse bicorne au sommet, et unidentée de chaque côté à sa base. Silicule bivalve, polysperme, tétragone-ancipitée (comprimée bilatéralement), lancéolée-elliptique, cuspidée ; valves naviculaires, un peu carénées. Graines subréniformes, chagrinées, strophiolées.

Herbes subacaules ou rameuses, vivaces. Racine fibreuse. Feuilles bipennées ou tripennées, longuement pétiolées. Inflorescence (rarement en grappe simple) racémiforme, paniculée, centrifuge. Panicule nutante, unilatérale, composée de cymules trichotomes multiflores (accidentellement pauciflores) : pédoncule-général long, dressé, incliné au sommet ; pédoncules secondaires inclinés, en général courts ; pédicelles longs, filiformes, pendants. Bractées et bractéoles étroites, colorées. Fleurs assez grandes. Sépales petits, rougeâtres. Corolle d'un pourpre violet. Pétales extérieurs grands, munis d'une carène dorsale nerviforme : capuchons petits, étalés, cymbiformes, acuminulés, bi- ou tri-nervés de chaque côté de la carène; éperons convergents ou rectilignes, courts, très-obtus. Pétales intérieurs un peu plus courts que les extérieurs : capuchons cohérents au sommet, petits, cymbiformes, suborbiculaires, mucronés, comme onguiculés, échancrés à la base, munis d'une large crête dorsale membraneuse et denticulée. Andropliores égaux, lancéolés-naviculaires, trinervés. Filets épaissis mais inappendiculés à leur base, insérés trois à trois à la base des pétales extérieurs. Style plus long que l'ovaire, marginé aux angles alternes avec les placentaires. Stigmate comprimé en même sens que l'ovaire : crête papillifère blanche, à 2 appendices terminaux, subulés, divergents, et à 2 dents suprabasilaires triangulaires. Silicule rectiligne, longuement cuspidée par le style, rétrécie aux 2 bouts; valves chartacées, très-minces, 1-nervées, finement striées; placentaires filiformes, superficiels.

Ce genre renferme trois ou quatre espèces, dont voici la plus remarquable :

A. *Fleurs en panicules racémiformes. Corolle à éperons curvilignes, convergents.*

Eucapnos élégant. — *Eucapnos formosus* Spach. — *Eucapnos formosus* et *Eucapnos eximius* Bernh. in Linnæa, v. 8, p. 468. — *Diclytra formosa* et *Diclytra eximia* De Cand. Syst. et Prodr. — *Fumaria formosa* Andr. Bot. Rep. tab. 393. — Bot. Mag. tab. 1335. — *Fumaria eximia* Ker, Bot. Reg. tab. 50.

Plante subacaule (accidentellement à tiges mono-ou diphylles, mais peu ou point rameuses). Souches radicantes, progressives, rameuses, de la grosseur d'un doigt, très-feuillues aux extrémités, écailleuses sous terre : écailles minces, embrassantes. Feuilles lisses et glabres (comme toute la plante), érigées, d'un vert gai en dessus, glauques en dessous, triangulaires en contour, bipennées, ou tripennées, assez semblables à celles d'un *Chærophyllum*, atteignant jusqu'à 18 pouces de long (y compris le pétiole), sur 8 à 12 pouces de large; pétioles grêles, très-longs, canaliculés en dessus, engaînant la souche par leur base; pennules primaires au nombre de 5 à 9, décrescentes : les inférieures bipennées; les supérieures simplement pennées ou pennatiparties; folioles cunéiformes, ou lancéolées-oblongues, ou sublinéaires, pointues, en général incisées-dentées ou pennatifides, sessiles, décurrentes. Pédoncule-général (hampe) tantôt plus long que les feuilles, tantôt plus court, grêle, souvent rougeâtre, terminé par une panicule plus ou moins rameuse, tantôt pauciflore, tantôt multiflore, longue de 1 pouce à 6 pouces. Pédoncules secondaires longs de quelques lignes à 1 pouce, garnis à leur base d'une bractée linéaire-lancéolée. Pédicelles plus courts que les fleurs. Bractéoles subulées, plus courtes que les pédicelles, de couleur pourpre (de même que les bractées des pédoncules secondaires). Sépales ovales ou ovales-lancéolés, pointus, étroits, 3 à 4 fois plus courts que la corolle. Corolle longue de 6 à 10 lignes; capuchons d'un pourpre-noirâtre. Silicule glauque avant la maturité, longue d'environ 3 lignes, sur 1 1/2 ligne à 2 lignes de large, cuspidée par un style ordinairement plus long que les valves.

Cette espèce, indigène dans l'Amérique septentrionale, se cultive dans les parterres. Elle fleurit durant presque tout l'été.

Genre ADLUMIA. — *Adlumia* Rafin.

Sépales 2, denticulés, supra-basifixes. Pétales 4 (soudés presque jusqu'au sommet en corolle comprimée, ovale-oblongue, ringente), marcescents : les deux extérieurs gibbeux à leur base; les deux intérieurs linéaires-spathulés. Filets soudés presque jusqu'à leur sommet en deux androphores linéaires-lancéolés, adnés inférieurement au tube de la corolle, prolongés chacun au-delà de sa base en une petite glandule. Ovaire tétragone-ancipité, rétréci aux

2 bouts; ovules renversés, campylotropes, uni-sériés sur chaque placentaire. Style grêle, tétraèdre-ancipité. Stigmate comprimé, cunéiforme-rhomboïdal, échancré, quadri-denticulé. Silique grêle, fusiforme, tétragone-ancipitée (comprimée bilatéralement), cuspidée, bivalve, 5-12-sperme; valves naviculaires, un peu carénées. Graines sses, subréniformes, un peu comprimées, non-strophiolées.

Herbe vivace, sarmenteuse. Feuilles bipennées ou tripennées: une ou plusieurs des ramifications du pétiole-commun cirrifères. Vrilles filiformes, spiralées, rameuses. Inflorescence centrifuge, tantôt en grappes corymbiformes, tantôt paniculée. Pédoncules-communs courts, inclinés. Pédicelles filiformes, pendants. Fleurs subunilatérales, assez grandes, de couleur rose. Bractées et bractéoles minimes, subulées. Sépales très-petits. Capuchons des pétales extérieurs étalés, petits, ovales-cymbiformes, acuminulés, munis d'une carène dorsale nerviforme : gibbosités basilaires peu marquées de sorte que la corolle n'est que légèrement échancrée à sa base. Lame des pétales intérieurs cochléariforme, à carène dorsale formant une crête prolongée au-delà du sommet du capuchon en languette arrondie : capuchons très-petits, hémisphériques. Androphores linéaires-lancéolés au sommet, égaux, trinervés; filets capillaires, très-courts. Ovaire presque linéaire, plus long que le style. Stigmate comprimé en même sens que l'ovaire, bordé d'un bourrelet papilleux à 4 dents presque égales. Silique rectiligne, rétrécie aux deux bouts, cuspidée par le style (plus court que les valves); valves chartacées, très-minces, uninervées, finement striées; placentaires filiformes, superficiels. Graines petites, noires, luisantes; périsperme presque en fer à cheval. Embryon minime, dicotylédoné; radicule columnaire, obtuse; cotylédons très-courts, arrondis, divergents.

L'espèce suivante constitue à elle seule le genre:

ADLUMIA CIRRIFÈRE. — *Adlumia cirrhosa* Rafin. in Desv.

Journ. de Bot. 1809, v. 2, p. 169.—*Corydalis fungosa* Vent. Choix. tab. 19. — *Fumaria fungosa* Willd.

Plante très-glabre et lisse, haute de 3 à 4 pieds. Tiges rameuses, grimpantes, très-grêles, cannelées. Feuilles longues de 2 à 5 pouces (y compris la partie indivisée du pétiole, laquelle est tantôt plus longue, tantôt plus courte que la partie ramifiée); pennules primaires au nombre de 5 à 9; pennules secondaires 3-ou 5-foliolées; folioles ovales, ou obovales, ou cunéiformes, ou sublancéolées, pointues, ou obtuses, tantôt très-entières, tantôt trifides, ou tridentées, courtement pétiolulées, glauques. Grappes ou panicules lâches, subunilatérales, en général beaucoup plus courtes que les feuilles. Pédicelles aussi longs ou plus longs que la fleur. Fleurs longues de 6 à 8 lignes. Silique longue de 5 à 6 lignes, large de 1 ligne. Graines du volume de celles du Pavot.

Cette plante, indigène dans le nord des États-Unis et au Canada, mérite d'être cultivée dans les jardins. Elle fleurit pendant tout l'été, et se plaît dans les localités humides ou ombragées.

Section II. **CORYDALINÉES.** — *Corydalineæ* Reichb.

Sépales (nuls dans les *Bulbocapnos*) latéraux. Pétales non-persistants : les deux extérieurs (l'un supérieur, l'autre inférieur) dissemblables, inégaux ; le supérieur (libre, ou plus souvent soudé en court tube avec les onglets des pétales intérieurs et la partie correspondante de l'androphore antéposé) plus grand, éperonné ou gibbeux à sa base ; l'inférieur non-gibbeux ni éperonné, toujours libre. Androphores inégaux : le supérieur plus large, prolongé postérieurement en appendice charnu (calcariforme); l'inférieur inappendiculé. Pistil curviligne. Style plus ou moins géniculé et ascendant, en général continu avec l'ovaire et persistant. Péricarpe (silique, ou silicule, ou par exception capsule vésiculeuse) bivalve, non-articulé au pédicelle, polysperme, ou oligosperme : placentaires filiformes ou nerviformes, intervalvaires, persistants. Graines à tégument testacé.— Inflorescence centripète. Fleurs obliquement horizontales, ou (par exception) pendantes, disposées en grappes simples.

Genre CALOCAPNOS. — *Calocapnos* Spach.

Sépales 2, supra-basifixes. Pétales 4: e supérieur éperonné, soudé inférieurement en tube avec les onglets des pétales intérieurs et la partie correspondante de l'androphore antéposé; le pétale inférieur un peu gibbeux à sa base. Androphore supérieur prolongé en éperon linéaire, rectiligne, épaissi et onciné au sommet, adné au bord inférieur de l'éperon du pétale; androphore inférieur libre. Ovaire comprimé, oblong; ovules amphitropes, horizontaux, unisériés sur chaque placentaire. Style conique-subulé, tétragone. Stigmate comprimé (en sens inverse de l'ovaire), subréniforme, bordé de huit denticules égales. Silicule ovale-lancéolée, ou oblongue-lancéolée, comprimée, cuspidée, oligosperme (par avortement); valves presque planes, uni-nervées. Graines lisses, lenticulaires, strophiolées : strophiole comme stipitée, ascendante, cymbiforme, étroite, presque aussi longue que la graine. Embryon minime, dicotylédoné.

Herbe vivace. Racine grosse, rameuse, pivotante, polycéphale. Tiges peu ou non rameuses, anguleuses, feuillées. Feuilles bipennées ou pennées, pétiolées (les supérieures pennatiparties, sessiles); folioles pennatiparties ou pennatifides. Fleurs assez grandes, en grappe terminale très-dense (ordinairement subsessile). Pédoncule-commun dressé. Pédicelles grêles, plus ou moins déclinés après la floraison. Bractées foliacées : les inférieures grandes, palmatifides; les supérieures entières, plus petites. Sépales minimes, membraneux, subulés au sommet, prolongés au-delà de leur base en appendice fimbrié. Corolle d'un jaune pâle dans sa partie inférieure, d'un jaune orange dans sa partie supérieure; capuchons des pétales intérieurs d'un pourpre noirâtre. Éperon du pétale supérieur comprimé, descendant, curviligne, très-obtus. Capuchon des deux pétales extérieurs mucroné, uni-caréné; carène en forme de crête membraneuse. Pétales intérieurs à capuchon cymbiforme-hémisphérique, tri-apiculé au sommet, tri-caréné au dos: la carène médiane plus saillante, ailée; les carènes latérales grosses, convexes. Androphores liguliformes, lancéolés-subulés au sommet. Anthères subsessiles. Ovaire comprimé dorsalement, à peine rétréci à la base, insensiblement rétréci en style. Style à peu prés aussi long que l'ovaire, redressé au sommet. Stigmate petit, mince, comprimé bilatéralement, bordé de denticules papilleuses (confluentes par la base, mais sans former de bourrelet apparent). Placentaires 5-10-ovulés: ovules immédiatement superposés. Silicule rectiligne, courte, chartacée, très-mince; placentaires filiformes, avant la déhiscence recouverts par le bord des valves. Graines assez grosses, noires, luisantes, à peine échancrées: strophiole blanchâtre, sinueuse, obtuse, apprimée, assez grosse, attachée par un stipe très-distinct. Périsperme courbé en fer à cheval. Embryon (ponctiforme à l'œil nu) conique; cotylédons très-courts, divergents, arrondis; radicule atténuée au sommet.

L'espèce dont nous allons traiter est la seule que nous puissions rapporter avec certitude à ce genre.

Calocapnos élégant. — *Calocapnos nobilis* Spach. — *Bulbocapnos nobilis* Bernh. in Linnæa, v. 8. p. 469. — *Fumaria nobilis* Jacq. Hort. Vindob. tab. 116. —Bot. Mag. tab. 1953. —Bot. Reg. tab. 395.—*Corydalis nobilis* Pers.

Plante touffue, haute de 1 pied à 3 pieds. Tiges dressées, creuses, simples, ou garnies seulement vers leur sommet de quelques courts rameaux nus ou presque nus. Feuilles glauques, oblongues ou ovales-oblongues en contour: les radicales atteignant jusqu'à un pied de long; les caulinaires graduellement plus petites; pétiole-commun anguleux, creux, assez gros; folioles sessiles ou subsessiles, cunéiformes, ou subrhomboïdales, ou lancéolées-oblongues, plus ou moins profondément découpées en lanières tantôt sublinéaires, tantôt oblongues, tantôt sublancéolées, très-entières, ou lobées, obtuses, ou pointues. Grappe terminale de la tige longue de 1 pouce à 3 pouces, multiflore; grappes raméaires plus petites, quelquefois assez lâches. Bractées glauques: les inférieures cunéiformes et beaucoup plus longues que les pédicelles (quelquefois même très-grandes et tout à fait conformes aux feuilles supérieures); les supérieures oblongues-lancéolées, ou linéaires-lancéolées, en général très-entières, quelquefois à peine aussi longues que les pédicelles. Pédicelles longs de 8 lignes à 1 pouce (les inférieurs beaucoup plus longs que les supérieurs). Corolle longue de 8 à 12 lignes (y compris l'éperon du pétale supérieur). Éperon gros, très-obtus, courbé et élargi vers son extrémité, à peu près aussi long que la partie supérieure du pétale. Pétales intérieurs longs d'environ 4 lignes, débordés par les capuchons des pétales extérieurs. Androphores un peu plus courts que les pétales intérieurs. Silicule longue d'environ 6 lignes (y compris le style, lequel est en général de moitié environ plus court que les valves), sur 2 lignes de large. Graines longues d'environ 1 ligne, sur autant de large.

Cette espèce, indigène en Sibérie, se cultive comme plante de parterre. Son feuillage se développe dès le commencement du printemps, et la floraison, qui dure environ un mois, a lieu bientôt après.

Genre BULBOCAPNOS.—*Bulbocapnos* Bernh.

Sépales nuls! Pétales 4 : le supérieur éperonné, soudé inférieurement en tube avec les onglets des pétales intérieurs et la partie correspondante de l'androphore antéposé; le pétale inférieur gibbeux à la base. Androphore supérieur prolongé en éperon subulé, inadhérent, un peu flexueux. Androphore inférieur libre, soudé aux onglets des pétales inférieurs. Ovaire comprimé, oblong-lancéolé; ovules amphitropes, subhorizontaux, uni-sériés sur chaque placentaire. Style linéaire-lancéolé, subtétragone, persistant. Stigmate comprimé (en sens inverse de l'ovaire), subréniforme, bordé de 6 ou 8 mamelons papilleux. Silique ovale-lancéolée, ou oblongue-lancéolée, comprimée, cuspidée, oligosperme (par avortement); valves presque planes, finement striées. Graines lisses, lenticulaires, strophiolées : strophiole stipitée, courte, rectiligne, obovale. Embryon (imperceptible avant la floraison) monocotylédoné.

Herbes vivaces, à rhizome bulbiforme ou irrégulièrement tubéreux, ordinairement unicaule. Tige tantôt simple, tantôt rameuse, feuillée supérieurement, garnie inférieurement d'une ou de plusieurs écailles membraneuses engaînantes. Feuilles biternées, longuement pétiolées; folioles 2-5-lobées. Grappes assez lâches, ordinairement multiflores. Pédoncule-commun dressé. Pédicelles défléchis et plus ou moins déclinés après la floraison. Bractées indivisées ou palmatifides, foliacées. Pétales blancs, ou rougeâtres, ou jaunâtres : éperon obtus ou pointu, plus ou moins curviligne, un peu comprimé bilatéralement. Capuchon des deux pétales extérieurs mucronulé, uni-caréné : carène nerviforme. Pétales intérieurs à lame spathulée-obovale, tricarénée; carène médiane aliforme; carènes latérales nerviformes, fongueuses. Androphores liguliformes, linéaires-lancéolés au sommet. Anthères subsessiles. Ovaire comprimé dorsalement, à peine rétréci à la base, insensiblement rétréci en style. Style ascendant ou redressé, comprimé bilatéralement, à peu près aussi long que l'ovaire. Stigmate mince, comprimé bilatéralement; mamelons papillifères égaux ou presque égaux, blanchâtres, confluents en bourrelet très-étroit. Placentaires 5-12-ovulés; ovules immédiatement superposés. Silique rectiligne, chartacée, très-mince, plus ou moins bosselée, un peu renflée; placentaires filiformes, avant la déhiscence recouverts par le bord des valves. Graines assez grosses, noires, luisantes, à peine échancrées : strophiole mince, condupliquée, blanchâtre, non appliquée sur la graine, attachée moyennant un stipe court. Embryon développant dans la germination un seul cotylédon et point de plumule; le collet se renfle en tubercule dans le courant de l'année, et l'année suivante seulement ce petit tubercule produit la première feuille.

Les *Bulbocapnos* sont connus sous le nom vulgaire de *Fumeterre bulbeuse*. Ce sont des plantes élégantes et très-précoces, dont plusieurs se cultivent fréquemment dans les parterres. Leur suc-propre est brunâtre et légèrement amer. Les fruits mûrissent avant la fin du printemps, et, dès que la dissémination a eu lieu, les feuilles, ainsi que la tige de la plante, se dessèchent et disparaissent complétement; ce n'est qu'au printemps suivant que le tubercule, qui continue à végéter sous terre, en repousse de nouvelles. Le genre renferme cinq ou six espèces, dont voici les plus notables :

A. *Tubercule subglobuleux, petit, déprimé aux deux extrémités; racines fasciculées à l'extrémité basilaire. Tige squamifère au-dessous de la première feuille.*

Bulbocapnos de Haller.—*Bulbocapnos Halleri* Spach.

— α : A bractées laciniées. — *Bulbocapnos digitatus* Bernh. in Linnæa, v. 8, p. 469. — *Capnoides solida* Mœnch. — *Fumaria solida* Smith, Engl. Bot. tab. 1471. — Bot. Mag. tab. 231. — *Fumaria Halleri* Willd. — Flor. Dan. tab. 1224. —*Borkhausenia solida* Flor. Wetterav.— *Corydalis solida* Svensk Bot. tab. 531. — *Corydalis digitata* Pers. — *Corydalis Halleri* Hayn. Arzn. fasc. 5, 3. — *Corydalis bulbosa* De Cand. Flor. Franç. — *Corydalis pumila* Reichenb. Flor. Germ. Excurs. — *Corydalis angustifolia* De Cand. Syst. et Prodr.—*Fumaria angustifolia* Marsch. Bieb.

— *Fumaria minor* Roth. — Bractées palmatifides ou incisées-dentées, ordinairement cunéiformes ou flabelliformes.

— β : A BRACTÉES INDIVISÉES. —*Bulbocapnos fabaceus* Bernh. l. c. — *Fumaria fabacea* Retz. — *Fumaria intermedia* Ehrh. —Schk. Handb. tab. 194. — *Corydalis fabacea* Pers. —Hayn. Arzn, fasc. 5, 2. — *Corydalis caucasica* De Cand. Syst. et Prodr. — *Fumaria caucasica* Marsch. Bieb. — *Corydalis pauciflora* Pers. — Bractées ovales, ou obovales, ordinairement très-entières.

Folioles cunéiformes, ou subrhomboïdales, 2-ou 3-parties, ou 2-5-fides, ordinairement opposées : segments obovales, ou oblongs-obovales, ou oblongs, ou sublinéaires, obtus. Éperon du pétale obtus, à peu près aussi long ou un peu plus long que la fleur. Éperon de l'androphore très-pointu au sommet, 2 fois plus court que celui du pétale. Silique lancéolée, ou ovale-lancéolée, ou oblongue-lancéolée.

Plante haute de quelques pouces à un pied, très-glabre et lisse, croissant en touffes. Tubercule du volume d'une Prune-Mirabelle, subglobuleux, déprimé aux deux bouts, recouvert d'une sorte d'écorce jaunâtre (laquelle se détache chaque printemps comme les tuniques extérieures des oignons), blanc et solide à l'intérieur, couronné (au printemps) par les écailles du bourgeon, lequel est presque toujours unicaule. Racines simples ou peu rameuses, filiformes, longues de 2 à 4 pouces, fasciculées à l'extrémité inférieure du tubercule. Tige (souterraine dans une partie plus ou moins considérable de sa longueur, suivant que le tubercule est plus ou moins profondément enterré) dressée, grêle, succulente, fragile, subcylindrique, en général simple et garnie seulement de 2 à 4 feuilles, moins souvent rameuse, presque toujours munie, peu au-dessus de terre, d'une grande écaille brunâtre obtuse. Feuilles dressées : les inférieures larges de 2 à 6 pouces (on ne trouve de feuilles radicales que sur les tubercules trop jeunes pour produire une tige); pétiole-commun subcylindrique, canaliculé en dessus : les trois ramifications primaires plus ou moins divergentes (accidentellement il n'y a que 2 ramifications), en général presque isomètres; folioles glauques, de forme et de grandeur très-variables. Grappe tantôt lâche et pauciflore, tantôt dense et multiflore, après la floraison plus ou moins inclinée au sommet et atteignant jusqu'à 6 pouces de long. Pédicelles filiformes, longs de 3 lignes à 1 pouce (les inférieurs plus longs que les supérieurs). Bractées de même couleur que les feuilles : les inférieures ordinairement plus longues que le pédicelle; les supérieures graduellement plus courtes, à peu près aussi longues que le pédicelle. Corolle longue de 6 à 10 lignes, d'un rose lavé de violet, panachée à la gorge de jaune et de pourpre-violet. Éperon subrectiligne ou plus ou moins courbé, ascendant, ou horizontal, ou décliné; capuchon du pétale supérieur rétus ou échancré, subhémisphérique. Pétale inférieur à peine débordé par le supérieur. Silique longue de 3 à 6 lignes, large de 1 1/2 ligne à 2 1/2 lignes, plus ou moins longuement cuspidée par le style. Graines larges de 1 ligne.

Cette espèce croît dans presque toute l'Europe, ainsi qu'en Orient et en Sibérie. Elle fleurit dès le commencement du printemps, et se plaît dans les lieux ombragés légèrement humides. On la cultive comme plante d'ornement. Autrefois elle s'employait en thérapeutique, aux mêmes usages que la *Fumeterre officinale*.

B. *Tubercule irrégulièrement arrondi, gros, plus ou moins déprimé, creux à l'intérieur; racines éparses à toute la surface inférieure. Tige non-squamifère.*

Bulbocapnos tubéreux. — *Bulbocapnos tuberosus* Spach. — *Fumaria bulbosa* Linn. — Flor. Dan. tab. 605. — *Corydalis bulbosa* Pers. — Hayn. Arzn. Gew. fasc. 5, 1. — *Fumaria cava* Mill. — Ehrh. — Schk. Handb. tab. 194 (radix.) — *Capnoides cava* Mœnch. — *Corydalis cava* Wahlenb. — *Borkhausenia cava* Flor. Wetterav. — *Corydalis tuberosa* De Cand. Flor. Franç.

Folioles cunéiformes ou subrhomboïdales, bi- ou tri-parties, ou 2- 5- fides, ordinairement alternes : segments ou lobes oblongs-obovales, ou oblongs, ou linéaires-oblongs, obtus, ordinairement entiers. Éperon du pétale obtus, ordinairement plus long que la fleur. Éperon de l'androphore épaissi au sommet, de moitié plus court que celui du pétale. Silique lancéolée ou ovale-lancéolée.

Plante haute de 1/2 pied à 1 1/2 pied, très-glabre et lisse, tout-à-fait semblable à la précédente par le port, mais plus grande en toutes ses parties. Tubercule gros, garni à sa surface inférieure de radicelles éparses et peu nombreuses. Folioles glauques, pâles en dessous, longues de 6 à 18 lignes. Tige en général simple et garnie seulement de deux feuilles. Grappe 5- 20- flore, lâche, longue de 1 pouce à 3 pouces. Bractées longues de 3 lignes à 1 pouce, oblongues, ou oblongues-obovales, ou obovales, ou ovales, très-entières. Pédicelles plus courts que les bractées. Corolle d'un pourpre-violet, ou blanche, panachée de jaune et de pourpre-noirâtre à la gorge, longue de 8 à 12 lignes. Éperon horizontal ou décliné, élargi et recourbé à son extrémité. Capuchon du pétale supérieur ovale, échancré, débordant le pétale inférieur. Silique longue de près de 1 pouce, large de 2 1/2 à 3 lignes, ordinairement acuminée aux deux bouts. Graines plus grosses que celles de l'espèce précédente.

Cette espèce, qu'on cultive aussi comme plante d'ornement, habite les mêmes contrées que la précédente, mais il paraît qu'elle est plus commune dans le nord que dans le midi de l'Europe ; on la trouve également dans les localités fraîches et ombragées; sa floraison a lieu dès les premiers jours du printemps.

Genre CAPNOIDÈS. — *Capnoides* Gærtn.

Sépales 2, petits, cordiformes, denticulés. Pétales 4, libres : le supérieur éperonné; l'inférieur cochléariforme; les 2 intérieurs courtement onguiculés, inéquilatéraux, uni-auriculés (à la base de la lame), oblongs-obovales, à peine cuculliformes au sommet. Androphores libres : le supérieur plus large, prolongé en éperon arqué, court, inadhérent, obtus. Ovaire comprimé, oblong; ovules amphitropes, renversés, uni-sériés sur chaque placentaire. Style géniculé et articulé au-dessus de sa base, non-persistant, tétraèdre. Stigmate comprimé (en sens inverse de l'ovaire), semi-luné, quadri-denticulé au bord supérieur. Silicule tétragone-ancipitée (comprimée dorsalement), rétrécie aux 2 bouts, apiculée, 3-8-sperme (par avortement). Graines chagrinées, subréniformes, strophiolées : strophiole ascendante, apprimée, subovale, fimbriolée, condupliquée. Embryon petit, dicotylédoné.

Racine vivace, rameuse, pivotante, pluri-caule. Tiges feuillées, subdichotomes, anguleuses. Feuilles bipennées ou tripennées, pétiolées. Grappes terminales et oppositifoliées, lâches, dressées, subunilatérales. Pédicelles filiformes, défléchis et plus ou moins déclinés après la floraison. Bractées petites, subulées. Sépales membraneux. Pétales jaunes ou blanchâtres, non-fongueux. Éperon court, descendant, subrectiligne, très-obtus, comprimé bilatéralement. Capuchons uni-carénés, suborbiculaires, obtus : carène nerviforme. Pétale supérieur 5-nervé; pétale inférieur et pétales latéraux 3-nervés. Androphores linéaires-lancéolés. Anthères subsessiles. Ovaire court, comprimé dorsalement, à peine rétréci à la base, acuminé. Placentaires 5-8-ovulés; ovules immédiatement superposés. Style filiforme, très-long, ascendant, redressé au sommet. Stigmate petit, à 4 appendices papilleux. Silique rectiligne, chartacée, très-mince, bosselée; placentaires filiformes, avant la déhiscence recouverts par les bords des valves. Graines assez grosses, noires, luisantes, à peine échancrées : strophiole mince, blanche, beaucoup plus courte que la graine, attachée sur un mamelon saillant. Périsperme conforme à la graine. Radicule conique. Cotylédons très-courts, subovales, divergents, en germination ovales-lancéolés.

L'espèce suivante est la seule qui puisse être rapportée avec certitude à ce genre.

CAPNOÏDÈS TOUJOURS-FLEURI. — *Capnoides semperflorens* Spach.

— α : À FLEURS JAUNES. — *Fumaria lutea* Linn. — Engl. Bot. tab. 588. — *Borkhausenia lutea* Flor. Wetterav. — —*Capnoides lutea* Gærtn. Fruct. 2, tab. 554. — *Corydalis lutea* Pers.

— β : À FLEURS BLANCHATRES. — *Fumaria capnoides* Linn. — *Fumaria acaulis* Jacq. Ic. Rar. tab. 554. — *Corydalis capnoides* Pers.

Plante touffue, très-glabre et lisse, haute de $^1/_2$ pied à 2 pieds. Tiges grêles, dressées, feuillues, ordinairement très-rameuses. Rameaux plus ou moins divergents. Feuilles inférieures atteignant 6 à 12 pouces de long (y compris la partie indivisée du pétiole), triangulaires en contour, à 7-11 pennules primaires; feuilles supérieures plus petites, courtement pétiolées, à 5 ou 7 pennules primaires; pennules secondaires 3- ou 5- foliolées; folioles petites, d'un vert pâle en dessus, glauques en dessous, courtement pétiolulées, cunéiformes, ou subrhomboïdales, ou ovales, ou obovales, ou oblongues-obovales, ou suboblongues, obtuses, tantôt très-entières, tantôt bi- ou tri- lobées au sommet, ou irrégulièrement incisées-crénelées : la terminale (atteignant jusqu'à 6 lignes de large) de 1 à 4 fois plus grande que les latérales. Grappes corymbiformes ou plus ou moins allongées, 5-20-flores. Fleurs tantôt d'un jaune plus ou moins vif, tantôt blanchâtres, ou d'un jaune très-pâle. Pédicelles capillaires, plus courts que les fleurs. Bractées 2 à 3 fois plus courtes que les pédicelles. Sépales longs à peine de 1 ligne, ovales, très-entiers, carénés au dos, brusquement rétrécis au sommet en languette obtuse. Pétale supérieur long de 6 à 8 lignes; pétale inférieur et pétales latéraux un peu plus courts; onglet des pétales latéraux à peine long de 1 ligne. Silique longue de 3 à 6 lignes, large de 1 ligne à 2 lignes. Graines longues de près de 1 ligne.

Cette espèce, qu'on cultive parfois dans les parterres, est commune dans la région méditerranéenne, et se retrouve çà et là dans les contrées plus septentrionales de l'Europe. Elle fleurit depuis le mois de mai jusqu'à la fin de l'automne.

Genre CYSTICAPNOS.—*Cysticapnos* Boerhaav.

Sépales 2, petits, cordiformes à leur base. Pétales 4, libres : le supérieur gibbeux à sa base, un peu plus court que l'inférieur; les deux intérieurs courtement onguiculés, inéquilatéraux, inauriculés. Androphores libres : le supérieur plus large, mais plus court que l'inférieur, gibbeux à la base, à anthère médiane sessile; l'inférieur à anthères toutes trois sessiles. Ovaire comprimé, ovale-lancéolé, tronqué au sommet : placentaires multi-ovulés; ovules plurisériés, horizontaux, campylotropes. Style non-persistant, géniculé à la base, ascendant, court, claviforme, terminant le bord inférieur de l'ovaire. Stigmate petit, biparti. Capsule grosse, vésiculeuse, ovoïde, mucronée, bivalve, polysperme; endocarpe et placentaires se détachant de l'épicarpe dès après la floraison, et formant autour des graines une coque membraneuse, longuement stipitée, terminée en filet capillaire bipartible (lequel est la continuation des placentaires); valves non-caduques, liées au dos des placentaires par de nombreux filets capillaires. Graines suborbiculaires, comprimées, non-strophiolées, lisses. Périsperme courbé en fer à cheval. Embryon dicotylédoné, un peu arqué, presque aussi long que l'un des côtés du périsperme.

Plante annuelle, sarmenteuse, glabre, très-rameuse. Feuilles tantôt bipennées (à pennules le plus souvent trifoliolées), tantôt biternées; pétiole commun souvent cirrifère au sommet ou latéralement; folioles souvent trifides ou triparties. Grappes oppositifoliées ou axillaires, lâches, pauciflores, pendantes. Pédicelles capillaires. Bractées petites, membraneuses. Sépales divergents au sommet, membraneux, uni-nervés, presque planes, ovales-lancéolés, pointus, irrégulièrement dentés ou crénelés. Corolle d'un rose pâle, de grandeur médiocre. Pétales extérieurs équilatéraux, 5-nervés, arrondis au sommet, naviculaires, sans carène saillante, ondulés aux bords, lesquels sont repliés en dehors ; le pétale supérieur cuculliforme-obovale ; l'inférieur oblong, à peine élargi au sommet. Pétales intérieurs trinervés : onglet 4 fois plus court que la lame ; lame cuculliforme-spathulée, acuminulée, munie d'une crête dorsale aliforme, mince, très-entière, décurrente sur l'onglet, très-élargie supérieurement. Androphores de moitié plus courts que les pétales intérieurs : le supérieur ovale à appendice basilaire court, obtus, tuberculiforme; les filets des deux anthères latérales plus courts que l'anthère médiane, laquelle est sessile, et par conséquent débordée par les deux autres ; l'androphore inférieur ovale-oblong, obtus, un peu plus long que le supérieur et ayant les trois anthères absolument sessiles. Ovaire petit, obliquement vertical, comprimé bilatéralement, beaucoup plus long que le style (lequel, au lieu d'être central, termine le bord inférieur de l'ovaire, de sorte qu'il alterne avec les placentaires), rétréci au sommet en goulot tronqué ; placentaires non-ovulifères aux deux extrémités. Stigmate à deux lanières courtes, obtuses, conniventes, finement pubérules, immarginées. Capsule pendante, presque membraneuse, finement réticulée, acuminulée aux 2 bouts, innervée, s'entr'ouvrant en 2 valves, lesquelles sont retenues plus ou moins par les filets vasculaires qui vont de leurs bords au dos des placentaires; placentaires inclus, assez larges, comprimés, finalement séparables de l'endocarpe, rétrécis inférieurement en stipe bipartible, et confluents au sommet en un fil capillaire asperme. Graines noires, luisantes, petites, subnidulantes, tronquées et à peine échancrées à leur base. Embryon beaucoup plus grand que dans toutes les autres Fumariacées : radicule cylindrique, columnaire, obtuse; cotylédons linéaires, obtus, non-divergents, un peu plus courts que la radicule (en germination, au témoignage de M. Bernhardi : ovales, pétiolés).

Ce genre renferme trois ou quatre espèces, dont voici la plus notable :

Cysticapnos d'Afrique. — *Cysticapnos africana* Gærtn. Fruct. 2, tab. 115. — *Fumaria vesicaria* Linn. — Pluck. Alm. tab. 335, fig. 3.

Tiges longues de 2 à 3 pieds, très-grêles. Folioles longues de 3 à 6 lignes, cunéiformes, ou subrhomboïdales, glauques, pétiolulées, plus ou moins profondément divisées en 2 à 5 lobes oblongs, ou oblongs-obovales, ou obovales, obtus, ordinairement très-entiers, souvent divariqués; pétiole commun filiforme; vrilles bi-ou tri-furquées, spiralées. Grappes ordinairement moins longues que les feuilles, 3-7-flores (quelquefois les pédoncules sont 1- ou 2-flores) : pédoncule court, filiforme; pédicelles plus courts que les fleurs. Sépales longs d'environ 1 ligne. Corolle longue de 3 à 4 lignes. Capsule du volume d'une grosse cerise, glauque avant la maturité. Graines du volume de celles du Pavot.

Cette plante, remarquable par la structure de son fruit, est indigène au Cap de Bonne-Espérance.

Section III. FUMARINÉES. — *Fumarineæ* Reichb.

Sépales latéraux. Pétales non-marcescents, libres : les deux intérieurs (l'un supérieur, l'autre inférieur) dissemblables, inégaux : le supérieur éperonné à sa base; l'inférieur non-gibbeux ni éperonné. Androphores inégaux, cohérents inférieurement aux bords du pétale correspondant : le supérieur plus large, prolongé postérieurement en appendice charnu (soit calcariforme, soit glanduliforme); l'inférieur inappendiculé, libre. Style ascendant, articulé au sommet de l'ovaire, caduc. Péricarpe indéhiscent (mais séparable en deux valvules), monosperme (sans placentaire apparent), articulé au pédicelle, caduc à la maturité. Graine attachée vers la base de la loge : tégument mince, presque membraneux. — Inflorescence centripètc. Fleurs dressées (du moins en préfloraison et pendant l'anthèse), disposées en grappes simples.

Genre FUMARIA. — *Fumaria* (Linn.) Bernh.

Sépales 2, carénés, prolongés au-delà de leur base. Pétales 4, non-persistants : le supérieur éperonné; l'inférieur cochléariforme; les 2 intérieurs courtement onguiculés, à lame inéquilatérale, uni-auriculée à la base. Androphore supérieur prolongé en éperon curviligne. Ovaire ovoïde, ancipité; ovule renversé, campylotrope, attaché un peu au-dessus du fond de la loge. Style filiforme, subtétragone. Stigmate comprimé, bicorne, presque semi-luné, mucronulé au sommet. Carcérule presque drupacé, subglobuleux, immarginé, un peu comprimé bilatéralement. Graine conforme au péricarpe, ombiliquée, lisse, non-strophiolée; périsperme obréniforme; embryon subhorizontal, petit, dicotylédoné.

Racine annuelle, pivotante. Tiges rameuses, feuillées. Feuilles décomposées; pennules 3-7-foliolées; folioles palmatifides, ou ternatiparties, ou pennatifides, ou pennatiparties, ou bipennatiparties; pétiole commun non-cirrifère, mais souvent préhensile et plus ou moins tortillé. Grappes terminales et oppositifoliées, denses, multiflores, dressées, pédonculées. Pédicelles épaissis et cupuliformes au sommet, dressés avant et pendant l'anthèse, plus tard quelquefois recourbés ou résupinés. Fleurs petites ou de grandeur médiocre, pendant l'épanouissement obliquement horizontales. Sépales (quelquefois assez grands) membraneux, ovales, ou ovales-lancéolés, denticulés, caducs (ainsi que la corolle) peu après la floraison. Corolle blanchâtre, ou rose, ou pourpre, panachée à sa gorge de vert et de pourpre violet. Pétales mucronés, uni-carénés (seulement vers leur sommet) : les deux extérieurs quinquénervés (le supérieur 2 fois plus large mais un peu plus court que l'inférieur, à éperon comprimé, curviligne, très-obtus, descendant, plus court que la partie naviculaire), à carène immarginée; les 2 intérieurs tri-nervés, à onglet large mais beaucoup plus court que la lame, laquelle est oblongue-spathulée, presque plane inférieurement et munie vers son sommet d'une carène marginée. Androphores trinervés, filiformes peu au-dessus de leur base : le supérieur ovale-lancéolé à sa base, prolongé en éperon inadhérent, subclaviforme, décliné, à peu près de moitié plus court que l'éperon de la corolle; l'androphore inférieur linéaire-lancéolé; anthères subsessiles. Ovaire acuminé ou obtus, charnu, plus court que le style, un peu comprimé bilatéralement. Style géniculé au-dessus de sa base, ou non-géniculé, très-mince. Stigmate prolongé de chaque côté en un petit appendice finement papilleux. Carcérule petit, tantôt lisse, tantôt finement tuberculeux, ombiliqué ou apiculé, rétréci à sa base, rempli par la graine, charnu avant la maturité, finalement crustacé et séparable; endocarpe testacé, séparable en deux valvules. Graine plus ou moins profondément ombiliquée au bout correspondant au sommet de la loge (où l'endocarpe offre une bosse saillante en dedans), légèrement échancrée à la base; tégument brunâtre. Périsperme jaunâtre. Embryon presque égal en longueur au diamètre du périsperme; radicule subcolumnaire, un peu épaissie au sommet; cotylédons (en germination lancéolés-linéaires, pétiolés) linéaires-oblongs, obtus, un peu divergents, de moitié à peu près plus courts que la radicule.

Les deux espèces que renferme ce genre sont connues sous le nom vulgaire de *Fumeterres*; toutes leurs parties renferment un suc-propre très-amer. Ces plantes s'emploient assez fréquemment en thérapeutique, à raison de leurs propriétés dépuratives et apéritives.

A. *Segments des folioles non-canaliculés, tantôt linéaires, tantôt plus ou moins élargis vers leur sommet. Pédicelles fructifères tantôt dressés, tantôt résupinés, tantôt recourbés. Fleurs de grandeur très-variable. Sépales de moitié à 3 fois plus courts que les pétales. Carcérule ombiliqué, ou rarement apiculé. Style non-géniculé, 2 à 3 fois plus long que l'ovaire.*

FUMARIA OFFICINAL. — *Fumaria officinalis* Spach.

— α : COMMUN (*vulgaris*). — *Fumaria officinalis* Linn. — Engl. Bot. tab. 589. — Flor. Dan. tab. 940. — *Fumaria densiflora* De Cand. Cat. Hort. Monsp.—Pétiole non-préhensile ; segments des folioles linéaires ou sublinéaires. Fleurs (ordinairement d'un rose vif) de grandeur médiocre. Pédicelles fructifères dressés ou subrésupinés. Carcérule ordinairement ombiliqué.

— β : PRÉHENSILE (*prehensilis*). — *Fumaria capreolata* Linn. —De Cand. Ic. Rar. tab. 34 (1)—Engl. Bot. tab. 943 (2).— *Fumaria major* (Badarr.) Reichb. Flor. Germ. Excurs. (3) —*Fumaria media* Lois. (2)—*Fumaria prehensilis* Kit. (2) — Pétiole préhensile, plus ou moins tortillé ; segments des folioles en général plus ou moins élargis. Fleurs plus ou moins grandes. Pédicelles fructifères souvent recourbés ou résupinés. Carcérule ordinairement ombiliqué.

---

(1) Sous-variété à grandes fleurs (ordinairement blanches, panachées de pourpre-violet) et à larges sépales. Pédicelles fructifères le plus souvent recourbés.

(2) Sous-variété, ne différant de la précédente que par des sépales moins larges, et des pétales d'un rose vif.

(3) Sous-variété à fleurs de grandeur médiocre (à peu près comme celles de la variété α, tantôt blanchâtres, tantôt d'un rose plus ou moins vif). Pédicelles-fructifères tantôt recourbés, tantôt résupinés, tantôt dressés.

Ces sous-variétés, de même que les trois variétés principales que nous avons signalées ici, offrent une foule de formes intermédiaires qu'il serait impossible de caractériser.

— γ : À PETITES FLEURS (*micrantha*). — *Fumaria Vaillantii* Lois. Not. — Vaill. Bot. Par. tab. 10, fig. 6. — Reichb. Plant. Crit. I, fig. 103. — *Fumaria parviflora* Svensk Bot. tab. 574. — Pétiole non-préhensile; segments des folioles linéaires ou sublinéaires. Fleurs petites (ordinairement d'un rose pâle). Pédicelles fructifères courts, dressés. Carcérule quelquefois apiculé.

Racine grêle, fibreuse et rameuse inférieurement, le plus souvent pluri-caule. Tiges longues de quelques pouces à 1 pied (dans les variétés α et γ), ou jusqu'à 3 pieds et plus (dans la variété β, lorsqu'elle croît dans des haies ou autres localités humides et ombragées), très-glabres et lisses (de même que toutes les autres parties de la plante), glauques ou rougeâtres, paniculées (parfois peu rameuses, lorsque la plante croît dans des localités très-arides), tantôt dressées ou ascendantes, tantôt diffuses, tantôt s'accrochant aux corps voisins moyennant ses pétioles. Feuilles tantôt courtes, tantôt atteignant 3 à 6 pouces de long, d'un vert plus ou moins glauque, tantôt pennées, tantôt bi- ou tri-pennées; folioles alternes ou opposées, pétiolulées, ordinairement cunéiformes ou subrhomboïdales en contour, longues de 1 ligne à 6 lignes : segments linéaires, ou linéaires-oblongs, ou oblongs, ou lancéolés-oblongs, ou lancéolés-obovales, ou oblongs-obovales, ou flabelliformes, ou cunéiformes, obtus, ou pointus, quelquefois mucronés. Grappes longuement ou courtement pétiolées, plus ou moins denses : les florifères quelquefois très-courtes; les fructifères longues de ½ pouce à 3 pouces. Pédicelles longs de 1 ligne à 3 lignes. Bractées linéaires-lancéolées ou subulées, plus ou moins denticulées, un peu carénées au dos, tantôt aussi longues ou un peu plus longues que le pédicelle, tantôt jusqu'à deux fois plus courtes que le pédicelle. Sépales ovales, ou ovales-lancéolés, ou oblongs-lancéolés, pointus, trinervés, arrondis ou échancrés à la base, tantôt plus larges que le tube de la corolle, tantôt plus étroits. Corolle longue de 2 à 6 lignes. Ovaire obtus ou acuminé. Carcérule long de ½ ligne à 1 ½ ligne, brunâtre à la maturité.

Cette espèce est commune en Europe, ainsi qu'en Orient et dans l'Afrique septentrionale. Elle fleurit depuis la fin du printemps jusqu'en automne, et croît indifféremment dans toute espèce de sol, mais de préférence dans les localités découvertes telles que les champs en friche, les jardins, les vignobles, etc. La variété β est plus commune dans le midi que dans le nord; la variété γ se trouve principalement dans les terrains très-arides.

B. *Segments des folioles canaliculés, filiformes, sublinéaires. Pédicelles fructifères toujours dressés. Fleurs très-petites. Sépales minimes. Style géniculé ou bi-géniculé vers son milieu, à peine plus long que l'ovaire. Carcérule toujours apiculé.*

Fumaria a petites fleurs.—*Fumaria parviflora* Lamk.—Reichb. Plant. Crit. v. 1, fig. 102.—Vaill. Bot. Par. tab. 10. fig. 5. — Engl. Bot. tab. 590. — *Fumaria tenuifolia* Flor. Wetterav. — *Fumaria leucantha* Vivian. (ex Reichb.)

Plante ayant le même port que le *Fumaria officinalis*, mais facilement reconnaissable à ses feuilles plus glauques, découpées en lanières très-étroites, ainsi qu'à la petitesse de ses fleurs (ordinairement blanchâtres) disposées en grappes fort courtes. Tiges ordinairement diffuses ou grimpantes, atteignant jusqu'à 3 pieds de long, ou beaucoup moins (dans des localités arides). Feuilles longues de 1 pouce à 6 pouces, bi- ou tri-pennées; pétiole-commun filiforme, en général à 5 ou 7 ramifications primaires tantôt alternes, tantôt subopposées; folioles tri- ou pluri-fides, longues de 1 ligne à 4 lignes. Grappes courtement pédonculées ou subsessiles, d'abord très-denses et courtes, finalement longues de 1/2 pouce à 2 pouces. Pédicelles longs de 1/4 de ligne à 1 ligne, presque turbinés. Bractées subulées ou linéaires-lancéolées, cuspidées, très-entières, ou denticulées, en général plus longues que les pédicelles. Sépales longs de 1/3 de ligne à 1/2 ligne, oblongs-lancéolés, cuspidés, denticulés, arrondis ou échancrés à la base. Corolle blanche ou moins souvent rose, longue de 1 ligne à 1 1/2 ligne. Ovaire acuminé. Carcérule obové ou subglobuleux, apiculé, long d'environ 1 ligne, ou moins.

Cette espèce croît dans les mêmes contrées que la précédente, mais elle est beaucoup plus commune dans le midi que dans le nord.

Genre PLATYCAPNOS.—*Platycapnos* Bernh.

Sépales 2, carénés, prolongés au-delà de leur base. Pétales 4, subpersistants : le supérieur courtement éperonné; l'inférieur cochléariforme; les 2 intérieurs courtement onguiculés, à lame inéquilatérale, uni-auriculée à la base. Androphore supérieur prolongé en appendice glanduliforme. Ovaire ovoïde, ancipité; ovule renversé, campylotrope, attaché un peu au-dessus du fond de la loge. Style filiforme, tétraèdre. Stigmate trilobé : le lobe terminal long, diaphane, liguliforme, bifide au sommet; les deux lobes latéraux courts, gros, cunéiformes, papilleux. Carcérule cartilagineux, comprimé, elliptique, marginé. Graine obovale, comprimée, très-finement réticulée, non-strophiolée; périsperme conforme à la graine; embryon vertical, petit, dicotylédoné.

Racine annuelle, pivotante. Tiges rameuses, feuillées. Feuilles bi-ou tri-pennées; pétiole-commun filiforme, non-préhensile; folioles bi-ou tri-parties, ou pennatiparties : segments linéaires-filiformes. Grappes terminales et oppositifoliées, très-denses, multiflores, dressées, pédonculées. Pédicelles claviformes, très-courts, d'abord dressés, puis réfléchis. Bractées subulées, plus longues que les pédicelles. Fleurs obliquement horizontales pendant l'anthèse, puis renversées. Calice et corolle ne tombant que peu avant la maturité du fruit. Sépales oblongs-lancéolés, cuspidés, minimes, membraneux, trinervés. Corolle assez petite, blanchâtre, ou d'un rose plus ou moins vif, panachée à sa gorge de vert, de jaune et de violet. Pétales subobtus, uni-carénés vers leur sommet : les 2 extérieurs 5-nervés (le supérieur trois fois plus large et non-débordé par l'inférieur, à éperon très-court, très-obtus, comprimé, descendant), à carène immarginée; les 2 intérieurs presque aussi longs que les extérieurs, 3-nervés, à onglet large, linéaire, 3 fois plus court que la lame (laquelle est linéaire-spathulée, plus large que le pétale inférieur, presque plane inférieurement, et munie vers son sommet d'une carène en forme de crête). Androphores 3-nervés, filiformes dans leur moitié supérieure : le supérieur plus large (ovale-lancéolé à sa base) et un peu moins long que l'inférieur (oblong-lancéolé). Anthères portées sur des filets capillaires très-courts. Ovaire petit, comprimé dorsalement, acuminulé, charnu, beaucoup plus court que le style. Style mince, non-géniculé. Carcérule petit, un peu rugueux, subobtus, rétréci à la base ou aux deux bouts, épaissi en bourrelet aux bords, incomplétement rempli par la graine : épicarpe charnu avant la maturité, finalement cartilagineux et recouvert par une pellicule séparable; endocarpe membraneux, inadhérent. Graine petite, obtuse aux deux bouts, non-échancrée à la base; tégument extérieur d'un brun de châtaigne. Périsperme blanc. Embryon beaucoup plus court que le périsperme : radicule subconique, obtuse; cotylédons courts, oblongs, obtus, un peu divergents.

L'espèce suivante est la seule qu'on puisse rapporter avec certitude au genre.

Platycapnos a épis.—*Platycapnos spicata* Bernh. in Linnæa, v. 8, p. 471. — *Fumaria spicata* Linn.

Plante lisse et très-glabre. Racine grêle, rameuse inférieurement, en général pluricaule. Tiges longues de quelques pouces à 2 pieds, dressées, ou ascendantes, ou diffuses, ordinairement très-rameuses, plus ou moins glauques. Feuilles longues de 1 pouce à 6 pouces, très-glauques; folioles longues de 2 à 6 lignes : segments souvent mucronulés. Grappes plus ou moins longuement pédonculées, d'abord courtes et capituliformes, finalement spiciformes et longues de 4 lignes à 1 pouce : rachis gros, roide, rectiligne. Pédicelles recouvrants : les fructifères longs au plus de 1/2 ligne. Sépales environ 4 fois plus courts que la corolle. Corolle longue de 2 lignes. Capuchon du pétale supérieur moins large que la partie inférieure. Carcérule long de 1 1/2 ligne, large de 1 ligne, d'un brun jaunâtre à la maturité.

Cette plante est commune dans toute la région méditerranéenne. Sa floraison dure tout l'été. Elle possède des propriétés médicales analogues à celles des Fumeterres.

CENT DEUXIÈME FAMILLE.

LES RÉSÉDACÉES. — *RESEDACEÆ.*

Resedaceæ De Cand. Théor. Élém. ed. I, p. 214. — Bartl. Ord. Nat. p. 258. — *Cruciferæ* tribus III : *Coilocarpicæ* Reichenb. Consp. p. 186. — *Cruciferæ* tribus III : *Acroschistæ* s. *Coilocarpicæ*, Reichenb. Syst. Nat. p. 261.

Cette famille ne se compose que d'environ vingt espèces, la plupart comprises par Linné dans son genre *Reseda*, et presque toutes indigènes dans les contrées voisines de la Méditerranée. Du reste, malgré la structure anomale de leurs organes floraux, les *Résédacées*, à notre avis, méritent à peine d'être séparées des Capparidées.

Caractères de la Famille.

Herbes, ou (seulement quelques espèces) *sous-arbrisseaux*. Tige et rameaux cylindriques ou anguleux, inarticulés. Sucs-propres aqueux.

Feuilles éparses, simples (entières, ou pennatifides, ou pennatiparties), non-stipulées, mais souvent accompagnées, à leur base, de 2 glandules, ou de deux dents subulées.

Fleurs hermaphrodites (excepté dans l'*Ochradenus*, où elles sont par avortement dioïques), irrégulières (dans quelques espèces presque régulières), disposées en grappes terminales. Pédicelles épars, accompagnés d'une bractéole basilaire subulée.

Calice inadhérent, persistant, herbacé, 4-7-parti (accidentellement, dans le *Resedella*, 2-ou 3-parti);

sépales inégaux, ou moins souvent presque égaux, distants ou subimbriqués en estivation.

Réceptacle en général stipitiforme et oblique.

Disque (nul dans quelques espèces) soit inadhérent, charnu, irrégulièrement cupuliforme, engaînant le stipe réceptaculaire et prolongé postérieurement en appendice squamiforme ; ou bien réduit à une squamule (soit charnue, soit pétaloïde) insérée devant les sépales supérieurs, tandis que sa partie inférieure se confond avec le stipe réceptaculaire.

Pétales en même nombre que les sépales et interposés (par exception nuls, ou par avortement en moindre nombre que les sépales), non-persistants, distants en estivation, inégaux (les supérieurs plus grands que les inférieurs), insérés au fond du calice, en général dissemblables et munis d'un appendice dorsal palmati-parti.

Étamines en nombre indéfini (10 à 40 ; en général environ 20; dans le *Resedella* seulement au nombre de 3 et placées devant les sépales supérieurs), uni-ou bisériées, insérées soit aux bords de la cupule du disque (lorsque celui-ci est complet et inadhérent; dans ce cas les étamines sont périgynes), soit au stipe réceptaculaire (lorsque le disque est incomplet et confondu inférieurement avec le stipe réceptaculaire), soit au fond du calice (lorsque le disque est nul). Filets monadelphes par la base, ou libres, persistants, ou non-persistants, subulés, en général défléchis vers la partie inférieure de la fleur. Anthères non-persistantes, dithèques, versatiles, basifixes, cordiformes à la base, obtuses, ou échancrées; connectif peu apparent; bourses déhiscentes latéralement par une fente longitudinale.

Pistil : en général ovaire uni-loculaire, 3-6-style, à orifice fermé seulement par la connivence de la base des styles et par des replis (alternes avec les styles) de son bord, également connivents, mais sans aucune cohérence organique entre ces diverses parties(1); placentaires suturaux, nerviformes, pluriovulés, en même nombre que les styles et alternes avec ceux-ci. Ovules campylotropes, appendants (c'est-à-dire que l'exostome se trouve un peu au-dessous du sommet géométrique de l'ovule), ordinairement nidulants. Styles coniques ou coniques-cylindracés, creux, canaliculés antérieurement. Stigmates (quelquefois inapparents) tronqués ou échancrés, petits, terminaux, finement papilleux. — Dans quelques espèces, le pistil se compose de plusieurs follicules distincts, chacun monostyle, uni-loculaire, uni-ou bi-ovulé, ayant ses bords rapprochés pendant la floraison, mais non-soudés.

Péricarpe en général sec et évalve, mais s'ouvrant au sommet (d'ordinaire longtemps avant la maturité) par suite de l'écartement des styles et des bords de l'orifice : les placentaires (ordinairement polyspermes) restant fixés aux parois (2). — Dans quelques espèces, le péricarpe est un étairion à plusieurs follicules mono-ou di-spermes. — Le fruit de l'*Ochradenus* est charnu, mais d'ailleurs conformé comme le péricarpe normal de la famille.

Graines campylotropes, appendantes (par exception renversées), subréniformes, ou ovoïdes, quelquefois

---

(1) Le rapprochement mutuel de ces parties ne s'opérant que peu de temps avant la floraison, il en résulte que l'ovaire des Résédacées offre en effet, jusqu'à cette époque, un orifice ouvert; mais c'est à tort qu'il a été dit par plusieurs auteurs célèbres, que cette ouverture existe pendant la floraison, et que par conséquent la fécondation s'opère directement, sans l'intervention des styles.

(2) M. Reichenbach désigne ce fruit par le nom spécial de *coïlocarpe*.

caronculées. Tégument extérieur crustacé, souvent chagriné. Tégument intérieur membraneux. Périsperme nul, ou mince et huileux. Embryon plus ou moins courbé en fer à cheval.

La famille des Résédacées renferme les genres suivants :

Section I. **RÉSÉDINÉES.** — *Resedineæ* Spach. (*Resedeæ* et *Ochradeneæ* Reichenb.)

Pistil à ovaire 1-loculaire, 3-6-style : placentaires suturaux. Péricarpe polysperme, évalve, ouvert au sommet.

Ochradenus Delile. — *Reseda* (Tourn.) Spach. — *Eresda* Spach. — *Luteola* (Tourn.) Webb. — *Resedella* Webb. (1) (Ellimia Nutt.).

Section II. **ASTROCARPINÉES.** — *Astrocarpineæ* Reichenb.

Pistil à plusieurs follicules distincts, chacun monostyle, uni-loculaire, uni-ou bi-ovulé, ayant ses bords antérieurs rapprochés pendant la floraison, mais jamais soudés. Péricarpe étairionaire, stelliforme, à 5 à 7 follicules monospermes, ouverts antérieurement.

Astrocarpus Necker. (Sesamella Reichenb.) — *Caylusea* Aug. Saint-Hil.

---

(1) M. Webb a décrit ce genre en 1836 ; depuis, M. Reichenbach l'a indiqué sous le même nom (Syst. Nat. 1837.)

Section I. **RÉSÉDINÉES**. — *Resedineæ* Spach.

Pistil à ovaire uni-loculaire, 3-6-style : placentaires suturaux. Péricarpe polysperme, évalve, ouvert au sommet.

Genre RÉSÉDA. — *Reseda* (Linn.) Spach.

Calice 6-ou 7-parti : sépales (1 supérieur, 4 latéraux, 1 ou 2 inférieurs) réfléchis ou divariqués, inégaux. Pétales 6 ou 7, très-inégaux, dissemblables, arrondis (1), concaves, connivents, couronnés d'un appendice fimbrié : les 2 ou 3 inférieurs minimes. Disque cupuliforme, charnu, prolongé postérieurement en un large appendice de même consistance. Étamines 16-24, insérées à la gorge du disque; filets scabres, libres, grêles, claviformes, non-persistants, anisomètres, déclinés avant l'anthèse, puis divariqués; anthères sagittiformes-elliptiques, obtuses. Ovaire uniloculaire, oblong-trigone, courtement stipité, pendant l'anthèse horizontal : placentaires 3, nerviformes, 6-10-ovulés, alternes avec les angles. Ovules subcampylotropes, nidulants, appendants. Styles 3, coniques, ou coniques-cylindracés, courts, connivents, canaliculés antérieurement, alternes avec les placentaires. Stigmates petits, terminaux, échancrés, finement papilleux. Péricarpe évalve, mais s'ouvrant au sommet peu après la floraison, presque membraneux, trigone, ou hexagone, tri-apiculé, uniloculaire, polysperme. Graines subovales, un peu comprimées, caronculées.

(1) C'est-à-dire la partie inférieure et non-fimbriée, considérée par quelques auteurs comme l'onglet; ces mêmes auteurs envisagent la crête dorsale de ces pétales comme la lame; interprétation peu conforme à la nature : car la partie inférieure existe, dans le bouton, longtemps avant la formation des appendices.

R.F. DÉPÔT LÉGAL IMPRIMÉS

Herbes annuelles ou bisannuelles. Feuilles indivisées, ou trifides, ou pennatifides. Grappes un peu lâches, bractéolées. Fleurs jaunes, ou verdâtres, ou blanches. Pédicelles horizontaux pendant l'anthèse, plus tard soit dressés, soit penchés. Appendices des pétales divariqués dans le même sens que les sépales; l'appendice du pétale inférieur bi-parti ou indivisé; celui des autres pétales 2-11-parti. Fruit érigé ou décliné, verdâtre jusqu'à la maturité, à orifice triangulaire; placentaires minces, fongueux. Graines lisses ou chagrinées, noires, luisantes, un peu comprimées bilatéralement, munies d'une petite caroncule blanchâtre; périsperme mince, huileux; embryon plus ou moins courbé.

Ce genre, dans les limites que nous lui assignons, renferme les *Reseda lutea* Linn., *Phyteuma* Linn., *odorata* Linn., et *mediterranea* Linn.

A. *Pédicelles pendant la floraison horizontaux, puis déclinés. Sépales pendant l'anthèse très-étalés et divariqués, plus tard plus ou moins réfléchis. Péricarpe nutant, ovoïde, hexagone, ésulqué, denticulé (de papilles scabres) aux angles, très-finement papilleux à la surface. Graines chagrinées.—Feuilles tantôt subpennatifides ou trifides, tantôt indivisées. Appendices des pétales de couleur blanche: ceux des pétales supérieurs 9-ou 11-partis. Anthères rougeâtres.*

Réséda odorant. — *Reseda odorata* Linn. — Bot. Mag. tab. 29. — Bot. Reg. tab. 227.

Pédicelles plus longs que la fleur. Sépales peu accrescents, linéaires, ou sublinéaires, longuement débordés par les appendices des pétales supérieurs. Capsule courtement apiculée.

Plante vivace ou suffrutescente dans les pays chauds, annuelle dans les jardins des contrées moins tempérées. Tiges nombreuses, touffues, rameuses dès la base, ascendantes, anguleuses, tantôt glabres, tantôt pubescentes, longues de 6 à 18 pouces.

Rameaux ascendants ou étalés, paniculés, quelquefois papilleux aux angles. Feuilles luisantes et d'un vert gai aux 2 faces, subsessiles, obtuses, quelquefois un peu ondulées, en général garnies aux bords et sur la côte de papilles plus ou moins apparentes, en outre quelquefois parsemées de petits poils; feuilles radicales et feuilles caulinaires-inférieures longues d'environ 2 pouces, toujours indivisées, oblongues-obovales, ou oblongues-spathulées; les autres feuilles tantôt lancéolées-oblongues ou oblongues, tantôt cunéiformes-trifides, tantôt (mais rarement) pennati-quinquéfides. Grappes finalement longues de 2 à 4 pouces. Pédicelles raides, anguleux, plus longs que les sépales. Calice glabre, ou ciliolé de papilles, large de 2 à 3 lignes. Sépales linéaires ou linéaires-spathulés, obtus. Pétales supérieurs subcuculliformes, bidentés et arrondis au sommet; appendices à 6-11 lanières linéaires-spathulés; les 2 ou 3 pétales inférieurs minimes, cunéiformes, terminés seulement par une ou deux lanières de même forme que ceux des pétales supérieurs. Étamines à peu près aussi longues que les pétales supérieurs. Péricarpe long d'environ 3 lignes. Graines noirâtres.

Cette espèce (qu'on appelle vulgairement *Réséda*, sans autre épithète, et qu'en anglais on désigne par le nom fort approprié de *Mignonette*), tant recherchée comme plante d'agrément, à cause de l'odeur suave qu'exhalent ses fleurs, est originaire de l'Afrique septentrionale, et introduite en Europe depuis le milieu du dernier siècle.

En élevant le Réséda sur une seule tige, on peut en faire un petit arbuste d'orangerie, de plusieurs années de durée. Le Réséda qui fleurit en hiver s'obtient en semant la plante pendant l'été, et en conservant les jeunes pieds soit sous châssis, soit en serre.

Réséda Raiponce.—*Reseda Phyteuma* Linn.—Jacq. Flor. Austr. tab. 132. — Gærtn. Fruct. I, tab. 75, fig. 7.

Sépales très-accrescents, oblongs, ou oblongs-obovales, à peine débordés par les appendices des pétales supérieurs, ou plus longs. Pédicelles à peine aussi longs que la fleur. Capsule courtement apiculée.

Racine pivotante, annuelle. Tiges longues de 6 à 18 pouces, ascendantes, rameuses dès la base, anguleuses, glabres, ou pubescentes. Rameaux étalés, ou diffus, ou ascendants, en général paniculés. Feuilles semblables à celles du *Reseda odorata* et variant de même. Pédicelles raides, anguleux, souvent pubérules et parsemés de papilles. Fleurs larges d'environ 2 lignes. Calice fructifère large de 4 à 6 lignes. Sépales glabres, obtus, souvent denticulés de papilles. Pétales conformés comme ceux du *Reseda odorata*. Grappes fructifères atteignant jusqu'à un pied de long. Capsule longue de 3 à 4 lignes. Graines brunes.

Cette espèce est commune dans l'Europe méridionale. Ses fleurs sont légèrement odorantes.

B. *Pédicelles pendant la floraison horizontaux, plus tard dressés. Sépales pendant l'anthèse réfléchis, plus tard ascendants. Péricarpe dressé, trigone, trisulqué, fortement papilleux à toute sa surface. Graines lisses. — Feuilles (excepté les plus inférieures) pennatiparties ou trifides. Pétales et anthères jaunes. Appendices des pétales supérieurs tripartis.*

RÉSÉDA A FLEURS JAUNES. — *Reseda lutea* Linn. — Engl. Bot. tab. 321. — Jacq. Flor. Austr. tab. 353. — Bull. Herb. tab. 281. — Dict. des Sciences Nat. Ic.

Pédicelles à peu près aussi longs que le calice. Sépales linéaires ou sublinéaires, peu accrescents, longuement débordés par les appendices des pétales supérieurs. Capsule à peine apiculée.

Racine pivotante, multicaule, bisannuelle, ou subpérenne. Tiges longues de 1 pied à 2 ½ pieds, ascendantes, ou étalées, rameuses dès la base, anguleuses, souvent parsemées de papilles scabres. Rameaux en général paniculés. Feuilles d'un vert gai et luisantes aux 2 faces, plus ou moins fortement ondulées, subsessiles, glabres, ciliolées (de papilles scabres), unidenticulées de chaque côté à la base : les inférieures oblongues ou oblongues-spathulées, obtuses ; les autres la plupart pennatiparties (à partir à peu près du milieu) ; les supérieures profondément trifides ; lanières linéaires, ou lancéolées-linéaires, ou linéaires-oblongues, ou linéaires-cunéiformes, obtuses, souvent incisées, ou pennatifides, ou dentées. Grappes raides, effilées, atteignant finalement jusqu'à un pied de long. Pédicelles souvent papilleux. Pétales ciliolés (de papilles) aux bords : les deux supérieurs suborbiculaires : appendice à lanières latérales lancéolées-falciformes, et à lanière intermédiaire linéaire-subulée ; pétales latéraux subcunéiformes, très-inéquilatéraux, inégalement bicuspidés : appendice subcultriforme, unidenté d'un côté ; pétales inférieurs suborbiculaires, presque planes, à appendice filiforme-spathulé et très-entier. Péricarpe long de 3 à 4 lignes, oblong, rétréci à la base, courtement stipité. Graines noires, luisantes.

Cette espèce est commune en Europe, excepté dans le nord ; elle croît dans les localités sèches et découvertes, et fleurit pendant tout l'été. Ses racines s'employaient autrefois en médecine, à titre de remède légèrement astringent.

Genre ÉRESDA. — *Eresda* (1) Spach.

Calice 5-parti : sépales (2 supérieurs, 2 latéraux, 1 inférieur) dressés, presque égaux. Pétales 5, presque égaux, conformes, connivents, appendiculés. Disque cupuliforme, charnu, prolongé postérieurement en squamule pétaloïde. Étamines 9-12, insérées à la gorge du disque ; filets lisses, subulés, égaux, monadelphes par la base, divergents, marcescents ; anthères sagittiformes-elliptiques, échancrées. Ovaire uni-loculaire, prismatique-tri-ou tétra-gone, courtement stipité, dressé ; placentaires 3 ou 4, nerviformes, correspondants aux angles, 10-12-ovulés. Ovules

---

(1) Anagramme de *Reseda*.

appendants, subcampylotropes, bisériés. Styles 3 ou 4, courts, divergents, coniques-cylindracés, canaliculés antérieurement, alternes avec les angles. Stigmates terminaux, tronqués, finement papilleux. Péricarpe évalve, mais s'ouvrant au sommet peu après la floraison, presque membraneux, prismatique (tri-ou tétra-gone), tri-ou quadri-apiculé, uniloculaire, polysperme. Graines réniformes, un peu comprimées, chagrinées, non-caronculées.

Herbe tantôt annuelle, tantôt bisannuelle, tantôt subpérenne et frutescente à la base. Feuilles pennatiparties, rétrécies en pétiole. Grappes denses : les fructifères très-longues. Fleurs blanches. Pédicelles subhorizontaux pendant la floraison, puis dressés ou presque dressés. Pétales suborbiculaires, concaves, à appendice cunéiforme-trifide. Pistil et péricarpe conformés intérieurement comme ceux des *Reseda*. Graines d'un brun noirâtre; périsperme mince, inégal; embryon courbé en fer à cheval.

Ce genre est constitué par l'espèce suivante :

Éresda a fleurs blanches. — *Eresda alba* Spach. — *Reseda alba* Linn. — Sibth. et Smith, Flor. Græc. tab. 459. — Barr. Ic. 587. — *Reseda fruticulosa* Linn. — Jacq. Ic. Rar. tab. 474. — *Reseda undata* Linn.

Racine pivotante, quelquefois presque ligneuse. Tiges acendantes ou dressées, glabres, ou pubescentes, souvent paniculées, anguleuses, hautes de 1/2 pied à 2 pieds. Feuilles à segments tantôt égaux, tantôt accrescents, tantôt décrescents, planes, ou onduleux, ou crépus, décurrents, linéaires, ou lancéolés-linéaires, ou lancéolés, ou lancéolés-oblongs, ou oblongs, obtus ou pointus. Grappes atteignant finalement jusqu'à 1 pied de long. Pédicelles plus courts que la fleur. Fleurs larges de 2 à 3 lignes. Sépales peu accrescents, plus courts que les pétales, linéaires-subulés de même que les bractées. Capsule oblongue, longue d'environ 3 lignes.

Cette plante est c ommune dans l'Europe méridionale.

Genre LUTÉOLA.—*Luteola* (Tourn.) Webb.

Calice 4-parti; sépales dressés, inégaux : les 2 supérieurs plus grands. Pétales 4, inégaux, dissemblables : le supérieur plus grand, cunéiforme, palmatifide; les 3 autres minimes, linéaires-spathulés (les 2 latéraux très-entiers ou trifides; l'inférieur bifide ou très-entier). Disque réduit à une écaille semi-orbiculaire, insérée devant les sépales supérieurs. Étamines 20-30, insérées au stipe de l'ovaire; filets marcescents, subulés, monadelphes par la base; anthères sagittiformes-obovales, échancrées. Ovaire courtement stipité, cupuliforme, uniloculaire; placentaires 3, nerviformes, alternes avec les styles. Ovules subcampylotropes, appendants, unisériés en demi-cercle au sommet de chaque placentaire. Styles 3, ovales-triangulaires, involutés aux bords, échancrés au sommet. Stigmates inapparents. Péricarpe évalve, mais s'ouvrant au sommet peu après la floraison, chartacé, hexagone, sex-sulqué, tricorne au sommet, uni-loculaire, polysperme. Graines subglobuleuses ou ovoïdes, un peu comprimées, non-caronculées.

Herbe tantôt bisannuelle, tantôt annuelle. Feuilles sessiles, très-entières. Grappes denses, très-longues, bractéolées. Fleurs jaunes. Pédicelles horizontaux pendant la floraison, plus tard dressés ou presque dressés. Calice petit, peu accrescent. Péricarpe dressé, bosselé aux angles (par les graines). Graines noires, lisses, luisantes.

L'espèce dont nous allons traiter constitue à elle seule le genre.

Lutéola tinctorial. — *Luteola tinctoria* Webb et Berth. Phyt. Canar. — *Reseda Luteola* Linn. — Blackw. Herb. tab. 283. — Engl. Bot. tab. 320. — Flor. Dan. tab. 864. — Schk. Handb. tab. 129. — Svensk Bot. tab. 82. — *Reseda virescens* Horn. Cat. Hort. Hafn. — *Reseda crispata* Link.

Plante glabre, ordinairement uni-caule, haute de 1 1/2 pied à 4 pieds, en général bisannuelle (mais annuelle lorsqu'on la sème au printemps). Racine longue, pivotante. Tige dressée, grêle, effilée, raide, feuillue, en général rameuse seulement vers le sommet, ou simple, cylindrique, striée. Feuilles lisses, luisantes, d'un vert gai, tantôt planes tantôt ondulées aux bords, en général uni-dentées de chaque côté à leur base (dents subulées, petites) : les radicales (atteignant jusqu'à ½ pied de long) oblongues, ou spathulées-oblongues, obtuses, roselées ; les caulinaires inférieures oblongues, ou lancéolées-oblongues, rétrécies à la base ; les supérieures linéaires ou linéaires-lancéolées, pointues, élargies à la base. Grappes nutantes avant l'épanouissement : les fructifères longues de ½ pied à 3 pieds. Pédicelles grêles, à peu près aussi longs que le calice. Bractéoles subulées, à peu près aussi longues que la fleur. Sépales oblongs-linéaires, obtus : les 2 supérieurs plus longs, débordés par le pétale supérieur. Pétale supérieur 5-ou-7-fide (lanières linéaires, obtuses). Écaille du disque glabre, crénelée. Anthères jaunes. Péricarpe ovale-globuleux, ou turbiné, long d'environ 3 lignes, terminé en 4 cornes pointues (les styles) alternes chacune avec un lobe court et infléchi. Graines du volume de celles du Pavot.

Cette plante, nommée vulgairement *Gaude*, *Réséda des teinturiers*, *Herbe à jaunir* et *Herbe aux juifs* (1), croît dans la plus grande partie de l'Europe, ainsi qu'en Orient et dans l'Afrique septentrionale. Elle vient de préférence dans les localités à sol sec et découvert, soit pierreux, soit sablonneux. Sa floraison dure presque tout l'été.

La Gaude se cultive dans plusieurs parties de la France, ainsi que dans d'autres contrées de l'Europe. Sa décoction dans l'eau, donne une très-belle couleur jaune, fréquemment employée à teindre les étoffes soit de laine, soit de soie ou de coton. Les plantes cultivées à cet effet sont arrachées toutes-entières, avec les racines, à l'époque où les graines commencent à mûrir ; on les met en

(1) Ce dernier nom est dû à ce qu'au moyen âge les juifs, comme l'on sait, étaient forcés à porter une toque jaune, à la teinture de laquelle s'employait la Gaude.

bottes qu'on fait sécher soit sur place, soit dans des greniers, et c'est ainsi qu'on les conserve pour l'usage. D'ailleurs la Gaude peut de même s'employer à l'état frais. On assure que les cendres de la plante contiennent beaucoup de potasse. Le suc des feuilles passait jadis pour apéritif et vulnéraire.

Linné observa le premier que la grappe florifère de la Gaude suit exactement le cours journalier du soleil, même par un temps couvert ou pluvieux : c'est-à-dire, que la grappe s'incline vers l'est le matin, vers le sud à midi, vers l'ouest l'après-midi et vers le nord pendant la nuit.

SECTION II. **ASTROCARPINÉES.** — *Astrocarpineæ* Reichenb.

Pistil à plusieurs follicules distincts, chacun monostyle, uni-loculaire, 1-ou 2-ovulé, ayant ses bords antérieurs rapprochés pendant la floraison, mais jamais soudés. Péricarpe étairionaire, à follicules monospermes.

Genre CAYLUSÉA. — *Caylusea* Aug. Saint-Hil.

Calice 5-parti : sépales presque égaux. Pétales 5, inégaux, cunéiformes-orbiculaires, carénés au dos, subconvolutés, appendiculés. Disque scutelliforme, prolongé postérieurement en écaille charnue. Étamines 12-15, non-persistantes, insérées au bord antérieur du disque; filets anisomètres, filiformes-spathulés, subulés au sommet; anthères sagittiformes-elliptiques, obtuses. Gynophore court, dilaté en forme de disque au sommet. Pistil composé de 5 à 7 follicules libres, cymbiformes, verticillés autour du sommet du gynophore, ciliolés antérieurement et hiants peu après la floraison; ovules au nombre de deux dans chaque follicule, collatéraux, renversés, attachés au gynophore devant le bord antérieur du follicule. Étairion stipité, à 5-7 follicules membraneux, univalves, étalés en étoile, par avortement monospermes. Graines obovales-globuleuses, finement scrobiculées, renversées (c'est-à-dire que l'extrémité de la radicule se trouve à la base du follicule), courtement stipitées; périsperme mince; embryon courbé en fer à cheval.

Ce genre, très-remarquable par la structure anomale de son pistil, est constitué par le *Reseda canescens* Linn.

CENT TROISIÈME FAMILLE.

LES POLYGALÉES. — *POLYGALEÆ.*

Polygaleæ in Juss. Ann. du Mus. v. 14, p. 386. et Mém. du Mus. v. 1, p. 385. — R. Brown, Gen. Rem. in Flind. Voy. v. 2, p. 542. — De Cand. Prodr. v. 1, p. 321. — Bartl. Ord. Nat. p. 256. — Aug. Saint-Hil. et Moquin Tand. in Mém. du Mus. v. 17, p. 313. — *Polygalacearum* tribus : *Polygaleæ* Reichenb. Consp. p. 120. — *Polygalacearum* tribus I : *Polygaleæ* (except. genn.) Reichenb. Syst. Nat. p. 250.

La place que les *Polygalées* doivent occuper dans la série des familles naturelles est loin d'être certaine, et les opinions des auteurs, à ce sujet, sont fort diverses. Dans son *genera plantarum*, A. L. de Jussieu considérait cette famille comme faisant partie des Monopétales ; plus tard, à l'exemple de C. L. Richard, il lui assigna une place parmi les Polypétales, au voisinage des Violariées et des Rutacées. M. de Candolle classe les Polygalées à la suite des Violariées et des Droséracées, avant les Trémandrées et les Pittosporées, en faisant remarquer qu'elles offrent en outre des affinités tant avec les Fumariacées, qu'avec les Légumineuses. Suivant MM. Aug. de Saint-Hilaire et Moquin-Tandon, auxquels on doit un excellent travail sur les Polygalées, pensent que cette famille est plus voisine des Sapindacées, que de tout autre groupe. Enfin, M. Reichenbach, dans son ouvrage le plus récent, range les Polygalées (auxquelles il réunit les Trémandrées, les Lécytidées, et les *Barringtonia*) entre les Lythrariées et les Myrtacées.

Quoique répandues sur tout le globe, les Polygalées abondent beaucoup plus dans la zone équatoriale, que dans les régions froides ou tempérées. Dans le premier volume de son prodrome, M. de Candolle en énumère deux cent soixante espèces ; mais depuis, ce nombre a été augmenté de beaucoup par de nouvelles acquisitions.

Toutes les parties des Polygalées (mais notamment l'écorce et les racines) sont en général ou amères, ou astringentes; aussi plusieurs espèces fournissent-elles d'excellents médicaments. Un grand nombre de Polygalées se font remarquer par l'élégance de leurs fleurs.

CARACTÈRES DE LA FAMILLE.

Arbrisseaux (quelquefois volubiles), ou *sous-arbrisseaux*, ou *herbes* (soit annuelles, soit bisannuelles, soit vivaces). Sucs-propres souvent laiteux. Tiges (rarement simples) cylindriques ou légèrement anguleuses ; rameaux alternes ou moins souvent soit opposés, soit dichotomes.

Feuilles simples (trifoliolées dans une seule espèce), éparses (opposées, ou verticillées dans quelques espèces), entières, sessiles, ou rétrécies en court pétiole, non-stipulées, en général sans nervures latérales apparentes.

Fleurs hermaphrodites, irrégulières, en général petites, diversement colorées. Pédicelles (accompagnés à leur base de trois bractées, dont l'une, plus extérieure et inférieure, est en général plus grande que les deux autres, lesquelles sont opposées) soit solitaires et axillaires, soit groupés en grappes, ou en capitules, ou en panicules.

Calice persistant ou non-persistant, à estivation quinconciale. Sépales au nombre de 5 (par exception 3 ou 4), bisériés, anisomètres : les 3 extérieurs (dont 2 inférieurs et 1 supérieur) petits, soudés par la base, en général glumacés ou herbacés; les deux intérieurs (ou *ailes*) grands, pétaloïdes, libres, latéraux.

Disque nul, ou annulaire, ou réduit à une glandule isolée et opposée au sépale supérieur.

Corolle hypogyne ou périgyne, irrégulière, non-persistante, à estivation imbricative. Pétales en général au nombre de 3, soudés par les onglets aux filets des étamines, de manière à former avec ces derniers une gaîne fendue en-dessus dans sa longueur (à l'opposite de l'axe du sépale supérieur) : l'un des pétales (dit *carène*) plus grand, inférieur (alterne avec les deux sépales inférieurs), cuculliforme, souvent à sommet trilobé ou muni d'une crête; les deux autres pétales plus petits, supérieurs (alternes avec le sépale supérieur et les deux sépales latéraux), connivents, ordinairement inéquilatéraux.—Dans un certain nombre d'espèces, la corolle offre 5 pétales, dont 3 conformés et disposés comme ceux des espèces à corolle 3-pétale, et 2 autres, minimes, squamuliformes, adnés en tout ou en partie à la base de la paroi externe de la gaîne corollaire, et de manière à alterner avec le pétale inférieur et les 2 pétales supérieurs, ainsi qu'avec les 2 sépales latéraux et les deux sépales inférieurs. — Dans quelques espèces, la corolle offre 2, 3, 4, ou 5 pétales libres et presque égaux, ou bien un seul pétale.

Étamines hypogynes ou périgynes, en général au nombre de 8, sans symétrie apparente avec les autres organes floraux. Filets monadelphes dans presque toute leur longueur, ou bien seulement par leur partie inférieure, tandis que la partie libre est capillaire; androphore souvent bifide vers son sommet (de sorte que les étamines paraissent comme diadelphes). Anthères adnées, basifixes, monothèques, déhiscentes par un pore apicilaire, ou par une valvule apicilaire. — Un petit nombre d'espèces (ayant aussi des pétales libres) offrent 1, 3, 4, ou 5 étamines libres, à bourses dithèques et déhiscentes par des fentes longitudinales.

Pistil : Ovaire inadhérent, plus ou moins comprimé (de manière que ses deux faces sont parallèles aux deux sépales intérieurs, l'un des bords opposé au pétale inférieur, et l'autre alterne avec les pétales supérieurs), bi-loculaire, ou (dans quelques espèces) uni-loculaire (par l'avortement de l'une des loges); cloison dirigée en sens contraire de la largeur de l'ovaire, parallèle au pétale inférieur, alterne avec les pétales supérieurs. Ovules anatropes, solitaires dans chaque loge et suspendus un peu au-dessous du sommet de l'angle interne. Style indivisé, terminal (latéral dans les espèces à ovaire uni-loculaire par avortement), plus ou moins courbé, comprimé dans le sens de la cloison, très-souvent dilaté supérieurement, ou bien irrégulièrement lobé et creusé soit au sommet soit latéralement. Stigmate continu, quelquefois accompagné d'une houppe de poils collecteurs, tantôt terminal, tronqué ou bilobé, tantôt identique avec les parois d'une cavité du style.

Péricarpe capsulaire et en général membraneux (s'ouvrant par les deux bords extérieurs de manière que la cloison reste le plus souvent indivise et que la loge se partage dans son milieu), ou samaroïde, ou carcérulaire, ou drupacé, ou baccien, biloculaire, ou uni-loculaire.

Graines anatropes, solitaires, suspendues, ordinairement ovoïdes ou claviformes (comprimées dans quelques espèces), en général caronculées. Tégument le plus souvent double : l'extérieur crustacé; l'intérieur membraneux. Chalaze basilaire relativement au péricarpe. Hile subapicilaire, latéral. Périsperme charnu (dans quelques espèces nul ou presque nul). Embryon rectiligne (légèrement arqué dans quelques espèces), axile, à peu près aussi long que le périsperme : radicule supère, ordinairement cylindrique et plus courte que les cotylédons ; cotylédons un peu convexes à l'extérieur, ordinairement ovales ou elliptiques, en général prolongés au-delà du point d'attache de la radicule (quelquefois de manière à la recouvrir entièrement).

La famille des Polygalées renferme les genres suivants :

Ire TRIBU. LES POLYGALÉES VRAIES. — *POLYGALEÆ VERÆ* Reichenb.

Étamines au nombre de 8, monadelphes; anthères monothèques, déhiscentes soit par un pore apicilaire, soit par une valvule apicilaire.

Isolophus Spach. — *Tricholophus* Spach. — *Polygala* Linn. — *Chamæbuxus* Spach. — *Senega* Spach. — *Brachytropis* De Cand. (sub Polygala) — *Psychanthus* (Rafin.) Spach. — *Salomonia* Lour. — *Comesperma* Labill. — *Badiera* De Cand. — *Xanthophyllum* Roxb. (Jackia Blum.) — *Muraltia* Neck. (Heisteria Berg.) — *Mundia* Kunth. — *Monnina* Ruiz et Pav. (Hebeandra Bonpl.) — *Bredemeyera* Willd. — *Securidaca* Linn.

IIe TRIBU. LES KRAMÉRIEES. — *KRAMERIEÆ* Reichenb.

Étamines au nombre de 3 à 6, ou une seule, libres; anthères dithèques, déhiscentes par des fentes longitudinales.

Krameria Lœffl. — *Soulamea* Lamk. — ? *Cardiocarpus* Reinw.

Ire TRIBU. LES POLYGALÉES VRAIES. — *POLYGALEÆ VERÆ* Reichenb.

Étamines au nombre de 8, monadelphes; anthères monothèques, déhiscentes soit par un pore apicilaire, soit par une valvule apicilaire.

Genre ISOLOPHUS. — *Isolophus* Spach.

Sépales 5, persistants : les 3 extérieurs petits, naviculaires, inégaux; les 2 intérieurs grands, planes, pétaloïdes. Corolle non-persistante, comme bilabiée, à gorge close. Pétales 3, soudés (par les onglets) avec l'androphore en gaîne rectiligne : les 2 supérieurs plus longs, rectilignes, planes, équilatéraux, connivents, linéaires; l'inférieur court, en forme de casque caréné au dos, à 2 crêtes flabelliformes multifides. Étamines 8, incluses. Androphore adhérent presque jusqu'au sommet, immédiatement terminé en 8 filets uni-sériés, subisomètres. Anthères oblongues, déhiscentes au sommet. Style ascendant, large, tétragone-ancipité, en forme de trompe, arqué en arrière. Stigmate inégalement bilabié : lèvre supérieure minime, subverticale, pétaloïde, dentiforme, pointue; lèvre inférieure grande, déclinée, géniculée, oncinée et papilleuse au sommet. Capsule elliptique, échancrée, comprimée, ailée aux bords, 2-loculaire, 2-sperme. Graines oblongues, pubescentes, un peu comprimées : caroncule subcuculliforme, peltée, bi-appendiculée antérieurement; périsperme assez épais.

Sous-arbrisseaux très-rameaux, bas, diffus. Feuilles éparses, coriaces, courtement pétiolées, uni-nervées. Grappes latérales, sessiles, lâches, pauciflores. Pédicelles courts, tribractéolés à leur base, pendant la floraison obliquement horizontaux, puis défléchis ou déclinés. Bractées minimes, caduques, verticillées, inégales : l'inférieure plus grande que les 2 supérieures. Fleurs de grandeur médiocre. Sépales extérieurs étroits, herbacés : le supérieur un peu plus long et plus large que les 2 inférieurs. Sépales intérieurs courtement onguiculés, équilatéraux, uni-nervés, veineux, d'un blanc lavé de vert. Corolle un peu plus courte que les sépales intérieurs, blanchâtre (excepté le casque dont l'extrémité est violette et la crête jaunâtre). Gaîne plus courte que la partie inadhérente des pétales supérieurs, pétaloïde, 11-nervée (3 des nervures plus fortes, correspondantes chacune à la nervure médiane de l'un des pétales; les 8 autres nervures très fines, correspondantes chacune à un filet), carénée au dos par le prolongement de la carène du casque. Casque plus court que la partie inadhérente des pétales supérieurs, comprimé, indivisé, très-obtus, à carène dorsale marginiforme, appendiculée (par les crêtes) depuis le milieu jusque près du sommet; crêtes conniventes, aussi larges que le casque, découpées chacune en 4 ou 5 lanières subisomètres, flabelliformes et 3-5-parties vers leur sommet, linéaires inférieurement. Androphore rétréci au sommet. Filets plus longs que les anthères, capillaires, élargis vers leur base. Anthères jaunes, petites, oblongues, obtuses. Pistil plus court que l'androphore. Ovaire cunéiforme-obovale, échancré, marginé, à peine stipité, vert, comprimé. Style subdiaphane, blanchâtre, creux, très-rétréci et géniculé à la base, à peine du tiers plus long que l'ovaire. Lèvre inférieure du stigmate 3 fois plus courte que le style. Capsule chartacée, très-mince, subdiaphane, un peu réticulée, à peine stipitée, bordée d'une aile membraneuse étroite; nervures placentairiennes filiformes, superficielles; valves sans autre nervure que la marginale, laquelle est très-fine; cloison étroite, membraneuse. Funicules courts, horizontaux, dentiformes. Graines assez grosses, remplissant presque la cavité des loges, un peu comprimées bilatéralement, lisses, obtuses aux 2 bouts, parsemées de courts poils brunâtres; tégument extérieur testacé, assez épais; chalaze terminale (basilaire relativement au péricarpe), orbiculaire; raphé filiforme, superficiel; hile concave, presque apicilaire; caroncule petite, charnue, blanchâtre, à appendices courts, descendants, pointus, amincis vers le sommet. Embryon presque aussi long que le périsperme: radicule courte, columnaire, obtuse; cotylédons presque aussi larges que la graine, plus minces que le périsperme, convexes postérieurement, elliptiques, obtus, légèrement échancrés à leur base.

L'espèce suivante est la seule que nous puissions rapporter au genre :

Isolophus des rochers. — *Isolophus saxatilis* Spach. — *Polygala saxatilis* Desfont. Flor. Atlant. tab. 175.

Plante glabre. Racine pivotante, ligneuse. Tiges diffuses ou ascendantes, rameuses, frutescentes, grêles, atteignant jusqu'à 1 pied de long. Rameaux très-grêles, effilés, feuillus, ascendants, ou étalés, en général paniculés. Feuilles longues de 2 à 6 lignes, larges de 1/2 ligne à 1 1/2 ligne, linéaires, ou linéaires-oblongues, ou lancéolées-linéaires, ou oblongues, pointues, mucronées. Grappes très-courtes : les fructifères presque corymbiformes. Fleurs panachées de vert et de blanc, de la grandeur de celles du *Polygala vulgaris*. Sépales extérieurs linéaires-lancéolés. Sépales intérieurs lancéolés-elliptiques, mucronés, plus courts et plus étroits que la capsule. Capsule elliptique, courtement stipitée, peu ou point échancrée.

Cette plante croît dans la région méditerranéenne.

Genre TRICHOLOPHUS. — *Tricholophus* Spach.

Sépales 5, persistants : les 3 extérieurs petits, naviculaires, inégaux; les 2 intérieurs grands, planes, pétaloïdes. Corolle non-persistante, comme bilabiée, à gorge close. Pétales 3, soudés (par les onglets) avec l'androphore en gaîne rectiligne : les 2 supérieurs plus longs, rectilignes, planés, équilatéraux, connivents, linéaires-lancéolés; l'inférieur court, en forme de casque caréné au dos, à 2 crêtes finement laciniées. Étamines 8, incluses. Androphore adhérent presque jusqu'au sommet, immédiatement terminé en 8 filets uni-sériés, anisomètres. Anthères oblongues, déhiscentes au sommet. Style subrectiligne, court, claviforme, comprimé. Stigmate inégalement bilabié : lèvre supérieure grande, verticale, pétaloïde, subcuculliforme; lèvre inférieure petite, horizontale, dentiforme, obtuse, papilleuse. Capsule cunéiforme-oblongue, échancrée, ailée aux bords. Graines oblongues, subcylindracées, pubescentes : caroncule peltée, subcuculliforme, légèrement trilobée, inappendiculée; périsperme mince.

Herbe annuelle, peu rameuse. Feuilles éparses, sessiles, uni-nervées. Grappes terminales, lâches, multiflores. Pédicelles courts, filiformes, tribractéolés à leur base, pendant la floraison subhorizontaux, puis pendants. Bractées minimes, caduques, verticillées, inégales : l'une, antérieure, plus grande que les deux postérieures. Fleurs de grandeur médiocre. Sépales extérieurs trinervés à la base, étroits, herbacés : le supérieur un peu plus long et plus large que les 2 inférieurs. Sépales intérieurs courtement onguiculés, équilatéraux, 5-nervés, presque sans veines, d'un blanc jaunâtre, à nervures vertes. Corolle un peu plus courte que les sépales intérieurs, blanchâtre; gaîne plus courte que la partie inadhérente des pétales supérieurs, pétaloïde, 11-nervée (3 des nervures plus fortes, correspondantes chacune à la nervure médiane de l'un des pétales; les 8 autres nervures très-fines, correspondantes chacune à un filet), carénée au dos par le prolongement de la carène du casque. Casque 2 fois plus court que la partie inadhérente des pétales supérieurs, comprimé, indivisé, très-obtus, à carène dorsale marginiforme, appendiculée (par les crêtes) au-dessus du milieu; crêtes conniventes, subflabelliformes, plus longues que le casque, multifides : lanières capillaires, ordinairement simples.

Androphore un peu plus long que la gaîne, libre aux bords presque dès sa base, ciliolé, rétréci au sommet. Filets capillaires, élargis à leur base, presque aussi longs que le casque; les supérieurs graduellement plus longs. Ovaire comprimé, submarginé, cunéiforme-elliptique, rétréci en stipe presque aussi long que les loges. Style creux, subdiaphane, à peine aussi long que l'ovaire (sans le stipe). Lèvre supérieure du stigmate presque aussi longue que le style. Capsule chartacée, très-mince, subdiaphane, courtement stipitée, recouverte par le calice, bordée d'une aile membraneuse élargie vers son sommet; nervures placentairiennes filiformes, superficielles; valves sans autre nervure que la marginale, laquelle est très-fine; diaphragme membraneux, étroit. Funicules courts, dentiformes. Graines assez grosses (remplissant presque les loges), lisses, un peu comprimées bilatéralement, obtuses à la base, parsemées de courts poils rétrorses brunâtres; tégument extérieur coriace; chalaze terminale (basilaire relativement au péricarpe), suborbiculaire (recouverte de poils); raphé filiforme, superficiel; hile concave, presque apicilaire; caroncule charnue, petite, blanchâtre, avec une tache apicilaire noirâtre. Embryon presque aussi long que le périsperme : cotylédons elliptiques, obtus, légèrement échancrés à leur base, subsemi-cylindriques, presque aussi larges que la graine, seulement de moitié plus longs que la radicule; radicule columnaire, cylindrique, obtuse.

L'espèce suivante est la seule que nous puissions rapporter avec certitude à ce genre :

Tricholophus austral. — *Tricholophus monspeliacus* Spach. — *Polygala monspeliaca* Linn. — De Cand. Ic. Rar. 1, tab. 9. — Hoffm. et Link. Flor. Port. tab. 55. — Reichb. Plant. Crit. 1, fig. 57.

Plante haute de quelques pouces à 1 pied, unicaule ou pluricaule, glabre. Racine pivotante, grêle, rameuse inférieurement. Tiges dressées ou ascendantes, cylindriques, grêles, effilées, très-simples, ou peu rameuses, feuillées. Feuilles longues de 2 à 6 lignes : les radicales obovales, ou oblongues-obovales, roselées ; les autres lancéolées ou linéaires-lancéolées, pointues. Grappes pédonculées, solitaires, d'abord courtes et denses, finalement lâches et atteignant 1 pouce à $^1/_2$ pied de long : rachis rectiligne, presque filiforme. Pédicelles longs d'environ 1 ligne. Bractées oblongues-lancéolées, subulées au sommet. Sépales extérieurs longs de 1 ligne, linéaires, pointus. Sépales intérieurs longs de 3 à 4 lignes, larges de 1 ligne à 1 $^1/_2$ ligne, lancéolés-elliptiques, acuminulés. Corolle longue de 2 $^1/_2$ à 3 lignes. Gaîne longue de 1 ligne ou un peu plus. Lame des pétales supérieurs à peu près de moitié plus longue que la gaîne, 3 fois plus longue que le casque ; crête plus longue que le casque, débordée par les pétales supérieurs. Capsule longue de 2 à 2 $^1/_2$ lignes, large d'environ 1 ligne. Graines d'un brun de Châtaigne.

Cette plante croît dans la région méditerranéenne.

Genre POLYGALA. — *Polygala* (Linn.) Spach.

Sépales 5, persistants : les 3 extérieurs petits, naviculaires, inégaux ; les 2 intérieurs grands, pétaloïdes, planes. Pétales 3 ou 5, inégaux, non-persistants, adhérents inférieurement à l'androphore : les 2 supérieurs étroits, inonguiculés, non-carénés, subconvolutés, équitants, redressés, très-entiers ; les 2 latéraux (souvent nuls) squamuliformes, minimes ; l'inférieur plus large, onguiculé, galéiforme (moins souvent cymbiforme), fendu antérieurement, caréné au dos : carène garnie au-dessous du sommet d'une crête bipartie, fimbriée, sessile. Étamines 8, incluses : androphore octofide au sommet ou très-entier ; filets nuls ou non-soudés en phalanges ; anthères oblongues, bivalves au sommet ou jusqu'au milieu. Ovaire court, comprimé, bi-loculaire, bi-ovulé. Style rectiligne ou arqué, claviforme, ou rétréci aux 2 bouts, tétragone-ancipité. Stigmate inégalement bilabié : lèvre antérieure (ordinairement plus grande) verticale, pétaloïde, concave ; lèvre postérieure dentiforme ou rostriforme, horizontale ou déclinée, papilleuse au sommet. Capsule comprimée, marginée, échancrée, 2-loculaire, 2-sperme, déhiscente aux bords. Graines pubescentes, couronnées d'une caroncule peltée, subcuculliforme, trilobée; cotylédons presque aussi larges que la graine.

Sous-arbrisseaux, ou herbes soit vivaces et suffrutescentes, soit annuelles. Feuilles éparses ou accidentellement opposées, coriaces, ou subcoriaces, uni-nervées, subsessiles. Grappes terminales, ou terminales et latérales, aphylles (par exception feuillées), solitaires, dressées, pédonculées (par exception sessiles), multiflores (rarement pauciflores), lâches après la floraison : rachis comme denté à l'insertion de chaque pédicelle. Pédicelles filiformes, tribractéolés à leur base, pendant la floraison subhorizontaux, puis pendants. Bractées caduques, petites, verticillées, herbacées, ou submembraneuses : l'une (antérieure) plus grande que les deux autres (postérieures et isomètres). Fleurs en général petites ou de grandeur médiocre (de grandeur très-variable dans certaines espèces), bleues, ou roses, ou blanchâtres, ou rarement soit jaunes, soit verdâtres. Sépales extérieurs herbacés ou colorés, apprimés, équilatéraux, au moins 2 fois plus courts que les sépales intérieurs : le supérieur plus grand (en général à peu près de moitié plus large, mais à peine plus long) que les deux inférieurs; ceux-ci égaux. Sépales intérieurs équilatéraux ou inéquilatéraux, à peu près aussi longs ou un peu plus longs que la corolle, le plus souvent veineux, courtement onguiculés, pendant la floraison horizontaux ou redressés, plus ou moins divergents, après la floraison connivents. Disque petit, cupuliforme, adné au fond du calice. Corolle comme tubuleuse et personée, à gorge close. Pétales supérieurs équilatéraux ou inéquilatéraux, dans la plupart des espèces plus longs que le pétale inférieur, libres au moins à partir du milieu. Pétale inférieur adné par l'onglet : limbe dans la plupart des espèces très-petit, longuement débordé par la crête; crête pétaloïde, ordinairement multifide; onglet linéaire-cunéiforme, formant une côte plus ou moins saillante au dos de l'androphore. Pétales latéraux (tantôt existants, tantôt nuls dans les mêmes espèces) beaucoup plus courts que l'onglet du pétale inférieur. Androphore graduellement rétréci à partir de sa base (un peu élargi au sommet lorsque les anthères sont sessiles), adhérent aux pétales jusqu'à la hauteur de l'onglet du pétale inférieur, plus ou moins arqué en arrière par sa partie libre, dans plusieurs espèces libre aux bords dans toute sa longueur, 8-nervé. Filets subisomètres, ou graduellement plus longs. Anthères petites, jaunes, obtuses. Ovaire marginé, vert, charnu, rétréci en stipe court ou allongé. Style plus long ou plus court que l'ovaire, creux, subdiaphane, blanchâtre. Capsule elliptique, ou obovale, ou suborbiculaire, stipitée (quelquefois très-courtement), mince, chartacée, bordée d'une aile membraneuse étroite, ordinairement élargie vers son sommet; nervures placentairiennes filiformes; valvules sans autre nervure que la marginale (laquelle est très-fine); diaphragme membraneux, étroit. Funicules courts, horizontaux, dentiformes. Graines anatropes, assez grosses (remplissant presque la cavité des loges), lisses, plus ou moins comprimées bilatéralement, elliptiques, ou oblongues, obtuses à la base, subacuminées sous la caroncule, parsemées ou couvertes de courts poils rétrorses (brunâtres): tégument extérieur coriace; chalaze suborbiculaire, terminale, basilaire relativement au péricarpe; raphé superficiel, filiforme; hile concave, infra-apicilaire; caroncule courtement trilobée, ou prolongée de chaque côté du raphé en un appendice liguliforme. Embryon à peu près aussi long que le périsperme : cotylédons elliptiques ou oblongs, très-obtus, un peu échancrés à la base, plano-convexes, à peu près aussi épais que le périsperme; radicule 3 à 4 fois plus courte que les cotylédons, columnaire, obtuse.

Dans les limites que nous assignons à ce genre, il renferme environ quinze espèces, dont voici les plus notables :

SECTION I. POLYGALIUM Spach.

Limbe du pétale inférieur très-petit, en forme de casque plissé et barbu aux bords. Pétales supérieurs sublinéaires, équilatéraux, beaucoup plus longs que le casque. Androphore très-entier, adné presque jusqu'au sommet. Anthères sessiles. Style à peine aussi long que l'ovaire ou plus court, claviforme, rectiligne. Lèvre antérieure du stigmate beaucoup plus grande que la lèvre postérieure.—Herbes suffrutescentes. Grappes terminales, ou terminales et latérales, pédonculées, aphylles. Bractées inégales : l'antérieure plus longue que le pédicelle, 2 fois plus longue que les postérieures. Sépale supérieur plus large que les sépales inférieurs, mais à peine plus long. Sépales intérieurs équilatéraux.

Les espèces les plus notables de cette section sont les suivantes :

POLYGALA COMMUN. — *Polygala vulgaris* Linn.

Grappes terminales. Sépales intérieurs divariqués pendant la floraison. Ovaire à peu près aussi long que son stipe.

Les variétés les plus tranchées de cette plante polymorphe peuvent se caractériser comme suit :

— α : A GRANDES FLEURS (*grandiflora*). — *Polygala vulgaris* Engl. Bot. tab. 76. — Reichenb. Plant. Crit. v. 1, fig. 52 et 53.—Vaill. Bot. Par. tab. 32, fig. 1.—Feuilles radicales lancéolées-spathulées. Feuilles caulinaires linéaires ou linéaires-lancéolées. Bractées plus courtes que les fleurs. Sépales latéraux elliptiques, à peu près aussi longs que la corolle, plus longs et plus larges que la capsule. — Cette variété, de même que les suivantes, se rencontre à fleurs soit bleues, soit violettes, soit roses, soit panachées, ou rarement blanches.

— β : A AILES POINTUES (*oxyptera*). — *Polygala oxyptera*

Reichenb. Plant. Crit. vol. 1, fig. 46-49. — *Polygala vulgaris* Flor. Dan. tab. 516. — Bull. Herb. tab. 177. — *Polygala multicaulis* Tausch. — *Polygala Vaillantii* Bess. (Vaill. Bot. Par. tab. 32, fig. 3). — Feuilles inférieures obovales ; feuilles supérieures linéaires ou linéaires-lancéolées. Bractées plus courtes que les fleurs. Sépales latéraux cunéiformes-oblongs, ou lancéolés-oblongs, pointus, un peu plus courts que la corolle, à peu près aussi longs et moins larges que la capsule.

— γ : A PETITES FLEURS (*parviflora*). — *Polygala comosa* Schkuhr, Handb. 2, tab. 194. — Reichenb. Plant. Crit. v. 1, fig. 54-56. — Feuilles inférieures obovales ; feuilles supérieures linéaires ou linéaires-lancéolées. Bractées plus longues que les fleurs. Sépales latéraux elliptiques ou oblongs, aussi larges et plus longs que la capsule.

Racine pivotante, rameuse, plus ou moins ligneuse, légèrement amère de même que les autres parties de la plante. Tiges longues de 3 pouces à 1 pied, ascendantes, grêles, feuillues, simples, ou rameuses à la base, en général glabres de même que les autres parties de la plante. Feuilles un peu coriaces, d'un vert gai, tantôt pointues ou acuminées, tantôt obtuses : les inférieures très-rapprochées ou quelquefois roselées, en général plus petites que les autres. Grappes lâches ou plus ou moins denses, multiflores, finalement longues de 2 à 6 pouces. Pédicelles filiformes, en général plus courts que les fleurs. Bractées ovales ou ovales-lancéolées, acuminulées, subnaviculaires. Fleurs longues de 2 à 4 lignes. Pétales latéraux oblongs, obtus, à peu près aussi longs que la gaîne de la corolle, et débordant la crête. Capsule obcordiforme, ou obcordiforme - orbiculaire, ou cunéiforme-obcordiforme, courtement stipitée, marginée. Graines d'un brun noirâtre.

Cette espèce, connue sous les noms vulgaires de *Polygalon* ou *Herbe à lait*, est commune dans toute l'Europe ; elle croît de préférence dans les localités sèches et découvertes, telles que les prairies, le bord des bois, etc. On la trouve en fleurs depuis le mois de mai jusqu'en juillet. Toute la plante a des propriétés sudorifiques, légèrement émétiques et purgatives ; peu usitée aujourd'hui en thérapeutique, on l'administrait autrefois contre les fièvres intermittentes, la péripneumonie et plusieurs autres maladies. Son nom vulgaire d'*Herbe à lait* lui vient, dit-on, de ce qu'elle fait donner beaucoup de lait aux vaches qui en mangent.

POLYGALA AMER. — *Polygala amara* Linn. (non Jacq.) — Bot. Mag. tab. 2437. — Reichenb. Plant. Crit. v. 1, fig. 42. —*Polygala austriaca* Crantz, Stirp. Austr. fasc. 5, tab. 2. — Reichenb. Plant. Crit. v. 1, fig. 39. — *Polygala uliginosa* Reichenb. Plant. Crit. v. 1, fig. 40 et 41. — *Polygala alpestris* Reichenb. Plant. Crit. v. 1, fig. 45.

Grappes terminales. Sépales intérieurs toujours connivents. Ovaire courtement stipité.

Plante très-amère, et plus grêle dans toutes ses parties que le *Polygala commun*. Tiges ascendantes ou diffuses, feuillues, simples, ou plus souvent paniculées, quelquefois presque filiformes, longues de 3 à 6 pouces, à peine frutescentes à la base. Feuilles subcoriaces, tantôt obtuses, tantôt pointues : les inférieures en général roselées et plus grandes que les autres, obovales, ou obovales-spathulées, ou lancéolées-spathulées ; les supérieures plus ou moins rapprochées, lancéolées, ou lancéolées-oblongues, ou lancéolées-linéaires. Grappes multiflores, ordinairement très-denses, finalement longues de 1 pouce à 3 pouces. Pédicelles courts, filiformes. Bractées (avant l'épanouissement) tantôt débordantes, tontôt plus courtes que les fleurs. Fleurs longues de 1 ligne à 2 lignes, tantôt blanches, tantôt d'un bleu soit très-pâle, soit plus ou moins vif, tantôt violettes ou roses. Sépales extérieurs oblongs, obtus. Sépales intérieurs elliptiques ou oblongs, souvent cunéiformes à la base, obtus ou acuminulés, à peu près aussi longs ou un peu plus longs que la corolle, tantôt plus courts et plus étroits que la capsule, tantôt aussi larges et aussi longs ou plus longs que la capsule. Pétales supérieurs oblongs, obtus, un peu plus longs que la gaîne de la corolle, débordant la crête. Capsule obcordiforme-orbiculaire, plus ou moins cunéiforme à la base. Graines d'un brun noirâtre.

Cette espèce, qui jouit des mêmes propriétés que la précédente, croît aussi dans toute l'Europe, mais elle est moins commune. Elle vient de préférence dans les prairies humides, et fleurit pendant tout l'été.

POLYGALA ÉLANCÉ. — *Polygala major* Jacq. Flor. Austr. tab. 413. — Reichenb. Plant. Crit. v. 1, fig. 56 et 60. — *Polygala rosea* Desfont. Flor. Atlant. tab. 176.

Grappes terminales. Sépales intérieurs divariqués pendant la floraison. Ovaire longuement stipité.

Racine pivotante, rameuse, plus ou moins ligneuse. Tiges longues de 1/2 pied à 1 pied, grêles, effilées, feuillues, ascendantes, suffrutescentes à la base, ordinairement rameuses. Feuilles tantôt obtuses, tantôt pointues ou acuminulées, subcoriaces : les inférieures très-rapprochées ou quelquefois roselées, obovales, ou spathulées-obovales, ou spathulées-lancéolées; les autres lancéolées, ou lancéolées-oblongues, ou lancéolées-linéaires, ou linéaires. Grappes assez denses, finalement longues de 4 à 8 pouces. Pédicelles filiformes, plus courts que les fleurs. Bractées ordinairement plus longues que les fleurs (avant l'épanouissement). Fleurs d'un rose plus ou moins vif, ou moins souvent bleues, longues de 5 à 7 lignes. Sépales extérieurs obtus ou pointus, linéaires-oblongs. Sépales intérieurs longs de 5 à 6 lignes, larges de 2 à 4 lignes, plus courts que la corolle, ovales, ou ovales-elliptiques, ou lancéolés-elliptiques, très-obtus, ou subacuminés, subquinquénervés, veineux. Pétales supérieurs oblongs, un peu plus courts que la gaîne de la corolle, 2 à 3 fois plus longs que la crête. Ovaire 2 à 3 fois plus court que son stipe. Capsule obovale, ou obovale-orbiculaire, ou cunéiforme-obovale, profondément échancrée, longuement stipitée, moins longue et moins large que les sépales latéraux (longue de 3 à 4 lignes, y compris le stipe, et large de 2 à 3 lignes), ailée jusqu'à la base. Graines d'un brun-noirâtre, longues de 1 1/2 ligne; caroncule 3 à 4 fois plus courte.

Cette espèce, remarquable par la beauté de ses fleurs, est commune dans l'Europe méridionale.

Polygala a fleurs jaunatres. — *Polygala flavescens* De Cand. Cat. Hort. Monsp. — Sebast. Plant. Rom. I, tab. 1.

Cette plante, commune dans l'Europe méridionale, ne diffère de la précédente, dont elle est peut-être une variété, que par des fleurs jaunes, à sépales latéraux à peu près aussi longs que la corolle, pointus, deux fois plus longs que la capsule, laquelle est plus courtement stipitée.

Section II. ANDRACHNOIDES Spach.

Limbe du pétale inférieur assez grand, en forme de casque. Pétales supérieurs inéquilatéraux, subfalciformes, élargis inférieurement, à peine plus longs que le casque. Androphore très-entier, adné jusque vers son milieu. Anthères sessiles. Style claviforme, arqué, plus long que l'ovaire. Lèvre antérieure du stigmate beaucoup plus grande que la lèvre postérieure. — Herbe suffrutescente. Grappes terminales et latérales, pédonculées, aphylles. Bractées inégales : l'antérieure plus grande que les postérieures. Sépale supérieur de moitié plus large que les sépales inférieurs, mais à peine plus long. Sépales intérieurs équilatéraux.

Cette section est constituée par le *Polygala supina* Schreb. (*Polygala andrachnoides* MB.)

Section III. MACROLOPHIUM Spach.

Limbe du pétale inférieur grand, en forme de nacelle. Pétales supérieurs inéquilatéraux, subcultriformes, élargis inférieurement, débordés par la nacelle. Androphore octofide au sommet, adné seulement jusqu'au tiers de sa longueur. Style arqué, rétréci aux deux bouts, beaucoup plus long que l'ovaire. Lèvre antérieure du stigmate beaucoup plus longue que la lèvre postérieure. — Herbe suffrutescente. Grappes latérales et terminales, pédonculées, aphylles, pauciflores. Bractées plus courtes que les pédicelles. Sépales extérieurs presque égaux. Sépales intérieurs inéquilatéraux.

Cette section renferme les *Polygala sibirica* Linn., et *tenuifolia* Willd.

Section IV. MICROLOPHIUM Spach.

Limbe du pétale inférieur petit, en forme de casque. Pétales supérieurs linéaires, équilatéraux, à peine plus longs que le casque. Androphore 8-fide au sommet, adné dans presque toute sa longueur. Style grêle, plus long que l'ovaire, rétréci aux 2 bouts, arqué au sommet. Lèvre antérieure du stigmate beaucoup plus petite que la lèvre postérieure. — Herbe annuelle. Grappes terminales et latérales, multiflores, pédonculées, aphylles. Bractées minimes. Sépale supérieur de moitié plus long et plus large que les sépales inférieurs. Sépales intérieurs oblongs-spathulés, équilatéraux, subtrinervés, non-veineux. Crête très-petite, 7-9-fide.

Cette section est constituée par le *Polygala exilis* De Cand.

Genre CHAMÆBUXUS. — *Chamæbuxus* Spach.

Sépales 5, non-persistants : le supérieur sacciforme à sa base; les 2 intérieurs très-grands, pétaloïdes, concaves. Pétales 3, presque isomètres : les 2 supérieurs suboblongs, curvilignes, inéquilatéraux, non-carénés, convolutés, équitants; l'inférieur caréné au dos, bilobé, condupliqué : carène garnie au-dessous du sommet d'une petite crête concave, denticulée. Étamines 8, incluses : androphore octofide au sommet; filets courts, diadelphes, capillaires. Anthères déhiscentes par un pore apicilaire. Ovaire obcordiforme, non-stipité, 2-loculaire, 2-ovulé, muni à sa base d'une glande obcordiforme insérée devant le sépale supérieur. Style oblique, grêle, épaissi et arqué en arrière vers son sommet. Stigmate inégalement bilabié; lèvres dentiformes, pointues : l'antérieure plus petite, mince, subhorizontale, non-papilleuse; la postérieure assez grosse, papilleuse, déclinée. Capsule biloculaire, disperme, échancrée, ailée et déhiscente aux bords. Graines pubescentes, couronnées d'une caroncule subcuculliforme, peltée, trilobée, prolongée antérieurement en deux appendices liguliformes, membraneux ; cotylédons presque aussi larges que la graine.

Arbuscule bas et touffu. Racine rampante. Bourgeons petits, écailleux : les uns floraux ; les autres foliaires. Feuilles éparses, coriaces, persistantes, subpétiolées, uninervées, carénées en dessous, mucronulées, ciliolées de papilles très-petites. Pédoncules solitaires, axillaires, uniflores ou biflores, courts, toujours dressés, articulés et tribractéolés au-dessus de la base. Bractées non-persistantes, membraneuses, verticillées, concaves, inégales : la postérieure plus grande. Fleurs assez grandes, obliquement horizontales pendant l'épanouissement. Sépales extérieurs petits, blanchâtres, subpétaloïdes, très-obtus, apprimés : le supérieur plus grand, cymbiforme, non-caréné, un peu relevé; les inférieurs subhorizontaux, écartés du supérieur, imbriqués par les bords, un peu concaves, légèrement carénés. Sépales intérieurs beaucoup plus grands que les extérieurs, presque aussi longs que la corolle, blancs, onguiculés, équilatéraux, échancrés, légèrement concaves, à peine veinés, d'abord redressés, finalement horizontaux et divariqués. Corolle comme tubuleuse et bilabiée, à gorge close. Pétales jaunes ou d'un pourpre brunâtre à leur partie libre, blancs inférieurement : les deux supérieurs presque aussi longs que l'inférieur et soudés à celui-ci dans la plus grande partie de leur longueur, convolutés du côté inadhérent, finement quinqué-nervés : limbe obliquement ovale, subacuminé, un peu charnu et naviculaire du côté inférieur. Onglet du pétale inférieur fortement proéminent sur la gaîne ; limbe cuculliforme-orbiculaire, à lobes courts et arrondis; crête beaucoup plus courte que les lobes, découpée en 8 ou 10 dents obtuses. Filets diadelphes, comprimés, ascendants, à peu près aussi longs que le capuchon du pétale inférieur : les latéraux de chaque faisceau un peu plus longs que les deux autres. Anthères minimes, jaunes. Ovaire court, vert, comprimé, marginé. Style long, creux, subcylindrique, subgéniculé au-dessous de la courbure, débordant les anthères. Stigmate petit : la lèvre postérieure diaphane; l'extérieure jaunâtre. Capsule dressée, mince, chartacée, bosselée par les graines, un peu rétrécie à sa base, 9-nervée à chaque face (l'une des nervures médiane, filiforme, rectiligne, correspondante à la cloison; deux autres curvilignes, marginales, plus fines; et 3 de chaque côté entre la médiane et la marginale, également curvilignes et presque capillaires), bordée d'une étroite aile membraneuse; diaphragme étroit, membraneux. Graines oblongues, assez grosses (remplissant presque les loges), lisses, un peu comprimées bilatéralement, très-obtuses à la base, acuminées sous la caroncule, noires, couvertes de courts poils rétrorses brunâtres; tégument extérieur coriace, assez épais; chalaze terminale (basilaire relativement au péricarpe), orbiculaire, plane; raphé filiforme, superficiel, blanchâtre; caroncule jaunâtre, mince, prolongée sur la face de la graine en deux appendices membraneux, apprimés, linéaires-lancéolés, presque aussi longs que le raphé; hile ponctiforme, infra-apicilaire. Périsperme à peu près aussi épais que l'embryon. Embryon aussi long que la graine : cotylédons elliptiques, échancrés à la base, très-obtus, planes; radicule très-courte, grosse, obovée, obtuse.

L'espèce suivante est la seule que nous puissions rapporter avec certitude à ce genre :

CHAMÆBUXUS ALPESTRE. — *Chamæbuxus alpestris* Spach. — *Polygala Chamæbuxus* Linn. — Jacq. Flor. Austr. tab. 233. — Sturm, Deutschl. Flor. fasc. 4, 13. — Bot. Mag. tab. 316.

Racine grêle, ligneuse, rameuse. Tiges longues de quelques pouces à 1 pied, décombantes, ou diffuses, ou ascendantes, ligneuses, ou suffrutescentes, grêles, rameuses, anguleuses : les jeunes feuillues ; les adultes nues. Rameaux dressés ou ascendants, feuillus, longs de quelques pouces à ½ pied, tantôt simples, tantôt paniculés. Feuilles semblables à celles du Buis, longues de 3 lignes à 1 pouce, d'un vert gai, luisantes, amincies aux bords, oblongues, ou lancéolées-oblongues, ou oblongues-obovales, ou obovales, tantôt arrondies au sommet, tantôt pointues ou acuminulées, toujours terminées par un petit mucron raide; pétiole large, très-court. Pédoncules longs de 1 ligne à 3 lignes, épaissis en forme de cupule au sommet. Bractées blanchâtres, très-obtuses, subcarénées, elliptiques, ou ovales-elliptiques, plus courtes que le pédicelle, ou quelquefois l'antérieure presque aussi longue que le pédicelle. Sépale supérieur cymbiforme-elliptique, long d'environ 2 lignes; sépales inférieurs elliptiques ou ovales-elliptiques, un peu plus longs que le supérieur, mais de moitié moins larges; sépales intérieurs longs de 5 à 7 lignes : lame elliptique, ou ovale-orbiculaire, large de 3 à 4 lignes. Corolle longue de 6 à 8 lignes. Capsule brunâtre, sémi-diaphane, large de près de 3 lignes.

Cette plante croît dans les endroits herbeux des montagnes de l'Europe méridionale, ainsi que dans les Alpes. Sa floraison commence dès les premiers jours du printemps, et se prolonge pendant près de deux mois. Les feuilles sont amères et purgatives. Les fleurs, panachées de jaune et de blanc, sont très-élégantes et répandent une odeur suave, analogue à celle des Prunes; aussi la plante mériterait-elle d'être cultivé en bordures, au lieu de Buis.

Genre SÉNÉGA. — *Senega* Spach.

Sépales 5, persistants : les trois extérieurs petits, herbacés, naviculaires, inégaux (les deux inférieurs plus petits, soudés presque jusqu'au sommet); les 2 intérieurs grands, pétaloïdes, planes. Pétales 3, non-persistants, adhérents inférieurement : les 2 supérieurs plus courts, inéquilatéraux, subconvolutés, équitants, inonguiculés, très-entiers;

l'inférieur onguiculé, cymbiforme, caréné, inappendiculé. Étamines 8, incluses. Androphore profondément 8-fide, adhérent jusque vers son milieu, ascendant, arqué. Filets longs, anisomètres. Anthères bivalves au sommet. Ovaire court, comprimé, bi-loculaire, bi-ovulé. Style long, comprimé, sublinéaire, ascendant, arqué en arrière. Stigmate indivisé, liguliforme, obtus, barbu à la base. Capsule comprimée, à peine marginée, bi-loculaire, disperme, déhiscente aux bords. Graines pubescentes, couronnées d'une caroncule peltée, galéiforme, carénée au dos, bidentée antérieurement; cotylédons presque aussi larges que la graine.

Herbes annuelles ou vivaces. Feuilles éparses. Grappes latérales et terminales, pédonculées.

On doit sans doute comprendre dans ce genre un certain nombre des *Polygala* d'Amérique; toutefois les caractères exposés ci-dessus ne s'appliquent strictement qu'à l'espèce suivante :

Sénéga officinal. — *Senega officinalis* Spach. — *Polygala Senega* Linn. — Bot. Mag. tab. 1051. — Woodw. Med. Bot. 3, tab. 93.

Herbe vivace, multicaule. Racine fibreuse. Tiges hautes de 1/2 pied à 1 pied, grêles, dressées ou ascendantes, pubescentes, rameuses supérieurement. Feuilles longues de 6 à 18 lignes, larges de 1 ligne à 3 lignes, subpenninervées, subsessiles, lancéolées, ou lancéolées-oblongues, ordinairement pointues, pubérules aux bords et en dessous. Grappes multiflores, lâches, finalement longues de 2 à 4 pouces. Pédicelles filiformes, pendants après la floraison, tribractéolés à la base, longs d'environ 1 ligne. Bractées caduques, très-inégales : l'une (antérieure linéaire-subulée, ciliolée de glandules stipitées, à peu près aussi longue que la fleur; les deux autres (postérieures) minimes, sétiformes. Sépales extérieurs ovales, pointus, verts, longs de 1 ligne, membraneux aux bords et ciliolés de glandules stipitées. Sépales intérieurs blanchâtres ou d'un rose pâle, suborbiculaires, courtement onguiculés, non-ciliolés, veineux, larges de 2 $^{1}/_{4}$ à 2 $^{1}/_{2}$ lignes, un peu plus courts que la corolle. Corolle blanchâtre ou d'un rose pâle. Pétales supérieurs longs d'environ 2 lignes, oblongs-obovales, ondulés. Pétale inférieur long de 3 lignes : capuchon 3 fois plus long que l'onglet; onglet cunéiforme, adné à l'androphore. Étamines à peu près aussi longues que le pétale inférieur, un peu débordées par le style. Capsule un peu plus courte et 2 fois moins large que les sépales extérieurs, elliptique, ou elliptique-obovale, échancrée, subcunéiforme à sa base, courtement stipitée; valvules subréticulées, chartacées, subdiaphanes, innervées excepté aux bords. Graines longues de 1 ligne ou un peu plus, oblongues, obtuses à la base, subacuminées sous la caroncule, comprimées bilatéralement, noirâtres, fortement pubescentes : caroncule 4 fois moins longue que la graine, blanchâtre, comprimée bilatéralement, non-prolongée au-delà du hile; cotylédons elliptiques, très-obtus, échancrés à la base, plano-convexes, presque aussi larges que la graine; radicule columnaire, obtuse, 4 à 5 fois plus courte que les cotylédons.

Cette plante croît aux États-Unis, où ses racines sont employées fréquemment en thérapeutique : elles ont des propriétés pectorales, diurétiques, emménagogues, et purgatives. Suivant le docteur Barton, on s'en est souvent servi avec succès contre le croup. Les peuplades sauvages de l'Amérique septentrionale regardent la racine du Sénéga, à tort ou à raison, comme un spécifique contre la morsure des serpents vénéneux.

Genre PSYCHANTHUS. — *Psychanthus* (Rafin.) Spach.

Sépales 5, persistants : les 3 extérieurs petits, naviculaires, carénés, herbacés, inégaux; les 2 intérieurs très-grands, planes, pétaloïdes. Pétales 5 ou 3, non-persistants, ou persistants, adnés inférieurement à l'androphore : l'inférieur onguiculé, très-grand, ascendant, cymbiforme, comprimé bilatéralement, caréné, muni d'une crête dorsale substipitée, bipartie, fimbriée; les 2 ou 4 autres inonguiculés : les 2 supérieurs petits, ascendants, connivents, imbriqués et subconvolutés du côté intérieur, souvent bi- ou trilobés; les 2 latéraux (nuls dans plusieurs espèces) minimes, squamuliformes. Étamines 8, incluses. Androphore inadhérent supérieurement, ascendant, arqué en arrière, souvent triadelphe au sommet. Filets filiformes, anisomètres. Anthères déhiscentes par un pore apicilaire. Ovaire court, comprimé, 2-loculaire, 2-ovulé. Style long, tétragone, assez gros, rétréci aux 2 bouts, ascendant, arqué en arrière. Stigmate subbilabié ou rostriforme. Capsule comprimée, 2-loculaire, 2-sperme, déhiscente et ordinairement ailée aux bords. Graines pubescentes, couronnées d'une caroncule cuculliforme, carénée au dos, subtrilobée; cotylédons presque aussi larges que la graine.

Sous-arbrisseaux. Feuilles éparses ou (dans peu d'espèces) opposées, sessiles, ou courtement pétiolées, coriaces. Inflorescence en grappes terminales (plus tard ordinairement latérales ou dichotoméaires par l'allongement du rameau florifère), solitaires, dressées, pluri-ou multi-flores, allongées et pédonculées, ou corymbiformes et sessiles. Pédicelles plus ou moins allongés, tribractéolés à leur base, pendant la floraison subhorizontaux et un peu réclinés au sommet (de sorte que la fleur épanouie est dans une direction obliquement horizontale relativement au rachis), puis déclinés ou pendants. Bractées persistantes ou caduques, verticillées, inégales, ou presque égales, herbacées, ou glumacées, en général beaucoup plus courtes que le pédicelle : l'une (antérieure) soit plus grande soit plus petite que les 2 autres (postérieures et souvent inégales). Fleurs blanches, ou rouges, ou panachées, en général grandes. Sépales extérieurs subherbacés, apprimés : le supérieur plus petit que les deux inférieurs; ceux-ci égaux ou inégaux, imbriqués par les bords. Sépales intérieurs plus grands que la corolle, courtement onguiculés, multinervés, subréticulés, inéquilatéraux, avant et après l'épanouissement connivents, pendant l'épanouissement plus ou moins divariqués et horizontaux. Pétale inférieur ordinairement presque aussi grand que les sépales intérieurs : onglet cunéiforme, charnu, adné à l'androphore et très-proéminent; crête insérée un peu au-dessus du milieu du dos du casque, dressée, ordinairement un peu débordante, découpée en une multitude de lanières filiformes. Pétales supérieurs un peu charnus (du moins inférieurement), inadhérents presque dès leur base, en général de moitié à 2 fois plus courts que le pétale inférieur, ou même à peine aussi longs que l'onglet du pétale inférieur, le plus souvent très-inéquilatéraux et inégalement lobés. Pétales latéraux (nuls dans plusieurs espèces) charnus ou membraneux, adnés dans presque toute leur longueur. Androphore graduellement rétréci à partir de sa base, assez épais inférieurement, adhérent seulement par la partie correspondante à l'onglet du pétale inférieur. Phalanges secondaires des filets inégales : la terminale (correspondante au dos du pétale inférieur) soit tétrandre et inégalement quadrifide (c'est-à-dire que les deux filets médians sont soudés dans une partie de leur longueur et forment un androphore tertiaire), soit diandre, plus longue que les phalanges latérales. Filets inférieurs graduellement plus courts que les supérieurs. Anthères petites, jaunes, oblongues, obtuses. Disque petit, cupuliforme, adné au fond du calice et engaînant plus ou moins le stipe de l'ovaire. Ovaire marginé ou rarement immarginé, vert, charnu, rétréci en stipe court. Style beaucoup plus long que l'ovaire, débordant les étamines, creux, blanchâtre, subdiaphane, comprimé au sommet, géniculé à sa base, et dans plusieurs espèces en outre au-dessus du milieu. Stigmate à 2 lèvres inégales, ou réduit à la lèvre postérieure : lèvre antérieure minime, verticale, mince, non-papilleuse, concave antérieurement; lèvre postérieure beaucoup plus grande, subhorizontale ou déclinée, rostriforme, comprimée, obtuse, garnie à son bord inférieur d'un bourrelet papilleux. Capsule elliptique, ou suborbiculaire, ou obovale, échancrée, courtement stipitée, mince, chartacée, ordinairement bordée d'une aile membraneuse élargie vers son sommet; nervures placentairiennes filiformes; valvules sans autre nervure que la marginale (laquelle est très fine); diaphragme membraneux, étroit. Funicules courts, horizontaux, dentiformes. Graines assez grosses (remplissant presque les loges), lisses, plus ou moins comprimées bilatéralement, elliptiques ou oblongues, obtuses à la base, subacuminées sous la caroncule, parsemées de courts poils rétrorses (blanchâtres ou brunâtres); tégument extérieur coriace; chalaze suborbiculaire, terminale, basilaire relativement au péricarpe; raphé superficiel, filiforme; hile concave, infra-apicilaire; caroncule assez grosse, courte, inappendiculée, ou biappendiculée antérieurement. Embryon à peu près aussi long que le périsperme : cotylédons elliptiques ou oblongs, très-obtus, un peu échancrés à la base, plano-convexes, un peu plus épais que le périsperme; radicule très-courte, mammiforme, obtuse.

Ce genre, propre aux contrées voisines du cap de Bonne-Espérance, se compose d'environ trente espèces, en général remarquables par l'élégance de leur inflorescence, et parmi lesquelles les suivantes se cultivent le plus généralement dans les collections de serre :

SECTION I.

Feuilles opposées-croisées, subsessiles. Grappes courtes, sessiles, corymbiformes. Bractées presque égales, persistantes. Pétales 3, non-persistants : les 2 supérieurs obliquement ovales, très-inégalement lobés au sommet. Androphore plus court que les filets, terminé immédiatement en 8 filets anisomètres non-soudés en phalanges. Sommet des filets et base des anthères barbus. Style arqué sans autre géniculation, tronqué au sommet et prolongé postérieurement en un court bec comprimé, obtus, décliné, papilleux au bord inférieur.

PSYCHANTHUS A FEUILLES OPPOSÉES.—*Psychanthus oppositi-*

folius Spach. — *Polygala oppositifolia* Linn. — Bot. Reg. tab. 636 et tab. 1146. — *Polygala cordifolia* Linn. — Bot. Mag. tab. 2438. — *Polygala latifolia* Bot. Reg. tab. 645. — *Polygala oppositifolia*, *Polygala cordifolia*, *Polygala tetragona*, *Polygala nummularia* et *Polygala borboniæfolia* De Cand. Prodr. — *Polygala attenuata* Loddig. Bot. Cab. tab. 1000.

Ramules tétragones ou subtétragones. Feuilles ovales, ou ovales-orbiculaires, ou ovales-rhomboïdales, ou subdeltoïdes, acuminées, ou pointues, submucronées, glauques, arrondies ou cordiformes à leur base, glabres ou pubescentes en dessous. Bractées ovales, obtuses de même que les sépales extérieurs. Sépales intérieurs obliquement ovales, subcordiformes, acuminulés, un peu plus longs que le pétale inférieur. Pétales supérieurs de moitié moins longs que le pétale inférieur.

Arbuste haut de 2 à 4 pieds. Rameaux glabres ou plus ou moins pubescents, effilés, grêles, feuillés. Feuilles longues de 4 lignes à un pouce (tantôt plus longues, tantôt plus courtes que les entrenœuds), luisantes et d'un vert plus ou moins glauque en dessus, d'un glauque pâle et finement veinées en dessous. Grappes denses, 7-12-flores. Pédicelles longs de 4 à 8 lignes. Bractéoles subscarieuses, carénées, glabres ou ciliolées, beaucoup plus courtes que les pédicelles. Sépales extérieurs mutiques ou mucronulés, verdâtres, uni-nervés, veineux, membraneux aux bords, glabres, anisomètres : le supérieur oblong ou ovale-oblong, plus petit (long de 1 ½ ligne, large d'environ 1 ligne); les deux inférieurs ovales-elliptiques, longs de 2 lignes, larges de 1 ½ ligne. Sépales intérieurs longs de 6 à 8 lignes, larges de 4 à 5 lignes, d'un rose plus ou moins vif, lavés de vert en dessous, multinervés, courtement onguiculés. Corolle rose, panachée de pourpre-violet au sommet. Pétales supérieurs larges de 1 ½ ligne, subconvolutés : le bord supérieur terminé en appendice recourbé, obtus ou pointu, ovale, 1 à 2 fois plus court que la lame; le bord inférieur terminé en pointe linéaire-lancéolée ou subulée-subfalciforme, redressée, aussi longue que la lame. Pétale inférieur long de 6 à 7 lignes, pointu, peu ou point débordé par sa crête : onglet long d'environ 1 ligne ; crête flabelliforme, finement fimbriée, de couleur rose. Étamines (y compris la gaîne ou l'androphore) longues de 5 à 6 lignes, incluses (de même que le style) dans le casque du pétale inférieur ; filets un peu plus longs que la gaîne. Pistil un peu plus long que les étamines. Ovaire à peine long de 1 ligne, obovale.

SECTION II.

Feuilles éparses. Grappes courtes, corymbiformes, subsessiles. Bractées presque égales, persistantes. Pétales 5, non-persistants : les 2 supérieurs obliquement ovalés, inégalement bi-ou tri-lobés au sommet ; les 2 latéraux minimes, charnus, adnés. Androphore divisé au sommet en trois lanières inégales : l'une (plus longue et plus large) médiane (correspondante au dos du casque), à quatre filets, dont les deux terminaux sont plus longs et eux-mêmes soudés jusque vers leur milieu ; les deux autres latérales, à deux filets subisomètres. Filets et anthères glabres. Style arqué sans autre géniculation que la basilaire. Stigmate subbilabié : lèvre supérieure minime, verticale, en forme de bosse concave antérieurement ; lèvre inférieure déclinée ou horizontale, beaucoup plus grande, rostriforme, comprimée. Caroncule des graines biappendiculée antérieurement, à carène en forme de crête.

A. *Sépales extérieurs cuspidés, à carène très-proéminente, presque aliforme vers son sommet. Pétales supérieurs inégalement bifides, un peu plus longs que les sépales extérieurs, 1 fois plus longs que l'onglet du pétale inférieur. Androphore à peu près de moitié plus long que les filets.*

PSYCHANTHUS A GRANDES FLEURS. — *Psychanthus grandiflorus* Spach. — *Polygala grandiflora* Loddig. Bot. Cab. tab. 1227.

Feuilles oblongues, ou oblongues-spathulées, ou lancéolées-oblongues, acuminulées, courtement pétiolées : les jeunes ordinairement pubérules de même que les ramules. Pédicelles plus courts que les fleurs. Sépales extérieurs ovales, ou ovales-lancéolés, courtement cuspidés, 2 à 3 fois plus courts que les sépales intérieurs. Sépales intérieurs obliquement ovales, subcordiformes, acuminés, un peu plus longs que le pétale inférieur. Pétale inférieur tronqué au sommet, non-rostré. Capsule obcordiforme-orbiculaire, ailée aux bords.

Arbuste haut de 2 à 4 pieds. Rameaux et ramules subcylindriques, grêles, effilés, souvent verticillés-ternés : les adultes nus, glabres; les jeunes pubescents, feuillus. Feuilles longues de $^1/_2$ pouce à 2 pouces, larges de 2 à 6 lignes, luisantes et d'un vert foncé en dessus, d'un vert pâle en dessous. Grappes 7-20-flores, ordinairement très-denses. Pédicelles longs de 3 à 6 lignes. Bractées longues à peine de 1 ligne, presque égales, ovales, naviculaires, ciliolées, fortement carénées, mucronées, subdiaphanes. Sépales extérieurs longs de 4 à 5 lignes, verts, veineux, membraneux aux bords, ciliolés : le supérieur un peu plus long, large de 1 $^1/_2$ ligne; les 2 inférieurs larges de 2 lignes. Sépales intérieurs longs d'environ 9 lignes sur 5 lignes de large, courtement onguiculés, multi-nervés, d'un rose plus ou moins vif et lavé de vert. Corolle d'un rose pâle, excepté à la partie supérieure du casque, laquelle est d'un pourpre-violet. Pétales supérieurs longs de 4 à 5 lignes, larges de près de 2 lignes vers leur base, subconvolutés ; lobes divariqués : l'un (supérieur) court, oblong, obtus, redressé; l'autre (inférieur) ovale, cuspidé, horizontal, à peu près aussi long que la partie indivisée du pétale. Pétale inférieur (à casque long de 5 lignes, large de 4 à 5 lignes) large de 3 à 4 lignes, subrectiligne aux bords antérieurs, peu ou point débordé par la crête : onglets longs de 2 lignes. Étamines glabres, longues d'environ 8 lignes (y compris l'androphore, lequel est presque 3 fois plus long que l'onglet du pétale inférieur), débordées par le style. Ovaire à peine long de 1 ligne.

B. *Sépales extérieurs mutiques ou mucronulés, à carène nerviforme et peu proéminente. Pétales supérieurs courtement trilobés, plus courts que les sépales extérieurs, à peine aussi longs que l'onglet du pétale inférieur. Androphore aussi long que les filets.*

Psychanthus a feuilles de Myrte. — *Psychanthus myrtifolius* Spach. —*Polygala myrtifolia* Linn. —Jacq. Fragm. I, tab. 18. — Commel. Hort. Amst. 1, tab. 46. —Bot. Reg. tab. 669. — *Polygala buxifolia* Hortor.

Feuilles obovales, ou oblongues-obovales, ou oblongues-spathulées, ou oblongues, mucronulées, ou mutiques, très-obtuses, courtement pétiolées; les jeunes ordinairement pubérules de même que les ramules. Pédicelles plus courts que les fleurs. Sépales extérieurs ovales ou ovales-lancéolés, acuminés, 2 à 3 fois plus courts que les sépales intérieurs. Sépales extérieurs obliquement ovales, subcordiformes, acuminulés, un peu plus longs que le pétale inférieur. Pétale inférieur subrostré, obtus.

Arbuste haut de 2 à 4 pieds, très-semblable à l'espèce précédente par le port, le feuillage et les fleurs. Feuilles d'un vert foncé et luisantes en dessus, d'un vert pâle en dessous, longues de 6 à 18 lignes, larges de 1 ligne à 6 lignes. Grappes 7-20-flores, ordinairement très-denses. Pédicelles longs de 3 à 6 lignes. Bractéoles longues à peine de 1 ligne, subdiaphanes, glabres, à peine carénées, elliptiques, ou ovales-elliptiques, mutiques : l'une (antérieure) un peu moins large, subacuminée; les deux autres (postérieures) obtuses. Sépales extérieurs verdâtres, membraneux aux bords, veineux, glabres, longs de 2 à 4 lignes, larges de 1 ½ ligne à 2 ½ lignes; le supérieur moins large et ordinairement un peu plus long que les 2 inférieurs; l'un des inférieurs souvent près de 2 fois plus large que l'autre. Sépales intérieurs longs de 6 à 7 lignes, larges de 4 à 5 lignes, d'un rose plus ou moins vif, lavés de vert en dessous, courtement onguiculés, multinervés. Corolle d'un rose pâle, excepté à la partie supérieure du casque, laquelle est d'un pourpre violet. Pétales supérieurs longs de 2 lignes, larges de 1 ½ ligne, subconvolutés, inégalement trilobés au sommet; lobes divariqués : celui du milieu court, dentiforme, tronqué; celui du bord supérieur plus grand, redressé, ovale; celui du bord inférieur petit, dentiforme, pointu. Pétale inférieur long d'environ 6 lignes : onglet long de 2 lignes; casque large de 3 à 4 lignes, curviligne aux bords antérieurs, débordant ordinairement la crête. Étamines glabres, longues d'environ 6 lignes (y compris l'androphore, lequel est à peu près 2 fois plus long que l'onglet du pétale inférieur), débordées par le style. Ovaire à peine long de 1 ligne. Capsule orbiculaire-obcordiforme, courtement stipitée, large d'environ 5 lignes, bordée d'une aile membraneuse. Graines légèrement pubescentes, ellipsoïdes, d'un brun noirâtre, longues de près de 2 lignes sur 1 ligne de large.

Section III.

Feuilles éparses. Grappes pédonculées, lâches, allongées. Bractées scarieuses, caduques (celles des pédicelles inférieurs plus grandes, foliacées). Pétales 5, non-persistants : les 2 supérieurs oblongs-obovales, équilatéraux, très-entiers; les deux latéraux minimes, membraneux. Androphore (cilié) terminé en trois phalanges : l'une plus longue (médiane) à 2 filets soudés par leur base en un court androphore secondaire; les deux autres (latérales) chacune à 3 filets libres dès leur base. Filets et anthères glabres. Style arqué, géniculé au-dessus du milieu et au-dessous du sommet, ainsi qu'à la base. Stigmate subbilabié : lèvre supérieure minime, verticale, en forme de bosse concave antérieurement; lèvre inférieure beaucoup plus grande, déclinée, rostriforme, comprimée. Caroncule des graines inappendiculée, à carène aplatie.

Psychanthus élégant. — *Psychanthus speciosus* Spach. — *Polygala speciosa* Sims, Bot. Mag. tab. 621. — Bot. Reg. tab. 150. — Herb. de l'Amat. tab. 193.

Feuilles linéaires-spathulées, ou oblongues-spathulées, ou spathulées-cunéiformes, ou lancéolées-oblongues, courtement pétiolées, arrondies ou tronquées au sommet, mucronées, glabres de même que les ramules. Pédicelles filiformes, plus courts que les fleurs. Sépales extérieurs mutiques ou mucronés, elliptiques-obovales, 3-nervés, 3 à 4 fois plus courts que les sépales intérieurs. Sépales intérieurs obliquement ovales-orbiculaires, très-obtus, un peu plus courts que le pétale inférieur. Pétales supérieurs de moitié plus longs que l'onglet du pétale inférieur. Capsule obcordiforme, ailée aux bords.

Arbuste haut de 2 à 4 pieds. Rameaux et ramules grêles, effilés, anguleux : les jeunes feuillus; les adultes aphylles. Feuilles longues de 6 à 15 lignes, larges de 1 ligne à 4 lignes, d'un vert très-foncé en dessus, d'un vert glauque en dessous. Grappes lâches, 7-ou pluri-flores, longues de 2 à 5 pouces : rachis grêle, effilé, rectiligne, anguleux, quelquefois pubérule. Pédicelles longs de 3 à 5 lignes, ordinairement pubescents. Sépales extérieurs d'un vert lavé de violet, membraneux et pubérules aux bords, très-obtus, longs d'environ 2 lignes, sur 1 ½ ligne à 2 lignes de large : le supérieur ordinairement un peu plus long et moins large que les inférieurs; l'un des inférieurs souvent un peu plus petit que l'autre. Sépales intérieurs longs d'environ 6 lignes sur 5 lignes de large, très-courtement onguiculés, veineux, plus ou moins profondément échancrés à la base, d'un lilas vif. Corolle panachée de rose et de pourpre violet. Pétales supérieurs longs de 3 lignes, larges de 2 lignes, redressés vers leur sommet, convolutés d'un côté. Pétale inférieur ong d'environ 7 lignes : onglet long de 2 lignes; casque large de 3 à 4 lignes, subrostré, acuminulé, un peu débordé par la crête; crête comme stipitée, d'un lilas vif. Étamines longues de 6 à 7 lignes (y compris l'androphore, lequel est 2 fois plus long que l'onglet du pétale inférieur, cilié aux bords, très-élargi à sa base), débordées par le style; filets à peu près aussi longs que l'androphore. Capsule de moitié plus courte que les sépales intérieurs, large d'environ 3 lignes. Graines longues de 2 lignes, larges de 1 ligne, avant la parfaite maturité cotonneuses, finalement presque glabres ou cotonneuses seulement aux bords et vers les deux bouts, luisantes, d'un brun de Châtaigne; caroncule petite, blanchâtre.

SECTION IV.

Feuilles éparses. Grappes pédonculées, lâches, allongées. Bractées inégales, persistantes, assez grandes, foliacées. Pétales 5, persistants : les 2 supérieurs obliquement ovales-lancéolés, très-inéquilatéraux, très-entiers, acuminés-cuspidés ; les 2 latéraux un peu charnus, minimes. Androphore terminé en 3 phalanges : l'une plus longue (médiane), à 2 filets soudés par leur base en un court androphore secondaire; les deux autres (latérales) chacune à 3 filets libres dès leur base. Style plusieurs fois géniculé. Stigmate subbilabié : lèvre supérieure minime, verticale, en forme de bosse concave antérieurement; lèvre inférieure beaucoup plus grande, déclinée, rostriforme, comprimée. Caroncule des graines inappendiculée, à carène aplatie.

PSYCHANTHUS BRACTÉOLÉ. — *Psychanthus bracteolatus* Spach. — *Polygala bracteolata* Linn. — Bot. Mag. tab. 345.

Feuilles linéaires-lancéolées, sessiles, pointues, très-étroites. Pédicelles un peu plus longs que les fleurs. Sépales extérieurs obliquement ovales, subacuminés, 2 fois plus courts que les sépales intérieurs. Sépales intérieurs obliquement ovales, acuminés, un peu plus longs que le pétale inférieur. Pétale inférieur obtus, de moitié plus long que les pétales supérieurs. Capsule obcordiforme, ailée aux bords.

Arbuste haut de 2 à 4 pieds. Rameaux grêles, effilés, cylindriques. Ramules pubescents ou glabres, cylindriques, très-grêles, feuillés. Feuilles longues de 6 lignes à 2 pouces, larges de 1/3 de ligne à 1 ligne, glabres ou pubescentes, d'un vert foncé, verticales ou subhorizontales, plus ou moins rapprochées. Grappes longues de 2 à 4 pouces, 7-ou pluri-flores. Pédicelles filiformes, assez rapprochés, longs d'environ 6 lignes. Bractées longues de 1 ligne à 2 lignes (l'antérieure 2 fois plus longue que les postérieures), linéaires-lancéolées, pointues, subfoliacées, membraneuses aux bords. Sépales extérieurs longs de 2 à 2 1/2 lignes (le supérieur un peu plus petit que les 2 inférieurs, lesquels sont eux-mêmes un peu inégaux), larges de 1 1/4 ligne à 2 lignes, verdâtres, membraneux aux bords, 5-nervés, glabres, ou ciliolés. Sépales intérieurs longs d'environ 6 lignes, larges de 4 à 5 lignes, courtement onguiculés, multinervés, d'un rose plus ou moins vif. Corolle d'un rose pâle panaché de pourpre. Pétales supérieurs longs de 4 lignes, convolutés du côté supérieur. Pétale inférieur long d'environ 6 lignes : onglet long de 1 1/2 ligne; carène large de près de 3 lignes, un peu débordée par la crête. Étamines longues d'environ 5 lignes (y compris l'androphore, lequel est de moitié plus long que l'onglet du pétale inférieur), débordées par le style; filets à peu près aussi longs que l'androphore. Capsule presque aussi longue que les sépales extérieurs, large d'environ 3 lignes, bordée d'une aile membraneuse élargie vers le sommet. Graines luisantes, d'un brun de Châtaigne, pubescentes, longues de 2 lignes, larges de 1 ligne : caroncule blanchâtre.

Genre MURALTIA. — *Muraltia* Neck.

Sépales 5, persistants, subscarieux, presque égaux : le supérieur gibbeux à sa base. Corolle bilabiée, fortement ringente : pétales 5, subisomètres, distinctement onguiculés, libres presque dès leur base : les 2 supérieurs obliquement dressés, équilatéraux, concaves, non-carénés, lancéolés-oblongs, connivents en forme de capuchon; l'inférieur décliné, couronné par deux appendices pétaloïdes. Étamines 7 ou 8, saillantes : androphore court, adhérent au-dessous du milieu; filets très-courts, non-diadelphes, subisomètres; anthères bivalves. Ovaire courtement stipité, comprimé, subovoïde, 2-loculaire, 2-ovulé, couronné par 4 bosses ou par 4 prolongements filiformes. Style filiforme, rectiligne. Stigmate comprimé, cunéiforme, tronqué et tridenticulé au sommet, muni au bord postérieur d'une glandule elliptique. Capsule carénée aux bords, comprimée, biloculaire, bivalve, disperme, ou par avortement 1-sperme, couronnée par quatre bosses ou par 4 cornes. Graines globuleuses, glabres, lisses, couronnées d'une caroncule basifixe, charnue, cuculliforme. Périsperme épais.

Sous-arbrisseaux. Feuilles petites (fasciculées sur les anciens ramules), sessiles, ou courtement pétiolées, sublinéaires, ou subulées, carénées en dessous, souvent spinescentes au sommet. Pédoncules solitaires, axillaires, uniflores, dressés, très-courts ou rarement allongés, tribractéolés à la base. Bractées petites, presque scarieuses, verticillées, concaves, carénées : l'antérieure un peu plus longue que les deux postérieures. Fleurs petites, ou de grandeur médiocre. Sépales petits, persistants, presque scarieux, carénés au dos, cuspidés, apprimés : les 3 extérieurs naviculaires, presque égaux, imbriqués par les bords; les 2 intérieurs un peu plus longs, mais plus étroits que les extérieurs, presque planes, non-imbriqués. Corolle blanche, ou rouge, ou panachée. Pétales supérieurs presque aussi longs que l'inférieur, imbriqués par le bord postérieur; onglets charnus, soudés seulement au-dessous du milieu à l'onglet du pétale inférieur. Onglet du pétale inférieur peu proéminent sur la gaîne, libre au sommet; lame un peu charnue, courte, condupliquée, suborbiculaire, tronquée; appendices divariqués, subcondupliqués, plus larges que les pétales supérieurs. Androphore appliqué sur les onglets des pétales supérieurs, charnu, légèrement arqué, subgéniculé au-dessus du milieu, comme tubuleux, indivisé, peu à peu rétréci depuis le milieu jusque vers le sommet, élargi et arrondi immédiatement au-dessous des filets. Filets très-courts, linéaires, un terminal (ou deux terminaux, lorsqu'il y a 8 étamines), un peu plus long que les autres; 3 de chacun des deux côtés. Anthères petites, elliptiques, obtuses. Pistil un peu plus court que l'androphore. Ovaire court, vert, dressé. Style creux, subdiaphane, blanchâtre, un peu récliné. Stigmate petit, subdiaphane : glandule blanchâtre, opaque. Capsule mince, chartacée, à peine stipitée, bosselée par les graines, épaissie aux bords (en carène comprimée), couronnée de 4 bosses ou appendices constitués chacun par le prolongement du bord postérieur des valves; nervures placentairiennes peu apparentes à la surface; valves innervées; diaphragme étroit, membraneux; funicules infra-apicilaires, courts, gros, dentiformes, horizontaux, persistants. Graines (1) remplissant presque la cavité des loges : caroncule assez grosse, 2 fois plus courte que la graine, fendue antérieurement, très-obtuse au sommet, amincie aux bords; tégument extérieur épais, crustacé; hile ponctiforme; raphé filiforme, superficiel; chalaze terminale (basilaire relativement au péricarpe), petite, orbiculaire. Périsperme épais. Embryon presque aussi long que le périsperme; cotylédons semi-cylindriques, oblongs, obtus, très-entiers, 4 fois moins larges que le diamètre du périsperme; radicule grosse, un peu allongée (à peu près 3 fois plus courte que les cotylédons), columnaire, très-obtuse.

Ce genre appartient à la Flore des extrémités australes de l'Afrique; il paraît être assez riche en espèces; mais la plupart de celles qu'on y rapporte sont si superficiellement décrites, qu'on ne saurait assurer si elles doivent y rester classées.

Les *Muraltia* sont remarquables par la forme bizarre de leur corolle, laquelle est d'ailleurs assez élégante. On en cultive plusieurs dans les collections de serre tempérée. Les suivantes sont les plus notables :

Muraltia Heistéria. — *Muraltia Heisteria* De Cand. Prodr. — *Polygala Heisteria* Linn. — Bot. Mag. tab. 340.

Ramules pubérules ou presque cotonneux. Feuilles raides, sessiles, trièdres, ciliolées, spinescentes au sommet : les florales oblongues-lancéolées; les autres subulées. Fleurs subsessiles. Sé-

(1) Nous n'avons examiné que celles du *Muraltia Heisteria*.

pales ciliés, cuspidés, à peine plus longs que les onglets du pétale inférieur. Appendices du pétale inférieur obcordiformes, calleux en dessus à leur base. Capsule quadricorniculée : cornes filiformes, anisomètres, plus longues que les valves.

Arbuste haut de 2 à 3 pieds. Feuilles longues de 2 à 7 lignes, larges de 1/3 de ligne à 1 1/2 ligne, d'un vert foncé : les adultes subhorizontales. Bractéoles minimes, ovales, mucronées, ciliolées, un peu plus longues que le pédicelle. Sépales oblongs-lancéolés, longs d'environ 1 1/2 ligne. Pétales supérieurs longs de 4 lignes : onglets verts, sublinéaires, à peu près aussi longs que la lame, subconvolutés dans leur partie libre ; lame blanche, tronquée, bi- ou tri-dentée au sommet. Pétale inférieur (y compris les appendices) à peu près aussi long que les pétales supérieurs ; onglet à peu près aussi long que la partie naviculaire de la lame, laquelle est panachée de vert et de pourpre : appendices d'un pourpre-lilas, longs de 2 lignes, imbriqués par les bords jusque vers leur milieu, un peu pliés en carène, subdenticulés. Androphore à peu près aussi long que les onglets des pétales supérieurs. Capsule longue de 5 à 6 lignes (y compris les cornes), subovale, souvent inéquilatérale et monosperme, subdiaphane. Graines brunes, du volume d'un petit pois : caroncule jaunâtre.

Muraltia Queue de renard.—*Muraltia alopecuroides* De Cand. Prodr. — *Polygala alopecuroides* Linn. — Bot. Mag. tab. 1006.

Ramules poilus. Feuilles spinescentes au sommet, très-rapprochées : les florales ovales, ciliées ; les autres sublinéaires. Fleurs sessiles (pourpres). Capsule à 4 cornes à peu près aussi longues que les valves.

Muraltia stipulé.—*Muraltia stipulacea* De Cand. Prodr. — *Polygala stipulacea* Linn. — Andr. Bot. Rep. tab. 263.— Bot. Mag. tab. 1715.

Feuilles distantes, linéaires, mucronées, glabres, convexes en dessous. Ramules légèrement pubescents. Fleurs subsessiles (pourpres). Capsule quadricorniculée.

MURALTIA MIXTE. —*Muraltia mixta* Linn. fil. — *Polygala mixta* Andr. Bot. Rep. tab. 445. — Bot. Mag. tab. 1714.

Feuilles rapprochées, linéaires-subulées, mucronées, glabres. Ramules grêles, effilés, glabres. Fleurs subsessiles (pourpres ou blanches). Capsule à 4 cornes courtes.

MURALTIA NAIN. —*Muraltia humilis* De Cand. Prodr. — *Polygala humilis* Lodd. Bot. Cab. tab. 420.

Feuilles lancéolées-linéaires, éparses. Fleurs subsessiles (pourpres).

Genre MUNDIA. —*Mundia* Kunth.

Sépales 5, persistants : les 3 extérieurs petits, glumacés, cymbiformes, presque égaux; les 2 intérieurs grands, pétaloïdes, subconvolutés. Pétales 3, subisomètres, non-persistants, adhérents inférieurement à l'androphore : les 2 supérieurs un peu plus longs, inéquilatéraux, non-carénés, subconvolutés, équitants, ascendants, suboblongs, inonguiculés, très-entiers; l'inférieur onguiculé, caréné, condupliqué en forme de casque garni de 2 crêtes transversales laciniées. Étamines 7 ou 8, incluses. Androphore 8-fide au sommet, adhérent jusque vers le milieu, subrectiligne. Filets très-courts, barbus, subisomètres. Anthères bivalves. Ovaire court, comprimé, bi-loculaire, bi-ovulé. Style court, oblique, rectiligne, tétragone, columnaire. Stigmate à deux lobes égaux : l'antérieur tronqué, non-papilleux, subvertical; le postérieur papilleux au sommet, subhorizontal, un peu décliné. Drupe charnu, à noyau osseux, tantôt biloculaire et disperme, tantôt par avortement uni-loculaire et monosperme. Graines non-caronculées, glabres, légèrement chagrinées; périsperme très-épais; cotylédons 3 fois moins larges que la graine.

Sous-arbrisseau très-rameux. Ramules spinescents. Feuilles petites, coriaces, éparses, 1-nervées, courtement pétiolées. Pédicelles fasciculés ou subfasciculés, courts, axillaires, tri-bractéolés à la base. Bractées minimes, presque égales, scarieuses, tronquées, subconvolutées. Fleurs très-nombreuses, petites, de couleur rose. Sépales suborbiculaires, non-veineux, équilatéraux : les 3 extérieurs imbriqués par les bords, ciliolés, 1-nervés (le supérieur un peu plus grand que les 2 inférieurs); les 2 intérieurs subonguiculés, non-ciliolés, obscurément 5-nervés, presque aussi longs que la corolle. Corolle obliquement horizontale, comme gibbeuse postérieurement (par l'élargissement des pétales supérieurs). Pétales facilement séparables de l'androphore : les 2 supérieurs 1-nervés, libres dans presque toute leur longueur. Pétale inférieur à onglet court, cunéiforme, adhérent presque jusqu'au sommet; limbe suborbiculaire (étant déployé), échancré, plus long que l'onglet, beaucoup plus large que les pétales supérieurs; crêtes courtes, non-débordantes, infra-apicilaires, inégalement triparties : lanières incisées-crénelées. Androphore plus court que le pétale inférieur, graduellement rétréci depuis sa base, libre aux bords dans toute sa longueur, immédiatement terminé en 7 ou 8 filets plus courts que les anthères. Anthères oblongues, obtuses. Pistil un peu plus court que l'androphore. Ovaire non-stipité, plus court que le style. Drupe lisse, aptère; chair mince; noyau épais, rugueux, pointu, obscurément tétragone; cloison chartacée ou oblitérée. Graines assez grosses (remplissant la loge), ovoïdes, suspendues, anatropes; tégument triple : l'extérieur diaphane, pelliculaire, facilement séparable, ponctué; l'intermédiaire mince, crustacé, fragile; l'intérieur inadhérent, pelliculaire, moulé sur le périsperme. Raphé filiforme, superficiel; chalaze apiculée (basilaire relativement au péricarpe). Périsperme blanc, charnu, huileux. Embryon presque aussi long que le périsperme; cotylédons oblongs, obtus, très-entiers, un peu rétrécis à leur base, subsemi-cylindriques, 3 fois plus longs que la radicule; radicule columnaire, obtuse.

L'espèce suivante constitue à elle seule le genre :

MUNDIA ÉPINEUX. — *Mundia spinosa* Kunth. — *Polygala spinosa* Linn. Amœn. — *Ulex capensis* Linn. Spec.

Arbuste haut de 2 à 3 pieds. Rameaux courts ou effilés, feuillus, raides, anguleux. Feuilles longues de 3 à 5 lignes, oblongues, ou elliptiques-oblongues, ou oblongues-obovales, ou lancéolées-oblongues, obtuses, révolutées aux bords, réticulées en dessous; pétiole large, très-court, blanchâtre. Fleurs débordées par les feuilles. Pédicelles géminés, ou ternés, ou quelquefois solitaires, filiformes, un peu plus longs que le pétiole. Bractées suborbiculaires, ciliolées, quatre fois plus courtes que les pédicelles. Sépales extérieurs blanchâtres, cymbiformes-orbiculaires, longs de 1/3 de ligne à 1/2 ligne. Sépales intérieurs longs d'environ 2 lignes. Corolle presque aussi longue que les sépales intérieurs. Drupe rougeâtre, subglobuleux, du volume d'un gros pois; noyau ovoïde. Graines d'un brun de Châtaigne, aplaties antérieurement lorsque le noyau est disperme.

Cette plante, indigène au Cap de Bonne-Espérance, se cultive dans les collections de serre.

Genre MONNINA. — *Monnina* Ruiz et Pav.

Sépales 5, non-persistants : les 3 extérieurs petits; les 2 intérieurs grands, pétaloïdes. Pétales 3 ou 5 : l'inférieur grand, cuculliforme, trilobé, inappendiculé, enveloppant les organes sexuels; les 2 supérieurs soudés, connivents en carène. Étamines 8, subisomètres. Disque annulaire. Ovaire biloculaire, ou uniloculaire. Style courbé, non-persistant. Stigmate onciné, bilobé : lobe inférieur glanduliforme. Péricarpe drupacé, ou carcérulaire, ou capsulaire, uniloculaire, ou biloculaire, ailé, ou aptère. Graines non-caronculées, périspermées.

Arbrisseaux, ou sous-arbrisseaux, ou herbes. Feuilles éparses, souvent échancrées. Grappes terminales, ou latérales, ou axillaires, spiciformes, en général longuement pédonculées. Pédicelles penchés après l'anthèse. Fleurs petites.

Ce genre, dont nous avons tracé les caractères d'après M. Aug. de Saint-Hilaire, renferme environ quarante espèces, toutes indigènes dans l'Amérique équatoriale. Voici l'espèce la plus intéressante :

Monnina a nombreux épis. — *Monnina polystachya* Ruiz et Pav. Flor. Peruv. Syst. — Ruiz, Diss. cum Ic.

Arbrisseau. Feuilles ovales-lancéolées ou obovales, velues de même que les ramules et l'inflorescence. Grappes rapprochées en panicule.

Cette espèce croît au Pérou, dans les bois des Andes, où on la connaît sous le nom de *Yalhoï*. Toute la plante, mais surtout la racine ainsi que l'écorce, ont une amertume très-forte, et passent, dans le pays, pour un excellent remède tant anti-dyssentérique que détersif. A Huanaco, les fabricants d'argenterie emploient les feuilles à polir leurs ouvrages.

Genre SÉCURIDACA. — *Securidaca* Linn.

Sépales 5, non-persistants : les 3 extérieurs petits; les 2 intérieurs grands, pétaloïdes. Pétales 5, soudés par la base : l'inférieur grand, cuculliforme, trilobé (lobe intermédiaire plus petit, crépu), enveloppant les organes sexuels; les 2 latéraux squamiformes; les 2 supérieurs oblongs, connivents. Disque petit, irrégulier. Étamines 8, subisomètres. Ovaire comprimé, gibbeux d'un côté, uniloculaire, uni-ovulé. Style latéral, courbé, non-persistant. Stigmate terminal, subbilobé. Péricarpe sec, indéhiscent, uni-loculaire, monosperme : le bord correspondant au style, muni d'une crête; le bord opposé prolongé en longue aile cultriforme. Graines glabres, non-caronculées; périsperme mince.

Arbustes la plupart grimpants. Feuilles alternes, accompagnées à leur base de deux glandules latérales. Grappes terminales et axillaires, simples, lâches. Fleurs comme papilionacées.

Les *Sécuridaca* sont des lianes en général parées de fleurs très-brillantes. On en connaît environ quinze espèces, toutes indigènes dans l'Amérique équatoriale. En voici les plus intéressantes :

SÉCURIDACA COTONNEUX. — *Securidaca tomentosa* Aug. Saint-Hil. Flor. Brasil. 1, tab. 96.

Tiges grimpantes. Rameaux ligneux, hérissés, cotonneux. Feuilles elliptiques ou ovales-elliptiques, obtuses ou échancrées, ciliées, glabres et luisantes en dessus, cotonneuses en dessous. Grappes terminales, sessiles, subcapitellées.

Feuilles coriaces, courtement pétiolées, longues de 15 à 20 lignes, larges de 8 à 12 lignes. Grappes longues d'environ 1 pouce, sur 8 à 10 lignes de large. Fleurs pourpres, de la grandeur de celles du *Coronilla varia*. Sépales ciliés, obtus : les extérieurs elliptiques; les intérieurs obovales. Pétale inférieur cristé au sommet.

Cette espèce a été observée par M. Auguste de Saint-Hilaire, au Brésil, dans la province des Mines.

SÉCURIDACA DIVARIQUÉ. — *Securidaca divaricata* Nees et Mart.

Tiges grimpantes. Rameaux tortillés. Feuilles ovales-elliptiques, obtuses, révolutées aux bords, glabres et luisantes en dessus, cotonneuses en dessous. Grappes axillaires, rapprochées en panicule divariquée.

Arbuste haut de 6 à 8 pieds. Feuilles coriaces. Grappes longues de 3 à 4 pouces. Bractées subulées, caduques. Fleurs d'un orange-rougeâtre. Péricarpe velu, à aile obtuse.

Cette espèce a été observée par le prince Maximilien de Neuwied, au Brésil.

SÉCURIDACA EFFILÉ. — *Securidaca virgata* Swartz, Flor. Ind. Occid. — Tussac, Flore des Antilles, vol. 4, tab. 20.

Tiges grimpantes, subvolubiles. Rameaux cylindriques, effilés. Feuilles suborbiculaires ou ovales-orbiculaires, très-obtuses. Grappes terminales, très-lâches, filiformes.

Arbuste très-élevé. Rameaux subdichotomes, grêles, effilés, glabres. Feuilles petites, courtement pétiolées, glabres. Fleurs de grandeur médiocre, panachées de blanc, de jaune et de pourpre. Fruit glabre, non-strié.

Cette espèce croît dans les montagnes des Antilles. « Quelque» fois, dit M. de Tussac, ses rameaux sont si multipliés, qu'on » distingue à peine l'arbre qui les soutient, ce qui en change » tout-à-fait la face, et produit un effet des plus agréables lors» qu'il est couvert de fleurs de plusieurs couleurs, dont l'odeur » de violette parfume l'atmosphère. »

IIe TRIBU. LES KRAMÉRIÉES. — *KRAMERIEÆ* Reichenb.

Étamines au nombre de 3, de 4, de 5, ou une seule, libres; bourses dithèques, déhiscentes par des fentes longitudinales.

Genre KRAMÉRIA. — *Krameria* Lœffl.

Sépales 4 ou 5, bi-ou tri-sériés, colorés, non-persistants, étalés : le sépale supérieur minime ou (lorsqu'il n'y a que 4 sépales) nul. Pétales 4 ou 5 : les 3 inférieurs longuement onguiculés, soudés par la base; les 2 supérieurs distants des inférieurs, plus petits, connivents. Étamines 4 (dans quelques espèces 3, ou une seule) : 2 plus grandes, ascendantes, alternes avec les 2 pétales supérieurs; 2 plus petites, dressées, alternes avec le pétale inférieur intermédiaire. Disque nul. Ovaire uni-loculaire, bi-ovulé. Style terminal, ascendant, subulé. Stigmate terminal, simple. Péricarpe indéhiscent, coriace, globuleux, glochidié, monosperme par avortement. Graine apérispermée.

Sous-arbrisseaux touffus. Feuilles alternes, très-entières (dans une espèce : trifoliolées), quelquefois munies d'un faisceau d'épines à leur aisselle. Fleurs en grappes spiciformes. Corolle plus courte que le calice; lame des pétales inférieurs très-courte. Graines à tégument membraneux. Cotylédons bi-auriculés à la base.

Ce genre, dont nous empruntons les caractères à M. Aug. de Saint-Hilaire, appartient à l'Amérique équatoriale. On en connaît dix espèces, dont voici les plus remarquables :

Kraméria triandre. — *Krameria triandra* Ruiz et Pavon, Flor. Peruv. v. 1, tab. 93.

Racines longues, très-rameuses. Tiges et rameaux diffus. Feuilles petites, simples, sessiles, ovales, ou ovales-oblongues, acuminées, satinées et blanchâtres aux 2 faces. Pédicelles axillaires, plus longs que les feuilles, rapprochés en grappes courtes terminales. Calice à 4 sépales satinés en dessous, jaunes en dessus. Étamines au nombre de trois. Anthères barbues au sommet. Péricarpe d'un rouge foncé.

Cette espèce croît dans les montagnes du Pérou. Ses racines sont d'une extrême astringence et contiennent beaucoup d'acide gallique; elles s'importent en Europe, sous le nom de racines de *Ratanhia* (1); en Angleterre on s'en sert communément pour contrefaire le vin de Porto.

Kraméria a grandes fleurs. — *Krameria grandiflora* Aug. Saint-Hil. Flor. Brasil. v. 2, tab. 97.

Tiges longues d'environ 1 $^1/_2$ pied, procombantes, flexueuses, presque simples, glabres inférieurement, hérissées vers le sommet. Feuilles longues d'environ 8 lignes, nombreuses, presque étalées, lancéolées, pointues, spinuleuses : les inférieures presque glabres; les supérieures hérissées. Grappes longues de 2 pouces, sessiles, denses, glabres, unilatérales. Fleurs longues de $^1/_2$ pouce, rouges, d'abord horizontales, plus tard pendantes.

Cette espèce, remarquable par la beauté de ses fleurs, a été

(1) Il est probable que les racines de plusieurs espèces congénères jouissent des mêmes propriétés, et passent sous le même nom dans le commerce.

trouvée par M. Aug. de Saint-Hilaire, au Brésil, dans la province de Goyaz.

Genre SOULAMÉA. — *Soulamea* Lamk.

Sépales 3, minimes, non-persistants. Pétales 3, concaves, plus longs que les étamines. Étamines 6. Ovaire comprimé, échancré. Stigmates 2, sessiles. Péricarpe (samare) subéreux, indéhiscent, comprimé, obcordiforme-orbiculaire, échancré, 2-loculaire; loges monospermes. Graines apérispermées, suspendues.

L'espèce dont nous allons faire mention constitue à elle seule le genre.

Soulaméa amer. — *Soulamea amara* Lamk. Dict. — Rumph. Amb. 2, tab. 41.

Arbrisseau à bois jaunâtre. Feuilles éparses, persistantes, rapprochées vers l'extrémité des ramules, pétiolées, elliptiques, rétrécies vers la base, très-entières, veineuses, longues de 7 à 9 pouces, larges d'environ 3 pouces. Fleurs très-petites, disposées en courtes grappes axillaires: pédoncules pubescents. Samare glabre, amincie aux bords. Graines elliptiques.

Cet arbrisseau croît aux Moluques et à Java. L'extrême amertume de toutes ses parties (notamment de l'écorce et de la racine), l'ont fait surnommer par Rumphius, *rex amaroris*. Suivant cet auteur, ainsi qu'au témoignage de M. Blume, on s'en sert avec succès contre les maladies gastriques, si communes, parmi les Européens, dans ces parages de l'hémisphère austral.

CENT QUATRIÈME FAMILLE.

LES TRÉMANDRÉES. — *TREMANDREÆ.*

Tremandreæ R. Br. Gen. Rem. in Flind. Voy. v. 2, p. 544. — De Cand. Prodr. v. 1, p. 343. — Bartl. Ord. Nat. p. 255. — *Polygaleæ*, sect. III : *Tremandreæ* Reichenb. Syst. Nat. p. 250.

Ce petit groupe (qu'à l'exemple de M. Reichenbach, on réunirait peut-être à plus juste titre aux Polygalées) appartient exclusivement à la Nouvelle-Hollande. On n'en connaît qu'environ dix espèces, dont quelques-unes sont remarquables comme plantes d'agrément.

CARACTÈRES DE LA FAMILLE.

Sous-arbrisseaux, souvent garnis de poils glandulifères.

Feuilles éparses ou verticillées, simples, entières, sessiles, ou rétrécies en pétiole court, non-stipulées.

Fleurs régulières, hermaphrodites, solitaires, axillaires, pédonculées.

Calice inadhérent, 4-ou 5-parti : sépales égaux; estivation valvaire.

Disque inapparent.

Pétales hypogynes, en même nombre que les sépales et interposés, non-persistants, égaux, très-courtement onguiculés, involutés et enveloppant les étamines avant la floraison.

Étamines hypogynes, libres, uni-sériées, au nombre de 6, de 8, ou de 10, insérées par paires devant les pétales. Anthères continues au filet, immobiles, oblongues, longuement rétrécies vers leur base, dithèques, déhiscentes par une seule ouverture apicilaire : bourses égales, parallèles, contiguës.

Pistil: Ovaire biloculaire; loges 1-3-ovulées. Ovules suspendus, anatropes. Style indivisé, filiforme, rectiligne, dressé, terminé par un stigmate soit simple, soit bifide.

Péricarpe capsulaire, comprimé, bi-loculaire, loculicide-bivalve.

Graines attachées vers le sommet de la cloison, suspendues, en général solitaires dans chaque loge, ovoïdes, arillées : arille membraneux, épaissi en caroncule autour de la chalaze. Périsperme charnu. Embryon rectiligne, axile, cylindracé, presque aussi long que le périsperme.

Cette famille ne renferme que les deux genres suivants :

Genre TÉTRATHÉCA. — *Tetratheca* Smith.

Sépales 4, presque égaux. Pétales 4. Étamines 8 : anthères à bourses biloculaires. Graines subsolitaires.

Ce genre renferme six espèces. Voici celles qui se cultivent dans les collections de serre tempérée :

Tétrathéca a feuilles de Bruyère. — *Tetratheca ericæfolia* Smith, Exot. Bot. tab. 20.

Feuilles verticillées, linéaires, révolutées aux bords, finement denticulées. Tiges scabres. Pédicelles et calices très-lisses.

Sous-arbrisseau touffu, haut d'un demi-pied. Tiges simples ou rameuses, feuillues. Feuilles petites. Pédicelles solitaires, axillaires, penchés, plus longs que les feuilles. Sépales oblongs, obtus, beaucoup plus courts que les pétales. Pétales obovales, roses.

Tétrathéca jonciforme. — *Tetratheca juncea* Smith, Nov. Holl. I, tab. 2. — Reichenb. Hort. Bot. tab. 78.

Rameaux ancipités, subaphylles. Feuilles lancéolées ou linéaires-lancéolées. Grappes lâches, terminales. Fleurs penchées. Pétales obovales, beaucoup plus longs que le calice.

Arbuscule glabre, haut d'un pied et plus, rameux dès la base. Pédicelles filiformes, presque aussi longs que les fleurs. Sépales arrondis, acuminulés. Corolle rose, d'un demi-pouce de diamètre.

Tétrathéca poilu. — *Tetratheca pilosa* Labill. Nov. Holl. I, tab. 122. — *Tetratheca glandulosa* Smith, Exot. Bot. tab. 21. (non Labill.)

Feuilles éparses ou subverticillées, oblongues, ou oblongues-linéaires, entières, révolutées aux bords, garnies (ainsi que les ramules) de poils glandulifères. Fleurs axillaires. Sépales suborbiculaires, pointus, ciliés de glandules. Pétales obovales.

Arbuscule à tiges longues de 8 à 10 pouces. Feuilles longues de 6 à 8 lignes : les inférieures souvent dentées ; les supérieures réfléchies. Fleurs blanches.

Tétrathéca glanduleux. — *Tetratheca glandulosa* Labill. Nov. Holl. tab. 125.

Feuilles alternes, ovales-oblongues, ou linéaires, dentées, garnies (de même que les ramules) de poils glanduleux. Fleurs axillaires. Sépales ovales-lancéolés, subobtus. Pétales ovales.

Arbuscule plus ou moins velu, semblable au précédent par le port. Feuilles longues de 3 à 4 lignes. Pédoncules de la longueur des feuilles. Corolle d'un rouge foncé, large d'environ 6 lignes.

Genre PLEURANDRA. — *Pleurandra* R. Br.

Sépales 5. Pétales 5. Étamines 6 à 10 : anthères à bourses uniloculaires.

Ce genre se compose de 3 espèces, dont voici la plus notable :

PLEURANDRA CISTIFLORE. — *Pleurandra cistiflora* Reichenb. Hort. Bot. tab. 79.

Feuilles linéaires-oblongues, révolutées, glabres, tuberculeuses en dessus. Fleurs sessiles, hexandres, solitaires, terminales. Sépales ovales, pointus. Pétales obcordiformes. Ovaire tuberculeux.

Arbuscule décombant, irrégulièrement rameux, haut d'environ 1 pied. Feuilles recouvrantes, longues d'un demi-pouce. Corolle jaune, de près d'un pouce de diamètre.

Cette espèce a été récemment découverte dans la Nouvelle-Hollande, aux environs de Sidney.

DIX-HUITIÈME CLASSE.

LES HYDROPELTIDÉES.

HYDROPELTIDEÆ Bartl.

CARACTÈRES.

Herbes aquatiques, en général acaules, mais munies d'un rhizome vivace, cylindrique, rampant dans la vase. Sucs-propres laiteux (du moins dans plusieurs espèces).

Feuilles alternes, simples, flottantes (rarement émergées), longuement pétiolées, non-stipulées, ou munies d'une stipule membraneuse oppositive; lame orbiculaire ou cordiforme (souvent peltée, en général très-grande), très-entière, ou denticulée, par exception déchiquetée.

Fleurs régulières, hermaphrodites, en général très-grandes. Pédoncules très-longs, solitaires, axillaires, uniflores, nus.

Calice adhérent inférieurement, ou inadhérent, 3- à 5-sépale, en général persistant.

Réceptacle ordinairement confondu avec le fond du calice.

Disque hypogyne ou périgyne, charnu, adhérent soit à la fois à l'ovaire et au calice, soit seulement à l'ovaire ou au calice.

Pétales soit uni-sériés, en même nombre que les sépales et interposés, soit pluri-sériés et en nombre multiple des sépales, inonguiculés, indivisés, insérés au disque (par conséquent soit hypogynes, soit périgynes).

Étamines insérées au disque (plus haut que les pétales), soit en nombre défini (une à une devant chaque sépale et chaque pétale), soit en nombre indéfini et multi-sériées. Filets planes : les extérieurs souvent très-larges et pétaloïdes. Anthères linéaires ou oblongues, adnées, continues avec le filet, dithèques : connectif plus ou moins large; bourses déhiscentes chacune par une fente longitudinale.

Pistil : Un seul ovaire pluri-loculaire, multi-ovulé, et couronné par un stigmate disciforme; ou bien 2 à 18 (dans quelques espèces un plus grand nombre) ovaires distincts, monostyles, chacun bi-ovulé ou uni-ovulé.

Péricarpe soit pluri-loculaire (indéhiscent et polysperme), soit étairionaire (à carpels folliculaires, ou indéhiscents, monospermes, ou dispermes.)

Graines anatropes, en général périspermées, le plus souvent arillées ou caronculées. Périsperme farineux ou charnu. Embryon des espèces périspermées petit, extraire, apicilaire (basilaire suivant l'expression très-impropre de la plupart des auteurs), renfermé dans un petit sac particulier (la quintine de M. de Mirbel; le sac embryonaire de M. R. Brown) clos de toutes parts; radicule réduite à un mamelon continu avec la base des cotylédons, ne prenant aucun accroissement en germination, tandis que la tigelle produit plusieurs radicelles adventices; cotylédons opposés, minces, cuculliformes, connivents, restant inclus en germination. Plumule assez développée, presque aussi longue que les cotylédons, offrant une courte tigelle terminée par 2 folioles squamiformes alternes. — Embryon des espèces non-périspermées (les Nélombiacées) gros et non-accompagné d'une quintine persistante ; radicule rudimentaire comme celle des autres espèces et se comportant de même en germination ; cotylédons épais, charnus, restant inclus en germination ; plumule verte, très-grande (mais aussi recouverte par les cotylédons) ; tigelle allongée, garnie de 2 feuilles engaînantes, alternes, longuement pétiolées (à lame subconvolutée et repliée sur le pétiole), et d'une foliole terminale squamiforme.

Cette classe se compose des *Cabombées*, des *Nymphéacées* et des *Nélombiacées*.

Les Hydropeltidées sont remarquables par leur port, semblable à celui des Hydrocharidées, ainsi que par leur germination, analogue en quelque sorte à celle des Monocotylédones (dont elles se rapprochent aussi par la vernation involutive des feuilles) (1), quoique leur embryon offre bien distinctement deux cotylédons opposés. D'un autre côté ces végétaux ont des affinités très-évidentes avec les Papavéracées et les Magnoliacées ; aussi est-ce tout à fait à tort que plusieurs botanistes les classaient parmi les Monocotylédones.

---

(1) M. Lindley avance (Nat. syst. ed. 2.) que les Nymphéacées diffèrent surtout des Monocotylédones par la vernation de leurs feuilles. Nous ignorons dans quel livre ce savant botaniste a pu trouver cet argument ; car tout le monde sait que les feuilles de la plupart des Monocotylédone offrent précisément la même vernation que celles des Nymphéacées.

CENT CINQUIÈME FAMILLE.

LES CABOMBÉES. — *CABOMBEÆ.*

Cabombeæ Rich. Anal. du fruit. — Bartl. Ord. Nat. p. 87. — *Podophylleæ*, tribus II : *Hydropeltideæ* De Cand. Prodr. I, p. 112. — *Nymphæaceæ* subordo *Hydropeltideæ* Lindl. Nat. Syst. ed. 2, p. 13. — *Hydrocharidearum* genn. Reichenb. Consp. et Syst. Nat.

Cette famille, dont on ne connaît que deux espèces (indigènes en Amérique), devrait probablement être réunie aux Nymphéacées, lesquelles ne paraissent en différer essentiellement que par leur pistil à ovaire pluri-loculaire. Du reste, les *Cabombées* sont très-semblables aux Hydrocharidées, tant par le port, que par l'apparence des fleurs.

Caractères de la Famille.

Herbes aquatiques, vivaces, à tige rameuse.

Feuilles pétiolées : les inférieures (alternes dans une espèce; opposées dans l'autre) submergées, déchiquetées en lanières capillaires; les supérieures alternes, flottantes, à lame peltée et très-entière.

Fleurs hermaphrodites, régulières, jaunes, ou pourpres, de grandeur médiocre. Pédoncules axillaires, solitaires, uniflores, non-bractéolés.

Calice 3-ou 4-parti ; sépales colorés en-dessus.

Disque hypogyne, peu apparent.

Pétales 3, ou 4, alternes avec les sépales, insérés au disque.

Étamines au nombre de 6, ou en nombre indéfini (jusqu'à 36), insérées au disque. Filets libres. Anthères linéaires, ou ovales, introrses, continues avec le filet.

Pistil : Ovaires au nombre de 2, ou de 8 à 18, distincts, monostyles, uniloculaires, bi-ovulés. Styles courts, terminés chacun par un stigmate simple.

Péricarpe à nucules indéhiscentes, 1-ou 2-spermes, acuminées par le style.

Graines suspendues, globuleuses. Périsperme charnu ou farineux. Embryon petit, extraire (sa structure interne n'a pas encore été suffisamment éclaircie ; mais il paraît qu'elle est semblable à celle des graines des Nymphéacées), recouvert par une quintine persistante.

La famille ne renferme que les genres *Cabomba* Aubl. et *Hydropeltis* Michx. (Brasenia Pursh.)

Genre CABOMBA. — *Cabomba* Aubl.

Sépales 3, ovales, pointus. Pétales 3, plus courts que les sépales. Étamines 6, insérées une à une devant les sépales et les pétales ; anthères ovales. Ovaires 2, oblongs. Styles courts. Stigmates obtus. Péricarpe à 2 nucules ovales, acuminées, polyspermes.

Feuilles inférieures opposées, multifides ; feuilles supérieures (flottantes) alternes, peltées, très-entières. Fleurs jaunâtres.

Ce genre ne renferme que l'espèce suivante :

Cabomba aquatique. — *Cabomba aquatica* Aublet, Guian. tab. 124.

Tiges longues, grêles, cylindriques. Feuilles inférieures plus ou moins longuement pétiolées, arrondies en leur contour, plusieurs fois divisées en lanières capillaires. Feuilles flottantes orbiculaires.

Cette plante, indigène à Cayenne et dans la Guiane, croît dans les étangs, ainsi que dans les ruisseaux à cours lent.

Genre HYDROPELTIS. — *Hydropeltis* Michx.

Sépales 3 ou 4. Pétales 3 ou 4. Étamines en nombre indéfini (20 à 30 suivant Elliott; 18 à 36 suivant Nuttall), un peu plus courtes que le calice; filets capillaires; anthères linéaires, obtuses. Ovaires en nombre indéfini (8 à 12 suivant Elliott; 15 à 18 suivant Michaux; 6 à 18 suivant Nuttall), légèrement comprimés, pubescents. Styles obliques. Stigmates linéaires, décurrents. Péricarpe à nucules au nombre de 6 à 12, un peu ventrues, acuminées aux 2 bouts, 1-ou 2-spermes.

Plante recouverte d'une substance gélatineuse visqueuse. Feuilles alternes. Fleurs pourpres.

Ce genre (dont nous avons donné les caractères suivant Elliott et Nuttall) ne renferme que l'espèce suivante :

Hydropeltis pourpre. — *Hydropeltis purpurea* Michx. Flor. Bor. Amer. tab. 29. — Bot. Mag. tab. 1147. — *Brasenia peltata* Pursh, Flor. Amer. Sept.

Tige menue, longue de 1 pied à 10 pieds. Feuilles elliptiques, obtuses, longues d'environ 4 pouces, luisantes en dessus, en dessous de couleur pourpre (de même que toutes les autres parties de la plante); pétiole long de 3 à 6 pouces. Pédoncules à peu près aussi longs que les pétioles. Sépales elliptiques-oblongs. Pétales de même forme que les sépales, mais plus minces et un peu plus longs, recourbés au sommet. Étamines un peu plus courtes que le calice. Péricarpe un peu charnu, plus long que le calice. Graines subglobuleuses.

Cette plante croît dans les eaux tranquilles de la Basse-Caroline.

CENT SIXIÈME FAMILLE.

LES NYMPHÉACÉES.—*NYMPHÆACEÆ*.

Nymphœaceœ Salisb. Ann. Bot. II, p. 69. — De Cand. Syst. 2, p. 59; Prodr. I, p. 115 (excl. Nelumbio). — Bartl. Ord. Nat. p. 88. — Lindl. Nat. Syst. ed. 2, p. 11. — *Hydrocharidearum* genn. Juss. — Reichenb.

Les *Nymphéacées* constituent le groupe le plus riche en espèces, parmi les Hydropeltidées. On en connaît environ quarante. Ces végétaux, par leurs grandes feuilles flottantes ainsi que par leurs fleurs magnifiques, font la parure des eaux tranquilles, dans presque toutes les contrées du globe. Leurs rhizomes tubéreux ou tuberculeux, ainsi que leurs graines, contiennent de la fécule en abondance, et peuvent servir d'aliment à l'homme. Les rhizomes de plusieurs espèces, renferment en outre beaucoup de tannin.

Caractères de la famille.

Herbes vivaces, aquatiques, acaules, à rhizomes rampants ou tubéreux. Sucs-propres lactescents.

Feuilles alternes, longuement pétiolées, non-stipulées, ou accompagnées d'une stipule membraneuse oppositive; pétiole cylindrique ou trigone, engaînant par sa base; lame peltée ou non-peltée (en général arrondie), bilobée à la base, très-entière, ou denticulée, subcoriace (du moins celle des feuilles flottantes), involutée étant jeune.

Fleurs hermaphrodites, régulières, diurnes, non-éphémères, émergées, en général très-grandes, de couleur jaune, ou blanche, ou rouge, ou bleue. Pédoncules solitaires, axillaires, uniflores, non-bractéolés, cylindriques, ou trigones, très-longs, émergés pendant la floraison, plus tard infléchis, submergés avec le fruit.

Calice 4-6-parti, persistant, inadhérent (excepté dans une espèce); sépales épais, verts en-dessus, colorés en-dessous, bisériés, imbriqués en préfloraison.

Réceptacle confondu avec le fond du calice.

Disque charnu, adné au fond du calice et en outre (dans la plupart des espèces) à toute la surface de l'ovaire.

Pétales insérés à la surface externe du disque (par conséquent subpérigynes lorsque le disque n'adhère qu'au fond du calice; comme épigynes lorsque le disque adhère à l'ovaire), en nombre indéfini, plurisériés (la série externe alternant avec les sépales; les séries internes alternant mutuellement), libres (excepté dans le *Barclaya*, où ils sont soudés inférieurement en tube) : les intérieurs souvent semblables aux étamines externes. Estivation imbricative.

Étamines en nombre indéfini (en général très-nombreuses), bi-ou pluri-sériées, non-persistantes, insérées au disque (au-dessus des pétales), ou, par exception (dans l'espèce à corolle tubuleuse), à la corolle. Filets libres : les extérieurs en général aplatis et pétaloïdes. Anthères dithèques, adnées, continues avec le filet, souvent appendiculées au sommet; bourses parallèles, non-contiguës, linéaires (moins habituellement ovales), déhiscentes chacune antérieurement par une fente longitudinale.

Pistil : Ovaire à 6-24 loges, formées par autant de placentaires pariétaux, septiformes, minces, convergents de la circonférence au centre où ils sont soudés en colonne. Ovules très-nombreux (excepté dans l'*Euryale*), anatropes, suspendus, ou subhorizontaux, nidulants, attachés à toute la surface des placentaires. Stigmate sessile, persistant, disciforme (entier ou plus ou moins profondément lobé), à autant de bourrelets que l'ovaire offre de placentaires : bourrelets linéaires ou sublinéaires, papilleux, convergents de la circonférence au centre (où ils confluent), alternes avec les placentaires.

Péricarpe indéhiscent, subcoriace, ou plus ou moins charnu, pluri-loculaire (par les placentaires, lesquels sont spongieux), polysperme.

Graines suspendues ou subhorizontales, en général nidulantes, anatropes, globuleuses, ou ovoïdes, subcylindriques, recouvertes (dans la plupart des espèces) d'un arille gélatineux à l'état frais, membraneux étant sec, ou rarement charnu. Les graines des espèces dépourvues d'arille offrent une caroncule testacée, en forme d'opercule recouvrant l'exostome; dans les espèces à graines arillées, cette caroncule est remplacée par un épaississement charnu de l'arille. Tégument double : l'extérieur crustacé ou coriace, le plus souvent réticulé ou scrobiculé; l'intérieur membraneux ou crustacé. Raphé mince, latéral. Chalaze peu apparente à l'extérieur. Hile subterminal. Périsperme farineux, beaucoup plus volumineux que l'embryon. Quintine mince mais farineuse, extraire, apicilaire, turbinée. Embryon minime, remplissant la quintine : radicule réduite à un mamelon continu avec la base des cotylédons, ne prenant point d'accroissement en germination, tandis que la tigelle en s'allongeant produit des radicelles adventices. Cotylédons minces, cuculliformes, à peine plus longs que la plumule, inclus en germination; plumule à tigelle courte, terminée par deux folioles squamuliformes et alternes.

La famille des Nymphéacées se compose des genres suivants :

A. *Pétales libres. Étamines insérées au disque.*

Euryale Salisb. (Anneslea Andr.) —*Nymphæa* Linn. (Castalia Salisb.) — *Nuphar* Sibth et Sm. (Nenuphar Hayn.)

B. *Pétales soudés inférieurement en tube. Étamines insérées au tube de la corolle.*

Barclaya Wallich.

Genre EURYALE. — *Euryale* Salisb.

Calice adhérent; limbe 4-parti. Pétales 20 à 40, épigynes, minces, inonguiculés : les extérieurs plus longs et plus larges que les intérieurs. Étamines épigynes (60 à 70), conformes : filets filiformes; anthères subovales. Ovaire infère, 6-10-loculaire; loges 2-5-ovulées. Stigmate sessile, concave, cyathiforme, 6-10-sulqué, 6-10-denté au bord. Baie couronnée par le calice et le stigmate, spinelleuse, obscurément 6-10-loculaire, 10-20-sperme. Graines subglobuleuses, arillées : tégument coriace; arille coloré, charnu.

Rhizome rampant. Feuilles peltées, très-entières, très-grandes, stipulées, discolores, flottantes : pétiole cylindrique, hérissé (de même que les nervures de la face inférieure, et les pédoncules) d'aiguillons rectilignes, longs, acérés, très-forts. Pédoncules conformes aux pétioles. Fleurs de grandeur médiocre en proportion aux feuilles. Sépales de couleur pourpre en dessus. Pétales d'un pourpre violet. Anthères jaunes.

L'espèce dont nous allons traiter constitue à elle seule le genre.

Euryale féroce. — *Euryale ferox* Salisb. Ann. Bot. — Bot. Mag. tab. 1447. — *Anneslea spinosa* Andr. Bot. Rep. tab. 330. — Roxb. Corom. v. 3, tab. 244.

Rhizome assez gros, garni de longues fibres charnues. Feuilles larges de 1 pied à 4 pieds, ovales-orbiculaires, ou suborbiculaires, d'un vert mat en dessus (à veines ferrugineuses et parsemées de petits aiguillons), d'un beau pourpre en dessous (à veines très-proéminentes, armées d'une multitude d'aiguillons semblables à ceux du pétiole et des pédoncules). Pédoncules plus ou moins flexueux, ordinairement émergés (suivant Roxburgh, restant submergés ainsi que la fleur, lorsque l'eau est profonde). Fleurs (y compris l'ovaire) longues de 3 à 4 pouces. Sépales oblongs, obtus, un peu connivents, à peu près aussi longs que l'ovaire, parsemés de petits aiguillons en dessous. Pétales oblongs-spathulés, ou oblongs, obtus, subconnivents : les extérieurs à peu près aussi longs que les sépales; les intérieurs 3 à 4 fois plus courts. Étamines extérieures à peu près aussi longues que les pétales intérieurs; les intérieures 2 à 3 fois plus courtes. Fruit subglobuleux ou obové, du volume d'une orange, armé d'aiguillons semblables à ceux des pétioles. Graines du volume d'une petite Cerise : arille de couleur rose; tégument brun.

Cette plante, remarquable tant par l'ampleur de ses feuilles que par la structure de ses fleurs, croît en Chine et dans l'Inde. Elle est commune dans les lacs et les étangs d'eau douce du Bengale, où on l'appelle *Makannah*. Elle fleurit pendant presque toute l'année. Ses graines sont fort recherchées par les Hindous, comme denrée alimentaire. Les médecins du pays leur attribuent aussi des qualités médicales.

Genre NYMPHÉA. — *Nymphæa* Linn.

Calice 4-parti, inadhérent. Disque charnu, adné à toute la surface de l'ovaire. Pétales minces, inonguiculés, périgynes : les intérieurs plus étroits et plus courts que les extérieurs. Étamines non-réfléchies après l'anthèse, anisomètres, dissemblables. Filets pétaloïdes, aplatis : les extérieurs ovales-lancéolés ou oblongs-lancéolés, à anthères planes, rétrécies de la base au sommet; les autres linéaires-lancéolés ou linéaires, beaucoup plus courts, à anthères linéaires ou oblongues, convexes au dos. Ovaire ovoïde, 8-24-loculaire. Stigmate suborbiculaire, plus ou moins profondément lobé. Péricarpe pluri-loculaire, polysperme, charnu, subglobuleux. Graines subglobuleuses, arillées : tégument extérieur crustacé.

Rhizome rampant ou tubéreux. Feuilles peltées ou non-peltées, très-entières, ou denticulées. Fleurs grandes, blanches, ou roses, ou pourpres, ou bleues (jamais jaunes). Pétales en général très-nombreux et plurisériés. Étamines en général environ 30 ou plus; dans quelques espèces seulement au nombre de 15 à 20. Graines petites : tégument extérieur scrobiculé ou réticulé, coloré, subdiaphane; tégument intérieur pelliculaire. Raphé filiforme, caréné.

Ce genre renferme environ vingt-cinq espèces, dont voici les plus notables :

Section I. CYANEA De Cand.

Anthères appendiculées au sommet. Fleurs bleues ou bleuâtres. Feuilles très-entières ou légèrement sinuolées, peltées.

Nymphéa bleu. — *Nymphæa cærulea* Savigny, Decad. Ægypt. — Annal. du Mus. I, tab. 25. — Vent. Malm. tab. 6. — Herb. de l'Amat. tab. 338.

Rhizome non-rampant, tubéreux, pyriforme, du volume d'un petit œuf, garni de fibres charnues (lesquelles se terminent souvent par un petit tubercule arrondi, qui plus tard reproduit la plante). Feuilles glabres, non-ponctuées, suborbiculaires, cordiformes-bilobées à la base, légèrement sinuolées, luisantes et d'un vert foncé en dessus, rougeâtres en dessous, larges de 6 pouces à 1 pied. Fleurs larges de 3 à 4 pouces, d'un bleu clair. Sépales oblongs. Corolle d'environ 20 pétales. Stigmate à environ 16 rayons.

Cette espèce, indigène en Égypte, se cultive dans les collections de serre.

NYMPHÉA A FEUILLES SCUTIFORMES. —*Nymphœa scutifolia* De Cand. Syst.—*Nymphœa cœrulea* Andr. Bot. Rep. tab. 197. — Bot. Mag. tab. 552.

Suivant M. de Candolle, cette plante, indigène au Cap de Bonne-Espérance, diffère du *Nymphœa cœrulea* par des feuilles à lobes équitants, des fleurs d'un bleu plus foncé, et un stigmate à 20 rayons. — Elle se cultive aussi dans les serres.

NYMPHÉA ÉTOILÉ. — *Nymphœa stellata* Willd. — Andr. Bot. Rep. tab. 330. — Hort. Malab. 11, tab. 27.

Autre espèce très-voisine du *Nymphœa cœrulea*, dont elle diffère, suivant les auteurs, par des feuilles à lobes divariqués, et par des fleurs 8-pétales, à stigmate de 8 à 12 rayons. — Cette plante croît dans les lacs et les étangs du Bengale.

SECTION II. LOTOS De Cand.

Anthères inappendiculées au sommet. Fleurs blanches, ou roses, ou pourpres. Feuilles peltées ou subpeltées, le plus souvent denticulées.

NYMPHÉA LOTOS. — *Nymphœa Lotus* Linn. — Delile, Flor. Ægypt. tab. 60, fig. 1. — *Castalia mystica* Salisb. Ann. Bot.

Rhizome non-rampant, oblong, noirâtre en dehors, jaune en dedans, du volume d'un œuf de poule, garni d'une multitude de fibrilles blanches, lesquelles portent souvent, à leur extrémité, un petit tubercule. Feuilles cordiformes-ovales, denticulées, glabres en dessus, veloutées et rouges en dessous, de la grandeur de celles du *Nymphéa commun*; pétioles et pédoncules glabres. Fleurs odorantes, d'un rose pâle, larges de 3 à 4 pouces. Sépales elliptiques-oblongs. Pétales environ 20, oblongs, obtus. Péricarpe subglobuleux, du volume de celui du Pavot. Graines d'un violet noirâtre, du volume de celles de la Moutarde.

Cette espèce, commune en Égypte ainsi que dans l'Inde, est l'une des plantes que les anciens appelaient *lotos*, et qui, par cette raison, a souvent été considérée à tort comme étant le *Lotos* (1) consacré à Isis et à Osiris.

Au rapport de Théophraste et d'Hérodote, les graines ainsi que les tubercules du *Nymphæa Lotus* servaient d'aliment aux anciens Égyptiens. Cet usage s'est perpétué jusqu'à nos jours, car les Égyptiens mangent encore les tubercules de la plante, soit cuits, soit sans autre préparation.

Nymphéa thermal. — *Nymphæa thermalis* De Cand. Syst. — *Nymphæa Lotus* Waldst. et Kit. Plant. Hungar. Rar. 1, tab. 15. — Bot. Mag. tab. 797.

Cette espèce paraît ne différer de la précédente que par ses feuilles très-glabres et à lobes plus rapprochés. — Elle a été découverte par Kitaibel, en Hongrie, dans les sources thermales de Peeze, près Grossvaradin.

Nymphéa à grandes fleurs. — *Nymphæa ampla* De Cand. Syst.

Suivant M. de Candolle, ce Nymphéa, indigène aux Antilles, diffère du *Nymphæa Lotus* par des feuilles très-glabres et plus fortement réticulées en dessous.

Nymphéa panaché. — *Nymphæa versicolor* Roxb. Flor. Ind. 2, p. 577. — Bot. Mag. tab. 1189. — *Castalia versicolor* Salisb. Ann. Bot.

Plante semblable au *Nymphæa Lotus*. Feuilles grandes, glabres, elliptiques-orbiculaires, profondément bilobées à la base (lobes arrondis, très-rapprochés), irrégulièrement sinuées-dentées : dentelures obtuses. Fleurs grandes. Pétales lancéolés, blan-

(1) Ce végétal est le *Nélombo* ou *Nelumbium*.

châtres, pourpres aux bords, rayés de vert, ou quelquefois soit roses, soit entièrement blancs. Péricarpe 15-loculaire.

Cette espèce croît dans l'Inde.

Nymphéa pourpre. — *Nymphæa rubra* Roxb. Flor. Ind. v. 2, p. 577.—Bot. Mag. tab. 1280. — Bot. Mag. tab. 1364. (var. floribus roseis). — *Castalia magnifica* Salisb. Parad. tab. 14.

Feuilles suborbiculaires, denticulées, pubescentes en dessous. Fleurs grandes, rouges, ou roses. Étamines au nombre de 20 à 50. Péricarpe globuleux, 10-20-loculaire.

Cette espèce croît dans l'Inde. Suivant Roxburgh, ses fleurs sont beaucoup plus belles que celles du *Nymphæa Lotus*, dont elle paraît d'ailleurs peu différer.

Nymphéa pubescent. — *Nymphæa pubescens* Willd. — Hort. Malab. v. II, tab. 26. — Beauv. Flor. Owar. 2, tab. 83. — *Nymphæa Lotus* Burm. Flor. Ind. (ex De Cand.)

Feuilles subréniformes, longues d'environ 6 pouces, sur 8 à 10 pouces de large, scabres en dessus, veloutées en dessous (roussâtres), denticulées; lobes arrondis. Pétioles semi-cylindriques. Fleurs blanches, semblables à celles du Nymphéa commun.

Cette espèce croît dans l'Inde.

Nymphéa comestible. — *Nymphæa edulis* De Cand. Syst. — *Castalia edulis* Salisb. Ann. Bot. — *Nymphœa esculenta* Roxb. Flor. Ind. 2, p. 578.

Feuilles subpeltées, très-entières, pubescentes en dessous, semblables de forme, de consistance et de couleur, à celles du *Nymphæa Lotus*, mais toujours très-entières ou très-légèrement ondulées, et plus petites. Fleurs blanches, petites. Pétales au nombre de 10 à 15. Étamines environ 30, bisériées. Bourrelets du stigmate longs, courbés en dedans. Baie sphérique, du volume d'un grosse noisette, 10-15-loculaire.

Cette espèce croît au Bengale, où on la connaît sous les noms de *Koteka*, et *Chota Souneti*. Elle est plus petite, dans toutes ses parties, que les autres espèces congénères. Les tubercules de ses racines sont très-recherchés comme aliment, par les Hindous.

SECTION III. CASTALIA De Cand.

Anthères inappendiculées au sommet. Fleurs blanches. Feuilles non-peltées, cordiformes, glabres, très-entières.

NYMPHÉA COMMUN. — *Nymphæa alba* Linn. — Flor. Dan. tab. 602. — Engl. Bot. tab. 160. — Hook. Flor. Lond. tab. 140. — Hayn. Arzn. 4, tab. 35. — Schk. Handb. tab. 142. — Besl. Hort. Eyst. ord. VII, tab. 3, fig. 1. — Weinm. Phyt. 3, tab. 761, fig. c. — *Nymphæa odorata* Willd. Hort. Berol. tab. 39. — *Nymphæa nitida* Sims, Bot. Mag. tab. 1359.

Rhizome horizontal, rampant, cylindrique, cicatriqueux, atteignant 2 pouces de diamètre, garni d'une multitude de fibres. Feuilles stipulées, fasciculées à l'extrémité du rhizome : les primordiales submergées, hastiformes-triangulaires, membraneuses, subdiaphanes; celles de la plante adulte toutes flottantes, subcoriaces, d'un vert gai et luisantes en dessus, souvent rougeâtres en dessous, plus ou moins longuement pétiolées (suivant la profondeur de l'eau dans laquelle vient la plante), cordiformes-elliptiques, ou cordiformes-orbiculaires, très-obtuses, subsinuolées, ou obscurément anguleuses, larges d'environ 6 pouces, sur 7 à 12 pouces de long : lobes très-profonds (atteignant presque le milieu de la lame), subparallèles, ou un peu divergents à la base, obtus, ou pointus; stipule grande, membraneuse, oblongue, obtuse. Fleurs larges de 3 à 6 pouces, odorantes, semblables à une Rose double. Sépales subcoriaces, étalés, verts en dessous, blanchâtres en dessus, finement striés, lancéolés-elliptiques, ou lancéolés-oblongs, obtus, ou subacuminés. Pétales au nombre de 16 à 24, d'un blanc pur (les 4 extérieurs souvent avec une strie dorsale verte) : les extérieurs lancéolés-oblongs, ou lancéolés-elliptiques, à peu près aussi longs et aussi larges que les sépales; les internes beaucoup plus courts, conformes aux étamines externes. Étamines au nombre de 40 à 50 : les extérieures aussi longues que les pétales internes; les intérieures beaucoup plus courtes. Filets d'un jaune très-pâle : les inférieurs ovales-lancéolés ou oblongs-lancéolés ; les suivants linéaires-lancéolés ; les supérieurs linéaires. Anthères des étamines inférieures linéaires-lancéolées, une fois plus courtes que le filet, à bourses divergentes ; anthères des étamines supérieures linéaires, à peu près aussi longues que le filet, à bourses parallèles. Ovaire ovoïde, gros. Stigmate jaune, à 8-20 lobes ascendants, profonds, charnus, cylindracés, subtrigones, finement papilleux, terminés chacun par un appendice beaucoup plus mince, comprimé, ovale, obtus, glabre, lisse, non-papilleux. Péricarpe globuleux, du volume d'une tête de Pavot. Graines obovales-globuleuses, rougeâtres, réticulées, du volume de celles de la Moutarde.

Cette espèce, sans contredit la plus élégante parmi les plantes aquatiques des climats tempérés, est connue sous les noms vulgaires de *Lis d'eau*, *Lis des étangs*, *Blanc d'eau*, *Rose d'eau*, *Nénuphar blanc*, etc. On la trouve dans toute l'Europe, ainsi qu'en Sibérie, dans les eaux tranquilles et les étangs. Sa floraison dure depuis le commencement de juin jusqu'à la fin de l'été. La fleur s'épanouit peu après le lever du soleil, et se referme vers le soir en s'inclinant sur la surface de l'eau.

La souche du *Nymphéa commun* a une saveur amère et astringente, due à une certaine quantité de tannin ; aussi peut-on s'en servir en guise de noix de galle, pour obtenir des couleurs brunes ou pour faire de l'encre. En temps de disette, cette souche, d'ailleurs riche en fécule, a souvent été employée comme aliment, et les porcs, à ce qu'on assure, en font leur nourriture favorite dans les localités où elle est à leur portée ; le bétail, au contraire, ne mange ni la souche ni les autres parties de la plante.

Dans l'ancienne thérapeutique, les fleurs et les graines étaient, à tort ou à raison, réputées éminemment anti-aphrodisiaques, et employées en outre, de même que les souches de la plante, comme calmantes, rafraîchissantes, et anodines. De nos jours, l'usage médical du Nymphéa est tombé en désuétude, du moins en France.

Nymphéa odorant. — *Nymphæa odorata* Ait. Hort. Kew. — Sims, Bot. Mag. tab. 819.

Cette espèce, indigène aux États-Uuis, ne paraît différer de la précédente, que par des feuilles à lobes plus divariqués.

Nymphéa mineur. — *Nymphæa minor* De Cand. Syst. — *Nymphæa odorata minor* Sims, Bot. Mag. tab. 1652.

Suivant M. de Candolle, ce Nymphéa, indigène dans l'Amérique boréale, diffère du *Nymphæa odorata*, par des pétioles pubescents de même que les pédoncules.

Nymphéa pygmée. — *Nymphæa pygmæa* Hort. Kew. — Sims, Bot. Mag. tab. 1525.

Ce Nymphéa paraît n'être qu'une variété du *Nymphæa alba*. Il en diffère, suivant les auteurs, par des fleurs plus petites, à pétales pointus, et à stigmate seulement de 8 rayons. — Cette plante habite la Sibérie orientale et le nord de la Chine.

Genre NUPHAR. — *Nuphar* Sibth et Sm.

Calice 5-ou 6-parti, subcampaniforme, inadhérent. Disque charnu, annulaire, subpérigyne. Pétales courts, épais, bisériés, obovales, subonguiculés, carénés et nerveux antérieurement, lisses postérieurement, subpérigynes, conformes. Étamines très-nombreuses, réfléchies après l'anthèse, anisomètres, mais conformes. Filets linéaires-spathulés, charnus, carénés postérieurement. Anthères linéaires, carénées postérieurement, appendiculées au sommet. Pistil lagéniforme. Ovaire 8-20-loculaire. Stigmate disciforme (très-entier, ou légèrement crénelé, ou denté, ou comme étoilé), suborbiculaire, déprimé au centre; bourrelets linéaires. Péricarpe pluri-loculaire, polysperme, charnu, urcéolé, couronné par le disque du stigmate. Graines cylindracées, inarillées, caronculées.

Rhizome rampant. Feuilles non-stipulées, non-peltées, très-entières : les unes (submergées) membraneuses; les autres (flottantes) subcoriaces; pétiole trigone ou subcylindrique. Fleurs jaunes, en général de grandeur médiocre. Pétales au nombre 10 à 20, 3 à 4 fois plus courts que le calice, à peine aussi longs que les étamines. Étamines jaunes, longtemps persistantes : les inférieures à peine plus courtes que les supérieures. Anthères à peu près aussi larges que le filet, terminées en languette ovale obtuse; bourses linéaires, parallèles, presque contiguës. Graines ovoïdes, assez grosses, obtuses aux 2 bouts : tégument extérieur crustacé, fragile, lisse (très-finement scrobiculé à un fort grossissement), luisant, jaune; caroncule petite, apicilaire, testacée, orbiculaire, convexe, mamelonnée au centre, scrobiculée; raphé mince, caréné; tégument intérieur mince, crustacé, bleu.

Ce genre renferme 5 ou 6 espèces, dont voici les plus notables :

Nuphar commun. — *Nuphar vulgaris* Spach. — *Nymphæa lutea* Linn.

Feuilles cordiformes-elliptiques : pétiole trigone, membraneux aux bords et à sa base. Sépales (au nombre de 5) obovales ou suborbiculaires, très-obtus, trois fois plus longs que les pétales. Stigmate à 8 à 20 bourrelets.

— α : Majeur (*major*). — *Nuphar lutea* Sibth. et Sm. Flor. Græc. — Engl. Bot. tab. 159. — *Nymphæa lutea* Flor. Dan. tab. 603. — Schk. Handb. tab. 142. — Gærtn. Fruct. tab. 19, fig. 1. — Hayn. Arzn. 4, 36. — *Nuphar intermedium* Ledeb. Flor. Alt. — *Nymphæa lutea : α, vulgaris* Spenn. Flor. Friburg. — Feuilles glabres on presque glabres en dessous, à lobes rapprochés. Stigmate très-entier ou à peine sinuolé, à 10-20 bourrelets.

— β : Soyeux (*sericea*). — *Nymphæa lutea : β, sericea* Spenn. Flor. Friburg. — *Nymphæa sericea* Lang. — Reichenb. Plant. Crit. v. 2, fig. 233. — Feuilles plus ou moins satinées en dessous, à lobes en général plus ou moins divergents. Stigmate à 10 à 20 bourrelets, et à autant de crénelures.

—γ : MINEUR (*minima*).— *Nymphœa lutea* : γ, *minima* Spenn. Flor. Friburg. —*Nymphœa pumila* Hoffm. Flor. Germ.— *Nymphœa minima* Smith, Engl. Bot. tab. 2292. —*Nuphar pumilum* De Cand. Syst. — Reichenb. Plant. Crit. v. 2, fig. 231 et 232. — Feuilles plus ou moins soyeuses en dessous : lobes rapprochés. Stigmate plus ou moins profondément denté, et par conséquent stelliforme, souvent hémisphérique, en général à 8 à 10 bourrelets. — Cette variété croît dans le Nord et dans les lacs des hautes montagnes. Toutes ses parties sont de moitié plus petites que dans les deux autres variétés.

Rhizome semblable à celui du *Nymphœa alba*. Feuilles submergées courtement pétiolées, réniformes, ovales, ou subtriangulaires, ondulées, membraneuses, subdiaphanes ; feuilles flottantes longues de 6 à 12 pouces, larges de 4 à 8 pouces, à lobes plus ou moins profonds ; pétiole plus ou moins poilu. Fleurs larges de 1 pouce à 2 pouces. Sépales concaves, un peu connivents, verts en dessous, jaunes en dessus. Pétales tronqués ou arrondis, recourbés, presque horizontaux. Étamines au nombre de 100 à 200 : appendice des anthères ovale, ou oblong, ou arrondi. Stigmate plus large que le col de l'ovaire. Péricarpe du volume et de la forme d'une tête de Pavot. Graines longues d'environ 2 lignes, ovoïdes, ou obovales, ou subpyriformes.

Cette espèce, nommée vulgairement *Nénuphar jaune*, habite toute l'Europe ainsi que la Sibérie. Elle fleurit pendant tout l'été. Ses racines peuvent servir aux mêmes usages que celles du *Nymphéa commun*. Ses fleurs exhalent une odeur alcoolique.

Le Nuphar n'était pas moins célèbre que le Nymphéa, dans l'ancienne thérapeutique, à titre d'anti-aphrodisiaque.

NUPHAR DE KALM. — *Nuphar Kalmiana* Hort. Kew. — *Nymphœa Kalmiana* Sims, Bot. Mag. tab. 1243.

Cette espèce ou variété, indigène dans le nord de l'Amérique, ne paraît différer du *Nuphar commun*, que par des feuilles plus exactement cordiformes et à pétiole subcylindrique.

NUPHAR D'AMÉRIQUE. — *Nuphar advena* De Cand. Syst.

et Prodr. — *Nymphæa advena* Hort. Kew. — Bot. Mag. tab. 681.

Feuilles cordiformes-oblongues : lobes divergents ; pétiole et pédoncules subcylindriques. Calice 6-parti. Stigmate denté, à environ 13 rayons. Péricarpe sillonné.

Plante semblable par le port au *Nuphar jaune*. Sépales suborbiculaires, très-obtus, concaves : les 3 extérieurs étalés, verts en dessous, d'un pourpre foncé en dessus ; les 3 intérieurs 2 fois plus grands, presque dressés, jaunes en dessous, d'un pourpre foncé en dessus. Pétales au nombre d'environ 13, jaunes, réfléchis, cunéiformes, arrondis au sommet, larges de 3 lignes. Étamines nombreuses ; filets jaunes, rouges dans leur milieu. Pistil jaune ; ovaire profondément sillonné ; stigmate à dents obtuses et de couleur verte.

Cette espèce croît aux États-Unis.

CENT SEPTIÈME FAMILLE.

LES NÉLOMBIACÉES. — *NELUMBIACEÆ.*

Nelumboneæ (Nymphæacearum tribus I), De Cand. Syst. 2, p. 43; Prodr. I, p. 113. — Bartl. Ord. Nat. p. 89. — *Nelumbiaceæ* Lindl. Syst. ed. 2, p. 13. — *Hydrocharidearum* gen. Reichenb. Consp. et Syst. Nat.

Les *Nélombiacées* ressemblent aux *Nymphéacées* tant par le port, que par l'aspect des fleurs; mais elles sont très-caractérisées par la structure de leur pistil et de leurs graines. Ce groupe ne renferme d'ailleurs que fort peu d'espèces.

Caractères de la Famille.

Herbes aquatiques, vivaces, acaules, à souche rampante. Sucs-propres laiteux.

Feuilles tantôt émergées, tantôt flottantes, alternes, peltées, très-entières, subcoriaces, très-amples, longuement pétiolées; pétiole cylindrique, muriqué, ou armé d'aiguillons (de même que les pédoncules), engaînant par la base.

Fleurs très-grandes, régulières, hermaphrodites, émergées. Pédoncules très-longs, cylindriques, uniflores, solitaires, axillaires, non-bractéolés, émergés même après la floraison.

Calice 4-ou 5-parti, inadhérent, persistant, subpétaloïde, imbriqué en préfloraison.

Réceptacle grand, charnu, turbiné, ou obconique, tronqué et profondément fovéolé au sommet.

Disque hypogyne, annulaire.

Pétales en nombre indéfini, pluri-sériés, insérés au disque, non-persistants.

Étamines en nombre indéfini, pluri-sériées, insérées au disque. Filets libres, subulés, pétaloïdes. Anthères adnées, continues avec le filet, sublinéaires, dithèques, extrorses, longitudinalement déhiscentes, appendiculées au sommet.

Pistil : Ovaires 8 à 30, distincts, basifixes, cylindracés, monostyles, uni-loculaires, uni-ovulés, enfoncés chacun presque jusqu'à son sommet dans une fossette du réceptacle. Ovules (suivant Roxburgh) suspendus au sommet de la loge. Styles filiformes, très-courts, persistants, terminés chacun par un stigmate subinfondibuliforme charnu. (Roxburgh.)

Péricarpe composé de 8 à 30 nucules monospermes, basifixes (finalement caduques), enfoncées chacune dans une fossette du réceptacle devenu coriace ou ligneux. Épicarpe mince, crustacé, ponctué, séparable; mésocarpe assez mince, mais coriace et très-dur; endocarpe crustacé, mince, fibreux, adhérent à la graine.

Graine basifixe, anatrope, adhérente, apérispermée. Tégument extérieur mince, crustacé, séparable en plusieurs couches. Raphé inapparent. Tégument intérieur pelliculaire. Radicule (supère relativement au péricarpe) réduite à un mamelon continu avec la base des cotylédons, et ne prenant point d'accroissement en germination, tandis que la tigelle produit des radicelles adventices. Cotylédons (restant inclus en germination) gros, charnus, elliptiques, convexes au dos, planes antérieurement et creusés chacun d'une cavité axile dans laquelle est nichée la partie correspondante de la gemmule. Gemmule verte, très-développée, à peu près aussi longue que les cotylédons : tigelle cylindrique, allongée, terminée par deux feuilles (enveloppées dans une stipule membraneuse) alternes, repliées, involutées, distinctement pétiolées (pétiole engaînant, plano-convexe; lame sagittiforme), et par une troisième feuille (supérieure) laquelle est sessile et squamiforme.

Le genre suivant constitue à lui seul la famille :

Nelumbium Juss. (Nelumbo Tourn. Gærtn. Cyamus Smith.)

Genre NÉLUMBIUM. — *Nelumbium* Juss.

Calice 4-ou 5-parti, persistant. Pétales 10 à 60 : les intérieurs graduellement plus étroits. Étamines environ 100 à 300. Filets aussi longs que l'anthère. Anthères couronnées d'un appendice linéaire ou claviforme. Réceptacle turbiné, tronqué, alvéolé. Ovaires 8 à 30, distincts, monostyles, enfoncés chacun dans une fossette du réceptacle. Styles courts, filiformes. Stigmates charnus, subinfondibuliformes. Péricarpe composé de 8 à 30 nucules osseuses, monospermes, enfoncées chacune dans une fossette du réceptacle devenu coriace ou ligneux. Graine adhérente, grosse, apérispermée.

Feuilles primordiales sagittiformes, submergées ; les autres peltées, indivisées, multinervées, tantôt émergées, tantôt flottantes. Fleurs roses, ou pourpres, ou blanches, ou jaunes, très-grandes, odorantes, non-éphémères, émergées de même que le fruit. Réceptacle fructifère coriace ou ligneux, très-grand, de la forme d'une tête d'arrosoir. Nucules apiculées (par un style très-court et terminé par un petit stigmate subdisciforme), peu saillantes hors les fossettes du réceptacle, attachées seulement par une sorte d'ombilic basilaire, lequel finit par se détacher du réceptacle lors de la maturité. Sur l'un des côtés de la surface externe des nucules, un peu plus bas que le style, on remarque une petite aréole peu saillante, semblable à une chalaze, et dont la destination est inconnue.

Les *Nélumbium* sont fort remarquables tant par la structure anomale de leur pistil, que par des fleurs de dimension extraordinaire et d'une rare beauté. Leurs graines et les tubercules de leurs souches, ainsi que les jeunes pétioles, servent à divers usages alimentaires. On ne connaît parfaitement que les deux espèces dont nous allons traiter.

A. *Pétioles et pédoncules plus ou moins hérissés de courts aiguillons. Pétales de couleur rose, ou pourpre, ou blanche, ou bien panachés de ces couleurs. Anthères à appendice apicilaire claviforme. Pistil de* 8 *à* 30 *ovaires.*

Nélumbium magnifique. — *Nelumbium speciosum* Willd. — Roxb. Flor. Ind. 2, p. 647. — Bot. Mag. tab. 903. — *Tamara*, Hort. Malab. v. 2, tab. 30. — Rumph. Herb. Amb. v. 6, tab. 73. — *Nelumbo nucifera* Gærtn. Fruct. 1, tab. 19, fig. 2. — Mirb. in Ann. du Mus. v. 13, tab. 34. (Anal. fruct.) — *Nymphæa Nelumbo* var. α, Linn. — *Cyamus Nelumbo* Smith, Exot. Bot. tab. 31 et 32.

Rhizome rampant, très-long, grêle, offrant de distance à distance des articulations renflées, lesquelles atteignent la grosseur d'un poing et plus, noir en dehors, blanc à l'intérieur; chaque tubercule garni d'une multitude de fibres (racines) blanchâtres, ainsi que d'une touffe de pétioles et de pédoncules. Feuilles (de la plante adulte) orbiculaires, mucronulées et légèrement échancrées au sommet, très-entières, ondulées, lisses, un peu glauques, multinervées, atteignant jusqu'à 3 pieds de diamètre, ombiliquées et plus où moins concaves en dessus : les jeunes flottantes; les adultes souvent élevées d'environ 1 pied (ou plus) au-dessus de la surface de l'eau; pétiole long de 3 à 5 pieds (suivant la profondeur de l'eau), de la grosseur d'un doigt, aiguillonneux et scabre à la surface, fongueux à l'intérieur et creusé constamment (suivant Rumphius) de 10 canaux lactifères, dont 2 centraux et les autres périphériques; aiguillons mous, plus ou moins nombreux, rectilignes, pointus, élargis à la base. Pédoncules dressés, aussi gros et d'environ 1 pied plus longs que les pétioles (auxquels ils sont d'ailleurs semblables pour la conformation tant interne qu'externe). Sépales ovales-cymbiformes, blanchâtres ou rouges en dessus, verdâtres en dessous, courts, étalés. Corolle large de 8 à 15 pouces : pétales étalés, anisomètres : les extérieurs beaucoup plus longs, ovales, ou lancéolés-elliptiques, ou elliptiques-oblongs, pointus, bombés, striés en dessous, atteignant jusqu'à 7 pouces de long, sur 3 à 4 pouces de large. Étamines beaucoup plus courtes que les pétales extérieurs; filets aussi longs que le réceptacle, jaunes, subulés; anthères à appendice blanchâtre. Réceptacle fructifère atteignant 5 à 6 pouces de haut, sur 4 à 6 pouces de diamètre à son sommet. Nucules ellipsoïdes, obtuses aux 2 bouts, noires à la maturité, du volume d'une Noisette.

Ce *Nélumbium* habite les deux presqu'îles de l'Inde, les îles de la Sonde, les Moluques et la plupart des autres archipels de ces parages, ainsi que la Chine, le Japon et la Perse. Il croît en grande abondance dans la vase des étangs, et des autres eaux à cours lent ou tranquille, surtout au voisinage de la mer. Il n'est pas certain si le *Nelumbium caspicum* (Fischer.), qu'on trouve dans la Caspienne, aux embouchures du Volga, est ou une espèce distincte, ou une variété du *Nelumbium speciosum.*

Dans l'Inde, cette plante porte, en sanscrit, le nom de *Padma;* à Ceylan, on lui donne celui de *Nélombo;* les Malais l'appellent *Bonga*, et les Chinois *Lien.* Théophraste et d'autres auteurs anciens en font mention sous le nom de *Kyamos*, et c'est en elle qu'il faut reconnaître aussi le *Lotos* sacré des Égyptiens; car l'image non-méconnaissable de son fruit se trouve représentée sur une foule de monuments hyéroglyphiques, et, quoique le *Nelumbium* ne se retrouve plus aujourd'hui en Égypte, on ne saurait douter qu'il y ait existé autrefois, du moins à l'état cultivé. L'incomparable beauté des fleurs de ce végétal l'a fait consacrer, dès l'origine de toute civilisation, par les Chinois et les Japonais, de même que par les Hindous et les Égyptiens, aux divinités les plus révérées chez ces nations célèbres de l'antiquité.

Les renflements tubéreux de la souche de ce *Nélumbium* sont assez recherchés, comme aliment, par les habitants de l'Asie équatoriale et de la Chine ; il en est de même de l'amande de la graine, cueillie avant que son enveloppe externe ne soit devenue osseuse. Rumphius et Loureiro s'accordent à dire que les pétioles et les pédoncules de la plante, encore jeunes et tendres, ont une saveur très-agréable et se mangent en guise de légumes. Le peuple se sert souvent des feuilles de la plante, en guise de plats ou d'assiettes.

Les Chinois cultivent le Nélumbo dans les pièces d'eau de leurs jardins, et dans de grandes terrines qu'on place dans les maisons. Ils en possèdent des variétés à fleurs soit doubles, soit blanches, soit panachées de diverses nuances de rose ou de pourpre.

B. *Pétioles et pédoncules légèrement muriqués. Pétales de couleur jaune. Anthères à appendice apicilaire linéaire. Pistil de* 15 *à* 20 *ovaires.* (Elliott.)

NÉLUMBIUM A FLEURS JAUNES.—*Nelumbium luteum* Willd. — Turp. in Ann. du Mus. v. 7, tab. 11, fig. 27 (fruit.) — *Nymphæa Nelumbo* : β, Linn. — *Cyamus flavicomus* Pursh, Flor. Amer. Sept. — *Cyamus luteus* Elliott, Sketch.

Feuilles semblables à celles du *Nelumbium speciosum*, mais moins grandes. Fleurs grandes. Pétales d'un jaune pâle. Réceptacle fructifère ligneux, de 3 à 4 pouces de diamètre. Nucules ellipsoïdes, du volume d'un gland.

Cette espèce, assez imparfaitement connue, croît dans le midi des États-Unis. Ses feuilles se développent à la fin du printemps, et ses fleurs ne paraissent qu'au milieu de l'été. Suivant Pursh, on mange les tubercules des racines, ainsi que l'amande des graines.

DIX-NEUVIÈME CLASSE.

LES POLYCARPIQUES.

POLYCARPICÆ Bartl.

CARACTÈRES.

Herbes, ou *arbrisseaux*, ou *arbres*. Sucs-propres aqueux. Tiges et rameaux cylindriques ou anguleux, quelquefois noueux avec articulation.

Feuilles simples, ou composées, ou décomposées, en général non-stipulées; pétiole ordinairement subamplexicaule.

Fleurs axillaires, ou terminales, ou axillaires et terminales, ou oppositifoliées, en général hermaphrodites, souvent irrégulières.

Calice persistant, ou non-persistant (rarement caduc dès l'épanouissement), inadhérent, herbacé, ou pétaloïde, imbriqué (ou moins souvent valvaire) en estivation. Sépales en nombre défini (3 à 6), ou en nombre indéfini, libres dès leur base.

Pétales (quelquefois nuls) non-persistants (par exception persistants), hypogynes (par exception subpérigynes), en même nombre que les sépales et interposés (ou rarement insérés devant les sépales), ou en nombre soit double soit triple des sépales, ou en nombre indéfini, ou rarement en nombre moindre des sépales, uni-bi-ou pluri-sériés; estivation en général imbricative.

Étamines hypogynes (par exception périgynes), en

général plurisériées et en nombre indéfini (par exception en même nombre que les pétales et soit interposées, soit antéposées). Anthères adnées (par exception innées et submobiles), dithéques (par exception monothèques), introrses, ou extrorses, ou latéralement déhiscentes.

Pistil : Ovaires en nombre défini ou en nombre indéfini (rarement solitaires), distincts (rarement soudés en tout ou en partie), uni-ou pluri-sériés, uniloculaires, monostyles. Ovules en nombre soit défini, soit indéfini, ou solitaires. Styles distincts ou rarement soudés, stigmatifères au sommet ou au bord antérieur, quelquefois nuls ou très-courts.

Péricarpe sec, ou moins souvent charnu, déhiscent, ou indéhiscent.

Graines périspermées, en général anatropes, quelquefois arillées ou strophiolées. Embryon en général très-petit, rectiligne, apicilaire (relativement au périsperme).

Cette classe se compose des *Renonculacées*, des *Helléboracées*, des *Dilléniacées*, et des *Magnoliacées*.

CENT-HUITIÈME FAMILLE.

LES RENONCULACÉES. — *RANUNCULACEÆ.*

Ranunculacearum genn. Juss. — *Ranunculacearum* tribus I (*Clematideæ*), II (*Anemoneæ*), et III (*Ranunculeæ*) De Cand. Syst. Nat. et Prodr. — Bartl. Ord. Nat. — *Ranunculearum* sect. I (*Ranunculeæ genuinæ*) et II (*Anemoneæ*) Reichenb. Consp. et Syst. Nat. (1).

Cette famille, dans laquelle nous ne comprenons ni les Helléborées, ni les Péoniées des auteurs, est répandue sur tout le globe; mais elle offre beaucoup moins de représentants spécifiques dans les régions intertropicales (où d'ailleurs on n'en rencontre guère qu'à des élévations très-considérables au-dessus du niveau de la mer), que dans les contrées soit froides, soit tempérées.

La plupart des *Renonculacées* sont vénéneuses; elles contiennent un suc en général très-âcre ou caustique, agissant d'une manière délétère sur l'économie animale interne, et qui même étant appliqué sur la peau des parties externes, ne tarde pas à y produire des ulcérations plus ou moins profondes, ou du moins des inflammations locales. Toutefois, ce principe nuisible est en général de nature volatile, et se perd tant par la dessiccation naturelle que par l'ébullition, à tel point que certaines espèces, fort vénéneuses à l'état frais, peuvent servir d'aliment à l'homme, étant cuites, ou bien se donner impunément aux bestiaux, à l'état de foin.

---

(1) M. Reichenbach comprend dans les Renonculacées toute la classe des Polycarpiques (Bartl.), et en outre les Annonacées.

Beaucoup de Renonculacées se parent de fleurs élégantes ; on en cultive un certain nombre comme plantes d'ornement.

CARACTÈRES DE LA FAMILLE.

Herbes (annuelles, ou bisannuelles, ou vivaces), ou *sous-arbrisseaux*, ou *arbrisseaux*. Sucs-propres aqueux. Tiges et rameaux (souvent fistuleux) cylindriques ou irrégulièrement anguleux.

Feuilles alternes, ou moins souvent opposées (quelquefois verticillées), pétiolées (du moins les inférieures), simples (soit très-entières, soit diversement lobées ou incisées), ou digitées, ou pédalées, ou pennées, ou décomposées ; pétiole inarticulé, en général dilaté à sa base en gaîne plus ou moins amplexicaule, membraneuse aux bords, ou quelquefois bi-auriculée (par des stipules adhérentes, plus ou moins complétement adnées).

Fleurs non-éphémères, régulières, en général hermaphrodites, solitaires, ou en grappes, ou en corymbes, ou en cymes, ou en ombelles, ou en panicules. Pédoncules terminaux, ou axillaires et terminaux, ou oppositifoliés, ou dichotoméaires.

Calice non-persistant (par exception persistant), inadhérent, pétaloïde, ou subpétaloïde ; sépales au nombre de 3 à 6, 1-ou 2-sériés, ou en nombre indéfini (jusqu'à environ 30) et pluri-sériés ; estivation imbricative, ou valvaire.

Pétales (souvent nuls, surtout lorsque le calice est pétaloïde) en même nombre que les sépales et interposés, ou rarement en nombre indéfini, hypogynes, non-persistants (par exception marcescents), uni-ou pluri-sériés, onguiculés ; lame plane, souvent creusée (antérieurement) à sa base d'une fovéole nectarifère soit inappendiculée, soit recouverte d'une squamule; estivation imbricative.

Réceptacle disciforme, ou cupuliforme, ou conique, en général petit, souvent prolongé en gynophore hémisphérique ou plus ou moins allongé.

Disque nul ou peu apparent, adné au réceptacle.

Étamines hypogynes, insérées au réceptacle, en nombre indéfini (en général très-nombreuses), plurisériées, ou moins souvent pauci-sériées (par exception unisériées et en nombre défini), non-persistantes (par exception marcescentes avec les pétales). Filets filiformes ou spathulés, libres. Anthères basifixes, adnées, dithèques, extrorses, ou introrses, ou latéralement déhiscentes : bourses soit contiguës (lorsque les anthères sont extrorses ou introrses), soit adnées latéralement au connectif (lorsque les anthères s'ouvrent latéralement), longitudinalement bivalves; connectif linéaire, ou filiforme, ou ovale, quelquefois prolongé en appendice apicilaire.

Pistil : Ovaires en nombre indéfini et plurisériés (dans un petit nombre d'espèces : en nombre défini et uni-sériés), inadhérents, distincts, uniloculaires, monostyles, uni-ovulés. Ovule anatrope, soit attaché vers la base de l'angle interne de la loge et renversé, soit suspendu un peu au-dessous du sommet de l'angle interne de la loge. Styles persistants, distincts, terminaux (du moins à l'époque de la floraison), quelquefois presque nuls ou très-courts, terminés chacun par un stigmate en général subulé et décurrent (sous forme de bourrelet ou de rebord) sur le bord antérieur.

Péricarpe : Etairion composé d'un nombre plus ou

moins considérable (en général très-considérable) de nucules distinctes, monospermes, indéhiscentes, caduques à la maturité, coriaces, ou chartacées, ou rarement drupacées, en général pluri-sériées et agrégées ou imbriquées, rarement uni-sériées et en nombre défini.

Graines adhérentes à l'endocarpe ou inadhérentes, solitaires, anatropes, suspendues (étant attachées vers le sommet de l'angle interne de la nucule), ou renversées (étant attachées vers la base de l'angle interne), non-strophiolées, ni arillées, ni caronculées, ni ailées. Tégument crustacé ou membraneux, lisse. Hile terminal ou subterminal, ponctiforme. Périsperme charnu ou corné. Embryon petit ou ponctiforme, axile, rectiligne, niché au sommet du périsperme (tantôt apicilaire, tantôt basilaire relativement au péricarpe); radicule supère (lorsque la graine est suspendue) ou infère (lorsque la graine est renversée); cotylédons minces, obtus, très-courts, en général plus ou moins divergents, foliacés en germination.

La famille des Renonculacées, dans les limites que nous lui assignons, se compose des genres suivants :

Ire TRIBU. LES RENONCULÉES. — *RANUNCULEÆ* Spach.

Sépales imbriqués en préfloraison. Pétales en même nombre que les sépales, ou moins souvent soit nuls, soit en nombre indéfini; lame souvent creusée à sa base (antérieurement) d'une fovéole nectarifère soit nue, soit appendiculée. Ovaires en général agrégés et en nombre indéfini; ovule attaché soit au sommet soit au fond de la loge. — Feuilles alternes, ou moins souvent verticillées à l'origine des pédoncules.

Section I. **RENONCULINÉES.** — *Ranunculineæ* Spach.

Sépales au nombre de 5 (par exception 3, ou 4, ou 6). Pétales en même nombre que les sépales (par exception en nombre indéfini) : onglet en général très-court; lame creusée d'une fovéole nectarifère. Anthères latéralement déhiscentes ou extrorses. Ovaires à ovule (par exception suspendu au sommet de la loge) renversé, attaché à la base de l'angle interne. Graine en général adhérente.

Myosurus Linn. — *Ceratocephalus* Mœnch. — *Oxygraphis* Bunge. — *Callianthemum* C. A. Mey. — *Pachyloma* Spach. — *Ficaria* Dillen. — *Casalea* Aug. Saint-Hil. — *Aphanostemma* Aug. Saint-Hil. — *Hecatonia* (Loureir.) Spach. — *Batrachium* (De Cand.) Reichenb. — *Ranunculus* (Linn.) Spach. (Subgenn : Ranuncella Spach. — Thora De Cand. — Flammula Webb. — Auricomus Spach. — Chrysanthe Spach. — Ranunculastrum De Cand.) — *Cyprianthe* Spach.

Section II. **ADONINÉES.** — *Adonineæ* Spach.

Sépales au nombre de 5 à 8. Pétales au nombre de 5 (accidentellement de 1 à 4) à 20 : onglet court; lame non-fovéolée. Anthères latéralement déhiscentes. Ovaires à ovule suspendu un peu audessous du sommet de l'angle interne. Graine inadhérente.

Adonis (Linn.) Spach. — *Adonanthe* Spach. — *Knowltonia* Salisb. (Anamenia Vent.) — *Hamadryas* Commers.

Section III. **ANÉMONINÉES.** — *Anemonineæ* Spach.

Sépales au nombre de 3 à 20. Pétales nuls. Anthères

latéralement déhiscentes. Ovaires à ovule suspendu un peu au-dessous du sommet de l'angle interne. Graine inadhérente.

Trautvetteria Fisch. et C. A. Mey. — *Thalictrum* Linn. — *Physocarpum* De Cand. (sub Thalictro.) — *Tripterium* De Cand. (sub Thalictro.) — *Syndesmon* Hoffmanns. — *Anemonella* Spach. — *Hepatica* Dillen. — *Anemone* Tourn. — *Pulsatilla* Tourn.

IIe TRIBU. LES CLÉMATIDÉES. — *CLEMATIDEÆ* De Cand.

Sépales valvaires en préfloraison. Pétales nuls, ou (seulement dans quelques espèces) en nombre indéfini et non-fovéolés. Ovaires agrégés et en nombre indéfini; ovule suspendu au sommet de l'angle interne. Graine inadhérente. — Feuilles opposées ou verticillées.

Naravelia De Cand. — *Atragene* Linn. — *Cheiropsis* (De Cand.) Spach. (Muralta Adans. non Linn.) — *Viticella* Mœnch. — *Viorna* Reichenb. — *Meclatis* Spach. — *Clematis* Linn.

Ire TRIBU. LES RENONCULÉES. — *RANUNCULEÆ* Spach.

Sépales imbriqués en préfloraison. Pétales en même nombre que les sépales, ou moins souvent soit nuls, soit en nombre indéfini; lame souvent creusée à sa base (antérieurement) d'une fovéole nectarifère soit nue, soit appendiculée. Ovaires en général agrégés et en nombre indéfini; ovule attaché soit au sommet soit au fond de la loge. — Feuilles alternes, ou moins souvent verticillées à l'origine des pédoncules. Tiges jamais ni ligneuses, ni distinctement noueuses. Fleurs le plus souvent solitaires et inodores. Anthères extrorses, ou introrses, ou latéralement déhiscentes.

Section I. **RENONCULINÉES.** — *Ranunculineæ* Spach.

Sépales au nombre de 5 (par exception 3, ou 4, ou 6). Pétales en même nombre que les sépales (par exception en nombre indéfini), à onglet en général très-court ; lame creusée d'une fovéole nectarifère. Anthères latéralement déhiscentes ou extrorses. Ovule (par exception suspendu au sommet de la loge) renversé, attaché à la base de l'angle interne de l'ovaire. Graine en général adhérente.

Genre MYOSURUS.—*Myosurus* Linn.

Sépales 5, presque cuculliformes, subpétaloïdes, non-persistants, prolongés chacun au-delà de la base en long appendice linéaire-subulé. Pétales 5, longuement onguiculés : lame linéaire ; onglet filiforme, plane (1), fovéolé au sommet. Étamines 5 (opposées aux sépales) à 10 ; filets capillaires ; anthères oblongues, obtuses, latéralement déhiscentes. Ovaires très-nombreux, imbriqués, subtrigones, adnés par presque tout le bord antérieur ; ovule suspendu au sommet de l'angle interne. Styles dorsaux, courts, coniques-subulés, obscurément tétragones, finement papilleux au sommet. Étairion spiciforme, compacte, très-long, grêle, conique-cylindracé : nucules petites, chartacées, imbriquées, subtrigones, linéaires, tronquées aux 2 bouts, supra-basifixes, adnées, carénées au bord antérieur, tricarénées et convexes au dos, apiculées (par le style devenu infra-apicilaire), facilement séparables en deux valves.

(1) La plupart des auteurs avancent, par erreur, que l'onglet est tubuleux.

Graine minime, lenticulaire-oblongue, lisse, inadhérente. Gynophore long, subfiliforme.

Herbe annuelle, acaule. Racine fibreuse. Feuilles linéaires ou sublinéaires, très-entières, un peu charnues, touffues. Hampes grêles, dressées, nues, uniflores, ordinairement nombreuses : les fructifères épaissies au sommet. Fleurs petites, dressées. Sépales verdâtres, longtemps persistants, à appendice membraneux, descendant, ordinairement apprimé à la hampe. Pétales petits, d'un jaune verdâtre, presque dressés. Étamines à peu près aussi longues que les pétales, plus courtes que le pistil; anthères jaunâtres. Pistil au commencement de la floraison à peine plus long que le calice, puis très-allongé. Ovaires minimes, très-serrés, comprimés bilatéralement : style rectiligne, décurrent sous forme de caréne sur le bord postérieur, lors de la floraison terminal. Nucules presque membraneuses (finement réticulées à une forte loupe), persistantes assez longtemps après la maturité : bord antérieur acuminulé au sommet; bord postérieur apiculé par le style, lequel est facilement séparable jusqu'à la base de la nucule; celle-ci, lorsqu'on la met tremper, se sépare spontanément en deux valves, détachées du style. Graine brune, plus petite que la loge, obtuse aux 2 bouts.

Ce genre, remarquable par la singulière conformation de son fruit, ne renferme que l'espèce suivante :

Myosurus minime. — *Myosurus minimus* Linn. — Flor. Dan. tab. 406. — Curt. Flor. Lond. tab. 251. — Schk. Handb. tab. 88. — Engl. Bot. tab. 435. — *Myosurus Shortii* Rafin. — *Ranunculus Myosurus* Rœm. — Schlechtd.

Plante glabre ou pubérule, d'un vert glauque, haute de 1 pouce à 6 pouces. Feuilles dressées ou presque dressées, linéaires, ou linéaires-spathulées, ou lancéolées-linéaires, obtuses, longues de 1 pouce à 5 pouces. Hampes ordinairement très-nombreuses (20 à 30, et plus; rarement solitaires ou en très-petit nombre), au commencement de la floraison en général à peine aussi longues que les feuilles, ou plus courtes, plus tard ordinairement plus longues. Boutons ellipsoïdes ou subglobuleux. Sépales longs d'environ 2 lignes (l'appendice non-compris), oblongs, obtus : appendice linéaire-subulé, presque aussi long que la partie principale. Pétales un peu plus courts que les sépales, obtus : fovéole inappendiculée. Étairion long de 1 pouce à 2 pouces, très-grêle : nucules longues à peine de 1 ligne, brunes à la maturité.

Cette plante, commune dans toute l'Europe, croît dans les champs sablonneux humides, et fleurit depuis le printemps jusque vers la fin de juin. Ses longs fruits, cylindriques et très-grêles, ont quelque ressemblance avec une queue de souris.

Genre PACHYLOMA. — *Pachyloma* Spach.

Sépales 5, naviculaires, non-persistants, non-prolongés au-delà de la base. Pétales 5, subonguiculés ; fovéole nectarifère couverte d'une squamule adnée par les bords. Étamines 10 à 20, bi- ou tri-sériées ; filets filiformes, épaissis au sommet ; anthères subfalciformes, trigones, mucronées, extrorses. Ovaires 8 à 10, bisériés, verticillés, aplatis. Styles triangulaires-lancéolés, aplatis, papilleux au bord antérieur. Étairion lâche ; nucules (5 à 10) subfastigiées, aplaties, coriaces, substipitées, marginées, rostrées, en général tuberculeuses ou spinelleuses ; bords déprimés, épais : l'antérieur tri-caréné ; le postérieur uni-caréné. Gynophore petit, déprimé.

Herbe annuelle. Tige paniculée, subdichotome, multiflore. Feuilles inférieures pennées-trifoliolées, pétiolées. Feuilles supérieures digitées-trifoliolées, ou triparties, subsessiles ; gaîne pétiolaire largement membraneuse aux bords, semi-amplexicaule. Pédoncules oppositifoliés (ou dichotoméaires) et terminaux, solitaires, uniflores, dressés : les fructifères plus ou moins divergents. Fleurs petites, d'un jaune pâle. Pétales marqués d'une tache subdiaphane s'étendant jusqu'au-delà du milieu de la lame. Étamines presque aussi longues que les pétales. Ovaires non-stipités, ascendants, comprimés bilatéralement, en général tuberculeux ou spinelleux. Ovule renversé, attaché vers la base de l'angle interne. Style à l'époque de la floraison plus long que l'ovaire. Nucules horizontales ou subhorizontales, terminées en bec ensiforme-subulé et ordinairement subrectiligne, presque planes aux bords, lesquels sont en général garnis latéralement de tubercules ou de spinelles semblables à celles qui couvrent les deux côtés.

Ce genre n'est fondé que sur l'espèce suivante :

Pachyloma agreste. — *Pachyloma arvense* Spach.

— α : A fruit spinelleux (*echinatum*). — *Ranunculus arvensis* Linn. — Engl. Bot. tab. 135. — Flor. Dan. tab. 219. — Bull. Herb. tab. 117. — Schk. Handb. tab. 152. — Svensk Bot. tab. 537. — *Ranunculus echinatus* Crantz. Austr. — Nucules tuberculeuses et fovéolées des deux côtés, et garnies aux bords de spinelles plus ou moins longues (ensiformes ou triangulaires-subulées).

— β : A fruit tuberculeux (*tuberculatum*). — *Ranunculus tuberculatus* De Cand. Syst. et Prodr. — *Ranunculus segetalis* Kit. — Nucules tuberculeuses aux bords et des deux côtés.

— γ : A fruit lisse (*leiocarpum*). — *Ranunculus arvensis*, γ : *inermis* Koch, Deutschl. Flor. — *Ranunculus arvensis*, γ : *leiocarpus* Reichenb. Flor. Germ. Excurs.

Plante tantôt glabre, tantôt légèrement pubescente, haute de $^1/_2$ pied à 2 pieds. Racine fibreuse. Tige grêle, dressée, cylindrique, un peu cannelée, fistuleuse, indivisée inférieurement. Rameaux plus ou moins divergents. Feuilles d'un vert clair ou jaunâtre, molles, ordinairement pubérules : les radicales (très-passagères) obovales et indivisées, ou cunéiformes-obovales et trifides, plus petites et plus courtement pétiolées que les caulinaires-inférieures ; celles-ci longues de 2 à 8 pouces (y compris le pétiole), à folioles pétiolulées, subrhomboïdales, ou cunéiformes, ou lancéolées, ou lancéolées-linéaires, bifides, ou trifides (à segments plus ou moins divariqués), ou incisées-dentées, ou dentelées, ou pennatiparties. Feuilles supérieures à folioles trifides, ou bifides, ou pennatiparties, ou biternatiparties : segments en général linéaires ou sublinéaires. Pédoncules filiformes, longs de 1 pouce à 3 pouces, ordinairement velus. Fleurs larges de 2 à 4 lignes. Sépales ascendants, connivents, ovales, ou ovales-lancéolés, obtus, ou pointus, velus. Pétales flabelliformes ou obovales, très-obtus, un peu plus longs que les sépales. Nucules obliquement obovales, longues de 3 à 4 lignes, glabres, à l'époque de la maturité bruns et non-luisants. Gynophore petit, velu.

Cette plante est commune dans les champs. Elle fleurit depuis le mois de mai jusqu'en juillet. Toutes ses parties sont très-âcres et vénéneuses.

Genre FICARIA. — *Ficaria* Dillen.

Sépales 3 à 5 (ordinairement 3), un peu prolongés au-delà de leur base. Pétales 8 à 12 (en général 9), à fovéole appendiculée. Étamines nombreuses, courtes ; filets filiformes ; anthères oblongues, obtuses, latéralement déhiscentes. Ovaires nombreux, obovés, subtétragones, substipités, astyles. Stigmates petits, terminaux, oncinés. Étairion globuleux : nucules testacées, subglobuleuses, obtuses, apiculées, à peine carénées, rétrécies chacune en stipe court, obconique, fongueux.

Herbe vivace, très-glabre et lisse. Racine grumeuse. Tiges simples ou rameuses, feuillées, diffuses, ordinairement radicantes. Feuilles réniformes ou cordiformes, subsinuolées, ou lobées, ou anguleuses, pétiolées, ordinairement bulbillifères aux aisselles : les inférieures alternes ; les supérieures souvent opposées ; pétiole élargi inférieurement en gaîne membraneuse aux bords. Pédoncules solitaires, immédiatement terminaux, assez longs, nus, uniflores, durant la floraison ascendants ou dressés, puis décombants. Sépales blanchâtres, concaves. Pétales étalés pendant l'épanouissement (au soleil), dressés durant les autres heures, d'un jaune de citron avec une tache basilaire de couleur orange. Étamines 5 fois plus courtes que les pétales, plus longues que le pistil. Anthères jaunes, comprimées. Ovaires très-serrés, un peu comprimés bilatéralement. Ovule renversé, adné à l'angle interne. Nucules petites, lisses.

L'espèce suivante constitue à elle seule le genre :

Ficaria Fausse-Renoncule. — *Ficaria ranunculoides* Mœnch. — Svensk Bot. tab. 17. — *Ranunculus Ficaria* Linn. — Engl. Bot. tab. 584. — Flor. Dan. tab. 499. — Bull. Herb. tab. 43. — *Ficaria verna* Pers.

Racine composée de petits tubercules fasciculés, fusiformes, ou subcylindriques, ou claviformes, entremêlés de longues fibres rameuses. Tiges succulentes (de même que toutes les autres parties herbacées), longues de quelques pouces à 1 pied. Feuilles d'un vert gai, molles, luisantes, obtuses, larges de 6 lignes à 2 pouces : les inférieures longuement pétiolées, en général sinuolées; les supérieures à pétiole à peu près aussi long que la lame, tantôt sinuolées, tantôt anguleuses, ou trilobées au sommet; lobes basilaires tantôt incombants, tantôt plus ou moins divergents. Pédoncules grêles, fistuleux, sillonnés, longs de 2 à 4 pouces. Pétales oblongs, obtus, longs de 3 à 6 lignes : squamule basilaire souvent échancrée. Nucules ordinairement pubescentes. Étairion du volume d'un Pois.

Cette plante, connue sous les noms vulgaires d'*Éclairette*, *Petite Scrophulaire, Petite Chélidoine*, et *Herbe aux hémorrhoïdes*, est commune, en Europe, dans les prairies humides, ainsi que dans les haies, les buissons et les bois. Elle fleurit en avril et en mai; peu après, toute la plante, excepté la racine, se dessèche, pour ne reparaître qu'au printemps suivant.

Les feuilles de la Ficaire, d'une saveur légèrement piquante, sont dépourvues d'âcreté; aussi les mange-t-on fréquemment en guise de salade, dans beaucoup de contrées du nord de l'Europe; autrefois elles étaient en vogue à titre d'antiscorbutique. Les racines de la plante sont âcres et amères : appliquées fraîches sur la peau, elles finissent par devenir vésicantes; on en faisait jadis usage à l'extérieur, contre les tumeurs scrophuleuses.

Genre HÉCATONIA. — *Hecatonia* Loureir.

Sépales 5, cymbiformes, non-persistants, non-prolongés au-delà de la base. Pétales 5 : fovéole couverte d'une squamule adnée par les bords. Étamines 10 à 20, pauci-sériées; filets filiformes-spathulés; anthères suborbiculaires, très-obtuses, latéralement déhiscentes. Ovaires très-nombreux, comprimés, minimes, astyles. Stigmates sessiles, subulés. Étairion moriforme : nucules subtestacées, lenticulaires, submarginées, canaliculées aux bords, submutiques. Gynophore ellipsoïde, fongueux.

Herbes annuelles ou vivaces. Tiges dressées, rameuses. Feuilles indivisées ou palmatiparties : les inférieures pétiolées ; les supérieures sessiles, ou subsessiles, amplexicaules; gaîne pétiolaire membraneuse aux bords. Fleurs petites, d'un jaune pâle. Pédoncules oppositifoliés (ou dichotoméaires) et terminaux, solitaires, filiformes. Pétales courtement onguiculés, plus courts que les sépales ou à peine plus longs. Étamines aussi longues que les pétales. Ovaires très-serrés, ascendants, comprimés bilatéralement. Stigmates ascendants ou rectilignes. Nucules petites, très-serrées, lisses, ou transversalement rugueuses.

Outre l'espèce dont nous allons faire mention, il faut rapporter à ce genre le *Ranunculus abortivus* Linn., le *Ranunculus pusillus* Pursh., et probablement plusieurs autres *Ranunculus* des auteurs.

HÉCATONIA DES MARES.—*Hecatonia palustris* Loureir. Flor. Cochinch. — *Ranunculus sceleratus* Linn. — Engl. Bot. tab. 681. — Flor. Dan. tab. 571. — Curt. Flor. Lond. v. 2, tab. 42. — Bull. Herb. tab. 47. — Svensk Bot. tab. 412.

Feuilles inférieures palmées, plus ou moins profondément 3-ou 5-fides; feuilles supérieures digitées-trifoliolées, ou triparties (les dernières : simples, indivisées); segments indivisés ou incisés-crénelés. Sépales réfléchis. Pétales elliptiques, obtus, à peine plus longs que les sépales. Étairion ellipsoïde, ou oblong-cylindracé : nucules ovales, substipitées, finement rugueuses.

Plante haute de quelques pouces à 3 pieds, tantôt très-glabre, tantôt plus ou moins pubérule. Racine fibreuse. Tige cylindrique, fistuleuse, subdichotome, paniculée. Feuilles d'un vert gai, succulentes, luisantes, ordinairement très-glabres : les radicales petites, subréniformes, à segments cunéiformes ou subrhomboïdaux, trilobés, ou incisés-crénelés au sommet. Feuilles caulinaires longues de quelques lignes à 3 pouces : les inférieures ordinairement conformes aux radicales; les autres la plupart soit à 3 segments confluents, soit à 3 folioles plus ou moins longuement pétiolés, oblongs, ou oblongs-spathulés, ou linéaires-oblongs, ou linéaires, ou cunéiformes-oblongs, tantôt très-entiers, tantôt sinuolés, ou crénelés, ou incisés-crénelés (surtout au sommet); les segments latéraux assez souvent bifides. Pédoncules-florifères assez courts, dressés; pédoncules-fructifères longs de 1 pouce à 2 pouces, plus ou moins divergents, ou défléchis. Fleurs larges de 2 à 4 lignes. Étairion long de 3 à 4 lignes.

Cette plante, nommée vulgairement *Grenouillette d'eau*, est commune dans les lieux humides ou marécageux. Elle fleurit depuis le mois de mai jusqu'en automne. Toutes ses parties, mais surtout ses boutons de fleurs et ses jeunes fruits, sont très-caustiques. On l'emploie quelquefois, dans la médecine populaire, en guise de vésicatoire. L'un des symptômes de l'empoisonnement causé par cette plante, consiste, à ce qu'on dit, en une sorte de rire sardonique.

Genre BATRACHIUM. — *Batrachium* (De Cand.) Reichenb.

Sépales 5, pétaloïdes, caducs, cymbiformes, non-prolongés au-delà de la base. Pétales 5 à 12 : fovéole courtement appendiculée au sommet. Étamines peu nombreuses : filets filiformes; anthères elliptiques, très-obtuses, latéralement déhiscentes. Ovaires nombreux, comprimés. Stigmates sessiles ou subsessiles, courts, obtus. Étairion globuleux : nucules subtestacées, lenticulaires, transversalement rugueuses, immarginées, à peine carénées aux bords, subapiculées. Gynophore petit, subglobuleux.

Herbes vivaces, aquatiques. Tiges radicantes à la base, flottantes supérieurement, rameuses. Feuilles sessiles ou pétiolées, peltées, ou palmées, ou déchiquetées en lanières capillaires ; gaîne pétiolaire membraneuse aux bords. Pédoncules oppositifoliés, solitaires, uniflores, après la floraison en général déclinés ou défléchis. Fleurs blanches, émergées. Pétales marqués d'une tache basilaire jaune. Étamines 5 à 30, jaunes, plus courtes que les pétales. Ovaires stipités ou substipités, serrés, comprimés bilatéralement : ovule attaché à la base de l'angle interne. Stigmates rectilignes, terminaux, finement papilleux. Étairion à nucules assez nombreuses, serrées, petites, quelquefois sétifères au dos. Gynophore glabre ou sétifère.

Ce genre renferme 5 ou 6 espèces, dont voici les plus notables:

A. *Tige anguleuse. Pétales au nombre de 5. Étamines plus longues que le pistil.*

a) *Feuilles pétiolées, tantôt toutes déchiquetées en lanières capillaires ou linéaires, flasques, tantôt les inférieures (submergées) déchiquetées, et les supérieures (flottantes) lobées.*

Batrachium aquatile. — *Batrachium aquatile* Reichenb. — *Ranunculus aquatilis* Linn..

— α : Trichophylle (*trichophyllus*). — Flor. Dan. tab. 376. — *Ranunculus capillaceus* Thuil. — Feuilles toutes submergées, déchiquetées : lanières capillaires, flasques, divergentes.

— β : Hétérophylle (*heterophyllus.*) — *Ranunculus heterophyllus* Hoffm. — *Ranunculus diversifolius* Schrank. — Feuilles supérieures (flottantes) suborbiculaires et peltées, ou subréniformes, plus ou moins profondément 3-ou 5-lobées.

— γ : Radicant (*radicans*). — Tige rampante (dans la vase). Feuilles (terrestres) toutes déchiquetées en lanières linéaires, divariquées.

Feuilles inférieures (ou toutes) triparties : segments dichotomes-multifides. Pétales obovales, plus longs que les sépales. Stigmates sessiles, ovales. Nucules suborbiculaires, substipitées, sétifères au dos.

Racine fibreuse, multicaule. Tiges radicantes (lorsqu'elles se trouvent dans des mares dépourvues d'eau en été) ou flottantes, grêles, fistuleuses, très-rameuses, subdichotomes, longues de 1/2 pied à 4 pieds, quelquefois pubérules supérieurement. Feuilles submergées à contour suborbiculaire, larges de 1/2 pouce à 3 pouces (en général moins longues que larges), à lanières non étalées mais dirigées en tout sens et très-flasques ; gaîne pétiolaire poilue. Feuilles-flottantes larges de 6 lignes à 1 pouce, d'un vert gai, un peu coriaces, glabres : lobes arrondis ou cunéiformes, très-entiers, ou plus ou moins profondément crénelés au sommet; pétiole presque filiforme, beaucoup plus long que la lame. Feuilles de la variété radicante d'un vert gai, larges de 1/2 pouce à 1 pouce ; plusieurs fois ternatiparties, longuement pétiolées. Pédoncules grêles, cylindriques, fistuleux, longs de 1/4 de pouce à 2 pouces, émergés pendant la floraison, puis déclinés ou recourbés et submergés. Boutons subglobuleux. Fleurs larges de 4 à 8 lignes. Sépales elliptiques, obtus, étalés, glabres, ou pubérules en dessous. Étairion du volume d'un pois. Gynophore sétulifère.

Cette plante est commune dans les eaux stagnantes ou dont le cours est très-lent, en Europe, ainsi qu'en Sibérie et dans l'Amérique septentrionale. Elle fleurit pendant tout l'été. Au voisinage des localités où elle abonde, on l'emploie avec avantage comme engrais.

b) Feuilles subsessiles, toujours toutes déchiquetées en lanières capillaires, de consistance raide.

Batrachium circinné. — *Batrachium circinnatum* Reichenb. — *Ranunculus circinnatus* Sibth. Oxon. — *Ranuncu-*

lus divaricatus Schrank, Baier. Flor. — *Ranunculus rigidus* Pers. — Hoffm. Deutsch. Flor. — *Ranunculus stagnatilis* Wallr. Sched.

Cette espèce diffère de la précédente par ses feuilles subsessiles (le pétiole réduit à une courte gaîne), plus petites, à lanières raides et étalées en cercle; les stigmates, au lieu d'être ovales et parfaitement sessiles, sont linéaires et subsessiles. La plante croît dans les mêmes localités que le *Batrachium aquatile*.

B. *Tige cylindrique. Pétales au nombre de 7 à 12. Étamines plus courtes que le pistil.*

Batrachium fluviatile.—*Batrachium fluitans* Reichb.—*Ranunculus fluitans* Lamk. — *Ranunculus peucedanifolius* Allion. Pedem. — *Ranunculus fluviatilis* Wigg. Prim. — Wallr. Sched. — *Ranunculus peucedanoides* Desfont. Atl.

Feuilles (toutes submergées) ternatiparties : segments plusieurs fois dichotomes ou subtrichotomes; lanières et segments longs, linéaires, subparallèles. Pétales cunéiformes ou oblongs-cunéiformes, plus longs que les sépales. Nucules obliquement obovales, glabres.

Tiges très-rameuses, dichotomes, grêles, fistuleuses, blanches ou rougeâtres, atteignant jusqu'à 20 pieds de long. Feuilles longues de 2 à 6 pouces, flasques, subcunéiformes en leur contour : les inférieures longuement pétiolées ; les supérieures subsessiles. Pédoncules fructifères longs de 2 à 4 pouces, assez gros, fistuleux, recourbés. Fleurs larges de 8 à 12 lignes.

Cette espèce croît dans les fleuves, les rivières et les ruisseaux, où elle devient souvent très-embarrassante par son abondance. On peut également l'utiliser comme engrais. Elle n'a aucune âcreté, et, dans quelques cantons d'Angleterre, les fermiers ont coutume d'en nourrir les bestiaux.

Genre RENONCULE. — *Ranunculus* Linn. (Spach.)

Sépales 5, non-persistants (par exception persistants de même que les pétales), cymbiformes, non-prolongés au-delà de leur base. Pétales 5 (accidentellement 6, ou 7, ou moins de 5), courtement onguiculés : onglet fovéolé ou squamulifère au sommet. Étamines nombreuses (dans quelques espèces seulement 6 à 15) ; filets filiformes-spathulés ; anthères mucronées ou mutiques, linéaires, ou oblongues, ou suborbiculaires, trigones, ou comprimées, extrorses, ou latéralement déhiscentes. Ovaires lenticulaires ou aplatis, en général nombreux. Styles rectilignes, ou oncinés, triangulaires, ou subulés, papilleux antérieurement. Étairion globuleux, ou ovoïde, ou conique, ou subcylindracé : nucules lenticulaires ou aplaties, coriaces, ou testacées, ou chartacées, carénées aux bords, ou marginées, apiculées, ou oncinées, ou rostrées. Gynophore hémisphérique, ou conique, ou cylindracé.

Herbes vivaces, ou annuelles, ou bisannuelles, souvent poilues. Tiges dressées ou décombantes, en général rameuses. Feuilles alternes, pétiolées (du moins les inférieures), indivisées, ou lobées, ou palmatiparties, ou pédalées, ou digitées, ou décomposées : pétiole élargi à sa base en gaîne membraneuse ou auriculée aux bords. Pédoncules nus, terminaux, ou terminaux et oppositifoliés (et dichotoméaires), uni - ou pauci-flores, toujours dressés. Fleurs jaunes ou blanches. Sépales réfléchis, ou ascendants, ou étalés. Pétales étalés. Étamines pluri-sériées, ou rarement pauci-sériées, toujours plus courtes que les pétales. Anthères jaunes. Ovaires ordinairement multi-sériés, plus ou moins comprimés bilatéralement. Ovule renversé, attaché à la base de l'angle interne de la loge. Nucules ascendantes, ou érigées, ou horizontales, plus ou moins comprimées bilatéralement.

Presque tous les *Ranunculus* sont plus ou moins âcres et vénéneux. Toutefois ce principe âcre est très-volatile et se dissipe en tout, ou du moins en grande partie, par la dessiccation : de sorte que ces plantes, très-nuisibles au bétail tant qu'elles sont fraîches, se donnent sans inconvénient dans le foin. Les feuilles et autres parties des Renoncules, appliquées sur la peau, ne tardent pas à faire naître des ampoules, et se prescrivent parfois comme remède vésicant, surtout dans les cas où l'on craint l'action trop stimulante des cantharides. Plusieurs espèces ont des fleurs très-élégantes. On en connaît environ cent, dont voici les plus remarquables :

Sous-genre I. RANUNCELLA Spach.

Racine fibreuse. Fleurs blanches. Fovéole nectarifère des pétales inappendiculée ou prolongée supérieurement en appendice libre. Étamines pluri-sériées : anthères oblongues, comprimées, latéralement déhiscentes. Étairion ovoïde ou subglobuleux : nucules nombreuses, coriaces, lenticulaires, carénées aux bords, immarginées, lisses.

A. *Pétales immaculés, à fovéole prolongée supérieurement en appendice spathulé. — Tige ordinairement multiflore. Feuilles palmatiparties, pétiolées (excepté les supérieures).*

RENONCULE A FEUILLES D'ACONIT. — *Ranunculus aconitifolius* Linn. — Flor. Dan. tab. 111. — Bot. Mag. tab. 204 (flor. plen.) — Jaume Saint-Hil. Flor. et Pom. Franç. tab. 335. — *Ranunculus platanifolius* Linn.

Feuilles 3-7-parties : segments subrhomboïdaux, ou lancéolés, acuminés, ou pointus, ou obtus, incisés-dentés (ceux des feuilles supérieures quelquefois très-entiers), souvent trifides. Étairion subglobuleux : nucules obovales, oncinées, veineuses.

Plante glabre ou plus ou moins poilue, haute de 1/2 pied à 3 pieds. Rhizome court, pivotant, garni de longues fibres blanchâtres et assez grosses. Tige dressée, cylindrique, subdichotome et paniculée dans sa moitié supérieure (ou peu rameuse lorsque la plante croît dans des régions très-élevées); rameaux plus ou moins divariqués, grêles. Feuilles d'un vert gai : les radicales longuement pétiolées, larges de 2 à 6 pouces; les caulinaires graduellement plus petites; les florales la plupart linéaires et indivisées. Pédoncules dichotoméaires et terminaux, subfastigiés, très-grêles. Fleurs larges de 1/2 pouce à 1 1/2 pouce. Sépales caducs presque dès l'épanouissement, d'un blanc lavé de rouge, presque membraneux, subonguiculés, très-obtus, carénés au dos, étalés. Pétales elliptiques, ou oblongs, ou obovales, 3 fois plus longs que les sépales. Étamines à peu près aussi longues que les sépales; filets blancs. Pistil de 8 à 12 ovaires bisériés. Styles subulés, aplatis, oncinés. Nucules longues d'environ 2 lignes, finement veineuses. Gynophore grêle, conique-cylindracé, velu.

Cette espèce croît dans les prairies des Alpes et de la plupart des hautes montagnes de l'Europe. Elle fleurit en été. On en cultive dans les parterres une variété à fleurs doubles et très-élégante, qu'on nomme vulgairement *Bouton d'argent*.

B. *Pétales ordinairement maculés de jaune à la base; fovéole inappendiculée. Tige uniflore ou rarement biflore, en général monophylle. Feuilles radicales palmatifides ou palmatiparties.*

RENONCULE ALPESTRE. — *Ranunculus alpestris* Linn. — Jacq. Flor. Austr. tab. 110. — Engl. Bot. tab. 2390. — *Ranunculus Traunfellneri* Hopp. Bot. Zeit.

Feuilles radicales tantôt 3-ou 5-lobées, tantôt 3-ou 5-parties, suborbiculaires, à base cordiforme, ou réniforme, ou tronquée; lobes ou segments incisés-crénelés ou tricrénés : les basilaires souvent bifides. Feuille caulinaire indivisée ou linéaire, ou à 3 segments linéaires, sessile. Pétales obcordiformes ou trilobés. Étairion subglobuleux : nucules obovales, courtement rostrées.

Rhizome uni-ou pluri-caule, oblique, court, garni de longues fibres blanchâtres. Tige grêle, dressée, glabre (de même que toute la plante), haute de 2 à 10 pouces, en général uniflore, ou rarement biflore. Feuilles radicales longues de 4 à

18 lignes, d'un vert foncé, luisantes, subcoriaces, longuement pétiolées : segments cunéiformes ou subrhomboïdaux, obtus. Feuille caulinaire longue de quelques lignes à 1 pouce. Pédoncule plus ou moins allongé (quelquefois plus long que la tige). Fleur large de 8 à 15 lignes. Sépales d'un jaune verdâtre ou blanchâtre, très-obtus, quelquefois échancrés : les extérieurs elliptiques; les intérieurs obovales, plus larges, membraneux aux bords.

Cette espèce habite les régions élevées des Alpes et des Pyrénées; elle se plaît dans les localités pierreuses et humides, surtout au voisinage des neiges. On la cultive comme plante d'agrément.

C. *Pétales immaculés, à fovéole prolongée supérieurement en appendice tubuleux. — Feuilles coriaces, nerveuses, très-entières : les radicales pétiolées; les caulinaires sessiles, amplexicaules. Tige uni- ou pluri-flore.*

Renoncule a feuilles de Parnassia. — *Ranunculus parnassifolius* Linn. — Wulff. in Jacq. Misc. v. 1, tab. 9, fig. 3. — Bot. Mag. tab. 386. — Lodd. Bot. Cab. tab. 245.

Feuilles légèrement laineuses en dessus aux nervures et aux bords (du moins étant jeunes), glabres en dessous : les radicales cordiformes, ou ovales, ou ovales-elliptiques, subacuminées, obtuses; les caulinaires en général ovales-lancéolées, acuminées. Pédoncules laineux. Étairion subglobuleux : nucules obovales, oncinées.

Plante haute de 2 pouces à ½ pied. Rhizome court, gros, garni d'une touffe de longues fibres blanchâtres. Tige grêle, dressée, laineuse, tantôt simple et uni- ou pauci-flore, tantôt paniculée au sommet. Feuilles radicales 5-ou 7-nervées, longues de 6 à 15 lignes; pétiole 2 à 6 fois plus long que la lame, canaliculé en dessus, très-élargi inférieurement. Feuilles caulinaires petites (les dernières sublinéaires), quelquefois subopposées aux bifurcations des ramules. Pédoncules plus ou moins allongés, grêles, tantôt rapprochés presque en corymbe, tantôt oppositifoliés et terminaux. Sépales étalés, membraneux aux bords, ovales-cymbiformes, obtus, d'un rouge-verdâtre. Pétales longs de 4 à 6 lignes, flabelliformes, ou obovales, très-obtus, échancrés, ordinairement veinés de rouge. Nucules glabres, longues d'environ 2 lignes. Gynophore petit, velu.

Cette espèce croît dans les régions les plus élevées des Alpes et des Pyrénées.

RENONCULE A FEUILLES ÉTROITES. — *Ranunculus augustifolius* Spach.

— α : A FEUILLES TRÈS-ÉTROITES (*angustissimus*). — *Ranunculus pyrenæus* Deless. Ic. Sel. 1, tab. 27, fig. B. — *Ranunculus angustifolius* De Cand. — Deless. Ic. Sel. 1, tab. 27, fig. A. — Feuilles linéaires ou lancéolées-linéaires.

— β : A FEUILLES DE PLANTAIN (*plantagineus*). — *Ranunculus pyrenæus* Linn. — Wulff. in Jacq. Misc. 1, tab. 18, fig. 1. — *Ranunculus plantagineus* Allion. Pedem. tab. 76, fig. 1. — *Ranunculus bupleurifolius* Lapeyr. — Feuilles lancéolées.

— γ : AMPLEXICAULE (*amplexicaulis*). — *Ranunculus amplexicaulis* Linn. — Bot. Mag. tab. 266. — Deless. Ic. Sel. v. 1, tab. 27, fig. C. — Feuilles ovales-lancéolées : les caulinaires plus amplexicaules que dans les autres variétés.

Cette Renoncule ne diffère de l'espèce précédente, dont elle est peut-être une variété, que par des feuilles non-cordiformes ni laineuses. Les tiges et pédoncules sont tantôt glabres, tantôt pubescents. Elle croît dans les mêmes localités que le *Ranunculus parnassifolius*.

Sous-genre II. THORA De Cand.

Racine grumeuse. Tige solitaire, simple, 1-3-flore, nue inférieurement. Feuilles radicales (jamais plus de 2) petites ou réduites à la gaîne pétiolaire. Feuilles caulinaires sessiles, amplexicaules, dissemblables : l'inférieure indivisée ou lobée, réniforme, grande ; les autres indivisées ou trifides, petites. Fleurs jaunes. Fovéole nectarifère des pétales couverte d'une squamule adnée par les bords. Étamines nombreuses : anthères oblongues, comprimées, latéralement déhiscentes. Étairion ovoïde : nucules peu nombreuses (par avortement), coriaces, lenticulaires, très-convexes des deux côtés, veineuses, immarginées, légèrement carénées aux bords.

Renoncule Thora. — *Ranunculus Thora* Linn. — *Ranunculus scutatus* Wald. et Kit. Plant. Hung. Rar. tab. 187. — *Ranunculus brevifolius* Tenor. Flor. Nap.

Feuilles radicales réduites aux gaînes pétiolaires. Feuilles caulinaires coriaces : l'inférieure réniforme-orbiculaire, inégalement crénelée ; les autres (1 à 3) lancéolées, ou ovales-lancéolées, ou obovales, acuminées, très-entières, ou bifides, ou trifides. Nucules subtrapéziformes, oncinées.

Plante glabre ou pubérule, haute de 4 pouces à 1 pied. Rhizome très-court, garni d'une touffe de tubercules subfusiformes, noirâtres, grêles, fibreux inférieurement. Tige grêle, dressée, 1-3-flore. Feuille caulinaire inférieure large de 1 pouce à 3 pouces, souvent incisée-crénelée au sommet ; feuilles suivantes longues de 4 lignes à 1 pouce ; rarement il y a une seconde feuille semblable à l'inférieure et presque aussi grande. Pédoncules grêles, longs de 1 pouce à 4 pouces. Fleurs longues d'environ 6 lignes. Pétales obovales, de moitié plus longs que les étamines. Nucules glabres, longues d'environ 2 lignes.

Cette plante croît dans les prairies des Alpes. Ses racines sont très-vénéneuses ; les chasseurs helvétiens s'en servaient jadis pour empoisonner les flèches.

Sous-genre III. FLAMMULA Webb.

Racine fibreuse. Pédoncules terminaux ou subterminaux. Fleurs jaunes. Fovéole nectarifère des pétales couverte d'une squamule adnée par les bords. Étamines pauci- ou pluri-sériées ; anthères suborbiculaires ou oblongues, très-obtuses, comprimées, latéralement déhiscentes. Étairion ovoïde ou subglobuleux : nucules nombreuses, coriaces, lenticulaires, lisses, ou tuberculeuses, à rebord uni-caréné. Feuilles très-entières ou denticulées.

A. *Plantes multicaules. Racine composée de fibres filiformes capillaires. Tiges paniculées, multiflores. Feuilles non coriaces, denticulées, ou très-entières. Étamines assez nombreuses.*

a) *Rhizome court, vertical, non-radicant. Tiges radicantes, ou décombantes, ou ascendantes.*

Renoncule Flammule. — *Ranunculus Flammula* Linn. —Flor. Dan. tab. 575. —Engl. Bot. tab. 387. — Curt. Flor. Lond. tab. 37. — Bull. Herb. tab. 15.—Svensk Bot. tab. 117. — *Ranunculus reptans* Linn. — Flor. Dan. tab. 108.

Feuilles denticulées ou très-entières : les radicales ovales ou ovales-lancéolées, subobtuses; les caulinaires lancéolées-elliptiques, ou lancéolées, ou lancéolées-linéaires, ou sublinéaires, pointues. Sépales cymbiformes, étalés. Nucules obovales, lisses, apiculées, légèrement marginées.

Racine vivace. Tiges grêles, ou filiformes, flexueuses, un peu comprimées, fistuleuses, tantôt glabres, tantôt pubérules, longues de 1/2 pied à 2 pieds. Feuilles glabres ou pubérules, d'un vert gai, un peu luisantes : les radicales et les caulinaires inférieures longuement pétiolées, à lame longue de 1 pouce à 2 pouces; feuilles caulinaires quelquefois presque filiformes; gaîne pétiolaire amplexicaule, largement membraneuse aux bords. Pédoncules grêles ou filiformes, flexueux, dressés, ou ascendants. Fleurs larges de 4 lignes à 1 pouce. Boutons globuleux. Sépales elliptiques, obtus, pubérules, d'un vert jaunâtre, finalement réfléchis. Pétales obovales, plus longs que les sépales. Nucules larges d'environ 1 ligne.

Cette plante, nommée vulgairement *Flammule* ou *Petite Douve*, est commune dans les prairies marécageuses ainsi que dans toutes les autres localités humides. Elle fleurit depuis le mois de mai jusqu'à la fin de l'été. C'est l'une des plus vénéneuses parmi les espèces indigènes, et c'est à sa causticité qu'est dû son nom de Flammule.

b) *Rhizome radicant, stolonifère. Tiges dressées.*

Renoncule Lingua. — *Ranunculus Lingua* Linn.— Engl. Bot. tab. 100. — Flor. Dan. tab. 755. — Hook. Flor. Lond. tab. 171.—Turp. in Dict. des Sciences Nat. Ic.

Feuilles très-allongées, lancéolées (les supérieures en général linéaires-lancéolées), acuminées, denticulées. Sépales cymbiformes, étalés. Nucules lisses, ovales, largement marginées, terminées par un court bec ensiforme.

Rhizome articulé, de la grosseur d'un doigt, garni à chaque nœud d'un verticille de racines filiformes. Tiges hautes de 2 à 4 pieds, fistuleuses, cannelées, de la grosseur d'un tuyau de plume et plus, rameuses supérieurement. Feuilles atteignant jusqu'à 1 pied de long sur un pouce de large, d'un vert un peu glauque, en général très-glabres, quelquefois pubérules ainsi que les rameaux. Pédoncules dressés ou ascendants, grêles : les fructifères longs de 2 à 4 pouces. Fleurs larges de 10 à 18 lignes. Boutons globuleux. Sépales jaunâtres, elliptiques, très-obtus, caducs. Pétales obovales, d'un jaune vif. Nucules larges d'environ 2 lignes.

Cette espèce, remarquable par la beauté de ses fleurs, croît dans les étangs, les fossés aquatiques, et au bord des rivières. Elle fleurit pendant tout l'été. Toutes ses parties sont très-âcres.

Sous-genre IV. AURICOMUS Spach.

Racine fibreuse, polycéphale. Tiges paniculées, multiflores. Feuilles radicales tantôt palmatiparties, tantôt pédatiparties, tantôt lobées, tantôt indivisées. Feuilles caulinaires subsessiles, pédalées. Pédoncules terminaux ou subterminaux. Fleurs jaunes. Pétales comme vernissés (souvent en partie abortifs, ou par avortement moins de 5) : fovéole nectarifère marginée. Étamines nombreuses, plus courtes que les pétales, plus longues que le pistil; anthères oblongues, comprimées, mucronées, latéralement déhiscentes. Étairion subglobuleux: nucules nombreuses, coriaces, lenticulaires, lisses, immarginées, tricarénées au bord antérieur, uni-carénées au bord postérieur, terminées en court bec ensiforme.

RENONCULE PRINTANNIÈRE. — *Ranunculus vernus* Spenn. Flor. Friburg. — *Ranunculus auricomus* Linn. — Engl. Bot. tab. 624. — Flor. Dan. tab. 665. — *Ranunculus polymorphus* Allion. Flor. Pedem. tab. 82, fig. 2. — *Ranunculus mitis* Gilib. — *Ranunculus cassubicus* Linn. (var. grandiflora.) — Lœs. Pruss. tab. 72. — Reichenb. Plant. Crit. v. 2, fig. 261. — Bot. Mag. tab. 2267.

Feuilles radicales tantôt réniformes, ou réniformes-orbiculaires, ou cordiformes-orbiculaires, indivisées, ou trilobées, crénelées, ou incisées-crénelées, tantôt 3-ou 5-parties (à segments de forme très-variable, incisés-dentés et souvent bi- ou tri-fides), ou pédalées (3-5-foliolées, à folioles pétiolulées, 3-parties et laciniées). Feuilles caulinaires 3-9-parties : segments sessiles ou pétiolulés, linéaires, ou linéaires-spathulés, ou lancéolés-linéaires, ou lancéolés, obtus, ou pointus, très-entiers, ou incisés-dentelés, ou bifides, ou trifides, étalés, divergents. Pédoncules non-sillonnés. Sépales étalés. Nucules glabres ou pubérules, suborbiculaires, très-convexes des deux côtés, à bec plus ou moins onciné, rectiligne ou ascendant.

Plante tantôt glabre, tantôt pubérule, haute de ½ pied à 2 pieds. Rhizome court, oblique, couvert d'une multitude de fibres filiformes. Tiges dressées ou ascendantes (quelquefois solitaires), cylindriqnes, ou un peu comprimées, fistuleuses, finement cannelées, en général rameuses et subdichotomes à partir de leur milieu (quelquefois simples ou presque simples), nues inférieurement. Rameaux grêles ou presque filiformes, plus ou moins divergents, tantôt subfastigiés, tantôt formant une panicule inégale. Feuilles d'un vert gai, finalement luisantes et fermes : les radicales (tantôt toutes indivisées ou légèrement lobées, tantôt toutes laciniées, tantôt diversiformes sur le même individu) larges de 1 pouce à 4 pouces, à pétiole très-grêle, atteignant jusqu'à 1 pied de long, plus ou moins élargi ou peu élargi à sa base. Pédoncules filiformes ou grêles, dressés, longs de 2 à 4 pouces. Fleurs larges de 4 à 12 lignes. Sépales elliptiques-oblongs, obtus, jaunâtres, pubescents, tantôt aussi longs que les pétales, tantôt 1 à 2 fois plus courts. Pétales (souvent petits et au nombre de 1 à 3) obovales, d'un jaune vif. Nucules larges de 1 ligne ou un peu plus.

Cette espèce, qui mérite d'être cultivée dans les parterres, est commune dans les prairies humides, les bois et les buissons; elle croît dans presque toute l'Europe, ainsi qu'en Sibérie, et dans l'Amérique boréale. Elle fleurit en avril et mai. La plante est remarquable, parmi ses congénères, par le manque de toute âcreté.

Sous-genre V. CHRYSANTHE Spach.

Racine fibreuse, en général polycéphale. Tiges en général paniculées, multiflores. Pédoncules terminaux ou subterminaux. Feuilles digitées, ou palmatiparties (les radicales quelquefois indivisées) : les radicales et les caulinaires inférieures longuement pétiolées; les supérieures sessiles ou subsessiles. Fleurs jaunes. Pétales comme vernissés, avec une tache basilaire plus pâle et non-lustrée: fovéole nectarifère couverte d'une squamule adnée par les bords. Étamines nombreuses, plus longues que le pistil, plus courtes que les pétales; anthères subfalciformes, trigones, mucronées, extrorses. Étairion ovoïde ou subglobuleux : nucules nombreuses, coriaces, lenticulaires, lisses ou tuberculeuses, marginées, tricarénées aux bords, terminées par un bec ensiforme souvent onciné.

A. *Feuilles palmatiparties. Sépales étalés.*

a) *Nucules terminées en court bec légèrement recourbé.*

Renoncule acre. — *Ranunculus acris* Linn.— Engl. Bot. tab. 652.—Curt. Flor. Lond. 1, tab. 39.—Svensk Bot. tab. 375.

—Turp. in Flor. Médic. Ic. —*Ranunculus Steveni* Andrz. — *Ranunculus brutius* Tenore.

Tiges dressées, multiflores. Feuilles inférieures 3- ou 5-parties : segments cunéiformes ou subrhomboïdaux, 2- 3- ou multifides, à lanières incisées-dentées, pointues. Feuilles supérieures trifides (ou indivisées) : lanières linéaires ou lancéolées. Nucules glabres (de même que le gynophore), courtement rostrées. Pédoncules non-sillonnés.

Plante haute de 1/2 pied à 3 pieds, en général garnie de poils érigés ou apprimés. Rhizome court, oblique, fibrilleux. Tiges glauques, grêles, cylindriques, fistuleuses, en général indivisées jusque vers leur milieu : rameaux presque dressés. Feuilles glauques ou d'un vert gai, tantôt glabres aux 2 faces, tantôt glabres ou poilues en dessus et satinées en dessous, souvent marbrées de taches noirâtres, ou violettes, ou blanchâtres ; feuilles radicales larges de 1 pouce à 3 pouces ; pétiole semi-cylindrique : gaîne membraneuse aux bords. Pédoncules grêles, dressés, en général poilus. Fleurs larges de 6 à 12 lignes. Sépales elliptiques, d'un jaune verdâtre, ordinairement poilus en dessous. Pétales obovales, ou obovales-orbiculaires, ou subcordiformes, 2 à 5 fois plus longs que les sépales. Nucules longues d'environ 2 lignes, noirâtres et luisantes à la maturité.

Cette espèce, nommée vulgairement *Grenouillette*, est très-commune dans les prairies et autres localités herbeuses, soit sèches, soit humides. Elle fleurit depuis le mois de mai jusqu'à la fin de juillet. Toutes ses parties sont très-âcres. On s'en sert quelquefois comme remède vésicant, en guise de cantharides.

On cultive fréquemment, dans les parterres, une variété de la *Renoncule* âcre, à fleurs doubles, connue sous le nom de *Bouton d'or*.

Renoncule multiflore. — *Ranunculus polyanthemos* Linn. — Lobel. Ic. p. 666.

Feuilles inférieures 3-ou 5-ou 7-parties : segments cunéiformes, trifides ou bifides, à lanières sublinéaires, ou lancéolées, incisées-dentées. Pédoncules non-sillonnés. Nucules glabres, obovales, courtement rostrées. Gynophore velu.

Plante tout-à-fait semblable à la *Renoncule âcre,* tant par le port que par les fleurs et le fruit. Les feuilles sont en général découpées en lanières plus menues.

Cette espèce croît dans les endroits herbeux des bois. Elle n'est pas moins âcre que la précédente.

b) Nucules terminées en long bec recourbé en forme de crosse.

RENONCULE LAINEUSE. — ***Ranunculus lanuginosus*** Linn. — Jaume Saint-Hil. Flor. et Pom. Franç. tab. 334.

Tiges dressées, multiflores. Feuilles inférieures plus ou moins profondément 3-ou 5-fides : segments rhomboïdaux, ou obovales, ou ovales, ou ovales-lancéolés, ou cunéiformes, bifides ou trifides, incisés-dentés, acuminés. Feuilles supérieures trifides ou triparties (les florales indivisées) : segments ovales, ou ovales-lancéolés, ou lancéolés, ou linéaires, incisés-dentés, ou très-entiers. Pédoncules très-sillonnés. Nucules glabres de même que le gynophore, lisses, obovales, oncinées.

Plante haute de 2 à 4 pieds, en général hérissée de longs poils horizontaux ou rabattus. Rhizome court, oblique, fibrilleux. Tiges grêles, cylindriques, fistuleuses, glauques, divisées supérieurement en rameaux plus ou moins divergents. Feuilles d'un vert foncé, ordinairement veloutées en dessous (du moins étant jeunes), quelquefois maculées de blanc ou de noir; les radicales larges de 2 à 4 pouces, à pétiole long de 1/2 pied à 1 pied; les caulinaires graduellement plus petites, quelquefois trifoliolées. Fleurs d'un jaune vif, larges de 5 lignes à 1 pouce. Calice très-velu, jaunâtre. Pétales obovales, quelquefois rétus. Étairion subglobuleux : nucules longues d'environ 2 lignes.

Cette espèce croît dans les endroits herbeux, surtout dans les montagnes. Elle fleurit en été. On la cultive comme plante d'ornement. Elle est beaucoup moins âcre que la plupart des autres Renoncules.

B. *Feuilles inférieures tantôt pennées-trifoliolées, tantôt bi-pennées.*

a) *Sépales rabattus sur le pédoncule. Tige non-stolonifère, renflée en forme de bulbe à sa base.*

Renoncule bulbeuse.—*Ranunculus bulbosus* Linn.—Bull. Herb. tab. 27. —Engl. Bot. tab. 515. — Flor. Dan. tab. 551. — Svensk Bot. tab. 387. — Curt. Flor. Lond. 1, tab. 58.

Tiges dressées, ordinairement multiflores. Folioles des feuilles inférieures pétiolulées ou sessiles (les latérales en général sessiles), trifides, ou triparties, cunéiformes, ou subrhomboïdales, à segments subcunéiformes, plus ou moins larges, trifides, ou incisés-dentés. Feuilles supérieures 3- ou 5-parties, palmées, à segments sublinéaires, ou trifides, ou bifides. Pédoncules sillonnés. Nucules suborbiculaires, courtement rostrées, lisses, glabres ; bec dressé, onciné au sommet. Gynophore velu.

Plante haute de $^1/_2$ pied à 2 pieds, en général hérissée de poils tantôt apprimés, tantôt étalés ou rabattus. Rhizome bulbiforme, garni à sa base d'une touffe de longues fibres. Tiges anguleuses, fistuleuses, quelquefois peu rameuses et pauciflores. Feuilles d'un vert gai, ou foncé, ou jaunâtre, de forme et de grandeur très-variables, quelquefois marbrées ou marginées de blanc. Fleurs larges de 6 à 10 lignes. Sépales ovales-lancéolés, pointus, hérissés. Pétales obovales-orbiculaires ou cunéiformes-orbiculaires. Étairion subglobuleux.

Cette espèce est commune dans les prairies, les pâturages et les champs incultes, surtout dans les terrains secs. Elle fleurit depuis le mois de mai jusqu'en juillet. Elle ne le cède point en âcreté à aucune de ses congénères, et c'est surtout dans ses jeunes bulbes que ce principe vénéneux se trouve concentré.

On cultive dans les parterres une variété de cette Renoncule, à fleurs doubles.

b) *Sépales étalés. Tige ordinairement stolonifère à sa base, non-renflée.*

Renoncule rampante. —*Ranunculus repens* Linn. —Flor. Dan. tab. 795. —Engl. Bot. tab. 516. —Bull. Herb. tab. 77.

— Svensk Bot. tab. 400. — *Ranunculus infestus* Salisb. — — *Ranunculus lucidus* Poir. (var. glabra.) — *Ranunculus prostratus* Flœrk. (var. eflagellis.)

Tiges-florifères dressées ou ascendantes. Feuilles inférieures pennées-trifoliolées ou biternées (ou rarement triparties); folioles pétiolulées ou moins souvent sessiles, trifides, ou triparties, cunéiformes, ou subrhomboïdales : segments incisés-dentés, souvent bifides ou trifides, cunéiformes, ou rhomboïdaux, ou oblongs. Feuilles supérieures triparties (à segments indivisés), ou indivisées et sublinéaires. Pédoncules sillonnés. Étairion globuleux : nucules suborbiculaires, glabres, chagrinées, courtement rostrées : bec rectiligne, ou ascendant, peu ou point onciné.

Plante tantôt glabre, tantôt pubescente, ou incane, ou velue, haute de 1/2 pied à 3 pieds. Rhizome court, oblique, garni de fibres assez fortes, produisant en général, outre les tiges florifères, des stolons radicants (du moins dans leur partie inférieure) qui finissent quelquefois aussi par se redresser et produire des fleurs. Tiges anguleuses, plus ou moins rameuses, pauciflores, ou pluriflores. Feuilles de forme et de grandeur très-variables, d'un vert ordinairement foncé, souvent maculées de blanc ou de noir; pétiole des feuilles radicales atteignant jusqu'à 1 pied de long. Fleurs larges de 5 à 12 lignes, semblables à celles du *Ranunculus acris*. Sépales elliptiques-oblongs, obtus, jaunâtres, ordinairement pubescents ou velus. Pétales obovales ou obovales-orbiculaires. Nucules larges de 1 ligne à 2 lignes, noirâtres et luisantes à la maturité.

Cette espèce, connue sous les noms vulgaires de *Bassinet rampant*, *Pied-Pou*, et *Pied de poule*, est commune dans les prairies, les pâturages, les lieux cultivés et les bois; elle s'accommode de toute sorte de terrain, soit humide, soit aride, et fleurit depuis le mois de mai jusqu'à la fin de l'été.

La *Renoncule rampante* est presque dépourvue d'âcreté; dans plusieurs contrées de l'Europe, le peuple en mange les jeunes feuilles, comme herbe potagère. On cultive fréquemment dans les parterres une variété de cette plante, à fleurs doubles, nommée *Bouton d'or*, de même que la *Renoncule âcre* à fleurs doubles.

Sous-genre VI. RANUNCULASTRUM De Cand.

Racine grumeuse. Tiges paniculées ou pauciflores. Pédoncules terminaux ou subterminaux. Feuilles bi- ou tri-pennées, ou pennées-trifoliolées, ou pédalées, ou palmatiparties, ou lobées, ou moins souvent indivisées : les radicales longuement pétiolées; les caulinaires subsessiles, à gaîne pétiolaire subamplexicaule. Fleurs jaunes. Pétales comme vernissés, avec une tache basilaire non-lustrée; fovéole nectarifère couverte d'une squamule adnée par les bords. Étamines nombreuses, plus longues que le pistil, plus courtes que les pétales; anthères falciformes, trigones, mucronées, extrorses. Étairion spiciforme : nucules très-nombreuses, très-serrées, chartacées, aplaties, largement marginées, non-carénées, rostrées : rebord membraneux; bec ensiforme, aplati. Gynophore long, grêle, cylindracé.

A. *Feuilles radicales et feuilles caulinaires-inférieures bipennées; feuilles supérieures digitées 3-ou 5-foliolées : folioles pennatiparties, ou bipennatiparties. Étairion cylindracé.*

Renoncule a feuilles menues. — *Ranunculus millefoliatus* Vahl, Symb. 2, p. 63, tab. 37. — Desfont. Flor. Atlant. tab. 116. — Bot. Mag. tab. 3009.

Segments et lobules des folioles petits, courts, sublinéaires. Tiges 1-3-flores. Pédoncules très-longs, non-sillonnés. Sépales pointus, étalés. Nucules suborbiculaires : bec court, un peu recourbé, onciné.

Plante haute de quelques pouces à 1 pied, en général velue ou pubescente. Tubercules ovoïdes ou fusiformes, jaunâtres, rétrécis inférieurement en une longue fibre. Tiges en général touffues, dressées, grêles, cylindriques, presque nues, ou médiocrement feuillées. Feuilles d'un vert gai, molles : les radicales longues de 1 pouce à 3 pouces ; gaîne pétiolaire large, membraneuse. Pédoncules longs de 2 à 6 pouces. Fleurs larges de 12 à 15 lignes. Sépales elliptiques-oblongs, velus, d'un jaune lavé de violet. Pétales (5 à 7) de moitié plus longs que les sépales, obovales, très-obtus, d'un jaune vif, striés en dessous de veines violettes ; taches basilaires rougeâtres. Étairion long de 6 lignes à 1 pouce ; nucules horizontales, glabres, lisses, larges de 1 ligne ou un peu plus. Gynophore glabre.

Cette espèce, indigène dans la région méditerranéenne, mérite d'être cultivée comme plante d'ornement.

B. *Feuilles la plupart pédalées, ou pennées-trifoliolées. Étairion ovale-oblong, ou ovale-globuleux.*

a) *Feuilles primordiales indivisées. Feuilles radicales (de la plante adulte) pennées-trifoliolées ou pédalées. Feuilles caulinaires en général triparties. Sépales réfléchis.*

RENONCULE D'ILLYRIE. — *Ranunculus illyricus* Linn. — Jacq. Flor. Austr. tab. 222. — Lodd. Bot. Cab. tab. 1620.

Feuilles ordinairement satinées-argentées : les primordiales ovales, ou ovales-lancéolées, ou lancéolées-elliptiques, ou lancéolées-oblongues, quelquefois bifides ; les radicales et les caulinaires inférieures 3- ou 5-foliolées : folioles tantôt lancéolées et très-entières, tantôt découpées en 3 ou 5 segments lancéolés-linéaires ; les latérales sessiles, ou pétiolulées ; la terminale longuement pétiolulée. Étairion ovale-oblong ; nucules obliquement ovales, largement marginées, glabres, finement chagrinées, terminées en bec subrectiligne.

Plante haute de 1/2 pied à 1 1/2 pied, en général couverte de longs poils soyeux et apprimés. Tubercules grêles, fusiformes, ou subcylindracés, terminés inférieurement en une longue fibre. Tiges grêles, dressées, cylindriques, simples, ou rameuses au sommet, 1-5-flores, en général solitaires. Feuilles radicales longues de 2 à 6 pouces (y compris le pétiole). Feuilles caulinaires sessiles ou subsessiles, 3- ou 5-parties (à segments sublinéaires et en général très-entiers), ou indivisées. Pédoncules longs, grêles, dressés, cylindriques. Fleurs larges de 8 à 12 lignes. Sépales elliptiques-oblongs, obtus, très-velus en dessous, glabres et jaunâtres en dessus. Pétales cunéiformes-orbiculaires, d'un jaune vif, striés en dessous de veinules rougeâtres; tache basilaire brunâtre. Nucules brunâtres, longues de 1 ligne.

Cette espèce croît dans l'Europe orientale. Elle passe pour être très-vénéneuse. On la cultive quelquefois comme plante d'ornement. Sa floraison a lieu en mai et en juin.

b) *Feuilles primordiales trifides. Feuilles radicales (de la plante adulte) et feuilles caulinaires inférieures tri-parties. Sépales étalés.*

Renoncule pédalée. — *Ranunculus pedatus* Waldst. et Kit. Plant. Hung. Rar. tab. 108. — Bot. Mag. tab. 2229. — Lodd. Bot. Cab. tab. 351.

Feuilles primordiales cunéiformes-trilobées ou trifides. Feuilles radicales pédatiparties : segments sessiles ou pétiolulés, indivisés, ou bifides, ou trifides. Feuille caulinaire inférieure 3- ou 5-partie : segments indivisés et sublinéaires, ou comme pétiolulés et cunéiformes-trifides au sommet. Étairion ovale-globuleux : nucules obliquement obovales, finement ponctuées, glabres, à bec onciné.

Plante tantôt glabre, tantôt pubérule, haute de 1/2 pied à 2 pieds. Tubercules petits, subfusiformes, noirâtres, fibreux à l'extrémité inférieure. Tiges solitaires ou peu nombreuses, très-grêles, dressées, cylindriques, nues et indivisées inférieurement, en général paniculées vers le sommet, pauciflores, ou pluriflores. Feuilles d'un vert gai ou jaunâtre : les radicales larges de 1 pouce à 2 pouces, tronquées ou cunéiformes à la base : segments ordinairement pointus. Feuille caulinaire-inférieure plus grande que les radicales. Pédoncules subterminaux, très-grêles, cylindriques. Fleurs larges de 6 à 8 lignes. Sépales glabres ou presque glabres, elliptiques, très-obtus, d'un jaune lavé de rouge. Pétales obovales, très-obtus, d'un jaune vif. Étairion long de 3 à 4 lignes; nucules brunâtres, longues d'environ 1 ligne.

Cette espèce, qui habite l'Europe orientale, se cultive quelquefois comme plante de parterre. Elle fleurit en mai et juin.

Genre CYPRIANTHE. — *Cyprianthe* Spach.

Sépales 5 à 9, cymbiformes, non-persistants, non prolongés au-delà de la base. Pétales en nombre indéfini (au moins 7 dans la fleur simple); fovéole nectarifère tubuliforme, couverte d'une squamule (bifide ou échancrée) adnée par les bords. Étamines très-nombreuses; filets filiformes, subcylindriques; anthères oblongues-falciformes, mucronées, extrorses. Ovaires aplatis, très-nombreux. Styles triangulaires-subulés, longs, aplatis, colorés, papilleux au bord antérieur. Étairion spiciforme, cylindracé : nucules membraneuses, aplaties, marginées, subcultriformes, rostrées, non-carénées. Gynophore long, subcylindracé.

Herbe vivace. Racine grumeuse. Tiges 1-5-flores, presque nues. Feuilles tantôt pédalées, tantôt pennées-trifoliolées, tantôt bipennées : les radicales longuement pétiolées; les caulinaires courtement pétiolées ou subsessiles (les dernières en général trifides ou indivisées). Pédoncules terminaux ou terminaux et oppositifoliés, longs, uniflores, dressés. Fleurs grandes, tantôt d'un jaune vif, tantôt rouges, tantôt d'un jaune orange, tantôt blanches, ou carnées, ou olivâtres, tantôt panachées de deux ou de plusieurs de ces couleurs. Sépales ascendants, verdâtres. Étamines à peu près de moitié plus courtes que le pistil, beaucoup plus courtes que la corolle; filets blanchâtres; anthères d'un violet noirâtre de même que les styles. Ovaires minces, aplatis bilatéralement, ascendants, non-stipités. Ovule renversé, attaché à la base de l'angle interne. Nucules ascendantes ou subhorizontales, petites, légèrement marginées (rebord diaphane), terminées en court bec plus ou moins recourbé; cavité séminifère très-petite.

Ce genre, très-voisin des *Anémones*, n'est fondé que sur l'espèce suivante :

CYPRIANTHE FAUSSE-ANÉMONE. — *Cyprianthe anemonoides* Spach. — *Ranunculus asiaticus* Linn. — Mill. Ic. tab. 216. — Clus. Hist. p. 240-243, Ic. — Sweet, Flor. Guid. tab. 6, 12, 18, 24, 28, 34, 37, 40, 43, 54, 61, 68, 73, 78, 83, 86 et 90. (varr. flor. plen.)

Plante tantôt glabre, tantôt plus ou moins velue ou pubescente, haute de quelques pouces à 1 pied (et plus, lorsqu'elle est fructifère). Tubercules ovoïdes, ou fusiformes, terminés inférieurement en longues fibres. Tiges solitaires ou peu nombreuses, très-grêles, dressées, cylindriques, fistuleuses. Feuilles d'un vert gai ou un peu glauques, succulentes, de forme très-variable (souvent sur le même individu) : les radicales longues de 3 à 6 pouces (y compris le pétiole); folioles tantôt toutes pétiolulées (la terminale toujours plus longuement que les latérales), tantôt seulement la terminale pétiolulée, cunéiformes, ou cunéiformes-obovales, ou cunéiformes-orbiculaires, ou subrhomboïdales, ou très-obliquement obovales, ou oblongues, ou sublinéaires, inégalement crénelées, ou 2- ou 3-lobées et crénelées ou incisées, ou multifides : lobes ou segments de forme très-variable. Pédoncules dressés, grêles, cylindriques, non-sillonnés, longs de quelques pouces à 1 pied, en général velus. Fleurs larges de 1 pouce à 3 pouces. Sépales ovales-lancéolés ou oblongs-lancéolés, pointus, ou subobtus. Pétales cunéiformes-obovales, ou flabelliformes, très-obtus, courtement onguiculés. Étairion long d'environ 1 pouce; nucules glabres, lisses, longues de 1 ligne.

Cette plante élégante, nommée vulgairement *Renoncule des jardins,* est indigène en Syrie, dans l'Asie-Mineure et dans plusieurs îles de l'Archipel. Elle fut introduite de Constantinople en Angleterre, vers la fin du 16e siècle. Tout le monde sait qu'on en cultive aujourd'hui une multitude de variétés (des fleuristes anglais en ont énuméré jusqu'à huit cents), la plupart doubles, et de toute couleur, le bleu excepté.

La culture de la *Renoncule des jardins* demande un sol riche, bien ameubli. La terre sablonneuse ou la terre franche, mélangées de terreau de feuilles, sont en général préférées à cet usage. On retire de terre les tubercules (que les horticulteurs nomment *griffes*), dès que le feuillage de la plante se dessèche; on les lave à l'eau et on les étend dans un lieu aéré, jusqu'à ce que toute l'humidité soit dissipée; dans cet état ils se conservent, sans être replantés, durant une année, et même, à ce qu'on assure, jusqu'à trois ans. Si, pour avoir des fleurs plus précoces, on remet ces tubercules en terre dès l'automne, il faut les couvrir suffisamment pour les garantir des fortes gelées, mais d'ordinaire, dans notre climat, on les conserve, jusqu'à la fin de l'hiver, dans un endroit sec et tempéré. La multiplication de la *Renoncule des jardins* se fait soit par la séparation des tubercules, dont chacun est susceptible de produire un bourgeon, soit par graines. A l'aide de ce dernier moyen, on obtient sans cesse de nouvelles variétés.

SECTION II. **ADONINÉES.** — *Adonineæ* Spach.

Sépales au nombre de 5 à 8. Pétales au nombre de 5 (accidentellement moins de 5) à 20 : onglet court; lame non-fovéolée. Anthères latéralement déhiscentes. Ovaires à ovule suspendu un peu au-dessous du sommet de l'angle interne. Graine inadhérente.

Genre ADONIS. — *Adonis* Linn.

Sépales 5, subpétaloïdes, non-persistants, un peu prolongés au-delà de leur base. Pétales 5 à 9 (accidentellement moins de 5). Étamines pauci-sériées; filets subulés, pendant l'anthèse infléchis au sommet, puis réfléchis; anthères (*de couleur violette*) elliptiques, très-obtuses, arquées après l'anthèse. Ovaires nombreux, ascendants, imbriqués, non-stipités, irrégulièrement tétragones. Styles coniques-subulés ou pyramidaux, obliques, rectilignes (*après la floraison érigés, ou courbés en avant*), terminés chacun par un stigmate linguiforme et onciné. Étairion spiciforme : nucules acuminées ou apiculées, pyramidales, subtétragones, réticulées, fovéolées. Gynophore très-grêle, glabre, fovéolé, mince, plus ou moins flexueux.

Herbes annuelles, âcres, en général presque glabres. Racine pivotante, peu rameuse. Tige feuillée, rameuse, fistuleuse. Rameaux axillaires, finalement plus longs que la tige : les primaires feuillés ; les secondaires souvent nus ou presque nus. Feuilles dissemblables : les radicales et les caulinaires inférieures longuement pétiolées, bi- ou tri-pennées ; les autres sessiles ou subsessiles, palmatiparties, ou à segments une ou plusieurs fois pennatipartis. Fleurs solitaires, immédiatement terminales, jaunes, ou rouges, épanouies seulement au soleil à certaines heures : celles des rameaux terminaux plus grandes et plus précoces que les autres. Sépales étalés ou réfléchis, concaves, plus courts que les pétales. Pétales étalés lors de l'épanouissement, connivents en forme de boule ou bien érigés aux autres heures, ordinairement marqués d'une tache basilaire de couleur noire. Étamines plus longues que le pistil, plus courtes que la corolle ; filets blancs ; anthères d'un violet noirâtre. Ovaires très-serrés, imbriqués sur plusieurs rangs, un peu comprimés bilatéralement, parsemés de papilles stipitées. Style à l'époque de la floraison à peu près aussi long que l'ovaire, dans quelques espèces d'un violet noirâtre. Stigmate canaliculé antérieurement. Étairion cylindracé ou ovale-cylindracé : nucules ascendantes ou horizontales, imbriquées, glabres, plus ou moins distinctement tétragones, un peu comprimées bilatéralement, carénées aux deux bords, dans plusieurs espèces entourées au-dessus de la base d'un rebord plus ou moins fortement denticulé ; endocarpe mince, presque osseux.

Les *Adonis* se font remarquer par l'élégance de leurs fleurs ; mais tous sont âcres et vénéneux. Ils croissent de préférence parmi les céréales. Le genre, dans les limites que nous lui assignons, renferme cinq ou six espèces (toutes indigènes dans les régions tempérées de l'ancien continent) dont voici les plus intéressantes :

A. *Sépales presque réfléchis, non-appliqués contre les pétales lors de l'épanouissement. Pétales (aux heures durant lesquelles la fleur reste fermée) connivents presque en forme de boule. Étairion souvent ovoïde ou ovale-cylindracé : nucules à bords ni dentés ni gibbeux.*

ADONIS DES POETES. — *Adonis poetarum* Spach. — *Adonis autumnalis* (1) Linn. — Engl. Bot. tab. 308. — Curt. Flor. Lond. v. 2, tab. 37. — Reichenb. Plant. Crit. vol. 4, fig. 497.

Lobules des feuilles linéaires, acuminés-sétacés. Sépales (d'un pourpre violet) ordinairement glabres. Pétales (d'un pourpre vif) oblongs-obovales. Nucules acuminées (par le style restant terminal, et jamais incliné en avant), à rebord basilaire soit nul, soit peu marqué et très-entier.

Plante glabre ou pubérule, atteignant jusqu'à 2 pieds de haut. Tige ferme, dressée, cannelée, à rameaux ascendants ou plus ou moins divergents, quelquefois subpaniculés. Feuilles à segments multifides. Pédoncules cylindriques, striés : les florifères très-courts, en général débordés par la dernière feuille; les fructifères acquérant 2 à 4 pouces de long. Sépales lancéolés-rhomboïdaux ou obovales-rhomboïdaux, à peu près de moitié plus courts que les pétales, obtus, ou pointus, quelquefois denticulés, parsemés en dessous et aux bords de papilles granuliformes. Pétales (en général au nombre de 8) longs de 4 à 7 lignes, obtus, souvent denticulés vers le sommet, en général noirs au-dessus de la base, à peu près 1 fois plus longs que les étamines. Pistil (à l'époque de la floraison) d'un violet noirâtre. Styles larges, tétraèdres-ancipités (comprimés dorsalement). Étairion long de 6 lignes à 1 pouce, tantôt ovoïde, tantôt cylindracé ou ovale-cylindracé; nucules glabres ou pubescentes, en général très-serrées, longues de 2 à 3 lignes (y compris la pointe, laquelle est à peu près de moitié plus courte que la portion séminifère).

---

(1) Nom tout-à-fait impropre : cet *Adonis* commençant à fleurir dès la fin du printemps, de même que toutes ses congénères.

Cette espèce, commune dans la région méditerranéenne, et qu'on rencontre encore çà et là dans l'Europe plus septentrionale, se cultive fréquemment comme plante de parterre. Elle fleurit pendant tout l'été. Sa corolle d'un pourpre foncé, et de forme globuleuse lorsqu'elle est fermée, peut se comparer à une goutte de sang ; aussi est-ce sur cette ressemblance que les poëtes ont fondé la fiction mythologique d'Adonis mourant, transformé en plante par Vénus.

B. *Sépales étalés, appliqués contre les pétales lors de l'épanouissement. Pétales (aux heures durant lesquelles la fleur reste fermée) érigés et rectilignes. Étairion toujours cylindracé ; nucules à bords dentés ou gibbeux.*

a) *Nucules acuminées (par le style restant terminal et jamais incliné en avant), uni-dentées à la base aux deux bords, quelquefois en outre gibbeuses vers le milieu du bord antérieur, toujours entourées (lors de la parfaite maturité) d'un rebord supra-basilaire plus ou moins fortement denticulé.*

ADONIS COMMUN. — *Adonis vulgaris* Spach. — *Adonis æstivalis* Reich. Plant. Crit. v. 4, fig. 490-494. — *Adonis maculata* Wallroth.

— α : A FLEUR ROUGE (*rubra*). — *Adonis miniata* Jacq. Flor. Austr. tab. 354. — *Adonis flammea* Schleich. — *Adonis ambigua* Gaudin. — Pétales d'un rouge de cinabre ou d'un rouge de brique, en général noirs à la base.

— β : A FLEUR JAUNE (*flava*). — *Adonis flava* Vill. Dauph. — *Adonis citrina* Hoffm. — Pétales d'un jaune pâle, en général noirs à la base.

Lobules des feuilles linéaires, acuminés-sétacés. Sépales (jaunâtres) ordinairement glabres. Pétales oblongs-obovales, obtus. Nucules plus ou moins serrées, grosses, fortement carénées, à pointe pyramidale et verte.

Plante glabre, ou moins souvent pubérule, haute de 1/2 pied à 2 1/2 pieds. Tige grêle, ferme, dressée, cylindrique, striée, tantôt simple, tantôt paniculée : rameaux très-grêles, presque érigés, quelquefois divisés en ramules nus ou monophylles. Feuilles à segments multifides. Pédoncules cylindriques, striés : les florifères (du moins les terminaux) en général très-courts et très-grêles; les fructifères atteignant 3 à 6 pouces de long. Sépales oblongs ou oblongs-obovales, en général obtus, à peu près 1 fois plus courts que les pétales. Pétales longs de 4 à 7 lignes, maculés à la base, ou moins fréquemment immaculés, très-obtus, quelquefois denticulés vers le sommet. Étamines à peu près aussi longues que les sépales. Pistil (à l'époque de la floraison) ovoïde ou subglobuleux, vert. Étairion long de 6 à 15 lignes : nucules glabres, longues de 2 à 2 ½ lignes : style gros, tétraèdre.

Cette espèce, qui ne mérite pas moins que la précédente une place dans les jardins, est commune dans presque toute l'Europe. Elle fleurit en juin et juillet.

b) *Nucules apiculées (par un style très-grêle, tantôt érigé, tantôt incliné en avant, devenant infra-apicilaire par le développement plus fort du bord antérieur de l'ovaire), gibbeuses devant le style, mais non dentées à la base du bord antérieur, ordinairement unidentées à la base du bord postérieur, à rebord supra-basilaire tantôt nul ou peu exprimé, tantôt apparent et denticulé.*

Adonis éclatant. — *Adonis flammea* Jacq. Flor. Austr. tab. 355. — Reichenb. Plant. Crit. v. 4, fig. 495 et 496. — *Adonis æstivalis* De Cand. Flor. Franç. et Prodr. (exclus. synon.) — *Adonis anomala* Wallroth.

Lobules des feuilles linéaires-filiformes, mucronés. Sépales (jaunâtres) ordinairement pubescents. Pétales lancéolés-oblongs ou lancéolés, subobtus (d'un écarlate vif, tantôt maculés, tantôt immaculés). Nucules lâches ou plus ou moins serrées, petites, légèrement carénées, à pointe très-grêle et violette.

Plante plus grêle que les deux espèces précédentes, tantôt puberule, tantôt glabre. Tige dressée, cylindrique, striée, tantôt simple ou peu rameuse, tantôt paniculée. Feuilles d'un vert plus gai que celles de l'*Adonis commun*, à lanières plus fines et plus allongées. Fleurs en général plus longuement pédonculées.

Sépales lancéolés ou lancéolés-oblongs, pointus, denticulés au sommet, 1 à 2 fois plus courts que les pétales. Pétales longs de 4 à 7 lignes, ordinairement denticulés vers le sommet. Étamines à peu près aussi longues que le calice. Étairion long de 8 à 15 lignes, souvent très-grêle et comme interrompu. Nucules glabres, longues de 1 ligne à 1 1/2 ligne : style conique-subulé, obscurément tétragone, d'un violet noirâtre presque jusqu'à la parfaite maturité.

Cette espèce croît dans presque toute l'Europe, mais elle est en général moins commune que la précédente. Elle fleurit en juin et juillet.

Genre ADONANTHE. — *Adonanthe* Spach.

Sépales 5-8, non-persistants, subpétaloïdes, non-prolongés au-delà de leur base. Pétales 8 à 20. Étamines très-nombreuses, pluri-sériées; filets filiformes, épaissis au sommet, toujours rectilignes; anthères (*de couleur jaune*) oblongues, obtuses, non-arquées après l'anthèse. Ovaires nombreux, ascendants, imbriqués, non-stipités, subtétragones. Styles pyramidaux ou coniques-subulés, subrectilignes (*après la floraison courbés en arrière*), terminés chacun par un stigmate onciné. Étairion ovoïde ou subglobuleux : nucules nombreuses, obovées, ou obtriangulaires, un peu comprimées, oncinées, lisses ou réticulées, anguleuses. Gynophore ovale ou ovale-oblong.

Herbes vivaces, âcres, à rhizome fibreux, pluricaule. Tiges feuillées, rameuses (du moins après la floraison). Feuilles bi- ou tri-pennatiparties, ou palmatiparties (à segments multifides) : les radicales soit grandes et longuement pétiolées, soit réduites (ainsi que les caulinaires inférieures) à la gaîne pétiolaire; les caulinaires sessiles ou courtement pétiolées. Fleurs solitaires, immédiatement terminales, grandes, jaunes, épanouies seulement au soleil à certaines heures. Sépales étalés, concaves, plus courts que les pétales. Pétales étalés lors de l'épanouissement, mais érigés et un peu connivents aux autres heures. Étamines beaucoup plus courtes que la corolle, un peu plus longues que le pistil. Ovaires un peu comprimés bilatéralement, trigones au dos, à l'époque de la floraison à peu près aussi longs que les styles. Nucules glabres ou pubescentes.

Ce genre renferme trois ou quatre espèces. Ces plantes sont remarquables par de très-belles fleurs, et elles méritent d'être propagées dans les jardins.

SECTION I. CONSILIGO Daléch.

Feuilles radicales et feuilles caulinaires-inférieures très-petites ou réduites à de courtes gaînes pétiolaires; les autres feuilles subsessiles. Étairion globuleux ou ovale-globuleux, moriforme : nucules pubescentes (de même que le réceptacle), obovées, réticulées, très-courtement oncinées par un style conique-subulé, infra-apicilaire (par le développement plus fort du côté postérieur de l'ovaire), tétragone, non-décurrent. Tiges produisant (après la floraison) de longs rameaux axillaires stériles.

a) *Feuilles 3-ou 5-parties, palmées : segments pennatipartis ou bipennatipartis (le terminal pétiolulé; les latéraux sessiles).*

ADONANTHE VERNAL. — *Adonanthe vernalis* Spach. — *Adonis vernalis* Linn. — Schk. Handb. tab. 152. — Bot. Mag. tab. 134. — Hayn. Arzn. I, tab. 2. — Gærtn. Fruct. I, tab. 74, fig. 6. — *Adonis apennina* Jacq. Flor. Austr. tab. 44. (non Linn.)

Segments des feuilles à lanières linéaires-filiformes, acuminées-sétacées au sommet, non-confluentes. Sépales (ordinairement 5) elliptiques, ou cunéiformes-obovales, ou lancéolés, obtus, ou pointus, souvent denticulés. Pétales (12 à 20) elliptiques, ou oblongs, ou lancéolés-oblongs, ou lancéolés, obtus, ou pointus, quelquefois denticulés. Pédoncules fructifères dressés.

Plante touffue, tantôt glabre, tantôt pubérule, à l'époque de la floraison haute de 3 à 6 pouces, puis atteignant jusqu'à 1 1/2 pied de haut. Tiges dressées, feuillues (excepté vers la base), cylindriques, ou un peu comprimées, tantôt rameuses dès l'époque de la floraison, tantôt d'abord simples, mais produisant plus tard de longs rameaux axillaires stériles. Feuilles longues de 1 pouce à 3 pouces, d'un vert gai et un peu luisantes, portées sur une courte gaîne semi-amplexicaule. Fleurs subsessiles. Sépales d'un jaune verdâtre ou rougeâtre, pubérules, de moitié à 1 fois plus courts que les pétales. Corolle d'un jaune vif, large de 1 pouce à 2 pouces. Étairion dressé, courtement stipité, long de 4 à 6 lignes. Gynophore ovale-oblong ou ovale, pubescent.

Cette espèce croît dans presque toute l'Europe ainsi qu'en Sibérie; on la trouve dans les pâturages dont le sol est calcaire. Elle fleurit en avril et en mai.

b) *Feuilles bi-ou tri-pennatiparties, oblongues en leur contour.*

ADONANTHE DE SIBÉRIE. — *Adonanthe sibirica* Spach. — *Adonis sibirica* Ledeb. Hort. Dorp. — Reichenb. Plant. Crit. v. 4, tab. 322. — *Adonis davurica* Ledeb. l. c. — Reichenb. l. c. tab. 321. — *Adonis ircutiana* Fisch! — *Adonis apennina* Pallas (et Linn. ex. C. A. Meyer, in Ledeb. Flor. Alt.) — *Adonis volgensis* Steven. — Deless. Ic. Sel. 1, tab. 20.

Segments des feuilles plus ou moins confluents, à lanières courtes, sublinéaires, ou linéaires-cunéiformes, acuminées-sétacées au sommet. Sépales (ordinairement 5) obovales, ou lancéolés-obovales, ou lancéolés, pointus, ou obtus, souvent denticulés au sommet, glabres, ou pubérules. Pétales obovales, ou elliptiques, ou lancéolés-obovales, ou lancéolés-oblongs, ou lancéolés, pointus, ou obtus, quelquefois denticulés au sommet.

Plante tantôt très-glabre, tantôt plus ou moins pubérule, semblable à l'*Adonanthe vernal* quant au port et aux fleurs, mais très-distinct par le mode de composition de ses feuilles, et en général moins rameuse.

Cette espèce habite les steppes de la Sibérie. Elle fleurit au printemps.

Section II. ANCISTROCARPIUM Spach.

Feuilles radicales grandes, longuement pétiolées. Feuilles caulinaires plus petites : les inférieures courtement pétiolées; les autres à pétiole réduit à une gaîne semi-amplexicaule. Étairion ovoïde : nucules glabres (de même que le gynophore), subrhomboïdales, non-réticulées, longuement oncinées par un style falciforme-ancipité, terminal, décurrent. Tiges ne produisant point de rameaux stériles.

Adonanthe des Pyrénées. — *Adonanthe pyrenaica* Spach. — *Adonis pyrenaica* De Cand. Fl. Franç. — Deless. Ic. Sel. tab. 21. — *Adonis apennina* Gouan. (non Linn.) — *Adonis distorta* Ten. Prodr.

Feuilles dissemblables : les radicales pennati-triparties, ovales-arrondies en leur contour; la caulinaire inférieure conforme tantôt aux radicales, tantôt aux autres feuilles caulinaires; celles-ci 5-ou 7-parties, pédalées; segments multipartis, à lobules linéaires, ou lancéolés-linéaires, ou linéaires-falciformes, courts, pointus, mucronés, plus ou moins confluents. Sépales (ordinairement 5) lancéolés, ou lancéolés-oblongs, ou lancéolés-obovales, obtus, ou pointus. Pétales (8 à 20) cunéiformes-oblongs, ou lancéolés-oblongs, ou lancéolés, ou oblongs-obovales, obtus, ou pointus, quelquefois denticulés au sommet.

Plante tantôt très-glabre, tantôt pubérule, à l'époque de la floraison haute de quelques pouces à 1 pied, plus tard acquérant jusqu'à 2 pieds de haut. Tiges solitaires ou peu nombreuses, cylindriques, striées, dressées, ascendantes à la base, nues inférieurement, en général bifurquées soit peu au-dessus de la base, soit plus haut, moins souvent soit plus rameuses, soit très-simples. Feuilles d'un vert gai, un peu luisantes : les radicales (larges de 3 à 6 pouces, à pétiole long de 4 pouces à 1 pied) touffues, uni-latérales, à trois segments primaires dont le terminal est longuement pétiolulé et biternatiparti (à segments secondaires pennati- ou bipennati-partis), tandis que les deux latéraux sont courtement pétiolulés, en général bipartis à segments bi-ou tri-pennatipartis (quelquefois à segments ternatipartis). Feuilles caulinaires à segments bi- ou tri-pennatipartis, ou quelquefois bi-ou tri-ternatipartis (le segment terminal en général plus ou moins longuement pétiolulé, surtout sur les feuilles inférieures; les segments latéraux sessiles ou courtement pétiolulés). Pédoncule toujours dressé, à l'époque de la floraison en général à peine plus long que la dernière feuille, plus tard atteignant jusqu'à 4 pouces de long. Sépales de moitié à 1 fois plus courts que les pétales, en général glabres, d'un jaune tantôt verdâtre, tantôt lavé de violet. Corolle large de 1 $^1/_2$ pouce à 2 pouces, d'un jaune de citron. Étamines plus longues que le pistil, 1 à 2 fois plus courtes que la corolle. Étairion long de 5 à 7 lignes : nucules beaucoup moins nombreuses que celles des espèces de la section 1re, longues d'environ 3 lignes, sur presque autant de large, marginées et rectilignes au bord antérieur. Gynophore ovale-oblong.

Cette espèce croît dans les pâturages très-élevés des Pyrénées et des Apennins.

Genre KNOWLTONIA. — *Knowltonia* Salisb.

Sépales 5 à 8, uni-sériés, non-persistants, herbacés. Pétales 5 à 8, uni-sériés, inonguiculés, conformes aux sépales et presque herbacés. Étamines nombreuses : filets filiformes, subtétragones; anthères suborbiculaires, rétuses. Ovaires environ 20, verticillés, pauciseriés, ascendants, oblongs, un peu comprimés, courtement stipités. Styles filiformes, ascendants, recourbés, oncinés et papilleux au sommet, finalement caducs. Étairion à nucules lâches, drupacées : endocarpe mince, osseux. Graine ovoïde, suspendue. Gynophore petit, subhémisphérique.

Herbes vivaces. Racine en général fasciculée. Tiges nues, en général simples, terminées en ombelle (soit simple, soit composée) munie d'une collerette de feuilles simples. Feuilles radicales biternées ou triternées, longuement pétiolées : folioles dentelées ou pennatifides, coriaces. Fleurs d'un jaune verdâtre, de grandeur médiocre. Pédoncules et pédicelles non-fastigiés. Étamines plus courtes que les sépales, plus longues que le pistil; anthères jaunes.

Ce genre, propre à l'Afrique australe, renferme cinq espèces. Ces plantes sont remarquables par leur port, qui ressemble à celui des Ombellifères; elles participent d'ailleurs à l'âcreté si fréquente parmi les Renonculacées. Les espèces suivantes se cultivent dans les collections d'Orangerie.

Knowltonia raide. — *Knowltonia rigida* Salisb. Prodr. —Lodd. Bot. Cab. tab. 850.—*Adonis capensis* Linn. —*Anamenia coriacea* Vent. Malm. tab. 22. — *Knowltonia vesicatoria* Bot. Reg. tab. 936.

Feuilles radicales biternées, ou subtriternées. Folioles ovales, obtuses, dentelées : les latérales obliquement tronquées d'un côté, subsessiles; les terminales pétiolulées, à base ordinairement cunéiforme. Tige simple. Ombelle composée ou décomposée. Ombellules munies d'un involucelle de bractées en général oblongues-spathulées. Feuilles de la collerette générale spathulées-cunéiformes ou spathulées-rhomboïdales, dentelées. Pédoncules et pédicelles recourbés après la floraison. Sépales et pétales spathulés-oblongs.

Plante glabre ou presque glabre sur toutes ses parties, haute de 1 pied à 2 pieds. Feuilles radicales larges de $^{1}/_{2}$ pied à 1 pied; folioles longues de 2 à 3 pouces. Ombelle non fastigiée, à 5-8 rayons souvent eux-mêmes composés. Ombellules 7-20-flores. Feuilles de la collerette générale beaucoup plus courtes que les pédoncules. Bractées des involucelles 2 à 4 fois plus courtes que les pédicelles. Fleurs larges d'environ 6 lignes. Sépales et pétales obtus, étalés, 2 à 3 fois plus longs que les étamines. Drupes ellipsoïdes, obtus aux deux bouts, subcylindriques, d'un bleu noirâtre, longs d'environ 3 lignes.

Knowltonia vésicant. — *Knowltonia vesicatoria* Sims, Bot. Mag. tab. 775. — *Adonis vesicatoria* Linn. fil. — *Anamenia laserpitiifolia* Vent. l. c.

Suivant les descriptions des auteurs, cette plante ne diffère des espèces précédentes, que par des feuilles pubescentes et scabres, ainsi que par sa tige terminée en ombelle simple et pauciflore.

Les habitants du Cap de Bonne-Espérance emploient les feuilles de cette plante en guise de vésicatoire.

SECTION III. ANÉMONINÉES. — *Anemonineæ* Spach.

Sépales au nombre de 3 à 20. Pétales nuls. Anthères latéralement déhiscentes. Ovaires à ovule suspendu un peu au-dessous du sommet de l'angle interne (excepté dans le *Trautvetteria*).

Genre TRAUTVETTÉRIA. — *Trautvetteria* Fisch. et C. A. Meyer.

Sépales 3 à 5, caducs, pétaloïdes, cymbiformes. Étamines 50-80 : filets filiformes-spathulés; anthères suborbiculaires, rétuses. Ovaires environ 20, agrégés, comprimés, non-stipités; ovule renversé, attaché à la base de l'angle interne. Styles courts, subulés, onciniformes, recourbés, papilleux antérieurement. Étairion à nucules chartacées, obliquement obovales, acuminées, oncinées, comprimées, immarginées, uni-carénées aux bords et de chaque côté. Gynophore court, conique.

Herbe vivace. Tige paniculée au sommet, feuillée. Feuilles palmatifides : les radicales et les caulinaires inférieures longuement pétiolées; les supérieures subsessiles ou sessiles; pétiole marginé et élargi à la base, semi-amplexicaule. Inflorescences axillaires et terminales, nues, cymeuses, subdichotomes. Pédicelles courts, dressés, épaissis au sommet, plus ou moins divergents. Sépales blanchâtres, subdiaphanes. Étamines divergentes après l'anthèse, plus longues que le pistil. Ovaires uni-ovulés, comprimés bilatéralement, rectilignes au bord antérieur, semi-circulaires au bord postérieur. Nucules petites, nombreuses, monospermes, assez semblables à celles des *Ranunculus*.

Ce genre, confondu fort mal à propos, par plusieurs auteurs, avec les *Actéa*, a de nombreuses affinités avec les *Thalictrum*, dont il ne diffère essentiellement que par l'insertion basilaire de l'ovule et par la présence accidentelle d'une corolle. On ne connaît d'autre espèce que celle dont nous allons traiter.

Trautvettéria palmé. — *Trautvetteria palmata* Fisch. et Mey. Ind. Hort. Petrop. I, p. 22. — *Cimicifuga palmata* Michx. Flor. Bor. Amer. — Bot. Mag. tab. 1630. — *Actæa palmata* De Cand. Syst. et Prodr.

Plante haute de 2 à 4 pieds, en général pluricaule. Tiges dressées, cylindriques, fistuleuses, obscurément anguleuses, grêles, finement pubérules (de même que les rameaux, les pédoncules et les pédicelles), en général simples et aphylles jusque vers le milieu. Rameaux simples, ou bifurqués au sommet, très-grêles, presque nus. Feuilles cordiformes-orbiculaires ou subréniformes (excepté les raméaires et les caulinaires les plus voisines du sommet, lesquelles sont petites, lancéolées, ou hastiformes-trifides), d'un vert foncé et glabres en dessus, d'un vert pâle et pubérules en dessous, plus ou moins profondément 5-ou 7-fides : les radicales atteignant jusqu'à 1 pied de large; les caulinaires inférieures larges de 3 à 6 pouces; les autres graduellement plus petites; segments lancéolés, ou cunéiformes-lancéolés, ou cunéiformes-rhomboïdaux, acuminés, incisés-dentés, en général trifides. Cymes 5-12-flores, assez denses, plus ou moins longuement pédonculées : la terminale ordinairement débordée par les axillaires. Pédicelles filiformes, épaissis au sommet, longs de 1 ligne à 3 lignes. Sépales cymbiformes-orbiculaires, très-obtus, finement striés, larges d'environ 2 lignes. Étamines longues de 2 à 2 1/2 lignes. Pistil à l'époque de la floraison petit, longuement débordé par les étamines. Étairion subglobuleux, du volume d'un pois; nucules glabres, longues à peine de 1 ligne.

Cette plante croît au bord des ruisseaux, dans les montagnes de la Caroline. Elle fleurit en été. On la cultive parfois dans les parterres.

Genre THALICTRUM. — *Thalictrum* Linn.

Sépales 4 ou 5, cymbiformes, subpétaloïdes, caducs. Pétales nuls. Étamines 10 à 30, dressées, ou pendantes : filets longs, capillaires, ou claviformes, ou spathulés; anthères linéaires-tétragones et mucronées (arquées avant l'anthèse), ou comprimées et mutiques. Ovaires 3 à 10, non-stipités, ou substipités, tétragones-ancipités, ou tétragones, ou triédres. Styles très-courts ou coniques-subulés. Stigmates en général laminaires, pétaloïdes, condupliqués. Réceptacle petit, annulaire. Gynophore petit, disciforme. Étairion de 3 à 10 nucules non-stipitées (par exception substipitées), comprimées, ou cylindriques, ou subtétragones, petites, subéreuses, mucronées (rarement rostrées ou oncinées), relevées de côtes plus ou moins saillantes.

Herbes vivaces, en général rameuses, le plus souvent glabres. Racines fibreuses, ou rampantes. Tiges anguleuses ou cylindriques, striées. Feuilles en général tri-pennées (du moins les inférieures; les supérieures quelquefois bi- ou tri-ternées, ou trifoliolées, ou bipennées, ou simplement pennées) : les inférieures longuement pétiolées; les supérieures sessiles ou subsessiles; gaîne pétiolaire membraneuse aux bords; ramifications du pétiole-commun dépourvues de stipelles, ou garnies de stipelles caduques; folioles souvent triparties, ou trifides, ou trilobées. Fleurs dressées ou nutantes, petites, en général très-nombreuses, disposées en panicules terminales. Pédicelles nus, filiformes, en général dressés après la floraison. Sépales verdâtres ou rougeâtres, caducs dès l'épanouissement, beaucoup plus courts que les étamines. Étamines plus longues que le pistil : filets jaunâtres, ou brunâtres, ou rarement rougeâtres. Anthères jaunes ou rougeâtres, dans la plupart des espèces mucronées et beaucoup plus larges que le filet; bourses en général contiguës des deux côtés. Ovaires ordinairement trinervés à chaque face et carénés aux bords. Style en général court et rectiligne. Stigmate violet ou blanchâtre, velouté antérieurement, caréné au dos par la continuation du style. Nucules le plus souvent ovoïdes, ou ellipsoïdes, ou fusiformes, rarement suborbiculaires. Graine petite, lisse, remplissant la loge.

Les *Thalictrum* ou *Pigamons* sont remarquables, parmi les Renonculacées, par le défaut d'âcreté de toutes leurs parties; aussi ne participent-ils point aux propriétés vénéneuses de tant d'autres végétaux de la même famille. Ce genre appartient exclusivement à l'hémisphère septentrional. Le nombre des espèces a été porté à près de cent, dont beaucoup toutefois ne doivent être considérées que comme des variétés. Quelques espèces mériteraient une place dans les grands parterres, à raison de l'élégance de leur feuillage. L'espèce la plus intéressante est la suivante :

Thalictrum jaune. — *Thalictrum flavum* Linn. — Engl. Bot. tab. 367.—Flor. Dan. tab. 939. — *Thalictrum nigricans* Jacq. Flor. Austr. tab. 421. — *Thalictrum glaucum* Desfont. Hort. Par. — *Thalictrum vaginatum* Desf. l. c.

Racine stolonifère. Tige haute de 2 à 4 pieds, dressée, rameuse, sillonnée, fistuleuse. Feuilles bi-ou tri-pennées, stipellées, glabres : les inférieures triangulaires en leur contour, longues de ½ pied à 1 pied; les supérieures triangulaires-oblongues, ou oblongues en leur contour; folioles d'un vert gai et un peu luisantes en dessus, glauques ou d'un vert pâle en dessous, trifides, ou tridentées, ou très-entières, cunéiformes (surtout celles des feuilles inférieures), ou oblongues, ou linéaires (surtout celles des feuilles supérieures), ou subovales, ou obovales, obtuses, ou pointues. Stipules acuminées, ciliolées : celles des feuilles inférieures plus larges que la gaîne pétiolaire. Ramules florifères nus ou presque nus, dressés, grêles, formant une panicule générale tantôt allongée, tantôt subpyramidale, tantôt subfastigiée. Panicules partielles courtes, denses, tantôt racémiformes, tantôt cymeuses. Fleurs dressées ou un peu inclinées, fasciculées. Sépales d'un blanc ou d'un jaune verdâtre. Étamines finalement pendantes : filets capillaires, jaunâtres ; anthères jaunes, linéaires-tétragones, légèrement mucronées. Stigmates ovales-triangulaires, subsessiles. Pédicelles-fructifères filiformes, dressés. Étairion de 6 à 10 nucules non-stipitées, ellipsoïdes, ou ovoïdes, mucronées, cylindriques, à huit côtes (alternativement plus et moins saillantes) carénées.

Cette plante, connue sous les noms vulgaires de *Thalitron*, ou *Rue des prés*, est commune dans toute l'Europe. Elle croît dans les prairies humides, et fleurit en juillet ou août. Ses racines contiennent un suc jaune d'une saveur à la fois douceâtre et légèrement amère. Ces racines, quoique peu usitées aujourd'hui en médecine, sont purgatives et peuvent remplacer la Rhubarbe, étant administrées à dose deux ou trois fois plus forte ; dans l'ancienne thérapeutique, on les considérait en outre comme toniques, diurétiques et fébrifuges.

Ce Thalictrum se cultive parfois comme plante d'ornement.

Genre TRIPTÉRIUM. — *Tripterium* De Cand.

Sépales 4, caducs, pétaloïdes, cymbiformes. Pétales nuls. Étamines nombreuses, dressées : filets longs, filiformes-spathulés ; anthères oblongues, très-obtuses, comprimées. Ovaires 8 à 16, longuement stipités, triédres. Stigmates subsessiles, linéaires-falciformes, recourbés. Réceptacle petit, hémisphérique. Gynophore ponctiforme. Étairion de 5 à 8 nucules stipitées, pendantes, chartacées, triédres (à angles ailés), oncinulées, obovées, uni-carénées à la face antérieure, du reste écostées et lisses.

Herbes vivaces, glabres, glauques, rameuses. Racine fibreuse, polycéphale. Feuilles tantôt bi-ou tri-ternées, tantôt bi-ou tri-pennées, stipulées et stipellées ; stipules membraneuses, adnées à la gaîne pétiolaire ; ramifications du pétiole-commun non-stipellées, ou garnies chacune d'une paire de stipelles membraneuses, persistantes, libres. Fleurs dressées, disposées en cymes ou en corymbes. Pédicelles nus, filiformes, nutants avant la floraison, puis toujours dressés. Sépales rouges ou blancs, caducs dès l'épanouissement, beaucoup plus courts que les étamines. Filets un peu comprimés, brusquement rétrécis au sommet, de même couleur que les sépales. Anthères jaunes, à peine plus larges que la partie élargie du filet; connectif étroit, linéaire. Face antérieure de l'ovaire carénée. Style très-court, subulé, tétragone. Stigmate velouté, blanchâtre, canaliculé antérieurement. Nucules à stipe débile filiforme. Graine fusiforme, lisse, plus petite que la loge.

Ce genre renferme 3 ou 4 espèces, dont voici la plus remarquable :

Triptérium a feuilles d'Ancolie. — *Tripterium aquilegifolium* Spach. — *Thalictrum aquilegifolium* Linn. — Jacq. Flor. Austr. tab. 318. — Bot. Mag. tab. 1818 et 2025. — *Thalictrum atropurpureum* Jacq. Hort. Vindob. v. 3, tab. 61.

Plante glabre, lisse, glauque, haute de 1 pied à 3 pieds. Racine forte, fibreuse, rameuse. Tige dressée, cylindrique, légèrement cannelée, souvent rougeâtre, en général paniculée au sommet et simple inférieurement. Rameaux-terminaux nus ou presque nus, subfastigiés. Feuilles stipellées, triangulaires en leur contour : les inférieures pétiolées, tantôt tripennées, tantôt triternées; les supérieures subsessiles, bi- ou tri- ternées; celles des ramules-florifères simples ou trifoliolées; folioles longues de 6 à 15 lignes, molles, finement veinées, non-luisantes, très-glauques en dessous, en général tricrénées au sommet, ou plus ou moins profondément trilobées (le lobe terminal quelquefois tricréné) ou bilobées : la terminale pétiolulée, tantôt cunéiforme ou cunéiforme-obovale, tantôt subcordiforme, tantôt ovale ou ovale-elliptique; les latérales sessiles ou subsessiles, obliquement ovales ou obovales, ou moins souvent cunéiformes. Stipules semi-orbiculaires, plus larges que la gaîne pétiolaire; stipelles suborbiculaires : celles des ramifications primaires assez grandes; les autres petites. Ramules florifères grêles, en général aphylles, disposés tantôt en cyme, tantôt en corymbe. Pédicelles filiformes, dressés, disposés tantôt en ombelle, tantôt en corymbe. Sépales longs d'environ 2 lignes, cymbiformes-obovales, très-obtus, finement striés, membraneux aux bords, d'un blanc ou d'un rose verdâtre, ou violets. Filets longs de 4 à 6 lignes, blancs, ou roses, ou violets, divergents. Pistil à peu près aussi long que les sépales, en général violet : ovaires à peu près aussi longs que leur stipe, à l'époque de la floraison dressés. Nucules longues de 3 à 5 lignes, inéquilatérales (à face antérieure en général de moitié plus étroite et un peu plus courte que les deux autres faces), brusquement rétrécies chacune en stipe capillaire à peu près de moitié plus court que la partie séminifère.

Cette plante, nommée vulgairement *Colombine plumacée*, croît dans les bois et les prés humides (surtout dans les montagnes), en Europe ainsi qu'en Sibérie. Elle fleurit en mai et en juin. L'élégance de son port et ses fleurs, dont les nombreuses étamines ont l'aspect de petites aigrettes, la font rechercher pour l'ornement des jardins. Elle se plaît dans les terres substantielles et les expositions un peu ombragées.

Genre ANÉMONELLA. — *Anemonella* Spach.

Sépales 6 à 9, pétaloïdes, non-caducs, plus longs que les étamines. Pétales nuls. Étamines nombreuses : filets filiformes-spathulés ; anthères suborbiculaires, très-obtuses, comprimées. Ovaires environ 12, triédres, courtement stipités. Styles très-courts. Stigmates terminaux, linguiformes-oncinés. Étairion à nucules substipitées, apiculées, costées, subcoriaces. Réceptacle court, annulaire. Gynophore petit, disciforme.

Herbe vivace, glauque, glabre. Racine grumeuse. Tiges simples, triphylles ou diphylles au sommet, nues inférieurement. Feuilles ni stipulées ni stipellées : les radicales longuement pétiolées, biternées ; les caulinaires courtement pétiolées, verticillées ou opposées, pennées-trifoliolées, ou quelquefois simples. Fleurs en corymbe terminal, subsessile. Pédicelles nus, filiformes, toujours dressés. Sépales blancs, étalés. Filets capillaires inférieurement, blanchâtres, 2 à 3 fois plus courts que les sépales. Anthères jaunes, petites, plus larges que les filets.

L'espèce suivante constitue à elle seule le genre :

Anémonella Faux-Thalictrum. — *Anemonella thalictroides* Spach. — *Anemone thalictroides* Linn. — Bot. Mag. tab. 866. — Juss. in Ann. du Mus. v. 3, p. 249, tab. 21, fig. 2. — *Thalictrum anemonoides* Michx. Flor. Bor. Amer.

Racine composée de petits tubercules subfusiformes, fasciculés, entremêlés de longues fibres. Tiges hautes de 6 pouces à 1 pied, très-grêles, cylindriques, dressées. Feuilles radicales en général presque aussi longues que les tiges; pétiole très-grêle, à ramifications presque filiformes; folioles finement veinées, molles, non-luisantes, très-glauques en dessous, longues de 5 lignes à 1 pouce, tantôt longuement pétiolulées, tantôt sessiles ou subsessiles, cordiformes, ou ovales, ou moins souvent cunéiformes, obtuses, trilobées et plus ou moins profondément crénelées, ou seulement crénelées inégalement (soit au sommet, soit à partir du milieu). Feuilles caulinaires à pétiole presque réduit à la gaîne; folioles semblables à celles des feuilles radicales; ordinairement il y a deux feuilles trifoliolées et une feuille uni-foliolée; sur les tiges faibles on ne trouve que deux feuilles simples. Corymbe 3-6-flore. Pédicelles anisomètres, longs de 4 lignes à 1 pouce. Sépales oblongs, ou elliptiques-oblongs, ou oblongs-obovales, très-obtus, longs de 3 à 4 lignes.

Cette plante croît aux États-Unis, dans les bois humides des montagnes. On la cultive quelquefois dans les jardins, et l'on en possède une variété à fleurs doubles. Ses fleurs, qui paraissent au printemps, ressemblent tout-à-fait à celles de l'*Anémone Sylvie*, tandis que par le port elle se rapproche beaucoup de l'*Isopyrum thalictroides*.

Genre HÉPATICA. — *Hepatica* Dillen.

Involucre caliciforme, triphylle. Sépales 6-9, pétaloïdes, bi-ou tri-sériés, non-persistants. Étamines pauci-sériées : filets capillaires, épaissis au sommet ; anthères elliptiques ou suborbiculaires, non-arquées après l'anthèse. Ovaires nombreux, ovoïdes, subcylindriques. Styles courts, coniques, tétragones, dressés, obtus, recourbés et papilleux au sommet. Nucules petites, fusiformes, tétragones, apiculées. Gynophore petit, convexe, fovéolé, velu.

Herbe vivace, acaule. Rhizome court, oblique, garni à son extrémité supérieure de larges écailles membraneuses, et plus bas d'une multitude de longues fibres rameuses. Feuilles toutes radicales, longuement pétiolées, subcoriaces, cordiformes-trilobées (accidentellement 5-lobées). Hampes grêles, uniflores, réclinées au sommet avant la floraison, puis érigées, garnies vers leur sommet de trois bractées sessiles et simulant un calice. Sépales bleus, ou rouges, ou blancs, étalés lors de l'épanouissement. Anthères jaunes. Nucules binervées, substipitées, velues, agrégées en étairion ovoïde.

L'espèce dont nous allons parler constitue à elle seule le genre.

Hépatica trilobé. — *Hepatica triloba* Chaix, in Vill. Dauph. — *Anemone Hepatica* Linn. — Schk. Handb. tab. 150. — Flor. Dan. tab. 812. — Blackw. Herb. tab. 207. — Engl. Bot. tab. 51. — Svensk Bot. tab. 141. — Hayn. Arzn. I, tab. 21. — Bot. Mag. tab. 10 (var. flor. plen.) — *Anemone præcox* Salisb. Prodr. — *Hepatica americana* Ker, Bot. Reg. tab. 387. — *Hepatica angulosa* et *Hepatica acutiloba* De Cand. Syst. et Prodr.

Rhizome noirâtre. Feuilles (beaucoup plus tardives que les fleurs) subpersistantes, d'un vert foncé et luisantes en dessus, pâles ou rougeâtres en dessous, longues de 1/2 pouce à 2 1/2 pouces, sur 2 à 3 pouces de large : les jeunes très-velues ; les adultes glabres ou ciliées ; lobes ovales ou ovales-orbiculaires, obtus, ou pointus, mucronés, divariqués, très-entiers, ou rarement dentelés ; pétiole long de 3 à 8 pouces, grêle, dressé, en général très-velu (du moins étant jeune) de même que les hampes. Hampes très-grêles, ascendantes, ou dressées, longues de 3 à 8 pouces. Bractées involucrales ovales, ou elliptiques, ou obovales, très-entières, obtuses, ou pointues, sessiles, velues, vertes, persistantes, plus courtes que les sépales. Fleurs larges de 6 à 12 lignes, d'un bleu soit plus ou moins vif, soit grisâtre, ou bien roses, ou pourpres, ou violettes, ou blanches. Sépales elliptiques, ou elliptiques-obovales, ou oblongs, obtus, glabres, de moitié à 1 fois plus longs que les étamines. Nucules longues d'environ 2 lignes.

Cette plante, connue sous les noms vulgaires de *Hépatique*, et *Herbe de la Trinité*, croît en Europe ainsi que dans l'Amérique septentrionale. On la trouve dans les bois un peu humides, surtout dans les montagnes. Ses jolies fleurs, écloses dès la fin de février, la font cultiver fréquemment tant en pots que dans les parterres; d'ailleurs son feuillage touffu et luisant la rend très-propre à former des bordures. Les variétés à fleurs doubles sont communes dans les jardins, mais elles ont besoin d'être couvertes de feuilles pendant les fortes gelées.

L'Hépatique est légèrement astringente, sans participer à l'âcreté si fréquente dans les autres Renonculacées. Dans l'ancienne thérapeutique, cette plante jouissait d'une grande réputation à titre de remède tonique, apéritif et vulnéraire; on lui attribuait surtout la vertu de guérir les obstructions du foie, et c'est à cette prétendue propriété que fait allusion son nom de *Hépatique*. Aujourd'hui la plante est hors d'usage en médecine.

Genre ANÉMONE. — *Anemone* Tourn.

Sépales en nombre indéfini (5-20, et quelquefois plus, bi-ou pluri-sériés, pétaloïdes, submarcescents. Étamines nombreuses : filets capillaires ou filiformes, épaissis au sommet; anthères elliptiques ou suborbiculaires, comprimées, non-recourbées après l'anthèse. Ovaires nombreux, aplatis, ou comprimés, agrégés. Styles ascendants ou dressés, subulés, souvent oncinés. Étairion à nucules comprimées ou aplaties, apiculées, ou rostrées, ou oncinées, subcoriaces, agrégées. Gynophore ovoïde, ou subglobuleux, ou hémisphérique, ou cylindracé.

Herbes vivaces, souvent à rhizomes soit tubéreux, soit cylindriques et rampants. Pubescence simple. Tiges soit très-simples et munies seulement à leur sommet d'un verticille de 3 feuilles, soit dichotomes et munies à chaque bifurcation de 2 feuilles opposées, ou de 3 feuilles verticillées. Feuilles non-stipulées : les radicales longuement pétiolées, composées, ou palmatiparties, ou pédatiparties; les caulinaires sessiles ou pétiolées, en général palmati-ou ternati-parties, ou lobées, ou rarement indivisées. Pédoncules solitaires (dans quelques espèces fasciculés), terminaux, ou dichotoméaires et terminaux, nus, uniflores. Fleurs blanches, ou rouges, ou bleues, ou jaunes, souvent assez grandes. Sépales étalés dans la plupart des espèces. Anthères jaunes, ou rarement bleues. Styles en général courts, finement papilleux à la face antérieure (soit seulement vers le sommet, soit dans presque toute leur longueur). Nucules non-stipitées ou rarement substipitées, glabres, ou pubescentes, ou laineuses.

Les *Anémones* sont âcres et vénéneuses, mais en général elles se font remarquer par des fleurs élégantes. Le genre renferme environ trente espèces, dont les plus intéressantes sont les suivantes :

Section I. SYLVIA Spach.

Rhizome grêle, fibrilleux, subcylindrique, rampant. Tige très-simple, uni-ou bi-flore, triphylle au sommet, nue inférieurement. Feuilles dissemblables : les radicales décomposées, longuement pétiolées; les caulinaires pétiolées ou subsessiles, verticillées, trifoliolées. Pédoncules terminaux, dressés ou nutants durant la floraison, puis pendants. Fleurs jaunes, ou blanches, ou rouges, ou bleues. Anthères jaunes. Étairion ovoïde ou subglobuleux : nucules rostrées, pubescentes. Gynophore subhémisphérique.

A. *Sépales au nombre de 12 à 20, étalés, de couleur bleue. Fleur nutante.*

ANÉMONE DES APENNINS. — *Anemone apennina* Linn. — Engl. Bot. tab. 1062. — Jaume Saint-Hil. Flor. et Pom. Fr. tab. 38, *a*.

Folioles des feuilles caulinaires incisées, 2 à 3 fois plus longues que le pétiole. Pédoncule solitaire. Sépales oblongs, obtus. Styles rectilignes, connivents. Nucules très-serrées, pubescentes.

Plante haute de 3 à 6 pouces. Tiges subsolitaires, grêles, dressées, pubescentes de même que les feuilles. Feuilles radicales triternées ou biternées, longuement pétiolées : folioles incisées-lobées; lobes obtus ou pointus, inégaux, en général incisés-dentés. Pédoncule très-grêle, plus long que les feuilles caulinaires. Fleur large de 6 à 8 lignes, d'un bleu de ciel plus ou moins vif. Sépales pubérules en dessus. Étamines plus longues que le pistil, 2 à 3 fois plus courtes que le calice. Anthères d'un jaune pâle. Étairion ovoïde; nucules obliquement ovales.

Cette espèce croît dans les montagnes de l'Italie et de l'Asie-Mineure, ainsi qu'au Caucase. On la retrouve en Angleterre et en Belgique. Elle fleurit dès le commencement du printemps, et mérite par cette raison de trouver place dans les parterres.

B. *Sépales au nombre de 5 ou 6, étalés. Fleur blanche, ou rougeâtre, nutante.*

ANÉMONE SYLVIE. — *Anemone nemorosa* Linn. — Flor. Dan. tab. 549. — Engl. Bot. tab. 355. — Curt. Flor. Lond. 2, tab. 38. — Jaume Saint-Hil. Flor. et Pom. Franç. tab. 433.

Folioles des feuilles caulinaires incisées-dentées (la médiane trifide, cunéiforme à la base; les latérales bifides, subovales), de moitié plus longues que le pétiole. Pédoncule solitaire. Sépales oblongs ou elliptiques-oblongs, obtus, glabres. Nucules pubescentes, non-stipitées, serrées, elliptiques.

Rhizome subhorizontal, grêle, cylindrique, radicant, rameux, jaunâtre, unicaule aux extrémités. Tige haute de 3 à 6 pouces, dressée, cylindrique, très-grêle, glabre, ou pubescente. Feuilles d'un vert gai en dessus, plus pâles et luisantes en dessous, glabres, ou pubescentes, ciliées : les radicales solitaires (le plus souvent n'existant que sur de jeunes souches non-florifères), conformes aux caulinaires, mais longuement pétiolées ; les caulinaires courtement pétiolées : lobules obtus ou pointus, ordinairement mucronés. Pédoncule filiforme, pubérule, ordinairement plus long que les feuilles. Fleur large d'environ 6 lignes. Étamines 2 à 3 fois plus courtes que le calice. Nucules plus longues que le style ; styles oncinés, connivents.

Cette plante, connue sous les noms vulgaires de *Sylvie*, *Anémone des bois*, *Renoncule des bois*, *Fausse Anémone*, et *Bassinet*, croît en Europe, en Sibérie, et dans l'Amérique septentrionale. Elle abonde dans les bois un peu humides, qu'elle orne de ses fleurs dès le commencement du printemps. Toutes ses parties sont très-âcres, et s'employaient autrefois, sous forme de cataplasme, contre certaines maladies de la peau.

On cultive dans les parterres une variété de la Sylvie, à fleurs doubles.

C. *Sépales en général au nombre de 5, un peu connivents. Fleur jaune, dressée.*

Anémone Fausse-Renoncule. — *Anemone ranunculoides* Linn. — Engl. Bot. tab. 1484. — Flor. Dan. tab. 140. — Jaume Saint-Hil. Fl. et Pom. Franç. tab. 338, fig. *b*. — *Anemone lutea* Lamk.

Folioles des feuilles caulinaires incisées-dentées (la médiane trifide, cunéiforme à la base ; les latérales bifides, obliquement tronquées à la base), beaucoup plus longues que le pétiole. Pédoncules solitaires ou géminés. Sépales elliptiques ou elliptiques-oblongs, échancrés, pubescents en dessous. Nucules pubescentes, non-stipitées, elliptiques, rostrées, serrées.

Espèce très-semblable à la Sylvie, mais facile à distinguer à ses feuilles caulinaires très-courtement pétiolées, ainsi qu'à ses fleurs jaunes et dressées.

Cette plante habite les mêmes contrées et les mêmes localités que la *Sylvie*; mais elle est moins commune. On la cultive aussi dans les jardins, à cause de sa floraison très-précoce.

SECTION II. ORIBA Adans.

Rhizome subvertical, en général pluricaule. Tiges simples ou dichotomes. Pédoncules terminaux, ou dichotoméaires et terminaux, solitaires (accidentellement géminés), toujours dressés. Feuilles pédalées ou palmatifides. Fleurs blanches ou verdâtres. Anthères jaunes. Étairion cylindracé, ou ovoïde, ou hémisphérique : nucules très-nombreuses, laineuses, aplaties, oncinées (par le style courbé en arrière). Gynophore cylindracé ou conique-cylindracé, grand.

A. *Feuilles pédalées* (3-*ou* 5-*foliolées*), *toutes pétiolées; nucules non-stipitées.*

a) *Tiges tantôt très-simples, uniflores et triphylles, tantôt bifurquées au premier verticille, lequel est, dans ce cas, de* 4 *ou* 5 *feuilles. Nucules très-petites, courtement oncinées.*

ANÉMONE SYLVESTRE. — *Anemone sylvestris* Linn. — Bot. Mag. tab. 54. — *Anemone alba* Juss. — Bot. Mag. tab. 2167. — *Anemone ochotensis* Fisch.

Feuilles pubescentes aux deux faces (glabres ou glabrescentes sur les plantes cultivées) : les radicales ordinairement 5-foliolées; les caulinaires conformes ou 3-foliolées; folioles incisées-dentées (la terminale trifide, cunéiforme; les latérales bi- ou tri-fides, ou triparties); dents et segments obtus ou pointus. Sépales (5 à 7) elliptiques ou elliptiques-obovales, obtus, pubérules en dessous, étalés. Étairion ovoïde, subhémisphérique.

Plante haute de 1/2 pied à 1 1/2 pied. Feuilles d'un vert gai en dessus, pâles ou presque satinées en dessous; folioles sessiles ou pétiolulées; pétiole en général très-velu (ainsi que la tige et les pédoncules) : celui des feuilles radicales 3 à 4 fois plus long que les folioles; celui des feuilles caulinaires en général plus court que les folioles. Pédoncules très-grêles, raides, cylindriques : les fructifères atteignant jusqu'à 1 pied de long. Fleurs larges de 1 $^1/_2$ pouce à 3 pouces. Étamines à peu près aussi longues que le pistil, beaucoup plus courtes que les sépales ; anthères elliptiques ou suborbiculaires, mucronées. Étairion long de 4 à 6 lignes.

Cette espèce, qui mérite d'être cultivée comme plante d'ornement, croît dans les endroits gramineux, en Europe et en Sibérie.

b) *Tiges toujours plusieurs fois dichotomes. Verticilles 3-5-phylles. Pédoncules dichotoméaires et terminaux. Nucules longuement oncinées.*

Anémone de Virginie. — *Anemone virginiana* Linn.

Feuilles 3- ou 5-foliolées, en général pubescentes aux 2 faces : folioles incisées-dentées (la terminale cunéiforme-trifide, courtement pétiolulée ; les latérales sessiles ou subsessiles, bifides, ou trifides) ; dents et segments obtus ou pointus. Sépales (5 ou 6) elliptiques ou obovales, obtus, pubescents en dessous, étalés. Étairion cylindracé ou ovoïde.

Plante haute de 1 $^1/_2$ pied à 3 pieds. Tiges dressées, ordinairement très-velues de même que les pétioles et pédoncules. Feuilles d'un vert gai, larges de 1 pouce à 3 pouces. Pédoncules très-grêles, longs de $^1/_2$ pied à 1 pied. Fleurs larges de 6 à 12 lignes. Étamines 2 à 3 fois plus courtes que le calice. Étairion long de 4 lignes à 1 pouce. Nucules elliptiques ou suborbiculaires, à peu près aussi longues que le style.

Cette espèce, indigène aux États-Unis, se cultive comme plante d'ornement.

B. *Feuilles simples, palmatifides : les caulinaires subsessiles. Nucules stipitées.*

Anémone a feuilles de Vigne. — *Anemone vitifolia* De Cand. Syst. — Bot. Reg. tab. 1385. — Bot. Mag. tab. 3376.

Feuilles cotonneuses en dessous, profondément cordiformes,

incisées-dentées : les radicales 5-ou 7-lobées; les caulinaires 3-fides. Sépales ovales, soyeux en dehors. Nucules courtement oncinées.

Tige peu rameuse, dressée, haute de 2 à 3 pieds, velue. Racine subfusiforme. Feuilles radicales à lame longue d'environ 3 pouces. Pédoncules terminaux ou dichotoméaires et terminaux, velus, longs de 3 à 5 pouces. Fleurs larges de près de 2 pouces, semblables à celle de l'*Anemone sylvestris.*

Cette espèce habite les régions subalpines de l'Himalaya ; elle abonde dans les forêts humides du Népaul.

Section III. ANÉMONIDIUM Spach.

Rhizome subvertical, irrégulier, pluricaule. Tiges plusieurs fois dichotomes. Pédoncules terminaux et dichotoméaires, solitaires, dressés. Feuilles palmatifides : les caulinaires ternées ou opposées, sessiles. Fleurs blanches. Anthères jaunes. Étairion subglobuleux : nucules rostrées (par un style subrectiligne), aplaties, peu nombreuses, glabres, ou pubescentes. Gynophore petit, subglobuleux.

Anémone dichotome. — *Anemone dichotoma* Linn. — Linn. fil. Decad. 29, tab. 15. — *Anemone pensylvanica* Linn.

Feuilles pubescentes en dessous : les radicales profondément 5-fides, tronquées à la base ; les caulinaires trifides, cunéiformes vers la base ; segments divariqués, incisés-dentés vers leur sommet : le terminal trifide ; les latéraux bifides ou trifides. Sépales (5) elliptiques ou obovales, étalés. Nucules suborbiculaires, largement marginées, plus courtes que leur style.

Plante haute de 1/2 pied à 2 pieds. Tiges poilues ou pubescentes, grêles, dressées. Feuilles d'un vert gai : les radicales larges d'environ 3 pouces. Pédoncules très-grêles, longs de 3 à 6 pouces. Fleurs larges de 8 à 12 lignes. Étamines beaucoup plus courtes que le calice.

Cette espèce, indigène en Sibérie et dans l'Amérique boréale, se cultive comme plante d'ornement.

SECTION IV. HOMALOCARPUS De Cand.

Racine pivotante, en général pluricaule. Tiges très-simples. Feuilles palmatiparties : les caulinaires sessiles. Pédoncules terminaux, fasciculés (accidentellement solitaires ou géminés), toujours dressés. Fleurs blanches. Anthères jaunes. Nucules courtement oncinées (par un style courbé en avant), aplaties, largement marginées, peu nombreuses, un peu lâches, glabres, non-stipitées. Gynophore petit, subhémisphérique.

ANÉMONE A FLEURS DE NARCISSE. — *Anemone narcissiflora* Linn. — Jacq. Austr. tab. 159. — Bot. Mag. tab. 1120. — Jaume Saint-Hil. Flor. et Pom. Franç. tab. 434. — *Anemone umbellata* Willd.

Feuilles pubescentes ou velues : les radicales 3- ou 5-parties ; les caulinaires profondément 3- ou 5-fides ; segments 3- ou 5-fides et laciniés ; lanières pointues ou obtuses, sublinéaires, ou oblongues. Tiges 2-9-flores. Pédoncules presque filiformes, subfastigiés. Sépales (5) elliptiques, étalés.

Plante haute de ½ pied à 2 pieds. Tiges dressées, grêles, velues de même que les pétioles et pédoncules. Feuilles d'un vert foncé : les radicales larges de 1 pouce à 3 pouces ; les caulinaires verticillées au nombre de 3 à 5. Pédoncules plus longs que les feuilles. Fleurs larges de 8 à 12 lignes. Étamines beaucoup plus courtes que le calice. Nucules larges d'environ 3 lignes.

Cette espèce élégante croît dans les endroits gramineux des Alpes.

SECTION V. PHÆANDRA Spach.

Racine tubéreuse, uni- ou pluri-caule. Tiges très-simples, uniflores, triphylles. Feuilles caulinaires laciniées ou indivisées, sessiles. Pédoncule terminal, nutant avant la floraison, puis dressé. Fleur bleue, ou rouge, ou jaune, ou blanchâtre, ou panachée. Anthères violettes. Étairion ovoïde, ou conique : nucules apiculées (par un style filiforme-subulé, violet, ascendant, non-onciné, subrectiligne), ovoïdes, aplaties, laineuses, très-nombreuses, non-sipitées. Gynophore cylindracé, ou ovoïde, ou subhémisphérique, grand, fongueux, creux.

A. *Feuilles radicales pennées-trifoliolées ; folioles bipennatiparties, à segments laciniés. Sépales elliptiques ou obovales (au nombre de 5 à 8), connivents (presque en cloche).*

Anémone des fleuristes. — *Anemone coronaria* Linn. — Bot. Mag. tab. 841. — Clus. Hist. p. 255-260 Ic. varr. — Lob. Ic. 277. — Herb. de l'Amat. v. 6. — *Anemone pusilla* De Cand. — Deless. Ic. Sel. 1, tab. 12.

Feuilles radicales triangulaires en leur contour ; lobules linéaires ou oblongs, courts, obtus, ou pointus, mucronés. Feuilles caulinaires cunéiformes-trifides : segments plus ou moins laciniés. Étamines beaucoup plus courtes que les sépales. Gynophore ovoïde ou subhémisphérique.

Plante glabre ou pubérule, haute de quelques pouces à un pied. Tubercules cylindriques ou ovoïdes. Feuilles d'un vert gai : les radicales touffues, dressées, larges de 2 à 6 pouces ; les caulinaires longues de 6 lignes à 2 pouces. Tiges grêles, ascendantes, cylindriques, ordinairement rougeâtres. Pédoncule tantôt à peine plus long que les feuilles caulinaires, tantôt beaucoup plus long. Fleurs larges de 1/2 pouce à 3 pouces, d'un pourpre plus ou moins vif, ou roses, ou violettes, ou jaunes, ou blanchâtres, ou panachées, quelquefois doubles même sur la plante non-cultivée.

Cette espèce est commune dans toute la région méditerranéenne, où elle fleurit à peu près sans interruption depuis l'automne jusqu'à la fin du printemps. On la trouve dans les pâturages un peu humides et aux bords des bois. Personne n'ignore que c'est l'une des plus élégantes plantes de parterre, qui se recommande en outre par sa floraison très-précoce. Les nombreuses variétés qu'elle a produites sont devenues depuis fort long-temps, en Hollande, l'objet d'une culture spéciale.

On multiplie facilement les Anémones, tant par les tubercules (nommés *pattes* par les horticulteurs), que par les graines. La première de ces méthodes sert à conserver les anciennes variétés, lesquelles se maintiennent pendant douze à quinze ans; la seconde en procure chaque jour de nouvelles. La culture de cette plante exige les mêmes soins que celle de la *Renoncule des jardins;* toutefois elle résiste mieux au froid que cette dernière, et passe facilement l'hiver en pleine terre, pourvu qu'on ait soin de la couvrir.

B. *Feuilles radicales palmatiparties, ou palmatifides, ou indivisées. Feuilles caulinaires très-entières ou laciniées. Sépales (au nombre de 7 à 20, dans la fleur simple) lancéolés ou oblongs, étalés.*

ANÉMONE ŒIL DE PAON. — *Anemone hortensis* Linn.

— α : A SÉPALES POINTUS (*acutiflora*). — *Anemone pavonina* Lamk. — Clus. Hist. p. 261 et 262. Ic. — *Anemone fulgens* Gay. — Reichenb. Plant. Crit. v. 3, fig. 343.

— β : A SÉPALES OBTUS (*obtusiflora*). — *Anemone stellata* Lamk. — Sweet, Brit. Flow. Gard. tab. 112. — Sturm, Deutschl. Flor. 46. — *Anemone hortensis* Bot. Mag. tab. 123. — *Anemone versicolor* Salisb. Prodr. — *Anemone dubia* Bellard. App. tab. 5.

Feuilles radicales 3- ou 5-parties, ou 3- ou 5- fides : segments tantôt cunéiformes-3- ou 2-fides (à lobes soit laciniés, soit 2-ou 3-dentés), tantôt arrondis et crénelés ou incisés-crénelés; base réniforme, ou cordiforme, ou cunéiforme, ou tronquée; lobules et crénelures en général mucronés. Feuilles caulinaires tantôt lancéolées ou lancéolées-oblongues, très-entières ou incisées au sommet, tantôt cunéiformes-3-5-fides. Sépales au nombre de 7 à 20, obtus, ou pointus.

Plante glabre, ou plus ou moins pubescente, à l'époque de la floraison haute de quelques pouces à 1 pied, très-variable quant à la forme des feuilles et des sépales, ainsi que pour la couleur et la grandeur des fleurs. Tubercules subcylindriques ou irrégulièrement ovoïdes. Tiges très-grêles, cylindriques, dressées, souvent rougeâtres. Feuilles d'un vert gai : les radicales larges de 6 lignes à 3 pouces, à lobes ou segments variant de la forme suborbiculaire au linéaire; les caulinaires longues de 4 lignes à 1 pouce, à segments linéaires ou cunéiformes. Pédoncule très-grêle, ordinairement soyeux, à l'époque de la floraison long de 1 pouce à 6 pouces, puis atteignant jusqu'à 1 pied de long. Fleur large de 6 lignes à 3 pouces, d'un pourpre plus ou moins vif, ou rose, ou carnée, ou lilas, ou blanchâtre, ou jaunâtre, quelquefois double même sur la plante non-cultivée. Sépales lancéolés, ou lancéolés-linéaires, ou lancéolés-oblongs, ou oblongs, ou oblongs-spathulés, pointus, ou obtus, satinés en dessous, en général marqués à leur base d'une tache noire, laquelle est quelquefois surmontée d'une tache jaune. Étamines beaucoup plus courtes que le calice. Étairion ovoïde ou subhémisphérique, long de 4 à 8 lignes. Gynophore cylindracé.

Cette espèce, connue sous les noms vulgaires d'*Anémone étoilée*, ou *Anémone OEil de paon*, habite les mêmes contrées que la précédente, à laquelle elle ne le cède en rien quant à l'élégance de ses fleurs; aussi la cultive-t-on très-fréquemment dans les parterres. Elle fleurit de même dès le commencement du printemps.

Anémone a feuilles de Cyclame. — *Anemone palmata* Linn. — Bot. Reg. tab. 200. — Andr. Bot. Rep. tab. 172.

Feuilles radicales réniformes-orbiculaires, ou cordiformes-orbiculaires, légèrement 3- ou 5-lobées, inégalement crénelées. Feuilles caulinaires cunéiformes-trifides, à segments linéaires-lancéolés, pointus. Sépales au nombre de 10 à 20, obtus, ou pointus.

Plante glabre ou pubescente, à l'époque de la floraison haute de 3 à 6 pouces. Tiges et pédoncules dressés, cylindriques, grêles. Feuilles radicales larges de 6 lignes à 2 pouces, d'un vert gai en dessus, ordinairement violettes en dessous. Feuilles caulinaires longues d'environ 1 pouce. Fleurs larges d'environ 2 pouces. Sépales oblongs, ou lancéolés-oblongs, jaunes en dessous, blancs en dessus, beaucoup plus longs que les étamines.

Cette espèce, indigène dans la région méditerranéenne, se cultive comme plante de parterre.

Genre PULSATILLE. — *Pulsatilla* Tourn.

Sépales 5-9, bi- ou tri-sériés, pétaloïdes, marcescents. Une série de glandules entre les sépales et les étamines. Étamines nombreuses; filets filiformes, épaissis au sommet; anthères elliptiques ou suborbiculaires, comprimées, non-recourbées après l'anthèse. Ovaires très-nombreux, fusiformes, subcylindriques. Styles très-longs, subulés, oncinés, velus, papilleux au sommet, accrescents. Nucules subcoriaces, fusiformes, terminées (par le style) en longue queue plumeuse. Gynophore petit, hémisphérique, cotonneux, muriqué.

Herbes vivaces, pluricaules, ordinairement couvertes de longs poils blancs. Racine presque ligneuse, pivotante, rameuse. Tiges dressées, très-simples, uniflores, triphylles au sommet, nues inférieurement. Pédoncule terminal, nutant avant la floraison (dans quelques espèces aussi pendant la floraison), puis érigé. Feuilles radicales bi- ou tri-pennées, ou pennées-trifoliolées, ou palmées, longuement pétiolées: folioles laciniées, à segments sublinéaires. Feuilles caulinaires (composées, ou palmatiparties) soit sessiles et connées par la base, soit courtement pétiolées, dans certaines espèces conformes aux feuilles radicales, dans d'autres non-conformes. Fleurs en général assez grandes, vernales, légèrement odorantes, souvent se développant avant les feuilles radicales. Sépales violets, ou bleus, ou pourpres, ou jaunes, ou blancs, larges, velus en dessous, glabres en dessus, connivents, ou étalés. Anthères jaunes. Nucules courtement stipitées, ou non-stipitées, binervées, très-serrées, agrégées en étairion subglobuleux.

Toutes les *Pulsatilles* sont âcres et vénéneuses. Leurs fleurs, très-élégantes et de longue durée, paraissent dès le commencement du printemps. On connaît environ dix espèces, dont voici les plus intéressantes :

SECTION I. PREONANTHUS Ehrh.

Feuilles caulinaires courtement pétiolées, conformes aux feuilles radicales (mais plus petites).

PULSATILLE DES ALPES. — *Pulsatilla alpina* Spreng. Syst. — *Anemone alpina* De Cand. Syst. et Prodr. — *Anemone myrrhidifolia* Vill. Dauph.

— α : A FLEUR BLANCHE (*alba*). — *Pulsatilla alba* Lob. Ic. p. 282. — *Anemone alpina* Linn. — Jacq. Austr. tab. 85. (var. micrantha.) — Bot. Mag. tab. 2007. — Lodd. Bot. Cab. tab. 1617. — *Pulsatilla alba* et *Pulsatilla Burseriana* var. α, Reichb. Flor. Germ. Excurs. — *Anemone millefoliata* Bertol.

— β : A FLEUR JAUNE (*lutea*). — *Pulsatilla lutea* C. Bauh. — *Anemone sulphurea* Linn. Mant. — *Anemone apiifolia* Scop. — Jacq. Misc. 2, tab. 4. — *Pulsatilla Burseriana* : β, Reichenb. l. c.

Feuilles triangulaires en leur contour, bi- ou tri-pennées, ou pennées-trifoliolées ; folioles cunéiformes, ou oblongues, 3- ou 5-fides, ou pennatifides, ou incisées-dentées. Pédoncules dressés. Sépales (5-7, le plus souvent 6) ovales, ou elliptiques, ou obovales, étalés, beaucoup plus longs que les étamines.

Plante plus ou moins velue, à l'époque de la floraison haute de quelques pouces à 1 pied, très-variable quant à la composition des feuilles, la forme des folioles et des segments, ainsi que la grandeur des fleurs. Feuilles d'un vert gai : les radicales (en général beaucoup plus tardives que les fleurs) larges de 2 à 6 pouces ; les caulinaires plus courtes que le pédoncule florifère, à pétiole court et ailé. Pédoncule grêle, cylindrique, atteignant finalement 1 ½ pied de long. Fleurs larges de 6 lignes à 3 pouces, d'un blanc soit pur, soit lavé de rose ou de violet, ou bien d'un jaune plus ou moins vif. Nucules longues d'environ 2 lignes, non-stipitées, à queue atteignant jusqu'à 2 pouces de long.

Cette espèce est commune dans les pâturages des Alpes. On la cultive comme plante d'ornement.

SECTION II. PULSATILLA De Cand.

Feuilles caulinaires sessiles, palmatiparties, connées par la base, non-conformes aux feuilles radicales.

A. *Feuilles radicales bi- ou tri-pennées, oblongues en leur contour; folioles pennatiparties, à segments linéaires ou oblongs-linéaires, mucronés.*

PULSATILLE COMMUNE. — *Pulsatilla vulgaris* Mill. — *Anemone Pulsatilla* Linn. — Engl. Bot. tab. 51. — Flor. Dan. tab. 153. — Bull. Herb. tab. 49. — Hayn. Arzn. 1, tab. 22. — Svensk Bot. tab. 292. — Hook. Flor. Lond. tab. 44. — Turp. in Chaum. Flor. Méd. Ic.

Segments des feuilles caulinaires linéaires, étroits, allongés, bi- ou tri-fides, ou indivisés. Pédoncules dressés lors de l'épanouissement de la fleur. Sépales (ordinairement 6) lancéolés ou lancéolés-elliptiques, pointus, ou obtus, 1 fois plus longs que les étamines, lors de l'épanouissement presque étalés et un peu recourbés.

Plante plus ou moins velue (surtout étant jeune), à l'époque de la floraison haute de 2 à 6 pouces. Feuilles d'un vert gai : les radicales (en général moins précoces que les fleurs) larges de 1 pouce à 3 pouces; les caulinaires longues de 1 pouce à 2 pouces. Pédoncule lors de la floraison à peine plus long que les feuilles caulinaires, finalement atteignant jusqu'à 8 pouces de long. Fleur violette. Sépales longs de 12 à 18 lignes. Nucules longues d'environ 2 lignes, non-stipitées, terminées en queue longue d'environ 18 lignes.

Cette plante, connue sous les noms vulgaires de *Pulsatille*, *Coquelourde*, *Herbe au vent*, et *Fleur de Pâques*, n'est pas rare, en France, sur les pelouses sèches et sablonneuses. Elle croît d'ailleurs dans presque toute l'Europe, ainsi qu'en Sibérie.

Ses fleurs, dont le violet du calice contraste agréablement avec la couleur jaune des anthères, paraissent dès le mois d'avril.

La Pulsatille est très-vénéneuse ; toutes ses parties, mais surtout ses feuilles fraîches, sont très-âcres. Les campagnards l'appliquent quelquefois en guise de vésicatoire, et, dans l'art vétérinaire, on s'en sert pour l'extirpation des ulcères. En Allemagne, la plante a été vantée comme antisyphilitique, ainsi que contre l'hydropisie et la paralysie : toutefois son emploi à l'intérieur est très-restreint, et ne peut avoir lieu, sans danger, qu'à très-petite dose.

B. *Feuilles radicales palmées-trifoliolées, arrondies en leur contour; folioles cunéiformes ou subcunéiformes, palmatifides.*

Pulsatille a sépales étalés. — *Pulsatilla patens* Spreng. — *Anemone patens* Linn. — Bot. Mag. tab. 1994 (var. flore ochroleuco).

Folioles des feuilles radicales subsessiles ou pétiolulées, tantôt bi- ou tri-parties, tantôt bi- ou tri-fides (la terminale en général trifide) : segments incisés, ou bi- ou tri-fides, à lanières plus ou moins incisées, pointues. Segments des feuilles caulinaires longs, linéaires, tantôt indivisés, tantôt incisés ou laciniés. Fleurs lors de l'épanouissement érigées. Sépales (en général 6) ovales, ou elliptiques, ou sublancéolés, pointus, ou obtus, lors de l'épanouissement étalés en étoile et non-recourbés, 1 à 2 fois plus longs que les étamines.

Plante semblable à la *Pulsatille commune* quant au port et à la grandeur des fleurs, le plus souvent fortement velue étant jeune. Feuilles radicales (en général plus tardives que les fleurs) larges de 1 pouce à 3 pouces; pétiole atteignant jusqu'à 1 pied de long. Feuilles caulinaires longues de 1 pouce à 3 pouces. Pédoncule ordinairement plus long que les feuilles caulinaires, dès la floraison. Fleur bleue, ou violette, ou rose, ou jaune, ou blanche, large de 1 pouce à 3 pouces.

Cette espèce, commune en Sibérie et dans l'Europe orientale, mérite d'être cultivée dans les parterres.

IIe TRIBU. LES CLÉMATIDÉES. — *CLEMATIDEÆ* De Cand.

Sépales valvaires en préfloraison. Pétales nuls, ou (seulement dans quelques espèces) en nombre indéfini et sans fovéole nectarifère. Ovaires agrégés et en nombre indéfini; ovule suspendu au sommet de l'angle interne. Graine inadhérente. — Feuilles opposées ou verticillées; pétioles de chaque paire ou verticille connés par la base en gaîne plus ou moins apparente. Tige et rameaux noueux, souvent ligneux. Écorce des espèces ligneuses se détachant chaque année sous forme de plaques minces et linéaires. Ramules florifères ou pédoncules en général dichotomes ou trichotomes. Fleurs souvent odorantes. Anthères latéralement déhiscentes.

Genre ATRAGÈNE. — *Atragene* Linn.

Sépales 4, pétaloïdes, étalés pendant l'épanouissement, en préfloraison indupliqués aux bords. Pétales en nombre indéfini, planes, spathulés, connivents, pauci-sériés. Étamines nombreuses, conniventes; filets membraneux : les extérieurs plus larges, subspathulés; les intérieurs lancéolés ou linéaires-lancéolés; anthères suborbiculaires ou linéaires, inappendiculées. Styles longs, filiformes, obtus. Nucules coriaces, comprimées, marginées, 1- ou 2- nervées de chaque côté, terminées en longue queue plumeuse; rebord subcaréné. Gynophore subhémisphérique.

Arbrisseaux grimpants. Rameaux adultes anguleux, non cannelés. Bourgeons écailleux. Feuilles tantôt biternées, tantôt pennées-trifoliolées; folioles pétiolulées, non-persistantes; pétiole commun persistant, cirriforme. Ramules florifères naissant aux aisselles des feuilles de l'année précédente, uniflores, tantôt très-courts et garnis d'une seule paire de feuilles, tantôt longs et garnis de plusieurs paires de feuilles. Pédoncules longs, terminaux (mais paraissant latéraux lorsque le ramule est raccourci), nus, uniflores, avant la floraison pendants, puis érigés, ou redressés, infléchis au sommet (les fructifères redressés). Fleurs grandes, nutantes, légèrement odorantes. Sépales finement striés, plus longs que les étamines, blancs, ou jaunâtres, ou roses, ou violets, ou bleus. Pétales (suivant les espèces) plus courts ou aussi longs que les sépales, jaunâtres, ou blanchâtres. Filets blanchâtres. Anthères jaunes, beaucoup plus courtes que les filets. Pistil à ovaires très-nombreux, subtétragones, non-stipités, ordinairement soyeux. Styles connivents, glabres et finement papilleux vers le sommet, soyeux inférieurement, recourbés au sommet. Nucules nombreuses, serrées, petites, lisses, subglabrescentes, souvent uni-carénées de chaque côté; rebord étroit, mais assez épais, aminci au dos.

Ce genre renferme 3 ou 4 espèces, dont voici les plus remarquables :

Atragène alpestre. — *Atragene alpina* C. A. Meyer, in Ledeb. Flor. Alt. v. 3, p. 376.

— α : d'Europe (*europæa*). — *Clematis alpina* Mill. Dict. — *Atragene alpina* Linn. — Jacq. Flor. Austr. tab. 241. — Guimp. et Hayn. Deutsch. Holz. tab. 112. — *Atragene austriaca* Scop. Carn. — Andr. Bot. Rep. tab. 180. — *Atragene Clematides* Crantz, Austr. fasc. 2, tab. 5.—Fleurs bleues, ou moins souvent soit violettes, soit roses, soit blanchâtres.

— β : de Sibérie (*sibirica*).—*Atragene sibirica* Spreng. Syst. — Bot. Mag. tab. 1951. — *Atragene alpina* Pallas, Flor. Ross. v. 2, tab. 76. — *Clematis sibirica* Mill. Dict. — *Atragene ochotensis* Pallas? — Fleurs ordinairement blanches ou d'un jaune pâle, quelquefois rougeâtres.

Feuilles opposées, tantôt biternées, tantôt pennées-trifoliolées. Folioles acuminées, incisées-dentées, ordinairement pubescentes : celles des feuilles-biternées ovales-lancéolées, ou oblongues-lancéolées, ou lancéolées, indivisées, en général subsessiles ; celles des feuilles-pennées plus ou moins longuement pétiolulées, soit conformes aux autres, soit trifides, ou trilobées, ou bilobées. Sépales lancéolés, ou oblongs-lancéolés, ou lancéolés-elliptiques, cuspidés, ou acuminés, 1 à 2 fois plus longs que les pétales. Pétales échancrés, ou tronqués, ou arrondis, ou apiculés, linéaires-spathulés, ou cochléariformes. Nucules obovales-rhomboïdales ou obovales, acuminées.

Arbuste multicaule, ayant le port du *Clematis Vitalba.* Tiges grêles, ligneuses, diffuses, ou pendantes, ou grimpantes, anguleuses, renflées aux articulations. Rameaux très-grêles : les adultes aphylles, ligneux ; les jeunes feuillés, simples, effilés, ordinairement rougeâtres et velus. Bourgeons solitaires ou subfasciculés, coniques, pointus, assez gros : écailles membraneuses, brunâtres, souvent ciliées. Feuilles minces, d'un vert foncé et non-luisantes en dessus, d'un vert pâle et luisantes en dessous ; pétiole commun long de 1 1/2 pouce à 5 pouces ; folioles longues de 6 lignes à 2 pouces (les latérales plus petites que l'intermédiaire) : dents pointues ou obtuses. Ramules florifères tantôt plus courts que les écailles du bourgeon, tantôt longs de 3 à 6 pouces. Pédoncules grêles mais raides, longs de 2 à 5 pouces. Sépales longs de 1 pouce à 2 pouces, glabres en dessus, pubérules en dessous, bleus, ou violets, ou roses, ou blancs, ou jaunâtres. Pétales au nombre de 10 à 15, blanchâtres, un peu plus longs que les étamines. Étamines glabres ou ciliées : les extérieures à filet linéaire-spathulé, ou cochléariforme, ou lancéolé, à anthère tantôt suborbiculaire, tantôt elliptique ; les intérieures à filet lancéolé-linéaire ou linéaire-lancéolé, et à anthère linéaire. Pistil à l'époque de la floraison à peu près aussi long que les étamines. Ovaires glabres ou soyeux. Nucules glabres ou pubescentes, longues d'environ 2 lignes, brunes, luisantes : rebord jaunâtre ; queue flexueuse, recourbée, filiforme, longue d'environ 15 lignes, garnie de longs poils blancs.

Cette espèce croît dans les endroits pierreux et ombragés des

Alpes, ainsi que dans la Sibérie. On la cultive fréquemment dans les jardins, où elle fleurit depuis le mois de mai jusqu'à la fin de l'été.

ATRAGÈNE D'AMÉRIQUE. — *Atragene americana* Sims, Bot. Mag. tab. 887. — *Clematis verticillaris* De Cand. Syst. et Prodr.

Suivant les auteurs cités, cette espèce diffère de la précédente par des feuilles verticillées-quaternées, à 3 folioles pétiolulées, cordiformes-lancéolées, très-entières; les fleurs sont grandes, d'un pourpre violet; les pétales pointus.

Cette plante croît dans le nord de l'Amérique. On la cultive comme arbuste d'ornement.

Genre CHÉIROPSIS. — *Cheiropsis* (De Cand.) Spach.

Sépales 4, pétaloïdes, presque étalés pendant l'épanouissement, en préfloraison infléchis aux bords. Pétales nuls. Étamines pauci-sériées, conniventes; filets linéaires-lancéolés, comprimés; anthères linéaires-oblongues, inappendiculées. Styles longs, filiformes, obtus. Nucules coriaces, lenticulaires, marginées, courtement stipitées, terminées en longue queue plumeuse; rebord caréné. Gynophore subhémisphérique.

Arbrisseaux grimpants. Rameaux cylindriques, non-cannelés. Feuilles subcoriaces, persistantes (d'une année à l'autre), simples (tantôt indivisées, tantôt 2-ou 3-lobées), ou trifoliolées, ou biternées : celles des ramules axillaires roselées; pétiole finalement volubile, persistant (du moins par la base) après le dépérissement des autres parties de la feuille. Bourgeons écailleux : la squamule basilaire persistante, spinescente. Ramules florifères axillaires (sur les rameaux de l'année précédente), simples, raccourcis, ou ne s'allongeant qu'après la floraison. Pédicelles tantôt solitaires, tantôt fasciculés à la base des ramules, pendants, uniflores, articulés et claviformes vers leur sommet, filiformes au-dessous de l'articulation, laquelle est garnie de deux bractées soudées en involucre campanulé et caliciforme. Fleurs grandes, légèrement odorantes, pendantes. Sépales planes, obtus, mucronulés, finement striés, cotonneux en dessous (avant la floraison comme satinés), d'un jaune verdâtre en dessus. Étamines glabres, plus courtes que les sépales : filets blanchâtres; anthères obtuses, jaunes, plus longues que les filets. Ovaires minimes, très-nombreux, soyeux, serrés. Styles dressés, soyeux, oncinés et glabres au sommet. Nucules petites, lisses, glabrescentes, suborbiculaires, ou ovales-orbiculaires, rétrécies en court stipe filiforme.

Ce genre renferme trois ou quatre espèces, dont voici les plus notables :

A. *Feuilles des ramules florifères simples ; feuilles des jeunes pousses stériles en général trifoliolées. Involucre petit, 2 à 6 fois plus court que la partie épaissie du pédoncule. Sépales lors de l'épanouissement obliquement dressés jusque vers leur milieu (de sorte que la fleur est subcampaniforme), plus haut recourbés.*

CHÉIROPSIS ÉLÉGANT. — *Cheiropsis elegans* Spach. — *Clematis cirrhosa* Linn. — Clus. Hist. p. 123, fig. 1. — Sibth. et Smith, Flor. Græc. tab. 517. — Bot. Mag. tab. 1070. — *Atragene cirrhosa* et *Clematis balearica* Pers. Ench. — *Clematis semitriloba* Lagasc. Cat. Hort. Madrit.

Feuilles en général longuement pétiolées : celles des ramules-florifères ovales, ou elliptiques, ou ovales-oblongues, ou ovales-lancéolées, obtuses, ou pointues, mucronulées, inégalement crénelées, tantôt indivisées, tantôt plus ou moins profondément 3-lobées, ou inégalement bilobées, à base cordiforme, ou arrondie, ou tronquée. Folioles des feuilles raméaires ovales, ou ovales-lancéolées, ou oblongues-lancéolées, ou subrhomboïdales, ou cordiformes, profondément ou légèrement crénelées, ou pauci-dentées, jamais lobées : l'intermédiaire pétiolulée; les latérales sessiles ou subsessiles, plus petites. Sépales elliptiques ou obovales, à peu près de moitié plus longs que les étamines.

Tiges et branches finalement assez grosses, grimpant à des hauteurs considérables. Rameaux grêles, flexueux : les adultes d'un brun roux. Feuilles luisantes, d'un vert gai, glabres, longues de 1/2 pouce à 2 pouces (le pétiole non-compris, lequel est grêle et en général à peu près aussi long que la lame); pétioles ascendants ou redressés. Pédoncules longs de 1 pouce à 2 pouces, brunâtres, cotonneux sur la partie renflée, glabres inférieurement. Involucre presque membraneux, subbilabié, pubérule en dehors, long d'environ 2 lignes; à lobes subacuminés, mucronés. Sépales longs de 8 à 12 lignes, quelquefois marbrés de pourpre-violet. Nucules obovales-orbiculaires, subacuminées, brunes (à rebord jaunâtre), luisantes, larges d'environ 2 lignes : queue filiforme, flexueuse, souvent recourbée, longue de 1 pouce et plus.

Cette espèce, indigène dans l'Europe australe, se cultive comme arbuste d'ornement. Elle fleurit à la fin de l'automne et au commencement du printemps, ou durant tout l'hiver dans les climats doux.

B. *Feuilles des ramules florifères pennées-trifoliolées ; feuilles des jeunes pousses stériles biternées ou conformes aux feuilles ramulaires. Involucre grand, plus long que la partie épaissie du pédoncule. Sépales lors de l'épanouissement étalés presque dès la base, en partie recouverts par l'involucre.*

Chéiropsis des Baléares. — *Cheiropsis* (Clematis) *balearica* De Cand. Syst. et Prodr. — *Clematis calycina* Hort. Kew. — Schrank, Hort. Monac. tab. 15. — Bot. Mag. tab. 959. — *Atragene balearica* Pers. Ench. — *Clematis balearica* Rich. in Journ. Phys. 1779. Ic. (non. Pers.)

Feuilles courtement ou longuement pétiolées, pubérules étant jeunes. Folioles pétiolulées ou subsessiles, triparties, ou pennatiparties, ou trifides, ou irrégulièrement incisées-dentées; segments obtus ou pointus, sublancéolés, incisés-dentés, ou profondément crénelés, ou bifides, ou trifides. Sépales lancéolés-oblongs ou lancéolés-elliptiques, à peu près 2 fois plus longs que les étamines.

Plante semblable par le port à l'espèce précédente. Feuilles triangulaires ou subrhomboïdales en contour, longues de 1 pouce à 4 pouces (y compris le pétiole, lequel est en général court sur les ramules florifères, et aussi long que les divisions sur les rameaux stériles); folioles ou segments des folioles larges de 1 ligne à 4 lignes. Pédoncules longs de 1 pouce à 3 pouces, cotonneux à la partie renflée, glabres inférieurement. Involucre long de 4 à 6 lignes, presque membraneux, d'un vert jaunâtre, pubérule en dehors, tantôt plus ou moins profondément bilabié, tantôt comme tronqué et légèrement bi-acuminulé. Sépales longs de 10 à 15 lignes. Anthères 3 à 4 fois plus courtes que les filets, un peu débordées par les styles. Nucules semblables à celles de l'espèce précédente, mais un peu plus petites.

Cette espèce croît dans l'Europe australe. On la cultive aussi comme arbuste d'ornement. Elle fleurit en novembre et en décembre, ou plus longtemps lorsque le climat le permet.

Dans le nord de la France, les deux espèces décrites ci-dessus ne supportent pas les hivers rigoureux, et ne prospèrent qu'à la faveur d'une situation abritée; mais leur floraison hivernale les recommande pour l'ornement des orangeries.

Genre VITICELLA. — *Viticella* Mœnch.

Sépales 4 à 6 (en préfloraison involutés aux bords), divergents dès la base, ou connivents inférieurement. Pétales nuls. Étamines dressées ou conniventes : filets linéaires ou spathulés, comprimés; anthères linéaires ou linéaires-oblongues. Styles longs, filiformes, obtus. Nucules coriaces, comprimées, marginées, terminées en queue non-plumeuse : rebord épais, obtus, quelquefois canaliculé. Gynophore petit, subglobuleux.

Arbustes grimpants. Feuilles dissemblables : les raméaires

la plupart pennées (3-ou pluri-foliolées), ou bipennées (à pétioles secondaires 3-foliolés), ou biternées, ou triternées; les supérieures et les ramulaires en général simples; pétioles et ramules divariqués. Ramules florifères axillaires, soit simples et 1-ou 3-flores, soit bifurqués et 5-7-flores, soit trifurqués et 9-flores, nus jusqu'à l'origine du pédoncule ou de la ramification. Pédoncules terminaux (solitaires ou ternés), ou solitaires aux dichotomies et ternés à l'extrémité des ramules (quelquefois par avortement géminés), érigés, mais inclinés ou recourbés au sommet avant et pendant la floraison : les latéraux dibractéolés vers leur milieu; les autres nus. Fleurs violettes, ou roses, ou blanchâtres, nutantes, ou renversées, inodores, en général grandes. Sépales pubérules ou cotonneux en dessous, nerveux, élargis vers leur sommet, acuminés, ou mucronés, plus longs que les étamines; nervures carénées, convergentes, confluentes au sommet. Anthères jaunes, obtuses, ou mucronulées au sommet, ou appendiculées, à peu près aussi larges que les filets. Nucules ovales ou suborbiculaires, lisses, glabrescentes.

Tous les *Viticella* sont remarquables par la beauté de leurs fleurs. Le genre renferme 5 ou 6 espèces, dont voici les plus notables :

A. *Pédoncules nutants. Sépales non-recourbés au sommet, complètement étalés lors de l'épanouissement. Anthères inappendiculées.*

a) *Sépales au nombre de 5 ou 6, finement 3-nervés. Ramules florifères toujours uniflores.*

VITICELLA A GRANDES FLEURS. — *Viticella* (Clematis) *florida* De Cand. — *Clematis florida* Thunb. Flor. Jap. — Bot. Mag. tab. 834. — Herb. de l'Amat. v. 7.

Feuilles raméaires pennées-trifoliolées, ou biternées : folioles ovales, ou subcordiformes, ou ovales-lancéolées, subobtuses. Feuilles des ramules-florifères subsessiles, conformes aux folioles des autres feuilles. Sépales obovales-orbiculaires, ou obovales, ou elliptiques, ou lancéolés-elliptiques, mucronulés, souvent acuminés.

Arbuste atteignant quelques pieds de haut. Rameaux glabres ou pubérules, grêles. Ramules florifères en général plus longs que les feuilles. Feuilles raméaires longues de 3 à 6 pouces; folioles fermes, un peu luisantes, en général très-entières, quelquefois bi-ou tri-lobées : les latérales courtement pétiolulées ou sessiles; l'intermédiaire plus ou moins longuement pétiolulée. Fleurs blanches, larges de 2 à 3 pouces.

Cette espèce, originaire du Japon, se cultive communément dans les collections d'orangerie. Ses fleurs sont ordinairement doubles.

b) *Sépales au nombre de 4, fortement 3-nervés (nervures carénées). Ramules florifères 1-7-flores (en général 3-flores).*

VITICELLA COMMUN. — *Viticella deltoidea* Mœnch, Meth. — *Clematis Viticella* Linn. — Bot. Mag. tab. 565.

Feuilles raméaires bipennées, ou biternées, ou pennées-trifoliolées. Feuilles des ramules florifères simples ou trifoliolées. Folioles suborbiculaires, ou ovales, ou ovales-lancéolées, ou oblongues-lancéolées, très-entières, ou inégalement 2-ou 3-lobées, obtuses, ou acuminées, ordinairement mucronées. Bractées elliptiques ou oblongues, mucronées, sessiles, ou pétiolulées, quelquefois 2-ou 3-lobées. Sépales cunéiformes, tronqués, mucronés. Styles géniculés. Étamines plus courtes que le pistil. Nucules glabres, ovales, acuminées, à bord non-canaliculé.

Arbuste atteignant jusqu'à 10 pieds de haut. Rameaux striés, cannelés : les jeunes grêles, feuillés, quelquefois pubérules. Folioles longues de 2 lignes à 2 pouces, glabres, ou pubérules, fermes, un peu luisantes, d'un vert foncé en dessus, d'un vert pâle et plus ou moins fortement veiné en dessous, en général courtement pétiolulées (excepté la terminale de chaque feuille ou ramification principale d'un pétiole). Ramules florifères ordinairement plus longs que les feuilles raméaires. Pédoncules filiformes ou très-grêles, striés : les fructifères atteignant jusqu'à 6 pouces de long. Fleurs larges de 1 pouce à 2 pouces, d'un pourpre violet, ou bleuâtres. Étamines beaucoup plus courtes que les sépales, à peu près de moitié plus courtes que le pistil. Nucules brunâtres, lisses, larges d'environ 3 lignes.

Cette espèce, connue sous le nom vulgaire de *Viticelle*, croît dans les bois de l'Europe australe. Elle fleurit durant tout l'été. On la cultive fréquemment dans les jardins, surtout pour garnir des treillages, des murs, etc.

B. *Pédoncules nutants. Fleur campaniforme : sépales révolutés au sommet, obliquement dressés inférieurement. Anthères inappendiculées.*

VITICELLA CAMPANIFLORE. — *Viticella campaniflora* Spach. — *Clematis campaniflora* Brot. Flor. Lusit. — Sweet, Brit. Flow. Gard. ser. 2, tab. 217.—Lodd. Bot. Cab. tab. 987. — *Clematis parviflora* De Cand. Plant. Rar. Genev. tab. 12. — *Clematis revoluta* Desfont. Hort. Par.

Feuilles raméaires bipennées, ou biternées, ou trifoliolées, ou triternées; feuilles des ramules florifères trifoliolées ou simples. Folioles ovales, ou ovales-lancéolées, ou elliptiques, ou oblongues, acuminées, ou obtuses, ordinairement mucronées. Ramules 1-9-flores. Bractées ovales ou ovales-lancéolées, subsessiles. Sépales elliptiques ou elliptiques-oblongs, un peu élargis au sommet, acuminés, trinervés. Étamines un peu plus courtes que le pistil, 2 à 3 fois plus courtes que les sépales : filets cunéiformes. Styles non-géniculés. Nucules ovales, acuminées, finalement glabres; bord canaliculé.

Arbuste grimpant à la hauteur de 10 pieds et plus. Rameaux striés, cannelés : les jeunes grêles, feuillés, ordinairement pubérules. Folioles longues de quelques lignes à 2 pouces, d'un vert gai, fermes, luisantes, souvent pubérules. Ramules florifères en général un peu plus courts que les feuilles raméaires. Pédoncules filiformes : les fructifères longs de 1 pouce à 3 pouces. Sépales longs d'environ 6 lignes, blanchâtres en dessus, d'un violet pâle en dessous, plus ou moins ondulés aux bords; nervures assez fortes, carénées. Étamines glabres : filets à peu près aussi longs et aussi larges que les anthères. Pistil soyeux : ovaires au nombre de 10 à 15. Nucules brunâtres, larges d'environ 3 lignes.

Cette espèce, indigène au Portugal, se cultive aussi comme arbuste d'ornement. Elle fleurit pendant tout l'été.

C. *Pédoncules recourbés au sommet. Sépales connivents jusque vers leur milieu en forme d'urne, plus haut révolutés. Anthères terminées en appendice linguiforme.*

VITICELLA CRÉPU. — *Viticella* (*Clematis*) *crispa* De Cand. — *Clematis crispa* Linn. — Bot. Mag. tab. 1892. — Dill. Hort. Elth. tab. 73, fig. 84.

Feuilles raméaires biternées, ou pennées (3-ou 5-foliolées); feuilles ramulaires pennées (3-ou 5-foliolées); folioles ovales, ou ovales-lancéolées, ou oblongues-lancéolées, obtuses, ou acuminées, mucronées, très-entières (rarement bi-ou tri-lobées). Ramules 1-3-flores. Sépales oblongs-obovales, acuminés, crépus aux bords, tricarénés au dos, presque 2 fois plus longs que les étamines. Filets et anthères pubescents. Styles presque glabres, rectilignes, oncinés au sommet, un peu plus longs que les étamines. Nucules suborbiculaires, glabres, longuement rostrées; bords canaliculés.

Racine traçante. Tiges suffrutescentes, grimpantes. Rameaux herbacés, grêles, striés, longs, plus ou moins régulièrement dichotomes, souvent pubérules. Feuilles glabres ou pubérules, d'un vert gai; folioles adultes fermes, luisantes, longues de quelques lignes à 2 pouces, plus ou moins longuement pétiolulées. Ramules florifères en général plus courts que les feuilles raméaires. Pédoncules ordinairement nus et solitaires, grêles, longs de 3 à 8 pouces. Bractées lancéolées, pétiolées. Sépales assez épais, d'un rose vif, longs de 1 1/2 pouce à 2 pouces. Ovaires environ 20 à 30, cotonneux, petits, à l'époque de la floraison à peu près 4 fois plus courts que le style. Styles filiformes. Nucules larges de 2 à 3 lignes, terminées en longue queue rectiligne, subulée.

Cette espèce, indigène aux États-Unis, se cultive comme arbuste d'ornement. Elle fleurit en été.

Genre VIORNA. — *Viorna* Reichenb.

Sépales 4 (en préfloraison involutés aux bords), acuminés, révolutés au sommet, étalés pendant l'épanouissement ou connivents. Pétales nuls. Étamines conniventes; filets linéaires, comprimés; anthères linéaires. Styles très-longs, filiformes, obtus, finement papilleux vers le sommet. Nucules coriaces, comprimées, marginées, terminées en longue queue plumeuse; rebord épais, obtus. Gynophore petit, subglobuleux.

Arbustes grimpants, ou herbes vivaces. Feuilles simples, ou composées, ou décomposées. Pétiole (des espèces grimpantes) souvent volubile. Pédoncules terminaux (soit solitaires, soit ternés), ou axillaires et terminaux, ou dichotoméaires et terminaux, uniflores, nus (étant solitaires soit aux aisselles, soit aux bifurcations, ou l'intermédiaire lorsqu'ils sont ternés), ou dibractéolés (étant axillaires, ou les latéraux lorsqu'ils sont ternés), uniflores, érigés, infléchis au sommet avant et durant la floraison, puis redressés. Fleurs jaunes, ou bleues, ou rouges, grandes, inodores, renversées, en général campaniformes, ou comme tubuleuses au moins jusque vers leur milieu. Sépales cotonneux ou pubérules et fortement tricarénés en dessous (carènes convergentes, confluentes au sommet), élargis ou rétrécis au-dessus du milieu, plus longs que les étamines. Filets et anthères équilarges, comprimés, laineux, ou pubescents. Anthères jaunes, obtuses, ou prolongées en appendice apicilaire. Ovaires nombreux, connivents, soyeux, ou cotonneux. Styles rectilignes, connivents, oncinés au sommet. Nucules ovales ou suborbiculaires, assez petites, lisses, glabrescentes, rétrécies à la base.

Ce genre renferme cinq ou six espèces, dont voici les plus remarquables :

Section I. EUVIORNA Spach.

Arbustes grimpants. Feuilles la plupart composées ou décomposées, pétiolées. Sépales toujours connivents au moins jusqu'au milieu. Anthères appendiculées au sommet, débordées par les styles.

A. *Feuilles raméaires pennées (3-ou 5-foliolées). Sépales connivents jusqu'au milieu en forme de tube, presque étalés supérieurement, largement marginés, assez minces.*

Viorna cylindriflore. — *Viorna cylindrica* Spach. — *Clematis cylindrica* Sims, Bot. Mag. tab. 1160. — *Clematis Viorna* Andr. Bot. Rep. tab. 71. — *Clematis divaricata* Jacq. fil. Eclog. tab. 33.

Folioles ovales, ou ovales-lancéolées, ou oblongues-lancéolées, obtuses, ou pointues, mucronées, très-entières (rarement bi-ou tri-lobées), sessiles, ou courtement pétiolulées (excepté la terminale). Ramules 1-5-flores. Pédoncules terminaux ou dichotoméaires et terminaux. Sépales oblongs-spathulés, acuminés-cuspidés, ondulés et cotonneux aux bords, à peu près 2 fois plus longs que les étamines. Filets et anthères pubérules.

Tiges grimpantes, suffrutescentes. Rameaux herbacés, grêles, striés, feuillés, dichotomes, ou subtrichotomes. Folioles longues de quelques lignes à 1 ½ pouce, subcoriaces, d'un vert gai, luisantes, veineuses, glabres, ou légèrement pubérules. Pédoncules grêles, longs de 3 à 6 pouces. Bractées lancéolées, en général subsessiles, de grandeur variable. Ramules florifères tantôt plus longs que les feuilles raméaires, tantôt plus courts. Sépales d'un beau bleu, longs de 10 à 15 lignes. Pistil très-soyeux.

Cette espèce, indigène aux États-Unis, se cultive comme arbuste d'ornement.

B. *Feuilles raméaires inférieures biternées, ou bipennées (en général à 5 pétioles-secondaires trifoliolés); feuilles raméaires supérieures ordinairement pennées (3-ou 5-fo-*

liolées). *Sépales à peine marginés, épais, subcoriaces, concaves antérieurement, connivents presque jusqu'au sommet en forme d'urne urcéolée.*

Viorna urnigère. — *Viorna urnigera* Spach. — *Clematis Viorna* Linn. — Jacq. fil. Ecl. 1, tab. 32. — Jaume Saint-Hil. Flor. et Pom. Franç. tab. 387.

Folioles ovales, ou ovales-lancéolées, acuminées, très-entières, ou bilobées, ou trilobées, pétiolulées, arrondies ou cordiformes ou tronquées à la base. Pédoncules ramulaires ou immédiatement axillaires. Ramules 3-9-flores. Sépales ovales-lancéolés, acuminés-cuspidés, du quart plus longs que les étamines, réfléchis au sommet, carénés aux bords. Filets et anthères pubérules aux bords. Nucules ovales ou ovales-orbiculaires.

Arbuste grimpant à la hauteur de dix pieds et plus. Rameaux grêles, striés, cannelés, feuillés, herbacés, souvent trichotomes ou dichotomes. Feuilles glabres ou légèrement pubérules, non-coriaces, d'un vert foncé; ramifications du pétiole plus ou moins divariquées; folioles longues de ½ pouce à 2 pouces; pétiole des feuilles raméaires inférieures atteignant jusqu'à 8 pouces de long. Pédoncules axillaires ou ramules-florifères en général un peu moins longs que les feuilles raméaires. Pédoncules ramulaires grêles, longs de 3 à 6 pouces. Bractées elliptiques, ou ovales, ou ovales-lancéolées, sessiles, ou pétiolées. Sépales longs d'environ 1 pouce, d'un pourpre violet. Nucules larges d'environ 2 lignes, brunes : queue ordinairement recourbée, filiforme, longue de 1 ½ pouce à 2 pouces.

Cette espèce, indigène dans l'Amérique septentrionale, se cultive fréquemment dans les jardins. Elle fleurit en été.

Section II. VIORNIUM Spach.

Herbes vivaces. Feuilles simples, très-entières, sessiles. Sépales étalés pendant l'épanouissement. Anthères inappendiculées, débordant les styles.

Viorna a feuilles entières. — *Viorna integrifolia* Spach. — *Clematis integrifolia* Linn. — Bot. Mag. tab. 65. — Jacq.

Flor. Austr. tab. 363. — Clus. Hist. I, p. 123. — *Clematis nutans* Crantz, Austr. — *Clematis inclinata* Scop. Carn. — *Clematis elongata* Tratt. Arch. 4, tab. 178.

Tiges tantôt simples et uni-ou pauci-flores, tantôt rameuses et pluriflores. Feuilles ovales, ou elliptiques, ou ovales-elliptiques, ou ovales-lancéolées, ou oblongues, ou oblongues-lancéolées, 3- ou 5-7-nervées, mucronées, ordinairement acuminées, rétrécies à la base, pubérules aux bords et en dessous aux nervures. Pédoncules terminaux (solitaires ou ternés) ou axillaires et terminaux, plus longs que les feuilles. Sépales oblongs, ou oblongs-lancéolés, ou elliptiques-lancéolés, acuminés-cuspidés, subcoriaces, cotonneux et ondulés aux bords, recourbés au sommet, connivents inférieurement, de moitié plus courts que les étamines. Filets et anthères des étamines extérieures laineux. Nucules ovales ou ovales-elliptiques.

Plante haute de 1/2 pied à 3 pieds. Tiges dressées, touffues, anguleuses, cannelées, brunâtres, pubérules, grêles, feuillues, tantôt très-simples, tantôt rameuses soit presque dès la base, soit seulement dans la moitié supérieure, ou vers le sommet. Rameaux dressés ou presque dressés (en général ne se développant qu'après la floraison de la tige), feuillés, simples, tantôt stériles, tantôt florifères au sommet, ou au sommet et aux aisselles, finalement débordants, ordinairement pubérules. Feuilles fermes, glabres, d'un vert gai et un peu luisantes en dessus, d'un vert pâle en dessous, longues de 1 pouce à 4 pouces (les deux ou trois paires inférieures plus petites que les suivantes; les caulinaires en général plus longues que les entrenœuds; les raméaires plus courtes que les entrenœuds). Pédoncules très-grêles, pubérules, cannelés, longs de 2 à 6 pouces. Sépales d'un bleu foncé, fortement trinervés, longs de 8 à 15 lignes. Bractées conformes aux feuilles, mais beaucoup plus petites. Pistil soyeux : ovaires très-nombreux. Nucules brunes, luisantes, larges d'environ 1 1/2 ligne : queue filiforme, flexueuse, plus ou moins recourbée, longue d'environ 1 1/2 pouce.

Cette espèce élégante croît dans les Pyrénées, l'Autriche, la Hongrie, ainsi que dans le midi de la Russie et de la Sibérie.

Elle fleurit en été. On la cultive fréquemment comme plante de parterre.

Genre MÉCLATIS. — *Meclatis* (1) Spach.

Sépales 4, pétaloïdes, pendant l'épanouissement étalés ou révolutés, divergents, en préfloraison imbriqués par les bords. Pétales nuls. Étamines paucisériées, conniventes ; filets lancéolés (du moins les intérieurs), comprimés ; anthères linéaires-oblongues, inappendiculées. Styles longs, filiformes, obtus. Nucules coriaces, subfusiformes, tétragones, un peu comprimées, légèrement marginées : bords tranchants. Gynophore subglobuleux.

Arbustes grimpants. Rameaux dichotomes ou trichotomes au sommet, cannelés. Ramules florifères axillaires et terminaux, dichotomes, brachiés, feuillés aux bifurcations, nus inférieurement, 3-15-flores. Pédoncules terminaux (en général ternés), ou dichotoméaires et terminaux (accidentellement solitaires à l'aisselle des feuilles raméaires), uniflores, érigés, inclinés ou infléchis au sommet jusqu'après la floraison : les latéraux dibractéolés au-dessus du milieu ; les autres nus. Feuilles pétiolées, glauques, molles, non-persistantes : les raméaires inférieures en général biternées, ou bipennées (à 5 ou 7 pétioles-secondaires trifoliolés) ; les raméaires supérieures pennées (3-ou 5-foliolées) ou rarement simples ; les ramulaires simples ou trifoliolées ; pétioles des feuilles raméaires divariqués. Fleurs légèrement odorantes, assez grandes, nutantes, disposées (sur chaque ramule) en cyme subfastigiée. Sépales jaunes, planes, 5-nervés (les 2 nervures marginales et la médiane saillantes, carénées ; les 2 intermédiaires très-fines), acuminés, cotonneux aux bords, plus longs que les étamines. Filets violets, ciliés, plus longs que les anthères : les extérieurs quelquefois linéaires. Anthères jaunes, mucronulées, glabres,

(1) Anagramme de *Clematis*.

plus larges que le sommet du filet. Ovaires petits, très-nombreux, serrés, soyeux. Styles dressés, soyeux, recourbés et glabres au sommet. Nucules petites, lisses, pubescentes de même que le gynophore.

Ce genre se compose des deux espèces suivantes :

A. *Sépales non-révolutés, presque 2 fois plus longs que le pistil. Filets tous lancéolés. Pistil de moitié plus long que les étamines. — Pédoncules fructifères infléchis au sommet.*

Méclatis de Sibérie. — *Meclatis sibirica* Spach. — *Clematis glauca* Willd. Arb. tab. 4, fig. 1. — Watson, Dendrol. Brit. tab. 73 (mala).

Folioles des feuilles-raméaires ovales-lancéolées, ou oblongues-lancéolées, ou lancéolées-elliptiques, ou ovales, ou lancéolées-oblongues, ou ovales-oblongues, obtuses, ou pointues, mucronées, rarement subrhomboïdales et trifides, en général très-entières, quelquefois uni-ou pauci-dentées d'un côté, ou irrégulièrement bi-ou tri-lobées. Feuilles ou folioles des ramules florifères lancéolées-linéaires, ou sublinéaires, ou conformes aux autres folioles. Pédoncules beaucoup plus longs que la fleur. Sépales oblongs-lancéolés, ou linéaires-lancéolés. Filets fortement ciliés.

Racine rampante. Tiges faibles, suffrutescentes. Rameaux grêles, herbacés, feuillés, atteignant jusqu'à 10 pieds de long. Feuilles glabres ou moins souvent légèrement pubérules : les raméaires inférieures à pétiole long de 5 à 10 pouces; les supérieures graduellement plus petites. Folioles pétiolulées ou sessiles : celles des feuilles raméaires longues de 6 lignes à 3 pouces; celles des feuilles ramulaires longues de 1 ligne à 2 pouces; base égale ou inégale, arrondie, ou tronquée, ou cunéiforme. Ramules florifères 3-15-flores, tantôt débordés par les feuilles raméaires, tantôt plus ou moins longuement débordants. Pédoncules presque filiformes, longs de 2 à 6 pouces. Bractées petites, ordinairement lancéolées. Sépales longs de 8 à 12 lignes, immaculés, d'un jaune pâle. Nucules longues d'environ 1 ligne, brunes : queue filiforme, flexueuse, plus ou moins recourbée, longue de 15 à 20 lignes.

Cette espèce, indigène en Sibérie, se cultive comme arbuste d'ornement. Elle fleurit en été.

B. *Sépales révolutés presque dès la base, à peine plus longs que le pistil. Filets extérieurs linéaires. Pistil à peine plus long que les étamines. Pédoncules fructifères non-infléchis au sommet.*

Méclatis d'Orient. — *Meclatis orientalis* Spach. — *Clematis orientalis* Linn. — Dill. Hort. Elth. tab. 119, fig. 145.

Folioles des feuilles-raméaires ovales, ou ovales-rhomboïdales, ou ovales-oblongues, ou ovales-lancéolées, ou oblongues-lancéolées, ou linéaires-lancéolées, ou lancéolées, ou subdeltoïdes, obtuses, ou pointues, mucronées, très-entières, ou paucidentées, ou profondément crénelées, ou incisées-dentées, ou irrégulièrement bi-ou tri-lobées, ou trifides, ou à 3 lobes profonds et incisés-dentés (1). Feuilles des ramules-florifères soit trifides, ou très-entières (en général étroites), soit à 3 folioles très-entières (souvent linéaires ou linéaires-lancéolées). Pédoncules jusqu'à deux fois plus longs que la fleur. Sépales elliptiques-lancéolés. Filets légèrement ciliés.

Plante tout à fait semblable à l'espèce précédente tant par le port, que par la plupart des formes qu'offrent les folioles (formes d'ailleurs très-variables dans les deux espèces; toutefois, le *Meclatis sibirica* n'a jamais des folioles à lobes incisés-dentés, et très-rarement des feuilles raméaires à folioles linéaires-lancéolées). Ramules florifères 3-15-flores, en général longuement débordés par les feuilles raméaires. Feuilles glabres ou pubérules, très-glauques : les raméaires à pétiole commun long de 4 à 10 pou-

(1) Cette variation a été employée par plusieurs auteurs comme caractère distinctif de l'espèce; mais elle est si peu constante sur un seul et même individu, qu'il n'est pas même permis d'y fonder une variété.

ces. Base des folioles égale ou inégale, cordiforme, ou arrondie, ou cunéiforme, ou tronquée. Pédoncules presque filiformes, légèrement cotonneux, longs de 6 lignes à 2 pouces. Bractées minimes, subulées. Sépales longs de 7 à 8 lignes, pubérules en dessus et en dessous, d'abord d'un jaune pâle, finalement rougeâtres, souvent marbrés de violet à leur base. Nucules semblables à celles de l'espèce précédente.

Cette espèce, indigène au Caucase et dans les montagnes de l'Asie mineure, se cultive aussi comme arbuste d'agrément. Elle fleurit en été.

Genre CLÉMATIS. — *Clematis* Linn. (Spach.)

Sépales 4 à 8 (ordinairement 4), étalés ou réfléchis pendant l'épanouissement, en préfloraison imbriqués par les bords. Pétales nuls. Étamines nombreuses, pendant l'anthèse divergentes, puis étalées ou réfléchies; filets linéaires, ou linéaires-spathulés, comprimés; anthères linéaires, ou oblongues, ou suborbiculaires. Styles longs, filiformes-spathulés, obtus. Nucules comprimées, marginées, coriaces, ou subchartacées, terminées en longue queue plumeuse. Gynophore subglobuleux.

Arbustes grimpants, ou herbes vivaces. Tiges ou rameaux dichotomes ou trichotomes au sommet, cannelés. Feuilles raméaires pennées (à 3-7 ramifications pétiolaires presque toujours trifoliolées). Feuilles ramulaires simples, ou pennées-trifoliolées, ou digitées-trifoliolées. Pétioles divariqués de même que les folioles. Pétioles et pétiolules des espèces grimpantes souvent tortillés en forme de vrille. Ramules florifères (quelquefois réduits à des pédoncules soit brachiés, soit 1-ou 3-flores) terminaux ou axillaires et terminaux, érigés, ou redressés, en général dichotomes ou trichotomes. Fleurs petites ou de grandeur médiocre, érigées, blanches, odorantes, en général disposées en panicules soit subfastigiées, soit thyrsiformes, soit racémiformes. Pédoncules dibractéolés aux ramifications, non inclinés ni infléchis au sommet. Sépales planes, subcoriaces, trinervés, à peine plus longs que les étamines, en général cotonneux en dessous. Filets blanchâtres, plus longs que les anthères. Anthères jaunes, très-obtuses, ou apiculées, ou prolongées en long appendice subulé. Ovaires nombreux, ou moins souvent 5 à 15, petits, serrés, soyeux de même que les styles. Styles dressés, connivents, recourbés au sommet, papilleux aux bords au-dessus du milieu. Nucules réticulées ou veineuses, glabrescentes, ou pubescentes, à rebord soit large et épais, soit mince et étroit; queue filiforme, flexueuse, plus ou moins recourbée.

Les caractères génériques que nous venons d'exposer ne s'appliquent qu'aux espèces dont nous allons traiter. Il est probable qu'un certain nombre des autres *Clematis* des auteurs, n'appartiennent pas à ce genre.

Section I. VITALBA Spach.

Arbustes grimpants, à tige ligneuse. Feuilles raméaires toutes pennées (5-7-foliolées). Anthères inappendiculées. Nucules presque chartacées, à rebord mince et étroit.

A. *Feuilles raméaires inférieures 5-ou 7-foliolées. Fleurs hermaphrodites. Anthères oblongues, obtuses, à peine plus larges que les filets.*

Clématis commun. — *Clematis Vitalba* Linn.—Bull. Herb. tab. 89. — Engl. Bot. tab. 612.—Jacq. Flor. Austr. tab. 308. —Curt. Flor. Lond. 4, tab. 37. — Guimp. et Hayn. Deutsch. Holz. tab. 113. — *Clematis sepium* Lamk. — *Clematis scandens* Borkh.

Folioles cordiformes, ou ovales, ou ovales-lancéolées, ou oblongues-lancéolées, pétiolulées, acuminées, tantôt très-entières, ou profondément pauci-dentées, tantôt inégalement crénelées ou incisées-dentées en tout leur contour, quelquefois trilobées. Panicules pyramidales ou subfastigiées, dichotomes, ou trichotomes, axillaires et terminales, en général 7-15-flores. Sépales 4 (ou quelquefois 5), oblongs, ou oblongs-obovales, obtus, pubérules ou cotonneux aux 2 faces. Étamines finalement plus longues que le pistil. Nucules ovoïdes, ordinairement pubescentes.

Racine pivotante, multicaule, très-rameuse. Tiges grimpant à la hauteur de 20 pieds, ou plus, et atteignant, avec l'âge, la grosseur d'un poing. Rameaux grêles, flexibles : les adultes ligneux, aphylles; les jeunes feuillés, ordinairement brachiés au sommet, quelquefois en outre inférieurement, mais en général garnis seulement de panicules axillaires aphylles ou subaphylles. Feuilles non-persistantes : celles des rameaux primaires à pétiole-commun long de 4 à 8 pouces; celles des rameaux secondaires beaucoup plus petites, trifoliolées ou simples de même que les feuilles supérieures des rameaux primaires. Folioles longues de $^1/_2$ pouce à 3 pouces, fermes, mais non coriaces, d'un vert foncé en dessus, d'un vert pâle en dessous, pubescentes étant jeunes, finalement glabres ou presque glabres. Panicules axillaires en général longuement débordées par les feuilles. Panicules terminales beaucoup plus longues que les feuilles supérieures. Pédoncules grêles mais raides, cotonneux étant jeunes, tantôt à peine aussi longs que le calice, tantôt jusqu'à 2 fois plus longs. Bractées de forme et de grandeur très-variables : les dernières minimes, subulées. Sépales longs de 3 à 5 lignes. Nucules longues d'environ 2 lignes, au nombre d'une vingtaine sur chaque gynophore; queue presque capillaire, longue de 1 pouce et plus.

Cette espèce, connue sous les noms vulgaires de *Viorne*, *Clématite des bois*, *Herbe aux gueux*, et *Barbe à Dieu*, vient dans presque toute l'Europe ainsi qu'en Orient. On la trouve fréquemment dans les buissons et les haies, qu'elle couvre de ses nombreux sarments. Les fleurs, qui paraissent en juillet et en août, répandent une odeur agréable mais pénétrante, qui se fait sentir au loin; aussi la plante se cultive-t-elle souvent dans les bosquets.

Le suc de ce *Clematis* est extrêmement âcre, et, introduit dans l'estomac, il produit tous les effets délétères d'un poison corrosif. Les feuilles pilées étant fraîches, et appliquées sur la peau dans cet état, ne tardent pas à produire une inflammation locale; les mendiants se sont souvent servis de ce moyen pour se faire venir des ulcères superficiels et faciles à guérir. Les feuilles sèches, réduites en poudre, s'emploient dans l'art vétérinaire. Du reste, de célèbres médecins ont préconisé l'extrait de Clématite, administré à l'extérieur, comme un excellent remède contre les maladies cancéreuses. Tragus assure que la décoction de la racine est purgative.

L'âcreté de la plante disparaît complétement par suite de l'ébullition; en Italie, les paysans ont coutume de manger les jeunes pousses cuites dans l'eau, en guise de légumes.

B. *Feuilles raméaires toutes trifoliolées. Fleurs dioïques. Anthères suborbiculaires, mamelonnées au sommet, plus larges que les filets.*

Clématis de Virginie. — *Clematis virginiana* Linn. — Wats. Dendr. Brit. tab. 74. — *Clematis bracteata* Mœnch, Suppl.

Folioles ovales, ou ovales-oblongues, ou ovales-lancéolées, ou oblongues-lancéolées, en général cordiformes à la base, acuminées, mucronées : celles des feuilles raméaires ordinairement incisées-crénelées, ou incisées-dentées, souvent trilobées; celles des feuilles ramulaires ordinairement très-entières. Panicules axillaires et terminales (ou quelquefois : pédoncules immédiatement axillaires, triflores), dichotomes, ou trichotomes, 5-15-flores, subfastigiées. Sépales (4 ou quelquefois 5) oblongs ou elliptiques-oblongs, obtus, glabres en dessus, cotonneux aux bords, pubérules en dessous, 1 fois plus longs que les étamines.

Arbuste grimpant jusqu'à 20 pieds de haut. Jeunes rameaux feuillés, pubérules, grêles, souvent paniculés. Feuilles raméaires à pétiole-commun long de 4 à 8 pouces; folioles pétiolulées, longues de 1 pouce à 3 pouces, non-persistantes, minces mais fermes, d'un vert foncé et glabres ou presque glabres en dessus, pubérules et d'un vert pâle en dessous. Feuilles des rameaux secondaires plus petites, digitées-trifoliolées (à folioles subsessiles) ou moins souvent simples. Panicules pubérules, plus courtes que les feuilles lorsqu'elles naissent immédiatement des rameaux primaires, plus longues que les feuilles lorsqu'elles naissent sur des rameaux ou ramules axillaires. Pédicelles ordinairement aussi longs que le calice. Bractéoles minimes, subulées. Sépales longs de 2 à 3 lignes. Filets d'un brun jaunâtre. Nucules semblables à celles du *Clematis Vitalba.*

Cette espèce, indigène aux Etats-Unis, se cultive comme arbuste d'agrément, à cause de l'odeur suave de ses fleurs, lesquelles paraissent en août.

Section II. FLAMMULA Spach.

Arbustes (grimpants ou non-grimpants) soit suffrutescents, soit ligneux, ou herbes vivaces. Feuilles inférieures tantôt bipennées (à ramifications pétiolaires ordinairement trifoliolées), tantôt biternées ; feuilles supérieures pennées ou simples. Anthères inappendiculées. Nucules coriaces, à rebord large et épais.

A. *Tiges suffrutescentes ou ligneuses, grimpantes. Pistil de 5 à 12 ovaires. Panicules axillaires et terminales, multiflores ; pédoncules courts.*

Clématis Flammule. — *Clematis Flammula* Linn. — Jaume Saint-Hil. Flore et Pom. Franç. tab. 392. — *Clematis fragrans* Tenor. Flor. Napol. tab. 48. — *Clematis maritima* De Cand. Flor. Franç. (non Linn.)

Folioles suborbiculaires, ou elliptiques, ou ovales, ou ovales-lancéolées, ou ovales-oblongues, ou oblongues, ou sublinéaires, cordiformes à la base, ou arrondies, ou tronquées, ou cunéiformes, arrondies au sommet, ou rétuses, ou mucronulées, subcoriaces, glabres : celles des feuilles inférieures souvent bi- ou tri-lobées ; celles des feuilles supérieures ordinairement très-entières. Panicules cymeuses, ou pyramidales, ou allongées. Sépales (4 ou quelquefois 5) oblongs, ou oblongs-obovales, mucronés ou obtus, un peu plus longs que les étamines, glabres en dessus, pubérules en dessous, cotonneux aux bords. Anthères apiculées, aussi longues ou plus longues que les filets. Nucules ovales ou suborbiculaires, acuminées, glabrescentes, subréticulées. Gynophore petit, subglobuleux, glabre.

Arbuste tantôt diffus, tantôt grimpant jusqu'à 20 pieds de haut, ou plus. Rameaux et jeunes tiges feuillés, grêles, tantôt paniculés dès la base et trichotomes au sommet, tantôt paniculés seulement au sommet et produisant aux aisselles inférieures soit de courts ramules florifères, soit des pédoncules. Feuilles inférieures en général bipennées (moins souvent biternées); pétiole commun atteignant jusqu'à 8 pouces de long, à 5 ou 7 ramifications trifoliolées. Feuilles supérieures pennées (3-7-foliolées) ou simples. Feuilles des ramules florifères simples ou moins souvent trifoliolées. Folioles coriaces (persistant d'une année à l'autre dans les climats doux), d'un vert foncé, glabres, trinervées, aussi variables de grandeur que de forme : celles des feuilles raméaires inférieures en général plus petites que celles des feuilles suivantes (quelquefois tout à fait semblables aux folioles de certains *Thalictrum*, et longues seulement de 2 à 3 lignes), dont les plus grandes folioles atteignent souvent (du moins sur la plante cultivée) jusqu'à 2 pouces de long. Panicules tantôt lâches, tantôt denses, longuement ou courtement pédonculées, ternées à l'extrémité des ramules et des rameaux, en général solitaires aux aisselles. Pédoncules et pédicelles tantôt glabres, tantôt pubérules. Pédicelles à peine aussi longs que le calice ou jusqu'à 3 fois plus longs. Bractéoles linéaires, ou spathulées, ou subulées, petites. Sépales longs de 3 à 6 lignes. Filets et anthères glabres ou velus. Nucules longues de 2 à 3 lignes, brunes (à rebord plus clair), luisantes : queue longue de 1 pouce à 1 ½ pouce.

Cette espèce, qui habite toute la région méditerranéenne, se cultive très-communément dans les bosquets, ainsi que pour couvrir les murs et les treillages, ou pour former des berceaux. Elle fleurit en juillet et août. Ses fleurs répandent une odeur très-agréable.

B. *Tiges suffrutescentes à la base, dressées. Pistil à ovaires très-nombreux. Pédoncules axillaires et terminaux,* 1- *ou* 3-*flores, très-longs.*

Clématis a feuilles étroites. — *Clematis angustifolia* Jacq. Ic. Rar. tab. 104. — Loddig. Bot. Cab. tab. 918. — Watson, Dendrol. Brit. tab. 112. — *Clematis hexapetala* Pallas (non Linn.) — *Clematis Pallasii* Gmel. Syst. — *Clematis sibirica* Lamk. in Pallas. It. (non Mill.) — *Clematis lasiantha* Fischer.

Tiges simples ou rameuses, pleines, légèrement cannelées. Feuilles caulinaires inférieures bipennées (pétiole commun à 5 ramifications 3-7-foliolées); feuilles supérieures pennées (3-7-foliolées). Folioles lancéolées, ou lancéolées-elliptiques, ou lancéolées-oblongues, ou oblongues, ou lancéolées-linéaires, ou oblongues-spathulées, obtuses, ou pointues, mucronées, coriaces, trinervées, réticulées : celles des feuilles supérieures en général très-entières; celles des feuilles inférieures souvent bifides ou trifides. Sépales (6-8) cunéiformes-oblongs ou obovales-oblongs, rétus, glabres en dessus, pubérules ou cotonneux en dessous, de moitié à 1 fois plus longs que les étamines. Anthères linéaires-oblongues, apiculées. Nucules ovales, ou obovales, ou suborbiculaires, cotonneuses ou glabrescentes, acuminées, réticulées. Gynophore hémisphérique, déprimé, velu.

Plante multicaule, haute de 1 pied à 3 pieds, glabre excepté le calice et le sommet des pédoncules. Tiges grêles, fermes, trichotomes au sommet, tantôt simples inférieurement, tantôt garnies de rameaux feuillés (soit stériles, soit florifères), ou bien de ramules florifères diphylles à l'origine des pédoncules et nus inférieurement. Rameaux, ramules et pédoncules plus ou moins divergents. Feuilles glabres : les caulinaires-primordiales réduites à de courtes écailles, ou petites et simples; les suivantes à pétiole commun atteignant jusqu'à $^1/_2$ pied de long; les supérieures graduellement plus petites; les ramulaires et les raméaires-supérieures petites, subsessiles, ou sessiles, linéaires. Folioles luisantes, d'un vert foncé, sessiles, ou pétiolulées : celles des feuilles bipennées en général plus étroites que celles des feuilles pennées, longues de 1/2 pouce à 1 pouce; les plus grandes de celles des feuilles pennées atteignant jusqu'à 3 pouces de long. Ramules florifères ou pédoncules atteignant jusqu'à 1/2 pied de long. Pédoncules en général ternés à l'extrémité des rameaux, des ramules et des trifurcations terminales de la tige, en outre solitaires aux aisselles supérieures des rameaux (ainsi que de la tige lorsqu'elle est simple), grêles, raides, striés, cotonneux au sommet : les latéraux dibractéolés vers leur milieu. Sépales longs de 6 à 9 lignes : queue longue d'environ 1 pouce, à poils très-rapprochés.

Cette espèce, indigène en Sibérie, se cultive dans les parterres. Elle fleurit en été.

C. *Tiges herbacées, dressées. Pistil de 10 à 15 ovaires. Panicules axillaires (pauciflores) et terminales (multiflores), ou terminales, nues : pédicelles souvent en ombelle.*

Clématis dressé. — *Clematis erecta* Allion. — Jacq. Flor. Austr. tab. 291. — Jaume Saint-Hil. Flor. et Pom. Franç. tab. 391. — *Clematis recta* Linn. — *Clematis corymbosa* Mill. — *Clematis lathyrifolia* Besser.

Tiges simples ou rameuses, fistuleuses, cannelées. Feuilles caulinaires inférieures bipennées (à 3 ou 5 ramifications pétiolaires 3-7-foliolées); feuilles supérieures pennées (3-9-foliolées). Folioles ovales, ou ovales-oblongues, ou ovales-lancéolées, ou oblongues-lancéolées, ou oblongues, ou cordiformes, acuminées, ou pointues, ou obtuses, mucronées : celles des feuilles-bipennées quelquefois bilobées ou subtrilobées, souvent subsessiles; celles des autres feuilles très-entières et pétiolulées. Panicules cymeuses, ou pyramidales, ou allongées. Sépales (4, moins souvent 5 ou 6) oblongs, ou cunéiformes-oblongs, ou obovales-oblongs, rétus, ou échancrés, glabres en dessus, pubérules ou cotonneux en dessous, de moitié plus longs que les étamines. Anthères linéaires, à peu près aussi longues que les filets. Nucules ovales ou suborbiculaires, glabrescentes, acuminées, réticulées.

Plante haute de 1 pied à 3 pieds, multicaule, en général d'un vert plus ou moins glauque. Tiges touffues, grêles, glabres (excepté au sommet), feuillues, tantôt simples, tantôt trichotomes au sommet, tantôt rameuses à partir du milieu. Rameaux feuillés, ou nus jusqu'à l'origine de la panicule, ordinairement trichotomes au sommet. Feuilles glabres ou pubérules : les inférieures à pétiole-commun long d'environ 6 pouces; les supérieures plus courtes. Folioles fermes mais non coriaces, trinervées, veineuses, longues de 2 lignes à 3 pouces (celles des feuilles-bipennées en général plus étroites que celles des feuilles pennées), 3-nervées, ou subquinquénervées, veineuses, en général glabres en dessus et pubérules en dessous, souvent inéquilatérales et obliquement tronquées à leur base. Panicules en général ternées ou fasciculées à l'extrémité de la tige et des rameaux, moins souvent solitaires-terminales, quelquefois en outre solitaires ou fasciculées aux aisselles des feuilles (soit caulinaires, soit raméaires), tantôt subfastigiées et régulièrement dichotomes ou trichotomes, tantôt plus ou moins allongées et à pédoncules secondaires opposés, tantôt pyramidales à pédoncules secondaires rapprochés en corymbe ou fasciculés. Pédicelles glabres ou pubérules, presque filiformes, tantôt à peine plus longs que le calice, tantôt jusqu'à 10 fois plus longs, ternés, ou fasciculés, ou disposés en corymbe, ou rarement solitaires. Sépales longs de 4 à 6 lignes. Nucules longues de 2 à 3 lignes, brunes : rebord jaunâtre; queue longue de 6 à 9 lignes.

Cette espèce, indigène dans l'Europe australe, se cultive fréquemment dans les jardins. Elle fleurit en juin et juillet.

Section III. ASPIDANTHERA Spach.

Arbustes grimpants. Feuilles pennées-trifoliolées. Anthères petites, terminées en long appendice filiforme-subulé.

Clématis aristé. — *Clematis aristata* R. Brown. Prodr. Flor. Nov. Holl. — Bot. Reg. tab. 238.

Folioles ovales, ou ovales-lancéolées, ou oblongues-lancéolées, subacuminées, mucronées, denticulées-sinuolées, coriaces, longuement pétiolulées, souvent cordiformes à la base. Panicules axillaires et terminales, sessiles, thyrsiformes, subfasciculées, aphylles, cotonneuses, multiflores, plus courtes que les feuilles, ou à peine aussi longues; pédoncules secondaires trichotomes ou dichotomes, opposés. Fleurs dioïques. Sépales glabres en dessus, cotonneux en dessous, oblongs-linéaires, acuminulés, un peu plus longs que les étamines.

Rameaux grêles, cylindriques, cannelés, glabres : les jeunes feuillés. Feuilles glabres, ou légèrement pubérules étant jeunes : pétiole commun long de 1 pouce à 4 pouces; folioles longues de 1 pouce à 3 pouces, d'un vert foncé, un peu luisantes, veineuses : dentelures acérées. Panicules longues de 2 à 6 pouces, couvertes (de même que les bractées et la surface inférieure des sépales) d'un épais duvet d'un blanc ferrugineux et luisant. Pédicelles 1 à 2 fois plus longs que la fleur. Bractées sublinéaires ou subulées, petites. Sépales longs de 5 à 6 lignes.

Cette espèce, originaire de la Nouvelle-Hollande, se cultive dans les collections d'orangerie.

CENT NEUVIÈME FAMILLE.

LES HELLÉBORACÉES. — *HELLEBORACEÆ* (1).

Ranunculacearum genn. Juss. — *Ranunculacearum* tribus IV (*Helleboreæ*) et V (*Ranunculaceæ spuriæ v. Pæonieæ*) De Cand. Syst. Nat. et Prodr. — *Ranunculacearum* sect. IV (*Helleborea*), et *Pæoniaceæ* Bartl. Ord. Nat. — *Ranunculearum* sect. III (*Helleboreæ*), Reichenb. Syst. Nat. — *Helleboraceæ* Loisel. Deslong. Manuel des plantes usuelles, v. 1, p. 1.

Les *Helléboracées* ont été réunies par la plupart des auteurs aux Renonculacées, dont elles sont en effet très-voisines; toutefois elles en diffèrent notablement par leur péricarpe composé de follicules polyspermes ou du moins dispermes (excepté dans le *Xanthoriza*: plante très-anomale sous plusieurs autres rapports, et dont les follicules sont en général par avortement monospermes), presque toujours uni-ou bi-valves, persistants après la déhiscence (2).

Cette famille appartient presque exclusivement aux

(1) Dans le tableau synoptique des familles (vol. I, p. 21 de cet ouvrage), nous avons, à l'exemple de MM. de Candolle et Bartling, placé à la suite des Renonculacées, les *Péoniées*, en assignant à celles-ci, pour caractère différentiel, des anthères introrses, tandis que les Renonculacées se distingueraient par des anthères extrorses. Mais ces caractères sont tout à fait imaginaires : la plupart des Renonculacées ayant, de même que les Péoniées, des anthères latéralement déhiscentes; aussi les Péoniées ne peuvent-elles être séparées des autres Helléboracées.

(2) Malgré ces différences, les Helléboracées figureraient peut-être à tout aussi juste titre parmi les Renonculacées; mais en adoptant cette manière de voir, il nous semblerait impossible de ne pas aussi réunir aux Renonculacées non-seulement les Dilléniacées, les Magnoliacées, et les Annonacées (ainsi que le propose M. Reichenbach), mais aussi les Berbéridées, les Ménispermacées, et les Papavéracées.

contrées extra-tropicales de l'hémisphère septentrional; elle paraît manquer complétement dans la zone équatoriale. En faisant abstraction des doubles-emplois, et d'une foule de variétés élevées à tort au rang d'espèces, le nombre total des Helléboracées connues se monte à environ quatre-vingts.

Beaucoup d'Helléboracées participent aux propriétés délétères si communes parmi les Renonculacées ; il en est même plusieurs qui contiennent des poisons soit narcotiques, soit à la fois âcres et narcotiques, auxquels la dessiccation ne fait rien perdre de leur dangereuse énergie ; d'autres espèces, au contraire, sont ou purement amères et toniques, ou légèrement aromatiques, ou même privées de tout principe prononcé.

La plupart des espèces se font remarquer par l'élégance de leurs fleurs, lesquelles affectent souvent des formes très-bizarres. L'horticulture doit à ce groupe quantité de plantes d'ornement.

CARACTÈRES DE LA FAMILLE.

Herbes (annuelles, ou bisannuelles, ou vivaces), ou (seulement quelques espèces) *arbrisseaux*. Tiges et rameaux (souvent fistuleux) cylindriques ou irrégulièrement anguleux. Sucs-propres aqueux.

Feuilles alternes (par exception opposées, ou verticillées), pétiolées (du moins les inférieures), simples (soit très-entières, soit diversement lobées ou laciniées), ou digitées, ou pédalées, ou pennées, ou décomposées, ou surdécomposées ; pétiole inarticulé, en général dilaté à sa base en gaîne plus ou moins amplexicaule, membraneuse aux bords, ou quelquefois bi-auriculée (par des stipules plus ou moins complétement adnées).

Fleurs irrégulières ou moins souvent régulières, non-éphémères, en général hermaphrodites. Inflorescence très-variée. Pédoncules terminaux, ou axillaires et terminaux, ou oppositifoliés, ou dichotoméaires, ou rarement latéraux, uniflores, ou pauciflores, ou multiflores, nus, ou bractéolés.

Calice non-persistant, ou marcescent, ou accrescent, pétaloïde, ou moins souvent soit foliacé, soit subcoriace, inadhérent; sépales au nombre de 3 à 5 (uni-ou bi-sériés), ou en nombre indéfini (jusqu'à 20, plurisériés), libres, souvent dissemblables. Estivation imbricative.

Pétales (constamment nuls dans plusieurs espèces; dans d'autres accidentellement nuls) en nombre indéfini, ou moins souvent en nombre défini (soit égal à celui des sépales, soit moindre, antéposés, ou interposés), hypogynes, non-persistants, ou rarement marcescents, onguiculés, ou moins souvent inonguiculés, tubuleux, ou cuculliformes, ou rarement planes, souvent bilabiés, ou uni-labiés, quelquefois prolongés postérieurement en éperon basilaire. Estivation imbricative ou distante.

Réceptacle disciforme, ou cupuliforme, ou cyathiforme, ou annulaire, ou subconique, peu ou point prolongé en gynophore.

Disque en général peu apparent et adné au réceptacle. — Dans les *Pæonia*, le disque est gros, charnu, plus ou moins prolongé au-delà du réceptacle en forme de cupule périgyne.

Étamines en général en nombre indéfini et plurisériées (moins souvent uni-ou bi-sériées), hypogynes (périgynes seulement dans les *Pæonia*), non-persistantes (par exception marcescentes). Filets filiformes, ou épaissis au sommet, ou linéaires-lancéolés, ou lancéolés, libres : les extérieurs quelquefois privés d'anthère, ou à anthère stérile. Anthères basifixes, adnées, dithèques, latéralement déhiscentes (par exception subextrorses) ; bourses longitudinalement bivalves, en général séparées des deux côtés par un connectif filiforme ou linéaire. — Les *Pæonia* ont des anthères innées, sans connectif apparent. — Les anthères du *Xanthorrhiza* sont monothéques, transversalement bivalves.

Pistil. Ovaires en nombre défini, ou en nombre indéfini, ou (moins souvent) solitaires, bi-ou pluri-ovulés, inadhérents, en général distincts, uniloculaires, monostyles. Ovules anatropes, horizontaux, bisériés (collatéraux même lorsqu'il n'y en a que deux dans un ovaire), attachés à l'angle interne de la loge (l'exostome constamment situé à l'extrémité qui touche au placentaire). Styles terminaux (du moins à l'époque de la floraison), distincts, persistants, quelquefois très-courts ou nuls. Stigmates (souvent peu apparents) terminaux, ou décurrents (sous forme de rebord ou de bourrelet) sur le bord antérieur des styles, distincts, en général indivisés. — Dans quelques Nigellinées, les ovaires (en nombre défini) sont soudés soit seulement par leur suture antérieure, soit plus ou moins complétement par leurs côtés.

Péricarpe en général étairionnaire, à follicules soit uni-valves (déhiscents par la suture antérieure), soit bivalves, polyspermes, ou oligospermes (dans le *Xanthorrhiza* : par avortement monospermes), persistants après la déhiscence (excepté dans le *Leptopyrum*). — Plusieurs espèces ont un péricarpe à follicule solitaire ; quelques autres offrent un péricarpe charnu et indéhiscent. — Le péricarpe de plusieurs Nigellinées est une capsule pluri-loculaire, loculicide, ou à la fois loculicide et septicide.

Graines collatérales (lorsqu'il n'y en a que deux dans un follicule), ou superposées en deux séries, ou quelquefois (soit par avortement, soit par défaut d'espace) superposées en une seule série, horizontales (excepté dans le *Xanthorrhiza*), anatropes, quelquefois strophiolées, ou caronculées, ou ailées. Tégument externe crustacé, ou chartacé, ou coriace, souvent réticulé, ou scrobiculé, ou chagriné, ou squamelleux, ou rugueux. Hile terminal ou subterminal, en général ponctiforme. Périsperme charnu ou corné, en général huileux. Embryon le plus souvent très-petit ou ponctiforme, axile, rectiligne, niché au sommet du périsperme : radicule centripète ; cotylédons minces, obtus, ordinairement très-courts, en général plus ou moins divergents, foliacés en germination.

Suivant notre manière d'envisager cette famille, elle se compose comme suit :

Ire TRIBU. LES HELLÉBORÉES. — *HELLEBOREÆ* Spach.

Calice marcescent, ou plus souvent non-persistant (mais jamais caduc dès l'épanouissement). Pétales en général cuculliformes, ou tubuleux, ou bilabiés, ou éperonnés. Étamines hypogynes ; anthères adnées, plus ou moins comprimées : connectif filiforme ou linéaire.

SECTION I. CALTHINÉES. — *Calthineæ* Spach.

Calice régulier, en général non-persistant : sépales au nombre de 5, ou en nombre indéfini. Pétales nuls, ou liguliformes et en nombre indéfini. Etairion à follicules agrégés, ou en nombre défini (uni-sériés), distincts, uni-valves.

Caltha Linn. (Populago Tourn.) — *Psychrophila* De Cand. (sub Caltha). — *Thacla* Spach. — *Trollius* Linn. (Gaissenia Rafin.)

SECTION II. **NIGELLINÉES.** — *Nigellineæ* Spach.

Calice régulier, non-persistant; sépales 5, pétaloïdes, onguiculés. Pétales 8, ou rarement jusqu'à 10, hors de symétrie relativement aux sépales (dans une seule espèce : 5, antéposés), conformes dans la même fleur, bilabiés : lèvre extérieure subcuculliforme, terminée en appendice bifide ou biparti; capuchon recouvert par la lèvre intérieure, et creusé à sa base d'une fovéole nectarifère. Péricarpe capsulaire-loculicide, ou à follicules uni-sériés, verticillés, uni-valves.

Garidella Linn. — *Erobathos* De Cand. — *Nigella* Tourn. — *Nigellastrum* Mœnch.

SECTION III. **HELLÉBORINÉES.** — *Helleborineæ* Spach.

Calice non-persistant, ou marcescent, régulier; sépales au nombre de 5 (accidentellement 6), pétaloïdes, ou foliacés. Pétales en nombre indéfini (quelquefois en même nombre que les sépales, mais hors de symétrie), tubuleux, non-éperonnés, conformes dans la même fleur, en général subbilabiés. Follicules 1-sériés, distincts, verticillés (au nombre de 3 à 6), uni-valves.

Helleborus Linn. — *Eranthis* Salisb. (Kœllea Biria. Robertia Mérat.) — *Coptis* Salisb. (Chrysa Rafin.)

Section IV. **ISOPYRINÉES.** — *Isopyrineæ* Spach.

Calice régulier, non-persistant; sépales 5, pétaloïdes. Pétales en même nombre que les sépales, interposés, bilabiés, ou cuculliformes, conformes dans la même fleur. Follicules uni-sériés (accidentellement solitaires), verticillés (en général 3 à 5), uni- ou bi-valves, distincts, ou cohérents par la base.

Isopyrum (Linn.) Reichb. — *Leptopyrum* Reichb. — *Enemion* Rafin. — *Aquilegia* Linn.

Section V. **ACONITINÉES.** — *Aconitineæ* Spach.

Calice irrégulier, pétaloïde, en général non-persistant; sépales 5 (3 extérieurs, 2 intérieurs), dissemblables : le supérieur redressé ou ascendant, plus grand, soit en forme de casque non-éperonné, soit à lame plane ou cuculliforme, prolongée postérieurement en éperon tubuleux; les 2 latéraux (intérieurs) horizontaux; les 2 inférieurs déclinés. Pétales soit au nombre de 2 (conformes dans la même fleur et insérés devant le sépale supérieur), cuculliformes-unilabiés, ou subspathulés, éperonnés, distincts, ou soudés par le bord intérieur; soit au nombre de 4 (dissemblables, insérés deux devant le sépale supérieur, et les deux autres chacun devant l'un des sépales latéraux), dont les 2 inférieurs à lame plane ou presque plane, non-éperonnée. Follicules solitaires, ou uni-sériés (verticillés 3 à 6), distincts, uni-valves.

Delphinastrum Spach. — *Staphysagria* Spach. — *Phledinium* Spach. — *Delphinium* (Linn.) Spach. — *Aconitella* Spach. — *Aconitum* Linn.

IIe TRIBU. **LES ACTÉARIÉES.** — *ACTÆARIEÆ* Spach.

Calice caduc dès l'épanouissement. Pétales nuls, ou planes, ou cymbiformes, caducs avec les étamines (plus tard que les sépales). Étamines hypogynes; anthères adnées, comprimées : connectif filiforme ou linéaire.

Hydrastis Linn. (Warneria Mill.) — *Actæa* (Linn.) Fisch. et Mey. — *Cimicifuga* Linn. — *Actinospora* Fisch. et Mey. — *Botrophis* Rafin. (Macrotys Rafin.)

IIIe TRIBU. **LES PÉONIÉES.** — *PÆONIEÆ* Spach.

Calice marcescent. Pétales planes. Étamines lisérées sur un disque périgyne; anthères innées, tétragones, quadrisulquées, arquées ou contournées après l'anthèse; connectif inapparent.

Pæonia Linn.

GENRE ANOMALE.

Anthères monothèques, transversalement bivalves.

Xanthorrhiza L'hérit. (Zanthorrhiza Marsh.)

Ire TRIBU. **LES HELLÉBORÉES.** — *HELLEBOREÆ* Spach.

Calice marcescent, ou plus souvent non-persistant (jamais caduc dès l'épanouissement). Pétales en général cuculliformes, ou tubuleux, ou bilabiés, ou éperonnés. Étamines hypogynes; anthères adnées, plus ou moins comprimées : connectif filiforme ou linéaire.

Section I. **CALTHINÉES**. — *Calthineæ* Spach.

Calice régulier, en général non-persistant. Sépales au nombre de 5, ou en nombre indéfini. Etairion à follicules agrégés, ou en nombre défini et uni-sériés, distincts, uni-valves.

Genre CALTHA. — *Caltha* Linn.

Sépales 5, pétaloïdes, non-persistants. Pétales nuls. Étamines nombreuses : filets filiformes-spathulés ; anthères oblongues. Ovaires 5 à 10, uni-sériés, multi-ovulés. Styles courts, obtus. Étairion de 5 à 10 follicules subcoriaces, comprimés, réticulés, corniculés, non-stipités, carénés au bord postérieur, polyspermes, étalés en étoile. Graines bi-sériées, assez grosses, lisses, ovoïdes, cylindriques, à chalaze développée en grosse caroncule charnue ; embryon allongé, à cotylédons écartés.

Herbes vivaces. Racine fasciculée. Tiges feuillées, ordinairement rameuses. Feuilles profondément échancrées à la base, indivisées : les radicales longuement pétiolées ; les caulinaires à pétiole graduellement plus court, accompagné d'une stipule oppositifoliée, membraneuse, engaînante. Pédoncules solitaires ou géminés, terminaux, uniflores, dressés, nus. Sépales d'un jaune vif, inonguiculés, étalés durant l'épanouissement, plus longs que les étamines. Étamines jaunes. Ovaires dressés, non-stipités, comprimés bilatéralement. Styles grêles, garnis antérieurement de deux bourrelets stigmatiques longitudinaux. Follicules oblongs, persistants. Graines luisantes : caroncule adnée, rougeâtre, obtuse, aussi grosse que la graine, prolongée en raphé large et plat ; embryon blanchâtre, à peu près 2 fois plus court que le périsperme : radicule cylindrique, pointue ; cotylédons oblongs, obtus, un peu écartés.

Ce genre renferme six ou sept espèces, dont voici la plus remarquable :

Caltha commun. — *Caltha palustris* Linn. — Flor. Dan. tab. 668. — Curt. Flor. Lond. 1, tab. 40. — Engl. Bot. tab. 506. — Schk. Handb. tab. 154. — Svensk Bot. tab. 200. — Gærtn. Fruct. 2, tab. 116, fig. 4.—*Populago palustris* Scopol. — *Caltha radicans* Forst. in Trans. Linn. Soc. v. 8, p. 321, tab. 17. —*Caltha parviflora* Mill. Dict. (var.)

Tiges ascendantes, ou radicantes à la base, ordinairement dichotomes. Feuilles cordiformes, ou cordiformes-orbiculaires, ou réniformes, ou hastiformes-triangulaires, obtuses, ou pointues, crénelées, ou sinuolées-dentées, ou sinuolées. Sépales elliptiques, ou elliptiques-oblongs, ou obovales, très-obtus, 1 à 2 fois plus longs que les étamines. Pistil débordé par les anthères. Follicules courtement corniculés.

Plante très-glabre, ordinairement pluricaule, haute de 1/2 pied à 2 pieds. Racine composée de longues fibres fasciculées, blanchâtres, cylindracées, grêles, simples, ou peu rameuses. Tiges tantôt plusieurs fois bifurquées et pluriflores, tantôt bifurquées seulement vers leur sommet et pauciflores, blanchâtres, ou rougeâtres, obscurément anguleuses, nues jusqu'à la première bifurcation. Feuilles minces, succulentes, d'un vert gai : les radicales larges de 2 à 6 pouces, à pétiole atteignant jusqu'à 1/2 pied de long; les caulinaires et les raméaires graduellement plus petites. Pédoncules fistuleux, sillonnés, longs de 1 pouce à 6 pouces, ordinairement géminés. Fleurs larges de 1/2 pouce à 1 1/2 pouce, d'un jaune vif. Étairion de 5 à 10 follicules longs d'environ 6 lignes, 10-15-spermes. Graines d'un brun de Châtaigne, longues de 1 ligne ou un peu plus.

Cette espèce, nommée vulgairement *Populage*, ou *Souci d'eau*, habite l'Europe, ainsi que le nord de l'Asie et de l'Amérique. Elle est commune, en France, dans les prés marécageux et aux bords des ruisseaux. Sa floraison dure depuis avril jusqu'en juin. On en cultive dans les jardins une variété très-élégante, à fleurs doubles. Toute la plante, à l'état frais, est légèrement âcre; aussi le bétail ne la mange-t-il qu'étant pressé par la faim. En Allemagne et dans le nord de l'Europe, on mange les boutons de fleurs, confits au vinaigre, en guise de Câpres.

Genre THACLA. — *Thacla* (1) Spach.

Sépales 5, pétaloïdes, non-persistants. Pétales nuls. Étamines 20 à 30 : filets filiformes, comprimés : anthères elliptiques, échancrées. Ovaires nombreux, agrégés, multi-ovulés, subtrigones. Styles très-courts, coniques, obtus. Étairion d'environ 15 à 20 follicules agrégés, petits, presque membraneux, lisses, non-stipités, subtrigones, comprimés bilatéralement, immarginés, écarénés, submutiques, polyspermes. Graines très-petites, alternes-bisériées, ovoïdes, ou subglobuleuses, ponctuées, non-caronculées : embryon minime, à cotylédons écartés.

Herbe vivace. Tiges flottantes ou radicantes, dichotomes. Feuilles subpeltées, bilobées à la base, suborbiculaires (à bords très-entiers, ou crénelés, ou subsinuolés), longuement pétiolées ; pétiole accompagné d'une stipule oppositifoliée, membraneuse, engaînante. Pédoncules terminaux, géminés, uniflores, nus, dressés. Fleurs petites, blanchâtres. Étamines presque aussi longues que les sépales. Ovaires plurisériés, non-stipités, subfalciformes, comprimés bilatéralement, subtrigones. Styles dressés, garnis antérieurement de deux bourrelets papilleux. Étairion subglobuleux, semblable à celui d'une Renoncule : follicules connivents, un peu arqués, obliquement oblongs, courtement apiculés par le style. Graines non-luisantes : raphé filiforme ; radicule cylindrique, pointue ; cotylédons minces, très-courts, arrondis.

Nous ne connaissons d'autre espèce que la suivante :

THACLA FAUSSE-FICAIRE. — *Thacla ficarioides* Spach. — *Caltha natans* Pallas. It. — Gmel. Flor. Sibir. 4, p. 192, tab. 82.

Plante glabre, atteignant plusieurs pieds de long. Tiges grêles, feuillées de même que les rameaux. Feuilles réniformes, ou

(1) Anagramme de *Caltha*.

cordiformes-orbiculaires, arrondies au sommet, larges de $^1/_2$ pouce à 1 pouce, minces : lobes basilaires plus ou moins divergents, arrondis, ou subtriangulaires ; pétiole très-grêle, long de 1 pouce à 2 pouces. Pédoncules longs de 1 pouce à 2 pouces. Fleurs larges d'environ 3 lignes. Follicules brunâtres, longs à peine de 3 lignes. Graines d'un brun de Châtaigne, du volume de celles du Coquelicot.

Cette plante croît dans la Sibérie orientale.

Genre TROLLIUS. — *Trollius* Linn.

Sépales 5 à 20 (en général plus de 5), pétaloïdes, non-persistants. Pétales 5 à 20, liguliformes, onguiculés, fovéolés à la base. Étamines nombreuses : filets filiformes, un peu épaissis au sommet ; anthères linéaires-oblongues, sub-apiculées. Ovaires pluri-sériés, agrégés, comprimés, multi-ovulés. Styles subulés, recourbés au sommet. Étairion à follicules nombreux (par exception 8 à 12), agrégés, chartacés, transversalement striés, non-stipités, comprimés bilatéralement, subtrigones, corniculés, polyspermes, connivents, carénés au bord postérieur. Graines bisériées, lisses, ellipsoïdes, ou ovoïdes, ou oblongues, cylindriques, carénées d'un côté par le raphé ; embryon minime, obcordiforme, à cotylédons écartés.

Herbes vivaces. Racine fibreuse. Tiges simples ou rameuses, uni- ou pluri-flores, feuillées. Feuilles palmatiparties, non-stipulées : les radicales et les caulinaires inférieures pétiolées ; les supérieures subsessiles ; pétiole élargi à la base en gaîne membraneuse aux bords. Pédoncules terminaux, solitaires, uniflores, nus, dressés. Sépales jaunes ou de couleur orange, grands, inonguiculés, plus longs que les étamines, pendant l'épanouissement étalés, ou plus ou moins connivents. Pétales planes ou concaves, quelquefois un peu charnus, plus longs ou plus courts que les étamines. Réceptacle annulaire, tronqué. Étamines plurisériées, jaunes ; anthères après l'anthèse linéaires-falciformes ; connectif linéaire, plus large que le filet. Styles connivents ou divergents, papilleux antérieurement. Follicules courts, oblongs, connivents, plus ou moins longuement corniculés par le style. Graines petites, noires, luisantes, obtuses aux 2 bouts; cotylédons minces, courts, arrondis; radicule conique, obtuse.

Les *Trollius* sont remarquables par l'élégance de leurs fleurs, semblables à celles de la Renoncule des fleuristes; mais d'ailleurs ces plantes, à l'état frais, sont âcres et vénéneuses. On connaît 4 ou 5 espèces, dont voici les plus remarquables :

A. *Sépales au nombre de 11 à 20. Pétales (à peu près en même nombre que les sépales) planes, presque aussi longs ou plus longs que les étamines. Pistil à ovaires très-nombreux.*

a) *Pétales dressés, un peu charnus, à peu près aussi longs que les filets des étamines. Sépales (excepté les 3 ou 5 extérieurs) connivents en forme de globe.*

Trollius d'Europe. — *Trollius europœus* Linn. — Engl. Bot. tab. 28. — Flor. Dan. tab. 133. — Svensk Bot. tab. 383. — Herb. de l'Amat. tab. 69. — Hayn. Arzn. I, tab. 12. — Gærtn. Fruct. 2, tab. 118, fig. 5. — Schk. Handb. tab. 153. — *Trollius altissimus, Trollius medius* et *Trollius minimus* Wender. — *Trollius humilis* Crantz. — *Trollius napellifolius* Rœp.

Tige uni-ou pluri-flore. Sépales très-obtus : les extérieurs ovales ou ovales-orbiculaires, presque étalés; les intérieurs suborbiculaires, ou obovales, ou elliptiques, 2 à 3 fois plus longs que les étamines. Pétales linéaires ou linéaires-spathulés, obtus, 2 à 4 fois plus longs que l'onglet. Styles divergents ou connivents, aussi longs que les ovaires ou plus courts.

Plante très-glabre, uni-ou pauci-caule, haute de quelques pouces à 3 pieds. Tige grêle, dressée, cylindrique, fistuleuse, tantôt simple et uniflore, tantôt plus ou moins rameuse; rameaux grêles, dressés, médiocrement feuillés, en général uniflores. Feuilles d'un vert foncé en dessus, d'un vert pâle et luisantes en dessous, fermes, 5-parties (excepté les caulinaires et raméaires supérieures, lesquelles sont ordinairement 3-parties ou 3-fides) ou profondément 5-fides : segments sessiles ou comme pétiolulés, en contour cunéiformes ou rhomboïdaux, plus ou moins profondément divisés en deux ou trois lanières égales ou inégales, pointues, laciniées, ou incisées-dentées; feuilles radicales larges de 1/2 pouce à 1/2 pied, à pétiole long de 2 pouces à 1 pied; feuilles caulinaires en général moins larges, graduellement plus petites. Pédoncules longs de 2 à 8 pouces, grêles, fistuleux. Fleurs d'un jaune vif (les sépales extérieurs en général verdâtres en dessous). Sépales longs de 1/2 pouce à 1 pouce. Styles tantôt subhorizontaux, tantôt presque dressés, tantôt ascendants et connivents, aussi longs que les ovaires ou jusqu'à 3 fois plus courts. Follicules longs de 3 à 4 lignes, d'un brun noirâtre, convexes des deux côtés, plus ou moins longuement corniculés. Graines longues à peine de 1 ligne.

Cette espèce croît en Europe, dans les prairies humides des montagnes et des Alpes. On la cultive dans les parterres. Elle fleurit en mai et juin.

b) *Pétales connivents (presque en forme de globe), pétaloïdes, 1 à 2 fois plus longs que les étamines. Sépales tous étalés.*

TROLLIUS DE SIBÉRIE. — *Trollius asiaticus* Linn. — Bot. Mag. tab. 235. — Herb. de l'Amat. tab. 88. — Jaume Saint-Hil. Flore et Pom. Franç. tab. 184, fig. a.

Tige 1-4-flore. Sépales très-obtus : les extérieurs obovales, ou ovales-orbiculaires; les intérieurs elliptiques-obovales ou oblongs-obovales, à peine plus longs que les pétales. Pétales oblongs-spathulés ou lancéolés-spathulés, obtus, larges, beaucoup plus longs que l'onglet. Styles presque dressés, de moitié plus longs que les ovaires.

Plante tout à fait semblable au *Trollius europæus*, par le port et le feuillage. Fleurs larges de 1 pouce à 1 1/2 pouce, d'un jaune orange, ou moins souvent d'un jaune de citron. Follicules semblables à ceux de l'espèce précédente, mais plus longuement corniculés. Graines longues de 1 ligne ou un peu plus.

Cette espèce, indigène en Sibérie, se cultive comme plante d'ornement. Elle fleurit en mai et juin.

B. *Sépales au nombre de 5 à 10. Pétales (à peu près en même nombre que les sépales) un peu charnus, concaves, dressés, 2 à 3 fois plus courts que les étamines. Pistil de 8 à 15 ovaires.*

Trollius d'Amérique. — *Trollius americanus* Muhlenb. — Loddig. Bot. Cab. tab. 56. — Jaume Saint-Hil. Flor. et Pom. Franç. tab. 184, fig. b. — Bot. Mag. tab. 1988. — *Trollius laxus* Pursh, Flor. Amer. Sept. — *Gaissenia verna* Rafin.

Tige 1-4-flore. Sépales lancéolés-oblongs, ou lancéolés-elliptiques, ou ovales-lancéolés, ou ovales, obtus, ou pointus, 1 à 2 fois plus longs que les étamines, tous étalés. Pétales cunéiformes-oblongs, obtus. Styles rectilignes, dressés, de moitié plus courts que les ovaires.

Plante semblable au *Trollius europæus*, tant par le port que par le feuillage. Fleurs larges de 8 à 15 lignes, d'un jaune pâle lavé de vert.

Cette espèce, indigène aux États-Unis, se cultive quelquefois comme plante d'ornement; mais elle est moins élégante que les deux précédentes. Elle fleurit en mai et juin.

Section II. **NIGELLINÉES**. — *Nigellineæ* Spach.

Calice régulier, pétaloïde, non-persistant; sépales au nombre de 5, onguiculés. Pétales au nombre de 8 (hors de symétrie relativement aux sépales; dans les *Garidella* seulement au nombre de 5 et en général antéposés), conformes dans la même fleur, bilabiés :

lèvre extérieure subcuculliforme, terminée en appendice bifide ou biparti ; capuchon recouvert par la lèvre intérieure, et creusé à sa base d'une fovéole nectarifère. Péricarpe capsulaire-loculicide, ou à follicules unisériés, verticillés, uni-valves.

Genre GARIDELLA. — *Garidella* Linn.

Sépales 5, subonguiculés, cuculliformes, inégaux : 3 extérieurs, plus petits, pointus ; 2 intérieurs, plus grands, obtus. Pétales 5, opposés aux sépales, longuement onguiculés ; onglet dressé ; lèvre extérieure profondément fendue en 2 lanières divergentes, infléchies au sommet ; lèvre intérieure petite, ciliée, très-entière. Réceptacle presque plane. Disque petit, annulaire, crénelé. Étamines 10 à 40 : les 5 extérieures (alternes avec les pétales) plus grandes. Ovaire 2- ou 3-coque, 2- ou 3-céphale, 2-ou 3-loculaire ; loges pluri-ovulées ; ovules bisériés dans chaque loge, attachés à un placentaire central. Styles 2 ou 3, courts, oncinés. Capsule 2- ou 3-coque, 2- ou 3-céphale, 2-ou 3-loculaire, 2- ou 3-valve, chartacée, lisse ; coques tétraspermes, cymbiformes, apiculées, légèrement carénées au dos ; valves didymes. Graines ovoïdes, obtuses, trièdres, bisériées, transversalement rugueuses ; embryon minime, à cotylédons un peu écartés.

Herbes annuelles. Tige feuillée, paniculée ; rameaux nus ou presque nus. Feuilles à folioles ou segments filiformes : les inférieures et les radicales bipennées, pétiolées ; les supérieures filiformes ou trifides, sessiles. Pédoncules continus, terminaux, solitaires, uniflores, nus, raides, toujours dressés. Fleurs petites, bleuâtres. Sépales carénés au dos. Pétales à onglet filiforme ; lèvre extérieure cuculliforme au-dessous du milieu et munie d'une fovéole nectarifère basilaire : capuchon cilié de poils claviformes ; lèvre intérieure petite, recouvrant le capuchon de l'autre lèvre, ciliée de poils filiformes. Anthères minimes, suborbiculaires, jaunes. Ovaire à coques obscurément pentagones, arrondies à la base, non-stipitées, acuminées. Ovules horizontaux. Capsule petite, ovale-globuleuse : endocarpe luisant, adhérent ; valves persistantes après la déhiscence. Graines assez grosses, remplissant les loges, brunâtres ; radicule subhémisphérique, apiculée ; cotylédons elliptiques, minces, obtus, presque aussi longs que la radicule.

Ce genre, propre à la région méditerranéenne, se compose de deux espèces, d'un intérêt d'ailleurs purement scientifique.

Genre ÉROBATHOS. — *Erobathos* (1) De Cand.

Sépales 5, égaux, planes, onguiculés. Pétales (2) 8, courtement onguiculés : onglet décliné ; lame redressée : lèvre extérieure plus grande, à 2 appendices flabelliformes, réfléchis, connivents, calleux (antérieurement) à leur base ; lèvre intérieure petite, ovale, bombée, érigée, terminée en courte languette obtuse. Réceptacle, disque et étamines comme dans les *Nigella*. Ovaire 3-6-loculaire (ordinairement 5-loculaire), 3-6-sulqué, ou ésulqué, 3-6-céphale ; placentaires soudés en axe central assez gros ; loges multiovulées ; cloisons bipartibles ; endocarpe se détachant après la floraison et formant (dans chaque loge) une sorte de coque pelliculaire interne. Ovules bisériés dans chaque loge. Styles 3-6, grêles, subulés au sommet, ancipités, contournés en spirale. Capsule ovoïde ou subglobuleuse, vésiculeuse, un peu déprimée, 3-6-loculaire (chaque loge divisée en deux compartiments inégaux, par la pellicule endocarpienne), polysperme, 3-6-céphale, ou 3-6-cuspidée, 3-6-valve au

(1) Ce mot signifie *grotte d'amour* ; c'est par erreur typographique qu'on lit dans la plupart des ouvrages *Erobatos*.

(2) Dans les fleurs doubles, telles qu'on les rencontre le plus souvent sur la plante cultivée, les pétales sont en nombre indéfini, non géniculés ni bilabiés, à lame plane et plus ou moins profondément fendue en trois lanières tantôt indivisées, tantôt laciniées.

sommet, soit ésulquée et obscurément 5-6-gone, soit à 3 à 6 sillons et à autant de larges côtes plus ou moins saillantes; côtes ou angles légèrement carénés. Graines trièdres, transversalement rugueuses, bisériées : embryon assez gros, à cotylédons connivents.

Herbes annuelles. Tige anguleuse, fistuleuse, feuillue. Feuilles bipennées : les inférieures pétiolées; les autres sessiles; folioles linéaires, ou sétacées, ou découpées en lanières très-étroites. Pédoncules continus, terminaux, solitaires, uniflores, raides, toujours dressés, garnis immédiatement au-dessous de la fleur d'une collerette de 5 à 8 feuilles semblables aux autres feuilles, mais en général plus grandes. Fleurs grandes. Sépales (en nombre indéfini dans les fleurs doubles) d'un bleu pâle, ou d'un blanc lavé de bleu, acuminés-cuspidés, carénés au dos. Pétales panachés de vert et de bleu, petits : lèvre intérieure et capuchon de la lèvre extérieure ciliolés; appendices de la lèvre extérieure à peu près aussi longs que le capuchon, poilus, tronqués au sommet, munis à leur base d'une grosse glande verdâtre. Étamines 2- ou 3-sériées dans chaque faisceau. Anthères mucronulées, ou submutiques, d'un jaune verdâtre. Ovules horizontaux, immédiatement superposés, de couleur jaune. Styles comprimés bilatéralement, plus ou moins recourbés après la floraison, finalement rectilignes et plus ou moins divergents : bord antérieur garni d'un bourrelet stigmatique marginiforme. Capsule presque membraneuse, grosse, bouffie, comme stipitée par le réceptacle, d'ailleurs arrondie aux deux bouts, 5-6-cuspidée par les styles (devenus infra-apicilaires), persistant après la déhiscence. Graines noires, non-luisantes, assez grosses, ovoïdes, obtuses aux 2 bouts. Embryon jaunâtre, cylindracé, 1 fois plus court que le périsperme; radicule cylindrique, pointue; cotylédons elliptiques, obtus, foliacés, aussi longs que la radicule.

Ce genre se compose des deux espèces suivantes :

Érobathos de Damas. — *Erobathos damascenum* Spach. — *Nigella damascena* Linn. — Bot. Mag. tab. 22. — Sibth.

et Smith, Flor. Græc. tab. 509. — Blackw. Herb. tab. 558. — Hayn. Arzn. Gew. fasc. 6, tab. 45. — Schk. Handb. tab. 146. — Gærtn. Fruct. 2, tab. 48. — *Nigella cœrulea* Lamk. Flor. Franç. — *Nigella involucrata* Mœnch, Meth.

Tige cannelée. Folioles ou lanières des folioles linéaires-filiformes, ou sétacées, acérées. Anthères mucronulées. Capsule lisse, ésulquée, obscurément 3-6-gone.

Plante haute de $^1/_2$ pied à 2 pieds, en général très-glabre. Tige dressée, fortement striée et cannelée, raide, grêle, tantôt paniculée dès la base, tantôt peu rameuse ou presque simple. Rameaux érigés ou presque érigés, en général allongés, souvent paniculés. Feuilles d'un vert foncé : les inférieures longues de 1 pouce à 3 pouces; les supérieures plus petites; folioles souvent bi-ou tri-fides : celles des feuilles inférieures plus larges et moins longues. Feuilles involucrales longues de 1 $^1/_2$ pouce à 3 pouces, ascendantes, un peu conniventes, à lanières sétacées. Pédoncules à l'époque de la floraison en général courts, puis atteignant jusqu'à 3 pouces de long. Fleurs larges de $^1/_2$ pouce à 1 $^1/_2$ pouce. Sépales ovales, courtement cuspidés, verdâtres au sommet, réticulés en dessous (de veines vertes), quelquefois denticulés aux bords; onglet verdâtre, 3 à 4 fois plus court que la lame. Pétales à peu près aussi longs que les onglets des sépales; lèvre intérieure bleuâtre, aussi longue que le capuchon de la lèvre extérieure; lèvre extérieure d'un jaune verdâtre. Étamines en général débordées par les styles. Capsule ovoïde ou subglobuleuse, en général rougeâtre avant la maturité, ordinairement 5-loculaire, du volume d'une petite tête de Pavot. Graines longues de 1 $^1/_2$ ligne, d'un noir très-foncé.

Cette plante, si commune dans les jardins, et à laquelle la collerette élégante qui accompagne ses fleurs a fait donner le nom de *Cheveux de Vénus*, est indigène dans l'Europe australe, ainsi qu'en Orient et dans le nord de l'Afrique. Elle fleurit en été. Ses graines ont une saveur aromatique très-agréable; aussi s'en sert-on quelquefois aux mêmes usages que des graines de la *Nigelle cultivée* ou *Toute-épice*.

Érobathos trapu. — *Erobathos coarctatum* Spach. — *Nigella coarctata* Gmel. Flor. Bad. in adn.

Cette plante, quoique très-voisine de l'espèce précédente, paraît cependant être suffisamment distincte comme espèce. Sa tige, obscurément anguleuse et nullement cannelée, ne produit que des ramules très-courts, uniflores, et apprimés, ce qui donne à la plante un port trapu particulier. Les feuilles (même les supérieures et les ramulaires) ont des folioles à segments plus larges et plus courts. Les anthères sont couronnées d'un petit mamelon obtus. Enfin, la capsule est profondément sillonnée et offre de larges côtes très-saillantes. Tous ces caractères se reproduisent constamment par les semis. Les fleurs et les graines ne diffèrent pas de celles de l'espèce précédente.

La patrie de cette plante est inconnue. On la cultive fréquemment dans les parterres, sous le nom de *Nigelle naine*, ou *Nigelle trapue*.

Genre NIGELLA. — *Nigella* Tourn.

Sépales 5, égaux, planes, onguiculés. Pétales 8, courtement onguiculés : onglet décliné; lame redressée; lèvre extérieure grande, profondément fendue en deux lanières cuspidées, réfractées; lèvre intérieure petite, indivisée, cuspidée, érigée. Réceptacle annulaire, tronqué, recouvert d'un disque à 8 côtes obliques. Étamines 5-5-sériées, disposées en 8 faisceaux alternes avec les pétales; filets filiformes; anthères elliptiques, mucronées, ou subapiculées. Ovaire soit à 5-5 coques cohérentes jusqu'au milieu par leur bord antérieur, soit 5-12-loculaire, 5-12-costé, 5-12-céphale; loges ou coques multi-ovulées; ovules uni- ou bi-sériés, ovoïdes. Styles longs, filiformes, contournés. Capsule polysperme, soit de 5 à 5 coques cohérentes jusque vers leur milieu et déhiscentes par la suture antérieure (sans rupture de la cohérence latérale), soit 5-12-loculaire, 5-12-costée, 5-12-céphale, 5-12-valve; follicules ou côtes rostrés, carénés au dos. Graines uni- ou bi-sériées, trièdres, lisses, ou chagrinées, ou transversalement rugueuses ; embryon petit, à cotylédons un peu écartés.

Herbes annuelles. Tiges anguleuses, fistuleuses, paniculées, feuillues. Feuilles bipennées : les inférieures pétiolées ; les supérieures sessiles ; folioles linéaires, ou filiformes, ou découpées en lanières très-étroites. Pédoncules continus, terminaux, solitaires, uniflores, nus, raides, toujours dressés. Fleurs bleuâtres, ou violettes, ou jaunâtres : les supérieures (plus précoces) grandes ; les inférieures (naissant de courts ramules axillaires, développés après la floraison des rameaux primaires) plus petites, quelquefois oligandres. Sépales ascendants ou étalés, 3-7-nervés, réticulés en dessous. Pétales plus courts que les étamines, insérés à la base des côtes du disque : lèvre extérieure bombée, à lanières plus ou moins divergentes, gibbeuses (comme glanduleuses) antérieurement à leur base. Étamines de chaque faisceau subalternes, insérées sur une ligne subspiralée ; filets dressés pendant l'anthèse, puis étalés ; anthères jaunes ou violettes. Ovaire à côtes très-saillantes, séparées par des sillons correspondants aux placentaires ; placentaires soudés en axe central fongueux et assez gros. Styles dressés ou recourbés, obtus, bordés de deux minces bourrelets stigmatiques. Ovules horizontaux, immédiatement superposés. Capsule comme stipitée par le réceptacle, d'ailleurs arrondie à la base, subturbinée, ou campaniforme, ou cylindracée, subcoriace, ou fragile, persistant après la déhiscence. Graines brunes, ou marbrées, ou noirâtres, ou jaunâtres, ovoïdes, assez grosses ; embryon subcylindracé, blanc ; cotylédons minces, suborbiculaires, 3 fois plus courts que la radicule.

Ce genre se compose des trois espèces suivantes :

Section I. NIGELLARIA Spach.

Sépales longuement onguiculés. Pétales à lèvre extérieure courtement bifide (à lanières peu divergentes), débordée par l'appendice de la lèvre intérieure. Capsule à 3-5 follicules cohérents jusqu'au milieu, libres au-dessus, lisses, subcoriaces, subtrigones, comprimés bilatéralement, tricarénés au dos, déhiscents antérieurement du sommet à la base.

NIGELLA DES CHAMPS. — *Nigella arvensis* Linn. — Bull. Herb. tab. 126. — Sibth. et Smith, Flor. Græc. tab. 512. — Schk. Handb. tab. 146. — Hayn. Arzn. fasc. 6, tab. 17. — *Nigella divaricata* De Cand. Syst. et Prodr. — Deless. Ic. Sel. 1, tab. 46. — *Nigella fœniculacea* De Cand. Syst. et Prodr. — *Nigella agrestis* Presl, Del. Prag.

Rameaux plus ou moins divariqués. Sépales ovales, ou ovales-elliptiques, ou ovales-orbiculaires, courtement acuminés, trinervés, étalés, bleuâtres. Pétales panachés de jaune, de violet et de bleu : lèvre intérieure ovale-lancéolée, terminée en longue languette filiforme obtuse ; lèvre extérieure à lanières ovales-lancéolées, terminées en courte languette linéaire élargie au sommet. Étamines plus longues que les onglets des sépales ; anthères (d'un jaune verdâtre) longuement mucronées. Capsule lisse, comme turbinée : follicules divergents au sommet, longuement rostrés. Graines (noirâtres) chagrinées, bisériées.

Plante haute de 3 à 15 pouces, en général très-glabre excepté vers la base. Racine grêle, pivotante, rameuse inférieurement. Tige grêle, dressée, feuillée, en général rameuse dès sa base. Rameaux paniculés et feuillés, ou simples et presque nus. Feuilles d'un vert foncé, un peu luisantes : les inférieures longues de 1 pouce à 3 pouces ; les supérieures graduellement plus petites : folioles filiformes ou presque sétacées, celles des feuilles inférieures souvent trifides. Pédoncules longs de $^1/_2$ pouce à 4 pouces. Fleurs larges de 12 à 18 lignes. Sépales d'un bleu pâle, réticulés de veines verdâtres : onglet blanchâtre, linéaire, à peu près aussi long que la lame. Pétales à peu près aussi longs que les onglets des sépales : onglet blanchâtre ; lèvre intérieure bleuâtre ; lèvre extérieure d'un jaune verdâtre, marquée de 4 bandes transversales violettes. Filets des étamines jaunâtres. Styles débordant les étamines, à l'époque de la floraison plus ou moins recourbés, puis rectilignes. Capsule longue de 8 à 12 lignes : coques acuminées au sommet et terminées par un appendice grêle, long d'environ 8 lignes.

Cette espèce, nommée vulgairement *Nielle sauvage*, et *Poivrette sauvage*, est commune dans les champs, en France et dans toute l'Europe plus méridionale. Elle fleurit depuis le mois de juin jusqu'en automne. Ses graines, qui passent pour apéritives et emménagogues, ont une saveur aromatique; on les emploie quelquefois en guise d'épices. D'ailleurs la plante mérite d'être cultivée dans les parterres.

Section II. EUNIGELLA Spach.

Sépales courtement onguiculés. Pétales à lèvre extérieure profondément bifide (à lanières divergentes), non-débordée par l'appendice de la lèvre intérieure. Capsule 5-12-loculaire, 5-12-sulquée, 5-12-costée, 5-12-céphale, plus ou moins profondément loculicide 5-12-valve; côtes uni-carénées au dos.

A. *Ovaire 8-12-loculaire, 8-12-èdre, profondément sillonné; ovules superposés en une seule série (dans chaque loge). Capsule polycéphale, campaniforme, déprimée au sommet, subcoriace, à côtes très-saillantes, comprimées-bilatéralement, fortement carénées et muriquées au dos. Graines unisériées dans chaque loge, lisses.*

Nigella d'Espagne. — *Nigella hispanica* Linn. — Bot. Mag. tab. 1265. — Jaume Saint-Hil. Flor. et Pom. Franç. tab. 354.

Sépales ovales-rhomboïdaux, 5-ou 7-nervés, subacuminés, ou obtus, étalés, bleuâtres. Pétales panachés de blanc, de bleu et de violet : lèvre extérieure à lanières ovales, terminées en languette linéaire, obtuse, infléchie au sommet; lèvre intérieure ovale-lancéolée, convexe, terminée en languette linéaire-subulée. Étamines presque aussi longues que les sépales; anthères (d'un violet noirâtre) mucronulées. Capsule lisse excepté aux carènes et aux bords libres des coques.

Plante haute de ½ pied à 1 ½ pied, en général très-glabre. Racine grêle, pivotante, rameuse. Tige dressée, grêle, en général rameuse dès la base, feuillue. Rameaux ascendants ou presque dressés, simples, ou peu rameux, plus ou moins feuillés. Feuilles un peu luisantes, d'un vert foncé : les inférieures longues de 1 pouce à 3 pouces; les supérieures graduellement plus petites; folioles linéaires ou sublinéaires, souvent trifides. Pédoncules tantôt très-courts, tantôt atteignant jusqu'à 2 pouces de long. Fleurs larges de 12 à 18 lignes. Sépales d'un bleu violet en dessus, d'un bleu pâle et réticulés de vert en dessous. Pétales 3 fois plus courts que les étamines. Filets d'un bleu violet, à peu près aussi longs que le pistil. Pistil violet à l'époque de la floraison; ovaire papilleux. Styles peu ou point recourbés, après la floraison plus ou moins divergents. Capsule longue de ½ pouce à 1 pouce, à pointes (styles) longues de 3 à 6 lignes. Graines longues à peine de 1 ligne, marbrées de noir et de jaune.

Cette espèce, remarquable par la beauté de ses fleurs, croît dans la région méditerranéenne, en Europe de même qu'en Orient et en Afrique. Elle fleurit en été. On la cultive souvent comme plante de parterre. Ses graines ont une saveur aromatique.

B. *Ovaire 5-6-loculaire, 5-6-gone, 3-6-sulqué; ovules superposés en deux séries dans chaque loge. Capsule turbinée ou ovale, à peine déprimée, 5-6-cuspidée, acéphale, 5-6-èdre, mince, fragile, à angles à peine carénés. Graines bisériées dans chaque loge, rugueuses transversalement.*

Nigella cultivé. — *Nigella sativa* Linn. — Sibth. et Smith, Flor. Græc. tab. 511. — Jaume Saint-Hil. Flor. et Pom. Franç. tab. 353. — Hayn. Arzn. Gew. fasc. 5, tab. 16. — Mill. Ic. tab. 187, fig. 1. — Gærtn. Fruct. 2, tab. 187, fig. 2. — *Nigella cretica* Pharmac. — *Nigella indica* Roxb.

Sépales ovales, ou elliptiques, acuminés, mucronulés, trinervés, ascendants, blanchâtres, ou bleuâtres. Pétales panachés de bleu, de vert, de blanc et de violet : lèvre extérieure à lanières ovales-rhomboïdales, terminées en languette linéaire, obtuse, gibbeuse au sommet; lèvre intérieure ovale-lancéolée, plane, terminée en longue languette linéaire. Étamines presque aussi longues que les sépales : anthères verdâtres, mamelonnées au sommet. Capsule lisse ou parsemée de glandules.

Plante haute de 3 pouces à 2 pieds, en général pubérule. Racine rameuse ou fibrilleuse, grêle, pivotante. Tige grêle, dressée, feuillue, tantôt presque simple et pauciflore, tantôt paniculée soit dès sa base, soit dans sa partie supérieure. Rameaux raides, érigés, tantôt feuillus et paniculés, tantôt simples ou presque simples et médiocrement feuillés ou presque nus. Feuilles d'un vert gai : les inférieures longues de 1 pouce à 3 pouces; les supérieures graduellement plus petites; folioles ou lanières sublinéaires (plus larges et plus courtes que dans les deux espèces précédentes). Pédoncules en général courts à l'époque de la floraison, puis atteignant jusqu'à 3 ou 4 pouces de long. Fleurs larges de 1/2 pouce à 1 pouce. Sépales blancs ou d'un bleu pâle, réticulés en dessous de veines vertes, ordinairement verts au sommet : onglet 2 fois plus court que la lame. Pétales un peu plus longs que les onglets des sépales : lanières de la lèvre extérieure bleues ou d'un blanc lavé de bleu, avec une bande transversale violette; capuchon verdâtre; lèvre intérieure bleuâtre. Étamines 3-5-sériées dans chaque faisceau, tantôt débordées par les styles, tantôt débordantes. Ovaire gros, cylindrique, parsemé de glandules diaphanes granuliformes. Styles en général plus ou moins recourbés après la floraison, finalement dressés ou presque dressés. Capsule longue de 4 à 8 lignes, couronnée un peu au-dessous du sommet par les styles longs de 4 à 6 lignes. Graines jaunes ou noires, assez grosses, longues de 1 ligne ou un peu plus, à angles très-tranchants.

Cette espèce, connue sous les noms de *Nielle*, *Toute-épice*, *Cumin noir*, etc., croît dans les champs de l'Europe méridionale, de même qu'en Orient et dans le nord de l'Afrique. Ses graines ont une saveur aromatique un peu brûlante, ce qui les fait employer, surtout en Orient, en guise d'épices; dans l'ancienne thérapeutique elles passaient pour incisives, apéritives et emménagogues. La plante se cultive en grand dans l'Inde, en Arabie, en Orient, en Russie et dans quelques parties de l'Allemagne.

Genre NIGELLASTRUM. — *Nigellastrum* Mœnch.

Sépales 5, égaux, cuculliformes-spathulés, onguiculés. Pétales 8 à 10, courtement onguiculés : lèvre extérieure bifide; lèvre intérieure petite, indivisée, obtuse, beaucoup plus courte que l'extérieure. Réceptacle très-court. Disque peu apparent, sans côtes ni sillons. Étamines pauci-sériées ou uni-sériées (seulement 5 à 10 dans les fleurs inférieures), non-fasciculées; filets filiformes; anthères elliptiques, mucronulées. Ovaires 5 à 10, multi-ovulés, libres au moins à partir du milieu, plus bas soudés par leur bord antérieur en axe central cylindrique. Ovules comprimés, marginés, unisériés. Styles grêles, tétragones, pointus, un peu tortillés, finalement plus ou moins recourbés. Capsule de 5 à 10 follicules chartacés, polyspermes, aplatis, longuement rostrés, marginés et tricarénés au bord postérieur, submarginés et canaliculés au bord antérieur, cohérents par la base ou jusque vers leur milieu, déhiscents par le bord antérieur du sommet jusqu'à la base (sans rupture de l'adhérence latérale). Graines imbriquées sur un seul rang, suborbiculaires, lenticulaires, lisses, bordées d'une large aile membraneuse; embryon minime, à cotylédons un peu écartés.

Herbes annuelles. Tiges anguleuses, fistuleuses, feuillues. Feuilles bipennées : les inférieures pétiolées; les supérieures sessiles; folioles linéaires, ou filiformes, ou découpées en lanières linéaires. Pédoncules continus, solitaires, uniflores, nus, raides, terminaux, toujours dressés. Fleurs jaunes : les supérieures (plus précoces) assez grandes, polyandres; les inférieures (naissant de courts ramules axillaires, développés après la floraison des rameaux primaires) beaucoup plus petites oligandres. Sépales mucronés, carénés au dos. Étamines (dès le commencement de la floraison) plus courtes que le pistil. Ovaires comprimés bilatéralement, arrondis à la base, acuminés, cohérents soit seulement vers la base de l'angle interne, soit jusque vers le milieu. Styles bordés tout le long de leur angle antérieur de deux bourrelets stigmatiques très-minces et érosés. Ovules horizontaux. Capsule persistant après la déhiscence : follicules érigés ou plus ou moins divergents, finement striés transversalement, légèrement arqués aux deux bords; endocarpe adhérent, luisant; appendice (style) rectiligne ou plus ou moins recourbé. Graines brunes, non-luisantes, presque aussi larges que les follicules, très-finement ponctuées à un fort grossissement; aile échancrée au sommet; raphé imperceptible. Embryon subclaviforme : cotylédons minces, elliptiques, obtus, de moitié plus courts que la radicule; radicule apiculée.

Ce genre renferme 2 ou 3 espèces dont voici la plus remarquable :

Nigellastrum d'Orient. — *Nigellastrum orientale* Mœnch, Meth. — *Nigella orientalis* Linn. — Bot. Mag. tab. 1264.

Sépales un peu plus longs que les étamines. Pétales de moitié à 1 fois plus courts que les sépales : lèvre extérieure subrhomboïdale, poilue, profondément bifide, à lanières pointues, parallèles. Capsule de 3 à 10 follicules soudés jusque vers leur milieu, glabres, lisses, un peu divergents vers leur sommet, terminés en longue pointe subrectiligne.

Plante en général très-glabre et unicaule, haute de quelques pouces à 1 pied. Racine grêle, pivotante, fibrilleuse. Tige raide, dressée, effilée, tantôt presque simple et pauciflore, tantôt paniculée et pluriflore. Rameaux érigés ou peu divergents. Feuilles d'un vert gai (à folioles ou à lanières obtuses ou pointues, très-étroites, plus ou moins allongées) : les inférieures longues de 2 à 4 pouces; les supérieures graduellement plus petites. Pédoncules à l'époque de la floraison très-courts, puis atteignant jusqu'à 2 pouces de long. Sépales d'un jaune de citron, longs de 3 à 6 lignes. Pétales d'un jaune vif, avec une bande (transversale) de couleur pourpre sur le milieu de la lèvre externe. Filets blanchâtres. Anthères jaunes, à peu près 3 fois plus courtes que les filets. Follicules longs de 10 à 15 lignes, larges d'environ 4 lignes, oblongs, acuminés, terminés en pointe longue de 8 à 12 lignes. Graines larges d'environ 3 lignes (y compris le rebord).

Cette espèce, indigène en Syrie, dans l'Asie mineure, et en Géorgie, se cultive quelquefois comme plante de parterre. Ses graines ont une saveur légèrement aromatique.

SECTION III. **HELLÉBORINÉES.** — *Helleborineæ* Spach.

Calice non-persistant, ou marcescent, régulier; sépales au nombre de 5 (accidentellement 6 à 8), pétaloïdes, ou foliacés. Pétales en nombre indéfini (quelquefois en même nombre que les sépales, mais hors de symétrie), tubuleux, non-éperonnés, conformes dans la même fleur, en général subbilabiés. Follicules unisériés, distincts, uni-valves, verticillés au nombre de 3 à 12.

Genre ELLÉBORE. — *Helleborus* Linn.

Sépales 5, herbacés, ou pétaloïdes, persistants, accrescents, inonguiculés. Pétales 5 à 20, ascendants, ou redressés, tubuleux, à orifice obliquement tronqué ou subbilabié. Étamines nombreuses, conniventes durant l'anthèse, puis divergentes ou réfléchies; filets filiformes ou linéaires-lancéolés; anthères suborbiculaires ou elliptiques, échancrées aux 2 bouts. Ovaires 3 à 12, subcylindriques, connivents, multi-ovulés. Ovules alternes-bisériés, subimbriqués. Styles obtus et papilleux au sommet, trigones, grêles. Étairion de 3 à 10 follicules subcoriaces, non-stipités, comprimés, marginés, transversalement veineux, rostrés, univalves, polyspermes : bord antérieur canaliculé; bord postérieur caréné. Graines alternes-bisériées, grosses, cylindriques, oblongues, un peu rugueuses, strophiolées, ou non-strophiolées; embryon minime, obcordiforme, à cotylédons écartés.

Herbes vivaces, soit acaules, soit à tiges subdichotomes ou paniculées. Feuilles coriaces ou subcoriaces (du moins les inférieures), non-stipulées : les radicales (persistantes ou subpersistantes) pédalées, ou digitées-trifoliolées, longuement pétiolées; les caulinaires inférieures conformes aux radicales, mais moins longuement pétiolées, ou à pétiole réduit à une large gaine semi-amplexicaule; les supérieures bractéiformes ou paucifoliolées. Pédoncules terminaux, ou terminaux et axillaires ou oppositifoliés, solitaires, uniflores, nus, ou bractéolés, inclinés au sommet. Fleurs odorantes ou fétides, nutantes. Sépales blancs, ou roses, ou violets, ou livides, ou verts, larges, veineux, planes, ou légèrement bombés, après la floraison toujours verdâtres, durant l'épanouissement soit connivents en forme de cloche, ou presque en forme de boule, soit presque étalés. Pétales d'un jaune verdâtre, nectarifères au fond, plus courts que les étamines : onglet filiforme, plus court que le tube, horizontal; tube à orifice regardant le centre de la fleur, obliquement tronqué et érosé, ou à deux lèvres dont l'intérieure est très-courte et en général bilobée. Étamines au nombre de 40 à environ 100, plus courtes que les sépales. Filets blanchâtres. Anthères d'un jaune pâle ou verdâtre, latéralement déhiscentes, ou subextrorses : connectif filiforme, inapparent postérieurement. Réceptacle assez gros, conique, tronqué au sommet. Ovaires subcylindriques, un peu arqués en avant, acuminés, uni-carénés au dos, canaliculés antérieurement. Styles plus ou moins divergents, longs, quelquefois recourbés au sommet. Étairion comme stipité par le réceptacle : follicules érigés ou plus ou moins divergents, assez grands, suboblongs, brusquement rostrés par le style, subrectilignes au bord postérieur, curvilignes au bord antérieur, persistant après la déhiscence. Graines noires ou brunes, luisantes: raphé margini-forme, soit nu, soit garni dans toute sa longueur d'une strophiole blanchâtre, mince, en forme de crête élargie au sommet, linéaire-spathulée; embryon blanchâtre : radicule conique, pointue; cotylédons minces, très-courts, arrondis.

La racine des Ellébores est âcre et amère; appliquée fraîche sur la peau, elle ne tarde pas à y produire l'effet des vésicatoires; prise à l'intérieur, elle agit en drastique violent, et, à forte dose, elle devient un poison mortel.

Le genre ne renferme que les quatre espèces que nous allons décrire.

Section I. CHIONORHODON Spach.

Plante acaule. Hampe 1-3-flore, garnie à sa base de quelques écailles membraneuses, et vers son sommet de plusieurs bractées sessiles. Feuilles radicales coriaces, persistantes, pédalées : pétiole cylindrique, à peine canaliculé. Sépales blancs au commencement de la floraison, puis roses, enfin verts. Pétales bilabiés, à orifice hiant. Ovaires au nombre de 6 à 12.

Ellébore noir. —*Helleborus niger* Linn. — Blackw. Herb. tab. 506 et 507.—Jacq. Flor. Austr. tab. 201.—Bull. Herb. tab. 33.—Bot. Mag. tab. 8.—Sweet, Brit. Flor. Gard. ser. 2, tab. 186. — Hayn. Arzn. Gew. 1, tab. 7 et 8. — *Helleborus altifolius* Reichb. Flor. Germ. Exc. (var.)

Feuilles 7-11-foliolées : folioles penniveinées, non-réticulées, lancéolées-oblongues, ou lancéolées-obovales, ou cunéiformes-oblongues, subobtuses, mucronulées, dentelées depuis le sommet jusque vers le milieu : les basilaires subsessiles ou confluentes, les autres pétiolulées. Bractées ovales, ou elliptiques, ou obovales, très-entières. Sépales (pendant l'épanouissement presque étalés) elliptiques, ou ovales-elliptiques, ou suborbiculaires, très-obtus, 3 à 4 fois plus longs que les étamines. Pétales (10 à 20) ascendants, obconiques : lèvre intérieure dentiforme, courbée en avant; lèvre extérieure grande, arrondie, dressée. Filets filiformes. Anthères elliptiques, latéralement déhiscentes. Styles divergents, recourbés, à peu près aussi longs que les ovaires.

Plante touffue, très-glabre. Rhizome court, épais, noirâtre, polycéphale, rameux, garni de longues et fortes fibres. Bourgeons écailleux, souterrains, produisant chacun une hampe et une ou deux feuilles. Feuilles (toutes radicales) persistant pendant près d'une année : les adultes larges de 5 à 10 pouces; pétiole-commun grêle, dressé, bi-auriculé à la base, souvent marbré de rouge, plein, long de 3 à 10 pouces; folioles longues de 2 à 6 pouces, larges de ½ pouce à 2 pouces, luisantes et lisses aux 2 faces, d'un vert foncé en dessus, d'un vert pâle et un peu glauque en dessous, tantôt horizontales, tantôt plus ou moins verticales; côte médiane très-saillante et carénée en dessous, inapparente en dessus. Hampe haute de 3 à 8 pouces (en général plus courte que les feuilles), dressée, cylindrique, pleine, assez grosse, tantôt très-simple et uniflore, tantôt bifurquée vers son milieu (ou plus haut) et 2-ou 3-flore, blanchâtre, ou plus souvent marbrée de blanc et de rouge, garnie (étant uniflore) vers son sommet de deux bractées alternes, ou (étant 2-ou 3-flore) garnie d'une bractée à la bifurcation, et en outre, sur chaque pédoncule, de deux bractées plus petites. Écailles basilaires spathacées, membraneuses, quelquefois bilobées et mucronées. Bractées foliacées, persistantes, d'un vert lavé de rouge : l'inférieure, lorsque la hampe est rameuse, naviculaire, carénée, souvent trilobée au sommet; les autres planes ou presque planes, très-entières. Fleurs légèrement odorantes, lors de l'anthèse larges de 1 ½ pouce à 2 ½ pouces. Sépales atteignant finalement jusqu'à 2 pouces de long, marqués d'une tache basilaire de couleur verte. Pétales longs de 3 à 4 lignes, jaunes vers leur sommet : onglet filiforme, 3 à 4 fois plus court que le tube; lèvre extérieure très-entière ou érosée; lèvre intérieure souvent échancrée. Étamines un peu plus longues que les ovaires : filets filiformes, blanchâtres, divergents après l'anthèse mais non réfléchis; anthères d'un jaune pâle. Styles de couleur rose, arqués en arrière. (Le fruit, à ce qu'il paraît, ne parvient jamais à maturité, sous le climat de Paris; nous l'avons cherché tout aussi inutilement dans les herbiers.)

Cette espèce, si fréquemment cultivée dans les parterres et connue sous le nom de *Rose de Noël,* croît spontanément dans les bois des montagnes de l'Europe australe, et probablement aussi dans l'Asie-Mineure. Sa floraison dure depuis le mois de novembre jusqu'au printemps; toutefois elle est interrompue par les froids rigoureux.

La racine de l'*Ellébore noir,* administrée avec la circonspection nécessaire, a quelquefois été employée avec succès dans les aliénations mentales, les hydropisies et autres maladies désespérées; on la vante aussi comme anthelmintique et emménagogue. Cette racine entrait autrefois dans plusieurs compositions pharmaceutiques; mais de nos jours, on la considère en général comme un remède dangereux auquel on n'a guère recours, si ce n'est dans l'art vétérinaire.

Section II. HELLEBORASTRUM Spach.

Rhizome rampant. Tiges annuelles, une ou plusieurs fois bifurquées, feuillées aux bifurcations, nues inférieurement. Feuilles finalement subcoriaces : les radicales subpersistantes, pédalées, à pétiole cylindrique (à peine canaliculé en dessus); les caulinaires inférieures pédalées, à pétiole foliacé; les supérieures et les raméaires digitées ou palmatiparties, subsessiles. Sépales verts, ou d'un violet livide, ou panachés de vert et de violet. Pétales bilabiés, à gorge close. Ovaires au nombre de 3 à 6. Graines non-strophiolées, mais à raphé formant une crête très-saillante.

- Ellébore officinal. — *Helleborus officinalis* Spach.

— α : A sépales verts (*viridiflorus*). — *Helleborus viridis* Linn. — Jacq. Flor. Austr. tab. 106. — Engl. Bot. tab. 200. — Curt. Flor. Lond. fasc. 6, tab. 34. — Blackw. Herb. tab. 509 et 510. — Hayn. Arzn. I, fig. 9. — Schk. Handb.

tab. 154. — *Helleborus dumetorum* Kit. — Sweet, Brit. Flow. Gard. tab. 109. — *Helleborus pallidus* Host, Flor. Austr.—*Helleborus laxus* Host, l. c. — *Helleborus odorus* Kit. — Roch. Bann. tab. 10, fig. 24.—*Helleborus Bocconi* Tenor. — *Helleborus multifidus* Visian. —*Helleborus angustifolius* Host. — *Helleborus graveolens* Host.

— β : A SÉPALES VIOLATRES (*atrorubens*).—*Helleborus atrorubens* Wald. et Kit. Plant. Rar. Hung. tab. 271. — *Helleborus purpurascens* Wald. et Kit. l. c. tab. 101. — Bot. Mag. tab. 370. — Sweet, Brit. Flow. Gard. ser. 2, tab. 142. — *Helleborus atropurpureus* Schult. — *Helleborus cupreus* Host. — *Helleborus intermedius* Host. — *Helleborus orientalis* Desfont. Coroll. tab. 45.

Tiges 2-ou pluri-flores. Feuilles radicales 9-15-foliolées; feuilles caulinaires inférieures 3-9-foliolées; feuilles supérieures 3-ou 5-parties, ou trifides. Folioles lancéolées ou lancéolées-oblongues, ou lancéolées-elliptiques, ou cunéiformes-oblongues, pointues, ou acuminées, réticulées, également ou inégalement dentelées (en général du sommet jusqu'au dessous du milieu) : les terminales sessiles ou subsessiles (quelquefois confluentes par paires); les latérales plus ou moins confluentes. Sépales ovales, ou obovales, ou elliptiques, ou elliptiques-oblongs, ou cunéiformes-orbiculaires, très-obtus, ou rarement subacuminés, de moitié à 2 fois plus longs que les étamines, pendant l'épanouissement connivents en forme de cloche. Pétales (10 à 20) campanulés ou turbinés, ascendants, comprimés : lèvres conniventes, involutées. Filets filiformes. Anthères elliptiques, latéralement déhiscentes. Styles divergents, plus longs que les ovaires. Follicules obliquement ovales, largement marginés au dos.

Plante tantôt très-glabre, tantôt plus ou moins pubérule, haute de quelques pouces à 2 pieds. Rhizome court, rameux, noirâtre, de la grosseur d'un doigt, garni de longues fibres subfasciculées. Tiges dressées, cylindriques, pleines, plus précoces que les nouvelles feuilles radicales, en général 5-7-flores, moins souvent soit pluriflores, soit 1-ou 2-flores, tantôt indivisées presque jusqu'au sommet, tantôt bifurquées dès au-dessous du milieu, garnies à la base de quelques écailles spathacées, puis nues jusqu'à la première ramification. Rameaux soit très-simples et diphylles vers leur sommet, soit eux-mêmes une ou plusieurs fois bifurqués et garnis d'une feuille à l'origine de chaque ramification. Feuilles de grandeur très-variable : les radicales (souvent persistant jusqu'au printemps suivant) larges de 3 pouces à 1 ½ pied, à pétiole long de 2 pouces à 1 pied; les caulinaires graduellement plus petites; les inférieures quelquefois larges de ½ pied. Folioles tantôt glabres aux 2 faces, tantôt glabres en dessus et pubérules en dessous, verticales, ou horizontales, ou recourbées, souvent pliées en carène, d'un vert foncé, rugueuses et un peu luisantes en dessus, d'un vert pâle et très-luisantes en dessous, longues de 1 pouce à 8 pouces : dentelures plus ou moins rapprochées, égales ou inégales, très-entières ou denticulées, pointues ou obtuses. Pédoncules terminaux ou subterminaux, courts, assez grêles, glabres, ou pubérules. Fleurs odorantes, larges de 1 pouce à 2 ½ pouces. Pétales d'un jaune verdâtre, 1 à 3 fois plus courts que les étamines : onglet filiforme, 3 fois plus court que le tube; lèvres tantôt arrondies et très-entières, tantôt subbilobées ou échancrées, inégales : l'extérieure plus grande. Filets verdâtres. Anthères d'un jaune pâle. Follicules longs de 8 à 15 lignes, glabres, terminés en pointe longue d'environ 6 lignes. Graines d'un brun noirâtre, longues de 2 lignes.

Cette espèce croît dans les bois des montagnes de presque toute l'Europe, ainsi qu'en Orient. Ses fleurs, qui paraissent en mars et en avril, ont une odeur assez agréable, analogue à celle des fruits de Cassis; la variété violette se cultive comme plante d'agrément. La racine a les mêmes propriétés que celle de l'*Ellébore noir*, et les Musulmans l'emploient fréquemment comme remède drastique.

L'Ellébore qui jouissait d'une si grande célébrité dans la thérapeutique des anciens, comme un remède très-efficace contre les aliénations mentales, est ou l'*Helleborus officinalis*, ou l'*Helleborus niger*, ou peut-être confondait-on les deux espèces dans l'emploi médical. Quoi qu'il en soit, l'*Helleborus orientalis* décrit et figuré par Desfontaines, plante que ce botaniste a considérée, à l'exemple de Tournefort, comme étant le véritable *Ellébore des anciens*, ne diffère aucunement de l'*Helleborus officinalis*.

Section III. GRIPHOPUS Spach.

Rhizome pivotant. Tiges bisannuelles, simples et très-feuillues inférieurement (c'est-à-dire sur la partie développée la première année), plus haut paniculées, feuillées. Feuilles inférieures (c'est-à-dire celles qui garnissent les jeunes tiges) coriaces, persistantes, digitées, ou pédalées, longuement pétiolées : pétiole semi-cylindrique, creusé en gouttière en dessus; feuilles suivantes digitées, à pétiole plus court et foliacé; feuilles caulinaires supérieures et feuilles raméaires très-entières, ou à peine lobées au sommet. Sépales verts ou d'un jaune livide. Pétales obliquement tronqués au sommet. Ovaires au nombre de 3 à 6. Graines à raphé garni d'une strophiole linéaire-spathulée, élargie vers le hile.

A. *Feuilles inférieures pédalées. Pétales au nombre de 5 (hors de symétrie avec les sépales), à peine onguiculés, ascendants, cylindracés, élargis seulement au sommet : bord de l'orifice érosé. Étamines divergentes après l'anthèse. Filets linéaires-lancéolés. Anthères suborbiculaires, subextrorses. Ovaires 3 ou 4. — Sépales lors de l'épanouissement connivents presque en forme de boule : les 3 intérieurs panachés de rouge-livide.*

Ellébore fétide. — *Helleborus fœtidus* Linn. — Blackw. Herb. tab. 57. — Bull. Herb. tab. 71. — Engl. Bot. tab. 613. — Hayn. Arzn. I, tab. 10.

Feuilles très-glabres : les inférieures 7-11-foliolées; les suivantes 3-5-foliolées; les supérieures ovales ou ovales-lancéolées, acuminées; folioles étroites, lancéolées, acérées, dentelées, non-réticulées. Sépales de moitié plus longs que les étamines : les 2 extérieurs elliptiques ou suborbiculaires; les 3 intérieurs cunéiformes-elliptiques ou cunéiformes-orbiculaires, souvent tronqués au sommet. Ovaires pubérules. Styles recourbés au sommet. Follicules obliquement ovales, plus longs que leur bec.

Plante haute de 1 pied à 3 pieds. Rhizome noirâtre, subfusiforme, polycéphale, couvert de longues fibres rameuses. Tiges assez grosses, cylindriques, raides, dressées, pleines, multiflores. Rameaux paniculés ou subdichotomes, un peu divergents, nus inférieurement, souvent pubérules au sommet. Feuilles inférieures larges de 4 à 8 pouces : pétiole long de 3 à 6 pouces, souvent horizontal; folioles longues de 1 pouce à 8 pouces (les latérales plus petites que les terminales et en général confluentes deux à deux ou trois à trois), d'un vert foncé et un peu luisantes en dessus, d'un vert pâle et très-luisantes en dessous, tantôt sessiles, tantôt courtement pétiolulées; dentelures plus ou moins rapprochées et inclinées, acérées, ou mucronées. Feuilles supérieures semi-amplexicaules : celles qui naissent à la base des premières ramifications en général à 3 ou 5 folioles plus ou moins grandes; les autres très-entières ou à peine lobées, d'un vert jaunâtre, subcoriaces, longues de 1 pouce à 3 pouces. Pédoncules axillaires (ou oppositifoliés, ou dichotoméaires) et terminaux, plus ou moins allongés, grêles, ordinairement pubérules, tantôt nus, tantôt dibractéolés au sommet. Sépales longs d'environ 6 lignes. Pétales longs d'environ 3 lignes, très-grêles, d'un jaune verdâtre, à orifice béant. Étamines débordées par les styles. Anthères d'un jaune pâle. Follicules longs de 6 à 9 lignes, terminés en pointe raide longue d'environ 3 lignes. Graines brunes, longues de 2 lignes ou un peu plus : strophiole blanchâtre.

Cette espèce, nommée vulgairement *Pied de griffon*, est commune en France et dans les contrées plus méridionales de l'Europe. Elle croît de préférence dans les localités arides et découvertes, surtout dans les terrains calcaires. Elle fleurit au printemps dans le nord de la France, et dès l'automne dans les climats plus doux. La plante participe aux propriétés drastiques communes aux autres Ellébores, et toutes ses parties exhalent une odeur nauséabonde. La décoction des feuilles fraîches ainsi que la poudre des feuilles sèches, à petite dose, ont été recommandées par plusieurs médecins célèbres comme un excellent vermifuge. On s'en sert aussi dans l'art vétérinaire, et pour la destruction de la vermine.

B. *Feuilles inférieures digitées-trifoliolées. Pétales* 10 *à* 20, *onguiculés, résupinés, obconiques, échancrés. Étamines réfléchies après l'anthèse : filets filiformes ; anthères suborbiculaires, latéralement déhiscentes. Ovaires* 3 *à* 6. — *Sépales lors de l'épanouissement presque étalés, d'un vert livide.*

Ellébore livide. — *Helleborus lividus* Hort. Kew. — Bot. Mag. tab. 72. — Moris, Flor. Sard. 1, tab. 3. — *Helleborus trifolius* Mill. Dict. (non Linn.) — *Helleborus argutifolius* Vivian.

Folioles lancéolées, ou lancéolées-elliptiques, ou lancéolées-oblongues, ou ovales, ou ovales-lancéolées, ou oblongues-lancéolées, acuminées, sinuolées-denticulées (rarement très-entières), réticulées, très-glabres : les latérales en général très-inéquilatérales. Feuilles supérieures oblongues, ou oblongues-spathulées, ou oblongues-obovales, acuminées. Sépales suborbiculaires ou elliptiques, très-obtus, à peu près de moitié plus longs que les étamines. Styles plus longs que les ovaires, dressés, un peu recourbés au sommet.

Plante très-glabre, haute de $^1/_2$ pied à 3 pieds. Tige cylindrique, raide, pleine, assez grosse, dressée, multiflore. Rameaux grêles, nus inférieurement, tantôt presque simples et pauciflores, tantôt paniculés et pluriflores. Feuilles inférieures atteignant jusqu'à un pied de large : pétiole vertical ou subvertical, ferme, long de 3 à 8 pouces ; folioles (subisomètres sur la même feuille) longues de 3 à 6 pouces, larges de $^1/_2$ pouce à 3 pouces, d'un vert glauque (surtout en dessous), luisantes, tantôt courtement pétiolulées, tantôt sessiles, tantôt confluentes : dentelures raides, piquantes, plus ou moins profondes, tantôt égales, tantôt inégales. Feuilles caulinaires supérieures et feuilles raméaires longues de 1 pouce à 2 pouces, subcoriaces, d'un vert pâle ou jaunâtre. Pédoncules subterminaux, ou axillaires (quelquefois oppositifoliés ou dichotoméaires) et terminaux, longs de 6 lignes à 2 pouces, grêles, tantôt nus, tantôt dibractéolés au sommet. Fleurs larges de 1 $^1/_2$ pouce à 2 pouces, légèrement odorantes. Sépales extérieurs plus larges mais plus courts que les intérieurs. Pétales verdâtres, 1 à 2 fois plus courts que les étamines. Étamines longuement débordées par les styles : filets blanchâtres; anthères d'un jaune pâle. Graines noires, longues de 2 lignes ou un peu plus.

Cette espèce croît en Corse et en Sardaigne. Elle mérite d'être cultivée dans les jardins, à cause de la beauté de son feuillage. Sa floraison commence à la fin de l'automne et se continue (si la température le permet) jusqu'au printemps.

Genre ÉRANTHIS. — *Eranthis* Salisb.

Sépales 5 à 8, pétaloïdes, non-persistants, subonguiculés. Pétales 5 à 8, onguiculés, dressés, infondibuliformes, subbilabiés : lèvre interne minime; lèvre externe assez grande. Étamines nombreuses : filets filiformes, élargis au sommet; anthères cordiformes-orbiculaires, obtuses. Ovaires 5 ou 6, 5-10-ovulés, comprimés, stipités; ovules unisériés. Styles filiformes, obtus et papilleux au sommet. Étairion de 5 ou 6 follicules chartacés, transversalement veineux, comprimés, stipités, subfalciformes, acuminés, aristés, carénés aux bords, uni-valves, 5-10-spermes. Graines unisériées, subglobuleuses, lisses, non-strophiolées : raphé filiforme; embryon imperceptible.

Herbe vivace, à rhizome tuberculiforme. Tige très-simple, uniflore, aphylle jusqu'au sommet, garnie soit immédiatement au-dessous de la fleur, soit à l'origine du pédoncule, d'une collerette de 2 ou 3 feuilles sessiles, palmatifides, verticillées. Feuilles radicales longuement pétiolées, palmatiparties, peltées. Fleur pédonculée ou sessile, subcampaniforme. Sépales jaunes, plus ou moins connivents pendant l'épanouissement. Pétales très-petits, jaunes, insérés devant les sépales. Étamines plus courtes que les sépales; anthères jaunes, petites, déhiscentes latéralement. Ovaires et follicules verticillés, comprimés bilatéralement : stipes dressés, connivents; follicules plus ou moins recourbés. Graines non-luisantes, d'un brun roux, assez grosses (1).

Ce genre ne renferme que les deux espèces dont nous allons faire mention.

ÉRANTHIS PRÉCOCE. — *Eranthis hiemalis* Salisb. — *Helleborus hiemalis* Linn. — Bot. Mag. tab. 3. — Jacq. Flor. Austr. tab. 202. — Bull. Herb. tab. 35. — Blackw. Herb. tab. 576. — *Helleborus monanthos* Mœnch, Meth. — *Kœllea hiemalis* Biria, Diss. — *Robertia hiemalis* Mérat, Flor. Par.

Plante très-glabre, à l'époque de la floraison haute de 2 à 6 pouces, plus tard acquérant jusqu'à 1 pied de haut. Rhizome du volume d'une Noisette ou rarement plus gros, noirâtre, subglobuleux, ou irrégulièrement ovoïde, ou allongé, garni à sa partie inférieure d'une multitude de longues fibrilles capillaires jaunâtres, en général uni-caule et monophylle, quelquefois diphylle, rarement bi-caule. Feuilles radicales (plus tardives que la fleur) d'un vert gai, molles, passagères, larges de 1 pouce à 3 pouces, 3-5-ou 7-parties, orbiculaires en leur contour : segments cunéiformes ou cunéiformes-oblongs, plus ou moins profondément 2-ou 3-fides : lanières oblongues ou linéaires-oblongues, obtuses, mucronulées; pétiole dressé, un peu comprimé, blanchâtre, grêle, long de 1 pouce à 4 pouces. Tige grêle, dressée, fistuleuse, un peu comprimée, lisse, blanchâtre. Feuilles involucrales (formant une collerette large de 1/2 pouce à 3 pouces) de même couleur et de même consistance que les feuilles radicales, profondément 3-ou 5-fides, à segments oblongs ou cunéiformes-oblongs, incisés-dentés au sommet, ou 2-fides, ou 3-fides. Fleur

---

(1) Malgré de longues recherches microscopiques, il nous a été impossible d'y trouver l'embryon.

large de 10 à 15 lignes. Sépales elliptiques, ou oblongs, ou oblongs-obovales, très-obtus, de moitié plus longs que les étamines. Pétales à peu près de moitié plus courts que les étamines : onglet linéaire-filiforme, à peu près aussi long que le limbe; lèvre intérieure tronquée, ou rétuse, ou bilobée, très-courte; lèvre extérieure bilobée ou profondément échancrée, ovale, ou elliptique. Pistil un peu plus long que les étamines. Styles dressés, un peu recourbés, plus courts que les ovaires. Follicules longs d'environ 6 lignes, obliquement oblongs, courtement aristés, plus ou moins divergents, portés chacun sur un stipe raide, cylindrique, long de près de 3 lignes. Graines du volume de celles de la Moutarde.

Cette jolie plante, qui mérite d'être cultivée dans les parterres, croît dans les bois des montagnes, en France, en Italie, en Suisse, en Autriche, et en Croatie. Sa floraison a lieu en février et en mars; ses fruits sont mûrs avant la fin de mai, et dès lors toute la plante se dessèche pour ne reparaître que l'année suivante.

Éranthis de Sibérie. — *Eranthis sibirica* De Cand. Syst. et Prodr.

Cette espèce paraît ne différer de la précédente, que par sa fleur plus petite et portée sur un assez long pédoncule, au lieu de naître immédiatement au-dessus de l'insertion des feuilles involucrales.

Genre COPTIS. — *Coptis* Salisb.

Sépales 4 à 6, pétaloïdes, non-persistants. Pétales 5, ou plus, linéaires-cuculliformes. Étamines environ 10 à 30; filets filiformes-spathulés; anthères suborbiculaires. Ovaires 5 à 12, comprimés, stipités. Styles comprimés, sublinéaires, pointus, dressés, recourbés au sommet. Étairion de 5 à 12 follicules 4-12-spermes, chartacés, longuement stipités, ascendants, comprimés, sublancéolés, cuspidés, innervés, uni-carénés au bord antérieur, bi-carénés au bord postérieur. Graines alternes-bisériées, petites, cylindriques, oblongues, non-strophiolées, carénées d'un côté par le raphé; embryon minime, obcordiforme, à cotylédons écartés.

Herbes vivaces, acaules. Hampes 1-ou 2-flores, bractéolées vers leur sommet. Feuilles biternées ou trifoliolées, longuement pétiolées. Fleurs petites, blanchâtres. Anthères minimes, plus larges que les filets. Ovaires comprimés bilatéralement.

Ce genre ne renferme que 2 espèces, dont voici la plus remarquable:

Coptis trifoliolé. — *Coptis trifoliata* Salisb. Trans. Soc. Linn. v. 8, p. 305. — Bigel. Med. Bot. 1, p. 60, tab. 5. — Loddig. Bot. Cab. tab. 173. — *Helleborus trifolius* Linn. Amœn. 2, tab. 4, fig. 18. — Flor. Dan. tab. 566.

Plante haute de 3 à 6 pouces, en général très-glabre. Rhizome rampant, presque filiforme, fibrilleux, jaune à l'intérieur. Hampes ordinairement solitaires, dressées, filiformes, uniflores, garnies vers leur sommet d'une ou de plusieurs bractéoles subulées. Feuilles trifoliolées, plus courtes que la hampe : pétiole filiforme, plus long que les folioles; folioles cunéiformes, ou cunéiformes-obovales, ou subflabelliformes, inégalement crénelées (crénelures mucronulées), ou quelquefois trilobées, subcoriaces, subsessiles. Fleur large de 4 à 5 lignes. Sépales ovales-oblongs, ou lancéolés-oblongs, ou lancéolés-elliptiques, obtus, subonguiculés, finement striés. Étamines 1 fois plus courtes que les sépales. Ovaires 5 à 8, à l'époque de la floraison plus courts que les styles. Follicules longs à peine de 3 lignes, pointus aux 2 bouts, courtement cuspidés par un style filiforme rectiligne; stipe filiforme, un peu plus long que les valves. Graines d'un brun de Châtaigne, luisantes, obtuses aux 2 bouts, longues de 1/2 ligne.

Cette espèce croît dans l'Amérique septentrionale, en Sibérie, et dans les contrées arctiques de l'Europe. Au témoignage du docteur Barton, sa racine, extrêmement amère, mais dépourvue de tout principe vénéneux, est un remède très-usité aux États-Unis contre les aphthes des enfants. Les peuplades sauvages de l'Amérique boréale s'en servent pour teindre en jaune.

SECTION IV. **ISOPYRINÉES.** — *Isopyrineæ* Spach.

Calice régulier, non-persistant, pétaloïde; sépales au nombre de 5. Pétales en même nombre que les sépales, interposés, bilabiés, ou cuculliformes, conformes dans la même fleur. Follicules uni-sériés (accidentellement solitaires), verticillés (en général au nombre de 3 à 5), uni-ou bi-valves, distincts, ou cohérents par la base.

Genre ISOPYRUM. — *Isopyrum* (Linn.) Reichb.

Sépales 5 ou 6, suboblongs. Pétales 5 ou 6, petits, ovales-naviculaires, stipités, indivisés, fovéolés à la base. Étamines environ 30; filets filiformes, épaissis au sommet; anthères cordiformes-orbiculaires, obtuses. Ovaires 2 ou 3 (ou solitaires), 4-6-ovulés; ovules opposés-bisériés. Styles filiformes, obtus, oncinés au sommet. Follicules 1-3, comprimés, courtement stipités, subovales, acuminés, rostrés, chartacés, 1-3-spermes. Graines lisses, cylindriques, lagéniformes, écarénées.

Herbe vivace. Racine grumeuse. Tige simple, nue jusque vers le milieu. Feuilles radicales (subsolitaires) longuement pétiolées, biternées, non-stipulées; feuille caulinaire inférieure conforme aux radicales, mais à pétiole moins long et muni d'une paire de stipules amplexicaules, adhérentes, membraneuses; feuilles caulinaires supérieures subsessiles, trifoliolées, ou trifides, stipulées comme la feuille inférieure. Pédoncules axillaires et terminaux, solitaires, uniflores, filiformes, nus, dressés. Fleurs assez petites, blanches. Anthères minimes, jaunes. Réceptacle conique, petit, tronqué.

L'espèce dont nous allons faire mention constitue à elle

seule le genre. L'*Isopyrum grandiflorum* Fisch., paraît tenir le milieu entre les genres *Isopyrum* et *Aquilegia.*

Isopyrum Faux-Thalictrum. — *Isopyrum thalictroides* Linn. — Jacq. Flor. Austr. tab. 105.

Plante en général très-glabre, haute de 4 pouces à 1 pied. Racine stolonifère, composée de tubercules fasciculés, grêles, subfusiformes, fibrilleux inférieurement. Tige en général solitaire, très-grêle, dressée, lisse. Feuille radicale presque aussi longue que la tige. Folioles cunéiformes ou subrhomboïdales, bilobées, ou trilobées, ou plus ou moins profondément 2-ou 3-fides, glauques : les latérales subsessiles ou sessiles; la terminale plus ou moins longuement pétiolulée. Feuilles caulinaires supérieures ovales et 2-ou 3-lobées ou indivisées, petites. Pédoncules plus longs que les feuilles. Fleurs larges de 8 à 9 lignes. Sépales oblongs, ou obovales-oblongs, obtus, courtement onguiculés. Pétales beaucoup plus courtes que les sépales. Étamines à peu près de moitié plus courtes que les sépales.

Cette plante croît dans les bois humides, surtout dans les Alpes.

Genre LÉPTOPYRUM. — *Leptopyrum* Reichenb.

Sépales 5, ovales, connivents presque en forme de cloche. Pétales 5, très-petits, stipités, infondibuliformes, subbilabiés, nectarifères au fond : lèvre extérieure longue, ovale, indivisée; lèvre intérieure courte, bilobée. Étamines environ 20, 1- ou 2-sériées; filets capillaires, aplatis; anthères réniformes, échancrées. Ovaires 10 à 20, connivents, multiovulés. Styles courts, oncinés. Étairion de 7 à 20 follicules caducs, libres dès la base, divergents, chartacés, veineux, comprimés, carénés aux bords, univalves (déhiscents par la suture antérieure), 5-12-spermes. Graines minimes, ellipsoïdes, réticulées, cylindriques, écarénées.

Herbe annuelle, subdichotome, multicaule, très-glabre. Feuilles biternées ou subbiternées: les radicales longuement pétiolées, à gaine pétiolaire inappendiculée; les caulinaires subsessiles, stipulées, tantôt alternes, tantôt opposées, tantôt verticillées; stipules petites, membraneuses, adhérentes, subulées. Pédoncules axillaires (ou oppositifoliés, ou dichotoméaires) et terminaux, tantôt solitaires, tantôt fasciculés, filiformes, nus, uniflores, anisomètres, nutants pendant la floraison, puis dressés. Fleurs petites. Sépales jaunâtres. Étamines presque aussi longues que les sépales, toutes fertiles; anthères à connectif filiforme. Ovaires curvilignes, comprimés bilatéralement. Ovules opposés-bisériés. Styles dressés, filiformes, papilleux antérieurement. Follicules petits, oblongs, un peu arqués, non-stipités, épaissis et indéhiscents à la base. Réceptacle cupuliforme. Disque annulaire, peu apparent. Gynophore petit, disciforme. Graines noirâtres, non-luisantes.

L'espèce dont nous allons faire mention constitue à elle seule le genre.

Leptopyrum Faux-Fumaria. — *Leptopyrum fumarioides* Reichb. Consp. et Flor. Germ. Excurs. p. 747 (in adnot. sub Isopyro). — *Isopyrum fumarioides* Linn. — Schk. Handb. 2, tab. 53. — *Helleborus fumariæfolius* Amm. Ruth. p. 74, N° 108, tab. 12.

Plante glauque, lisse, haute de quelques pouces à ½ pied. Racine grêle, pivotante, fibrilleuse inférieurement. Feuilles semblables à celles du *Fumaria officinalis* : folioles sessiles ou pétiolulées, petites, obtuses, ou moins souvent pointues, cunéiformes-trilobées, ou cunéiformes-bilobées, ou obliquement obovales et incisées-dentées, ou sublinéaires et très-entières. Pétiole des feuilles radicales filiforme, long de 1 pouce à 4 pouces, à pétiolules latéraux en général très-courts. Tiges dressées ou ascendantes, cylindriques, très-lisses, tantôt bifurquées seulement au sommet et nues inférieurement, tantôt irrégulièrement dichotomes et subpaniculées. Pédoncules plus longs que les feuilles (du moins après la floraison). Sépales acuminés, longs à peine de 2 lignes. Follicules longs de 3 à 4 lignes, larges de 1 ligne, courtement aristés par le style. Graines du volume de celles du Pavot.

Cette plante croît en Sibérie.

Genre ANCOLIE. — *Aquilegia* Linn.

Sépales 5, pétaloïdes, planes, onguiculés. Pétales 5, comme médifixes, subonguiculés, dressés, à lame indivisée, presque plane, prolongée postérieurement en long éperon tubuleux, descendant, calleux et nectarifère à l'extrémité. Étamines nombreuses, plurisériées : les 2 séries intérieures stériles; filets anthérifères filiformes, élargis à la base, avant l'anthèse réfléchis au sommet; filets stériles larges, scarieux, rugueux, ondulés, connivents, apprimés; anthères elliptiques ou suborbiculaires, obtuses. Ovaires 5 (accidentellement 3 ou 4, ou 6 à 9), subtrigones, multiovulés; ovules alternes-bisériés, immédiatement superposés. Styles longs, filiformes, recourbés au sommet. Étairion de 5 (accidentellement moins, ou plus de 5) follicules persistants, cohérents par la base, uni-sériés, chartacés, subtrigones, aristés, dressés, divergents au sommet, connivents inférieurement, polyspermes, tantôt bivalves ou subbivalves, tantôt déhiscents seulement par la suture antérieure. Graines petites, ovoïdes, subtrigones, obtuses, lisses, carénées par le raphé.

Herbes vivaces. Racine fibreuse. Tiges feuillées, ordinairement rameuses. Feuilles non-stipulées : les radicales longuement pétiolées, biternées, ou ternées (folioles lobées, ou incisées, pétiolulées) : les caulinaires sessiles, ou subsessiles, palmatiparties, ou pédalées, ou trifoliolées, ou biternées. Pédoncules terminaux, solitaires, 1-flores, ou pauciflores : les florifères inclinés au sommet; les fructifères dressés. Fleurs grandes, renversées, légèrement odorantes. Sépales connivents ou étalés, verdâtres, ou bleus, ou violets, ou roses, ou blancs, ou jaunâtres, ou rouges, ou panachés. Pétales de même couleur que les sépales, plus longs que ceux-ci (y compris l'éperon, lequel est ou presque cylindrique, ou conique à sa base, tantôt rectiligne, tantôt plus ou moins courbé au sommet). Étamines anisomètres : les majeures soit plus longues que les sépales, soit plus courtes; filets blanchâtres; anthères jaunes, comprimées. Réceptacle ovale-conique, court, recouvert par un disque laminaire. Gynophore plane, petit. Ovaires non-stipités, convexes au dos, comprimés bilatéralement. Styles dressés, finement papilleux antérieurement presque dès la base. Étairion ayant la forme d'une capsule à plusieurs coques : follicules non-stipités, contigus presque jusqu'au sommet, cylindracés, acuminés, striés d'une multitude de veinules transversales peu ou point anastomosées, finement carénés aux deux sutures, déhiscents d'abord du sommet jusqu'à la base par la suture antérieure, puis plus ou moins profondément par la suture dorsale (déhiscence qui ne s'opère pas toujours). Graines finement ponctuées à un fort grossissement, luisantes, ou non-luisantes, noires : embryon minime, obcordiforme (par l'écartement des cotylédons), apiculé ; cotylédons très-courts.

Les *Ancolies* sont des plantes à la fois un peu âcres et narcotiques; toutefois il paraît que ces propriétés vénéneuses ont beaucoup moins d'intensité que celles des *Aconits* et de plusieurs autres Helléboracées. Les fleurs, qui varient beaucoup quant à la forme et la grandeur (tant absolue que relative) de presque toutes leurs parties, sont fort élégantes. Les espèces (portées par plusieurs auteurs à une vingtaine) se réduisent probablement aux trois suivantes :

A. *Sépales plus longs que les étamines. Lame des pétales à peine aussi longue ou plus courte que les sépales, jamais rétrécie vers la base; appendice en forme de large cornet peu à peu rétréci en éperon plus ou moins infléchi au sommet. Filets stériles non-persistants. Graines luisantes. — Fleurs jamais d'un rouge écarlate : celles de la plante sylvestre en général bleues, ou d'un pourpre violet; celles de la plante cultivée fréquemment roses, ou blanches, ou panachées. Gaîne pétiolaire des feuilles caulinaires légèrement marginée, inauriculée.*

Ancolie commune. — *Aquilegia vulgaris* Spenner, Flor. Friburg.

α : A longs éperons (*longicalcarata*). — *Aquilegia vulgaris* Linn. — Engl. Bot. tab. 297. — Flor. Dan. tab. 695. — Blackw. Herb. tab. 409. — Hayn. Arzn. 3, tab. 6. — Gærtn. Fruct. tab. 118. — *Aquilegia sibirica* Lamk. — — Deless. Ic. Sel. 1, tab. 47. — Sweet, Brit. Flow. Gard. ser. 2, tab. 90. — *Aquilegia Garnierana* Sweet, l. c. tab. 103. — *Aquilegia nigricans* Baumg. — *Aquilegia atrata* Koch, Flor. Germ. — *Aquilegia alpina* Linn. — Allion. Flor. Pedem. tab. 66. — Loddig. Bot. Cab. tab. 657. — Sweet, Brit. Flow. Gard. v. 3, tab. 218. — Deless. Ic. Sel. 1, tab. 48. — *Aquilegia Sternbergii* Reichenb. Flor. Germ. Excurs. — Éperon des pétales aussi long que la lame ou plus long.

— β : A courts éperons (*brevicalcarata*). — *Aquilegia glandulosa* Fischer. — Sweet, Brit. Flow. Gard. ser. 2, tab. 53. — *Aquilegia pyrenaica* De Cand. — *Aquilegia viscosa* De Cand. — Waldst. et Kit. Plant. Hung. Rar. tab. 169. — *Aquilegia platysepala* Reichenb. Flor. Germ. Excurs. — *Aquilegia vulgaris* C. A. Mey. in Ledeb. Flor. Alt. — Éperon des pétales plus court que la lame.

Folioles d'un vert glauque en dessus, très-glauques en dessous, cunéiformes, ou cunéiformes-orbiculaires, ou subrhomboïdales, ou flabelliformes, ou réniformes, ou cordiformes-orbiculaires, tantôt plus ou moins profondément 2-ou 3-fides, ou bilobées, ou trilobées (segments ou lobes arrondis, ou cunéiformes, ou subrhomboïdaux, ou oblongs, laciniés, ou incisés-dentés, ou crénelés, ou très-entiers), tantôt plus ou moins profondément crénelées ou incisées-dentées. Feuilles supérieures indivisées (souvent très-entières), ou 3-5-parties (à segments suboblongs, ou linéaires, en général très-entiers). Sépales ovales, ou ovales-lancéolés, ou oblongs-lancéolés, ou oblongs, acuminés, ou obtus, étalés. Lame des pétales cunéiforme-elliptique, ou cunéiforme-oblongue, ou oblongue, ou obovale-oblongue, arrondie ou tronquée au sommet, ou subacuminée, du tiers à une fois plus courte que les sépales, tantôt à peu près aussi longue que l'éperon, tantôt jusqu'à 3 fois plus longue ou plus courte que l'éperon. Étamines tantôt débordées par les styles, tantôt un peu débordantes.

Plante haute de ½ pied à 3 pieds, tantôt très-glabre, tantôt plus ou moins pubescente : poils souvent glandulifères, surtout vers l'extrémité des tiges et rameaux. Rhizome pivotant, rameux, brunâtre, ordinairement pluri-caule, souvent filandreux au sommet. Tiges grêles, dressées, cylindriques, légèrement striées, fistuleuses, tantôt simples, presque nues, et uni-ou pauciflores, tantôt paniculées, feuillés et multiflores, souvent rougeâtres. Pétiole des feuilles radicales long de quelques pouces à 1 pied, dilaté à sa base en gaîne striée, membraneuse aux bords; folioles larges de ½ pouce à 3 pouces, en général moins longues que larges, à base arrondie, ou obliquement tronquée, ou subcordiforme, tantôt toutes pétiolulées (pétiolule souvent aussi long que la lame), tantôt toutes sessiles ou subsessiles, tantôt la terminale pétiolulée et les latérales sessiles. Feuilles caulinaires inférieures en général conformes aux feuilles radicales mais moins longuement pétiolées. Feuilles caulinaires supérieures et feuilles raméaires petites, sessiles, ou à pétiole réduit à la gaîne. Sépales longs de 6 lignes à 2 pouces. Pétales (y compris l'appendice) longs de 6 à 18 lignes. Étamines tantôt à peu près aussi longues que la lame des pétales, tantôt jusqu'à de moitié plus courtes ou plus longues. Filets stériles à peu près aussi longs que les ovaires, lancéolés, ou linéaires-lancéolés, ou lancéolés-linéaires, échancrés, ou mucronés, ou cuspidés, ou acuminés. Ovaires glabres ou cotonneux. Styles glabres, à l'époque de la floraison tantôt plus longs que l'ovaire, tantôt à peu près de même longueur. Follicules glabres ou pubérules, plus ou moins longuement aristés par le style, longs de 8 lignes à 1 pouce. Graines longues d'environ 1 ligne.

Cette espèce, connue sous le nom vulgaire de *Gant de Notre-Dame*, habite presque toute l'Europe ainsi que la Sibérie. On la trouve communément dans les endroits herbeux des bois, et dans les prairies des montagnes. Elle fleurit en mai et en juin.

L'*Ancolie commune* a une saveur amère un peu nauséabonde; dans l'ancienne thérapeutique elle passait pour apéritive, diurétique, sudorifique, et emménagogue; mais depuis longtemps la plante, qu'on doit plutôt considérer comme vénéneuse, est hors d'usage en médecine. Tout le monde sait qu'on en cultive, dans les parterres, plusieurs variétés, à fleurs doubles très-élégantes et de couleurs fort variées. L'une des plus remarquables de ces variétés est celle qui, en place de pétales et d'étamines de forme normale, n'offre que des folioles planes et dépourvues d'appendice. Cette variété est connue sous le nom d'*Ancolie étoilée*. Dans une autre variété, dite *Ancolie corniculée*, les étamines sont remplacées par des pétales éperonnés comme ceux du type de l'espèce; quelquefois ces pétales sont renversés, c'est-à-dire que l'éperon, au lieu de regarder le ciel, est dirigé vers le sol.

B. *Sépales à peine aussi longs que les étamines, ou plus courts. Lame des pétales en général plus longue que les sépales, fortement rétrécie vers la base; appendice en forme d'éperon cylindracé, à peine élargi à sa base, peu ou point infléchi au sommet. Filets stériles persistants. Graines non-luisantes. — Fleurs verdâtres ou d'un pourpre livide. Gaîne pétiolaire des feuilles caulinaires largement bi-auriculée.*

Ancolie boréale. — *Aquilegia borealis* Spach. — *Aquilegia viridiflora* Pallas, Act. Petrop. 1779, p. 260, tab. 11. — Jacq. Ic. Rar. 1, tab. 102. — *Aquilegia flava* Lamk. Dict. — *Aquilegia atropurpurea* Willd. Enum. — Bot. Reg. tab. 922. — *Aquilegia dahurica* De Cand. Syst. — *Aquilegia hybrida*

Sims, Bot. Mag. tab. 1221. — *Aquilegia speciosa* De Cand. Syst.

Folioles plus ou moins glauques en dessus, très-glauques en dessous, cunéiformes, ou cunéiformes-orbiculaires, ou subrhomboïdales, ou flabelliformes, bifides, ou trifides, ou bilobées, ou trilobées (segments ou lobes arrondis, ou cunéiformes, ou subrhomboïdaux, ou oblongs, incisés-dentés, ou lobés, ou crénelés, ou très-entiers). Feuilles caulinaires en général toutes biternées. Feuilles raméaires trifoliolées ou rarement simples. Sépales ovales, ou ovales-oblongs, ou oblongs, obtus, ou pointus, presque dressés, connivents. Pétales à lame cunéiforme-orbiculaire, ou flabelliforme, arrondie au sommet, un peu plus courte ou un peu plus longue que les sépales, de moitié à une fois plus courte que l'éperon, ou aussi longue que l'éperon. Étamines tantôt débordées par les styles, tantôt débordantes.

Plante ayant le même port que l'*Ancolie commune*, mais en général plus basse, tantôt glabre, tantôt pubescente, à poils souvent visqueux. Tiges presque simples ou paniculées, pauciflores, ou pluriflores. Feuilles caulinaires composées, même lorsque la tige est presque nue. Folioles variables comme celles de l'*Ancolie commune*. Sépales longs de 4 à 6 lignes. Pétales longs de 6 à 12 lignes (y compris l'appendice). Étamines fertiles un peu plus longues que la lame des pétales, ou moins souvent un peu plus courtes. Filets stériles persistant jusqu'après la maturité du fruit, d'ailleurs semblables à ceux de l'*Ancolie commune*. Ovaires glabres ou pubérules. Styles glabres, d'un pourpre noirâtre, à l'époque de la floraison plus longs que les ovaires. Follicules longs d'environ 1 pouce. Graines d'un noir mat, longues d'environ 1 ligne.

Cette espèce, indigène en Sibérie, se cultive comme plante de parterre. Elle fleurit en avril et mai.

C. *Sépales plus courts que les étamines. Pétales à lame plus courte que les sépales, fortement rétrécie vers la base; appendice en forme de cornet conique, rétréci en éperon grêle et rectiligne. Filets stériles non-persistants. Graines luisantes. — Fleurs panachées de rouge écarlate et de jaune. Gaîne pétiolaire des feuilles caulinaires marginée, inauriculée.*

Ancolie du Canada. — *Aquilegia canadensis* Linn. — Bot. Mag. tab. 246. — Herb. de l'Amat. tab. 305. — *Aquilegia formosa* Fisch.

Folioles d'un vert glauque en dessus, très-glauques en dessous, cunéiformes, ou cunéiformes-oblongues, ou flabelliformes, ou suborbiculaires, ou rhomboïdales, 2-ou 3-fides, ou 2-ou 3-lobées : lobes ou segments cunéiformes, ou oblongs, ou arrondis, laciniés, ou incisés-dentés, ou crénelés. Sépales ovales, ou ovales-lancéolés, ou oblongs-lancéolés, acuminés, ou pointus, ascendants, un peu connivents. Lame des pétales elliptique ou cunéiforme-elliptique, arrondie ou tronquée au sommet, acuminulée, à peu près de moitié plus courte que les sépales, 3 à 4 fois plus courte que l'éperon. Étamines de moitié à 2 fois plus longues que les sépales, longuement débordées par les styles.

Plante tantôt glabre, tantôt pubérule, haute de 1/2 pied à 3 pieds. Tiges très-grêles, dressées, cannelées, fistuleuses, paniculées, feuillées, tantôt pauciflores, tantôt pluriflores. Rameaux un peu divergents, médiocrement feuillés. Feuilles semblables à celles de l'Ancolie commune. Sépales longs de 6 à 8 lignes, subcarénés au dos, finement veinés, rouges, ou panachés de rouge et de jaune. Pétales (y compris le cornet) longs de 10 à 15 lignes : lame jaune; éperon rouge. Filets blanchâtres. Ovaires glabres ou pubescents. Styles glabres, presque capillaires, à l'époque de la floraison 2 fois plus longs que les ovaires. Follicules longs de 6 à 8 lignes, glabres, ou pubérules, semblables à ceux des deux espèces précédentes, mais plus petits et plus longuement aristés. Graines presque 2 fois plus petites que celles de l'*Ancolie commune*.

Cette espèce élégante, indigène dans l'Amérique septentrionale, se cultive comme plante de parterre. Elle fleurit en juin.

SECTION V. **ACONITINÉES.** — *Aconitineæ* Spach.

Calice irrégulier, pétaloïde, en général non-persistant; sépales au nombre de 5 (3 extérieurs et 2 intérieurs), dissemblables : le supérieur redressé ou ascendant, plus grand, soit en forme de casque non-éperonné, soit à lame plane ou cuculliforme, prolongée postérieurement en éperon tubuleux; les 2 latéraux (intérieurs) horizontaux; les 2 inférieurs déclinés. Pétales soit au nombre de 2 (conformes dans la même fleur et insérés devant le sépale supérieur), cuculliformes-unilabiés, ou subspathulés, éperonnés postérieurement, distincts, ou soudés par le bord intérieur; soit au nombre de 4 (dissemblables, insérés deux devant le sépale supérieur, et les deux autres chacun devant l'un des sépales latéraux), dont les 2 inférieurs à lame plane ou presque plane, non-éperonnée. Follicules solitaires, ou uni-sériés (verticillés 3 à 6), distincts, uni-valves.

Genre DAUPHINASTRE. — *Delphinastrum* (De Cand.) Spach.

Sépales 5, inonguiculés : le supérieur plane ou subcuculliforme, éperonné postérieurement; les 4 autres presque planes, inégaux, divariqués. Pétales 4, libres : les 2 supérieurs comme médifixes, inonguiculés, obliquement horizontaux, connivents, subspathulés, concaves, chacun terminé postérieurement en éperon tubuleux, inclus; les 2 latéraux longuement onguiculés, parallèles, à lame barbue, rabattue sur les étamines; onglets épaissis et fovéolés à la base, géniculés, redressés. Étamines courtes, nombreuses, toutes fertiles, déclinées avant l'anthèse, puis infléchies; filets subulés, ailés jusque vers leur milieu; anthères elliptiques ou suborbiculaires, obtuses. Ovaires 3-5 (le plus souvent 3), multi-ovulés; ovules subnidulants. Styles filiformes, recourbés, tronqués. Étairion de 3 à 5 follicules subcylindriques, non-stipités, chartacés, réticulés, aristés, polyspermes. Graines bisériées, soit subglobuleuses et squamelleuses, soit anguleuses et lisses; embryon à cotylédons divergents.

Herbes vivaces. Tiges dressées, feuillées, en général paniculées. Feuilles palmatiparties ou palmatifides : les inférieures longuement pétiolées; les supérieures courtement pétiolées ou subsessiles; pétiole à base soit peu ou peu point élargie, soit très-élargie et subamplexicaule. Grappes terminales, ou axillaires et terminales, solitaires, dressées, simples. Pédicelles épars, solitaires, dressés, épaissis sous la fleur, grêles, un peu inclinés au sommet durant l'anthèse, dibractéolés vers leur milieu ou plus haut, accompagnés à leur base soit d'une feuille sessile, soit d'une bractée(1). Fleurs horizontales, en général grandes, inodores. Sépales bleus, ou violets, ou d'un pourpre noirâtre, ou blanchâtres, ou jaunâtres : les 2 inférieurs soit moins larges, soit plus larges que les 2 latéraux; éperon calicinal durant la floraison subhorizontal, ou décliné, ou ascendant, tantôt rectiligne, tantôt plus ou moins recourbé ou infléchi au sommet. Pétales soit noirâtres, soit de même couleur que les sépales; éperons grêles, un peu charnus, à peu près aussi longs que l'éperon calicinal; lame des pétales supérieurs soit plus courte, soit plus longue que les pétales latéraux; lame des pétales latéraux indivisée ou bifide. Étamines plus ou moins recouvertes par les lames des pétales latéraux. Pistil petit, débordé par les étamines. Styles rectilignes ou un peu recourbés, à stigmate peu apparent. Follicules non-stipités, dressés, un peu divergents au sommet, contigus inférieurement, finement 1-nervés au dos et à la suture antérieure, courtement aristés

(1) Quelquefois cette bractée est insérée au-dessus de la base du pédicelle.

par le style. Graines à tégument mince, lâche, soit plissé en squamelles transversales, soit prolongé au-delà des angles en ailes membraneuses. Embryon en général très-petit: cotylédons elliptiques ou suborbiculaires, minces, obtus, plus ou moins divergents, aussi longs que la radicule ou plus courts; radicule cylindracée ou mammiforme, apiculée.

Nous ne pouvons rapporter, avec certitude, à ce genre, que les quatre espèces suivantes:

Section I. ALEPIDOSPERMUM Spach.

Graines non-squamelleuses, lisses, assez grosses, tantôt trigones, tantôt irrégulièrement tétragones, subovoïdes, légèrement ailées aux angles. Cotylédons subpétiolés, un peu plus longs ou aussi longs que la radicule. Lame du sépale supérieur plane. Tige fistuleuse. Pétales latéraux (plus courts que la lame des pétales supérieurs) entiers ou bifides.

A. *Grappes en général pauciflores, lâches. Pétales latéraux à lame indivisée, ovale, équilatérale, aussi large que les sépales, barbue antérieurement un peu au-dessus de la base. Embryon petit, à radicule mammiforme. — Sépales et pétales de couleur bleue.*

Dauphinastre a grandes fleurs. — *Delphinastrum grandiflorum* Spach. — *Delphinium grandiflorum* Linn.

— α: A feuilles menues (*tenuifolium*). — *Delphinium grandiflorum* Bot. Mag. tab. 1686. — Gmel. Flor. Sibir. 4, tab. 78. — Reichenb. Ill. Acon. tab. 12. — *Delphinium chinense* Fisch. — Loddig. Bot. Cab. tab. 71. — Bot. Reg. tab. 472. — Feuilles la plupart pédalées (5-ou 7-parties) : segments 3-fides ou multipartis, à lanières linéaires.

— β : A lobes cunéiformes (*cuneilobum*). — *Delphinium cheilanthum* Fisch. — Schrank, Hort. Monac. tab. 52. —

Bot. Reg. tab. 473. — Feuilles 3-7-fides, palmées : segments cunéiformes, ou cunéiformes-rhomboïdaux, ordinairement trifides.

Base des pétioles peu ou point élargie, immarginée. Grappes 3-12-flores, ordinairement feuillées à la base. Éperon calicinal conique-subulé, en général un peu plus long que les sépales. Sépales subisomètres : les 3 supérieurs elliptiques ou ovales-elliptiques; les 2 inférieurs elliptiques-oblongs, ou lancéolés-obovales. Pétales supérieurs très-entiers, de moitié plus courts que les sépales, un peu plus courts que les pétales latéraux. Follicules (ordinairement pubérules) verticillés-ternés.

Herbe vivace, haute de 1 pied à 3 pieds, tantôt glabre, tantôt finement pubérule. Racine fibreuse. Tige simple ou paniculée, dressée, obscurément anguleuse, feuillée. Feuilles d'un vert gai, fermes, larges de 1 pouce à 4 pouces, à base arrondie, ou tronquée, ou cunéiforme, ou cordiforme; dents et segments pointus ou mucronés; pétiole grêle, anguleux : ceux des feuilles radicales atteignant jusqu'à 1/2 pied de long. Grappes longues de quelques pouces à 1 pied : les terminales feuillées à la base; les axillaires garnies seulement de bractées foliacées. Pédicelles grêles, longs de 1 pouce à 4 pouces. Bractées subulées ou lancéolées-linéaires, plus courtes que les pédicelles. Bractéoles petites, subulées. Fleurs d'un bleu plus ou moins foncé, larges de 1 pouce à 1 1/2 pouce. Éperon calicinal tantôt rectiligne, tantôt plus ou moins recourbé au sommet, pointu, ou obtus; sépales obtus ou acuminés, marqués au-dessous du sommet d'une callosité dorsale de couleur jaune. Lame des pétales inférieurs barbue de poils jaunes. Follicules oblongs, finement réticulés, ordinairement pubérules, longs d'environ 8 lignes. Graines d'un brun noirâtre, longues de 1 ligne ou un peu plus.

Cette espèce, indigène en Sibérie et en Daourie, se cultive souvent comme plante de parterre.

B. *Grappes en général assez denses, multiflores. Lame des pétales latéraux bifide, ovale, inéquilatérale, barbue en dessus et ciliée, moins large que les sépales. Embryon assez gros (1 à 2 fois plus court que le périsperme), à radicule cylindracée. — Sépales bleus ou violets. Pétales d'un brun noirâtre.*

DAUPHINASTRE ÉLANCÉ. — *Delphinastrum elatum* Spach. — *Delphinium elatum* Linn. — *Delphinium intermedium* Hort. Kew. — Mill. Ic. tab. 119. — *Delphinium montanum* De Cand. — *Delphinium alpinum* Wald. et Kit. Plant. Hung. Rar. tab. 246. — *Delphinium urceolatum* Jacq. Ic. Rar. tab. 101. — *Delphinium mesoleucum* Link. — *Delphinium discolor* Fisch. — *Delphinium cuneatum* Stev. — Deless. Ic. Sel. 1, tab. 61. — Bot. Reg. tab. 327. — *Delphinium speciosum* Marsch. Bieb. — Deless. Ic. Sel. 1, tab. 62. — *Delphinium spurium* Fisch. — *Delphinium sulcatum* Reichenb. —*Delphinium lazulinum* Reichenb. — *Delphinium villosum* Stev. — *Delphinium dyctiocarpum* De Cand. Syst. et Prodr. — *Delphinium laxiflorum* De Cand. Syst. et Prodr. — *Delphinium dasycarpum* Stev.— *Delphinium flexuosum* Marsch. Bieb. — *Delphinium palmatifidum* De Cand. Syst. et Prodr. — *Delphinium hirsutum* Desfont. Hort. Par. — *Delphinium revolutum* Desfont. Hort. Par.

Base des pétioles un peu élargie et marginée. Feuilles (tantôt glabres, tantôt plus ou moins poilues ou pubescentes) plus ou moins profondément 3-7-fides : segments cunéiformes, ou rhomboïdaux, ou lancéolés, ou lancéolés-oblongs, ou oblongs, incisés-dentés, ordinairement trifides. Éperon calicinal conique-subulé ou conique-cylindracé, aussi long ou plus long que les sépales. Sépales (glabres ou pubérules) subisomètres : les 3 supérieurs ovales, ou ovales-elliptiques, ou oblongs, ou lancéolés-oblongs; les 2 inférieurs elliptiques-oblongs, ou lancéolés-oblongs, ou oblongs. Pétales supérieurs échancrés, de moitié plus courts que les sépales, un peu plus longs que les pétales latéraux. Follicules (glabres ou pubérules) verticillés-ternés.

Plante haute de 1 pied à 6 pieds, en général pluricaule, tantôt glabre, tantôt plus ou moins pubérule ou poilue. Racine fibreuse. Tige dressée, raide, grêle, effilée, plus ou moins distinctement anguleuse, tantôt simple, tantôt rameuse soit dès sa base, soit seulement plus haut. Rameaux feuillés ou presque nus, érigés, très-grêles, ordinairement simples. Feuilles fermes, d'un vert foncé, larges de 1 pouce à 6 pouces, à base tantôt tronquée, tantôt réniforme, tantôt plus ou moins profondément cordiforme, fendues soit seulement jusque vers leur milieu, soit plus profondément et quelquefois jusque vers leur base; segments de forme et de largeur très-variables : ceux des feuilles inférieures trifides et laciniés; ceux des feuilles supérieures ordinairement très-entiers ou peu dentés; pétiole grêle (souvent poilu) : celui des feuilles radicales atteignant jusqu'à 8 pouces de long. Grappes atteignant jusqu'à 3 pieds de long (les ramulaires et les axillaires beaucoup plus courtes), tantôt denses, tantôt plus ou moins lâches, ordinairement feuillées à la base (du moins les principales) : rachis effilé, tantôt glabre, tantôt poilu, tantôt velouté. Pédicelles longs de 1/2 pouce à 2 pouces. Bractées linéaires ou subulées, plus courtes que les pédicelles. Bractéoles subulées ou sétacées, courtes. Fleurs larges de 8 à 15 lignes. Sépales d'un bleu soit clair, soit plus ou moins foncé, ou violets, obtus, ou acuminés, marqués (un peu au-dessous du sommet) d'une callosité dorsale verdâtre. Éperon long de 4 lignes à 1 pouce, tantôt rectiligne, tantôt plus ou moins infléchi ou recourbé au sommet, obtus, ou pointu, rugueux. Pétales latéraux ciliés de poils blancs et en outre barbus. Follicules longs de 6 à 8 lignes, réticulés, bruns. Graines d'un brun noirâtre, longues de 1 1/2 ligne à 2 lignes, à peu près aussi larges que longues : embryon à cotylédons elliptiques-obovales, obtus, un peu plus longs que la radicule, souvent subconvolutés.

Cette espèce, nommée vulgairement *Pied d'alouette vivace*, croît dans les Pyrénées et les Alpes, ainsi qu'en Sibérie. Elle fleurit en été; on la cultive communément dans les grands parterres.

Section II. LEPIDOSPERMUM Spach.

Graines ovoïdes ou subglobuleuses, petites : tégument extérieur couvert d'excroissances transversales, squamelliformes, scarieuses, subdiaphanes, finement striées, courtes, ondulées, tronquées, imbriquées. Cotylédons très-courts, suborbiculaires. Radicule cylindracée, apiculée. Pétales latéraux (plus longs que la lame des pétales supérieurs) à lame bipartie ou profondément bifide, poilue, ou ciliée. Base des pétioles très-élargie, membraneuse aux bords. Pétales presque aussi longs que les sépales, ou un peu plus longs.

A. *Sépales et pétales de couleur bleue ou violette. Lame du sépale supérieur presque plane.*

a) *Pétales un peu plus courts que les sépales : les deux supérieurs à lame très-entière ou à peine échancrée; les deux latéraux à lame ovale, profondément bifide. — Tige anguleuse.*

Dauphinastre hybride.—*Delphinastrum hybridum* Spach. — *Delphinium hybridum* Willd. — *Delphinium hirsutum* Pers.

Feuilles pédalées, 5-9-parties : segments plus ou moins longuement pétiolulés (quelquefois les latéraux sessiles), bipennatipartis, ou irrégulièrement laciniés : lanières linéaires ou sublinéaires, étroites, pointues, ou mucronées; pétiole trigone, convexe en dessus, semi-amplexicaule. Grappes en général feuillées à la base. Pédicelles à peine aussi longs que les fleurs ou plus courts. Éperon calicinal conique-cylindracé, obtus, plus long que son sépale. Sépales oblongs ou elliptiques-oblongs, obtus. Follicules (verticillés-ternés) glabres ou pubérules, dressés, courtement corniculés.

Plante haute de 1 1/2 pied à 3 pieds, tantôt glabre ou légèrement pubérule, tantôt plus ou moins poilue ou velue. Tige dressée, flexueuse, raide, pleine, tantôt presque simple, tantôt plus ou moins rameuse. Rameaux en général courts, grêles, dressés, ou ascendants, presque nus, ou médiocrement feuillés. Feuilles inférieures larges de 2 à 4 pouces. Grappes assez denses (même les raméaires) : la principale atteignant jusqu'à 1 1/2 pied de long.

Pédicelles longs de 4 à 8 lignes, grêles, très-épaissis au sommet. Bractées et bractéoles subulées, membraneuses aux bords; la bractée des fleurs inférieures en général plus longue que le pédicelle; celle des fleurs supérieures en général très-courte. Fleurs d'un bleu vif. Sépales longs de 6 à 7 lignes; éperon calicinal long d'environ 8 lignes, subrectiligne. Pétales latéraux longs de 5 à 6 lignes : lame poilue, ciliée, légèrement barbue à la base, aussi longue que l'onglet, fendue jusqu'audelà du milieu en deux lobes subcultriformes. Pétales supérieurs glabres, à lame un peu plus courte que les pétales latéraux, élargie au sommet en languette obliquement ovale, obtuse. Follicules longs d'environ 6 lignes, réticulés, un peu divergents au sommet. Graines noirâtres, du volume de celles du *Pied-d'Alouette sauvage*.

Cette espèce, indigène en Crimée et dans les contrées voisines du Caucase, se cultive parfois comme plante d'ornement.

b) *Pétales un peu plus longs que les sépales : les deux supérieurs à lame bifide au sommet; les 2 latéraux à lame oblongue, bipartie. — Tige cylindrique, finement striée.*

DAUPHINASTRE A PÉTALES FENDUS. — *Delphinastrum fissum* Spach. — *Delphinium fissum* Wald. et Kit. Plant. Hungar. Rar. tab. 81. — *Delphinium velutinum* Bertol. Exc.

Feuilles 5-9-parties (pédalées ou digitées) : segments pétiolulés ou sessiles, pennatipartis, ou bipennatipartis, ou irrégulièrement laciniés : lanières linéaires ou sublinéaires, étroites, pointues, ou mucronées; pétiole subcylindrique, convexe et sillonné en dessus, semi-amplexicaule. Grappes en général feuillées à la base. Pédicelles à peine aussi longs que les fleurs ou plus courts. Éperon calicinal subcylindracé, grêle, subobtus, de moitié plus long que son sépale. Sépales très-obtus : les supérieurs oblongs ou elliptiques. Follicules (verticillés-ternés) dressés, courtement corniculés, ordinairement velus.

Plante haute de 2 à 4 pieds, en général couverte (surtout la tige, les rameaux et les pédicelles) d'une forte pubescence molle et presque veloutée. Tige dressée, pleine, grêle, flexueuse, tantôt simple ou presque simple, tantôt plus ou moins rameuse. Rameaux en général très-grêles, simples, médiocrement feuillés, dressés. Feuilles inférieures larges de 2 à 4 pouces. Grappes assez denses (même les raméaires) : la principale atteignant 1 pied à 2 pieds de long. Pédicelles longs de 2 à 5 lignes, grêles, très-épaissis au sommet. Bractées linéaires ou linéaires-subulées, élargies à la base, en général beaucoup plus longues que les pédicelles. Bractéoles subulées, courtes. Fleurs bleues ou violettes. Sépales longs de 4 à 5 lignes, ordinairement pubescents en dessous; éperon calicinal rectiligne, ou plus ou moins courbé vers son extrémité, long de 6 à 7 lignes. Pétales supérieurs terminés chacun en 2 lanières linéaires-oblongues, obtuses, un peu poilues aux bords. Pétales latéraux longs de 5 à 6 lignes (à peu près du quart plus longs que les pétales supérieurs) : lame aussi longue que l'onglet, poilue, fendue presque jusqu'à sa base en deux lanières linéaires-lancéolées. Follicules et graines semblables à ceux de l'espèce précédente.

Cette espèce, indigène en Hongrie, en Transylvanie et dans l'Europe méridionale, se cultive comme plante de parterre. Elle fleurit en été.

B. *Sépales et pétales jaunâtres ou d'un pourpre noirâtre. Lame du sépale supérieur cuculliforme.*

a) *Fleurs d'un pourpre noirâtre. Sépales un peu plus longs que les pétales : les deux inférieurs moins larges que les supérieurs. Éperon calicinal très-obtus, à peine aussi long que la lame des sépales.*

DAUPHINASTRE A FLEURS POURPRES. — *Delphinastrum puniceum* Spach. — *Delphinium puniceum* Pallas.

Feuilles 3-7-parties, ordinairement pédalées : segments pétiolulés ou sessiles, laciniés, souvent bi-ou tri-fides; lobules linéaires, ou linéaires-lancéolés. Pédicelles plus longs que l'éperon. Bractées subulées. Sépales obtus ou subobtus, isomètres : les latéraux oblongs ou oblongs-obovales; les inférieurs lancéolés-oblongs. Pétales supérieurs échancrés. Follicules (verticillés-ternés) courtement corniculés, dressés.

Plante haute de 1 pied à 4 pieds, tantôt glabre, tantôt finement pubérule. Tige dressée, grêle, presque pleine, flexueuse, peu rameuse, obscurément anguleuse. Rameaux très-grêles ou filiformes, érigés, en général courts, simples et subaphylles. Feuilles d'un vert foncé en dessus, d'un vert pâle en dessous : les inférieures atteignant jusqu'à 8 pouces de large; segments, lobes et lanières de largeur très-variables. Grappes effilées : la terminale multiflore, assez dense, feuillée à la base, atteignant jusqu'à 2 pieds de long; les raméaires et les axillaires beaucoup plus courtes, un peu lâches, en général aphylles et pauciflores. Pédicelles longs de $^1/_2$ pouce à 1 $^1/_2$ pouce, grêles, très-épaissis au sommet, en général 2 à 3 fois plus longs que la bractée basilaire (celle-ci est quelquefois insérée plus ou moins au-dessus de la base du pédicelle). Sépales longs de 5 à 7 lignes, ordinairement pubérules en dessous; éperon calicinal rectiligne, horizontal, subcylindracé. Pétales d'un pourpre brunâtre beaucoup moins foncé que celui des sépales : les 2 supérieurs munis au-dessous de leur sommet, au bord inférieur, d'une oreillette arrondie; les 2 inférieurs à lame un peu plus courte que l'onglet, très-inéquilatérale, subovale, fendue presque jusqu'à sa base en deux lobes ovales-lancéolés, subobtus, divergents. Pistil longuement débordé par les étamines. Follicules longs de 5 à 6 lignes, ordinairement pubérules. Graines noirâtres, du volume de celles du Pied-d'Alouette sauvage.

Cette espèce, indigène dans les steppes de la Russie méridionale, mérite d'être cultivée comme plante d'ornement.

b) *Fleurs blanchâtres ou d'un jaune pâle. Sépales un peu plus courts que les pétales : les 2 inférieurs plus larges ou aussi larges que les supérieurs. Éperon calicinal pointu, de moitié à 1 fois plus long que la lame du sépale.*

DAUPHINASTRE A FLEURS JAUNES. — *Delphinastrum ochroleucum* Spach. — *Delphinium ochroleucum* Steven, in De

Cand. Syst. — *Delphinium albiflorum* De Cand. Syst. et Prodr.

Feuilles 3-7-parties, ordinairement pédalées : segments pétiolulés ou confluents, bi-ou tri-partis et multifides : lanières linéaires-subulées, ou linéaires, ou linéaires-lancéolées, pointues. Pédicelles plus courts que l'éperon. Bractées subulées. Sépales pointus ou obtus, isomètres, lancéolés-elliptiques, ou lancéolés-oblongs. Pétales supérieurs bifides au sommet. Follicules (verticillés-ternés) courtement corniculés, dressés.

Plante haute de 3 à 5 pieds, glabre, ou finement pubérule. Tige dressée, raide, flexueuse, anguleuse, pleine, en général paniculée. Rameaux flexueux, feuillés, tantôt simples, tantôt ramulifères aux aisselles supérieures, ascendants, ou plus ou moins divergents. Feuilles d'un vert foncé en dessus, d'un vert pâle en dessous, fermes, ordinairement pubérules aux bords : les inférieures atteignant jusqu'à 10 pouces de large; segments en général subrhomboïdaux en leur contour, divisés presque jusqu'à la base en 2 ou 3 lanières principales diversement laciniées. Grappes effilées, flexueuses : les terminales multiflores, assez denses, longues de 1 pied ou plus, feuillées à la base ; les axillaires ou ramulaires beaucoup plus courtes, assez lâches, aphylles. Pédicelles longs de 3 à 4 lignes, en général un peu plus courts que la bractée. Fleurs d'un jaune très-pâle. Sépales glabres, ou pubérules en dessous, longs de 5 à 6 lignes, finement striés; éperon conique-cylindracé, subhorizontal, tantôt rectiligne, tantôt plus ou moins arqué. Pétales latéraux à lame un peu plus courte que l'onglet, inéquilatérale, subovale, fendue presque jusqu'à sa base en deux lobes ovales-lancéolés, obtus, divergents. Pistil longuement débordé par les étamines. Follicules longs d'environ 6 lignes, glabres, réticulés, courtement corniculés. Graines noirâtres, du volume de celles du Pied-d'Alouette sauvage.

Cette espèce, indigène au Caucase et dans les montagnes de l'Arménie, mérite d'être cultivée comme plante d'ornement. Elle fleurit en été.

Genre STAPHYSAGRIA. — *Staphysagria* Spach.

Sépales 5, inonguiculés, concaves au sommet : le supérieur éperonné postérieurement; les 4 autres inégaux, divariqués. Pétales 4, libres : les 2 supérieurs plus courts, inonguiculés, ascendants, connivents, subspathulés, presque planes, uni-auriculés au-dessous du milieu (au bord inférieur), chacun terminé postérieurement en éperon tubuleux, inclus; les deux latéraux longuement onguiculés, subhorizontaux, un peu divergents, rectilignes : onglet tubuleux à la base. Étamines courtes, nombreuses, toutes fertiles, déclinées avant l'anthèse, puis infléchies; filets subulés, ailés jusque vers leur milieu; anthères elliptiques, obtuses. Ovaires 3, 5-15-ovulés; ovules alternes-bisériés. Styles courts, filiformes, dilatés au sommet en lamelle pétaloïde bifide. Étairion de 3 follicules subtrigones, non-stipités, chartacés, réticulés, corniculés au sommet, par avortement 1-8-spermes. Graines tantôt uni-sériées, tantôt bisériées, trigones, ou comprimées et irrégulièrement anguleuses, fortement réticulées, carénées aux angles; embryon petit, à cotylédons écartés.

Herbes tantôt bisannuelles, tantôt annuelles. Tige dressée, feuillée, en général rameuse. Feuilles tantôt palmatifides, tantôt pédatifides (les supérieures en général indivisées), pétiolées; pétiole canaliculé en dessus, à base plus ou moins élargie et marginée. Grappes axillaires ou terminales, dressées, solitaires, lâches : les terminales ordinairement multiflores, feuillées à la base; les axillaires pauciflores, aphylles. Pédicelles épars, dressés, ou ascendants, grêles, très-épaissis sous la fleur, inclinés au sommet durant l'anthèse, accompagnés à leur base soit d'une feuille soit d'une bractée, et garnis en outre de deux bractéoles (tantôt opposées, tantôt alternes) insérées soit immédiatement audessus de la bractée, soit plus haut, persistantes de même que la bractée. Fleurs inclinées, assez grandes, panachées de diverses nuances de vert, de bleu et de blanc ou de rose.

Sépales inférieurs tantôt aussi larges, tantôt plus larges (mais un peu moins longs) que les sépales supérieurs. Pétales inférieurs aussi longs ou plus longs que les sépales : lame échancrée ou bilobée au sommet, inéquilatérale, non rabattue sur les étamines. Filets des étamines à aile large, terminée souvent de chaque côté en une courte dent. Pistil petit, longuement débordé par les étamines. Styles subrectilignes. Follicules (accidentellement verticillés-quaternés) grands, renflés, minces, dressés, plus ou moins divergents, un peu comprimés bilatéralement, convexes et finement uni-nervés au dos, carénés au bord antérieur, acuminés au sommet et plus ou moins longuement corniculés par le style. Graines grosses, noires, ou grisâtres, non-luisantes, soit comprimées bilatéralement et arrondies au dos, soit presque aplaties et irrégulièrement anguleuses, arrondies à la base, pointues au sommet : tégument extérieur épais, subcoriace; radicule cylindracée, pointue; cotylédons suborbiculaires, minces, obtus, à peu près aussi longs que la radicule.

Ce genre ne renferme que les espèces dont nous allons traiter.

A. *Pédicelles plus longs que les fleurs. Éperon calicinal* 1 *à* 4 *fois plus court que le sépale, presque carré, ou en forme de botte (c'est-à-dire oblong, tronqué à l'extrémité, laquelle se prolonge au bord inférieur en appendice dentiforme descendant). Ovaires* 5-7*-ovulés. Follicules grands, très-renflés,* 1-5*-spermes. Graines très-grosses, grisâtres, ovoïdes, presque aplaties, irrégulièrement anguleuses, en général uni-sériées.*

STAPHYSAGRIA A GRANDES GRAINES. — *Staphysagria macrosperma* Spach. — *Delphinium Staphysagria* Linn. — Sibth. Flor. Græc. tab. 508. — Blackw. Herb. tab. 265.

Pédicelles 1 à 6 fois plus longs que les sépales, bractéolés ordinairement à la base. Sépales oblongs, ou oblongs-obovales, ou elliptiques, ou obovales, acuminulés, ou plus souvent obtus. Pétales latéraux un peu plus longs que les sépales ou plus courts, à lame obovale ou suborbiculaire, échancrée, ou subbilobée. Pétales supérieurs sécuriformes, presque de moitié plus courts que les pétales latéraux. Follicules 3 à 4 fois plus longs que leur style, ovoïdes, ou ovales-oblongs.

Plante haute de ½ pied à 3 pieds, en général plus ou moins hérissée sur toutes ses parties herbacées de longs poils blancs, quelquefois entremêlés d'une pubescence glandulifère visqueuse. Racine grêle, pivotante, peu rameuse. Tige dressée, fistuleuse, obscurément anguleuse, tantôt simple, tantôt plus ou moins rameuse. Rameaux dressés, tantôt paniculés et feuillés, tantôt simples, ou seulement ramulifères aux aisselles des feuilles supérieures. Feuilles d'un vert foncé, molles, un peu charnues, suborbiculaires ou semi-orbiculaires en leur contour, plus ou moins profondément 5-9-fides (les florales et les ramulaires trifides ou indivisées), à base tantôt tronquée, tantôt plus ou moins profondément cordiforme : les inférieures larges de 3 à 8 pouces; les supérieures graduellement plus petites; segments cunéiformes, ou subrhomboïdaux, ou ovales, ou lancéolés, ou ovales-lancéolés, ou oblongs-lancéolés, ou lancéolés-oblongs, ou linéaires-lancéolés, ou sublinéaires, obtus, ou pointus, ou acuminés, plus ou moins profondément trifides ou trilobés, ou inégalement incisés-dentés dans leur moitié supérieure, ou plus ou moins profondément tridentés au sommet, ou très-entiers; dents ou lanières en général pointues ou acuminées; pétiole des feuilles inférieures atteignant jusqu'à ½ pied de long. Grappes plus ou moins lâches, effilées, un peu flexueuses : la terminale-caulinaire multiflore, atteignant jusqu'à 2 pieds de long; les autres plus courtes; les ramulaires et les axillaires très-courtes, 3-7-flores. Pédicelles longs de ½ pouce à 2 pouces. Bractées et bractéoles linéaires, ou linéaires-lancéolées, ou subulées, courtes. Sépales longs de 4 à 8 lignes, violets, ou d'un bleu plus ou moins vif, souvent panachés de vert, finement striés. Pétales bleus ou blanchâtres : les supérieurs ordinairement échancrés. Follicules longs d'environ 1 pouce (y compris le bec), velus, ou pubescents. Graines longues de 3 à 4 lignes, sur presque autant de large.

Cette espèce, connue sous les noms vulgaires de *Staphysaigre*, *Herbe aux pous*, et *Herbe à la pituite*, croît sur le littoral et dans les îles de la Méditerranée, ainsi qu'aux Canaries. Elle fleurit en été. Toutes les parties de la plante ont une odeur vireuse; mais à raison de l'élégance de ses fleurs, on la cultive dans les parterres. Les graines, d'une saveur à la fois âcre et amère, sont très-vénéneuses; elles ont quelquefois été administrées, à petite dose, comme remède drastique; dans plusieurs contrées de l'Europe, le peuple les emploie fréquemment, à l'extérieur, pour faire périr la vermine de tête.

B. *Pédicelles à peine aussi longs que les fleurs. Éperon calicinal en forme de botte, ou conique-cylindracé, à peu près aussi long que la lame du sépale. Follicules et graines......*

STAPHYSAGRIA A COURTS PÉDICELLES. — *Staphysagria brevipes* Spach. — *Delphinium pictum* Willd. — Woodw. Med. Bot. tab. 154 (ex. De Cand.) — Sweet, Brit. Flow. Gard. tab. 123.

Cette espèce, dont nous ne connaissons pas les fruits et les graines, ne diffère de la précédente, quant aux autres organes, que par les caractères énoncés ci-dessus. La plante passe pour être indigène dans l'Europe australe, et elle possède sans doute les mêmes propriétés que le *Staphysagria macrosperma*.

C. *Pédicelles plus longs que les fleurs. Éperon calicinal conique-cylindracé, bifide à son extrémité, aussi long ou un peu plus long que le sépale. Ovaires 10-15-ovulés. Follicules (notablement plus courts et moins renflés que ceux du* STAPHYSAGRIA MACROSPERMA *) 7-12-spermes. Graines subbisériées, petites, noires, trigones (comprimées bilatéralement, arrondies au dos), subsemicirculaires.*

STAPHYSAGRIA DE REQUIEN. — *Staphysagria Requienii*

Spach. — *Delphinium Requienii* De Cand. Flor. Franç. Suppl. — Deless. Ic. Sel. 1, tab. 63.

Pédicelles 1 à 10 fois plus longs que les fleurs, dibractéolés au-dessus de la base ou plus haut. Sépales obtus : les latéraux oblongs ; les autres ovales-elliptiques ou elliptiques. Pétales supérieurs cultriformes, obtus, très-entiers, du tiers plus courts que les pétales latéraux. Pétales latéraux plus longs que les sépales, à lame elliptique ou suborbiculaire, entière. Follicules ovoïdes ou oblongs, à peine plus courts que leur style.

Plante absolument semblable aux deux espèces précédentes quant au port et au feuillage, plus ou moins velue, souvent visqueuse vers le sommet. Grappes en général lâches : les principales atteignant jusqu'à 2 pieds de long. Pédicelles longs de 1 pouce à 3 pouces. Fleurs bleues, ou panachées de bleu, de violet ou de vert. Sépales longs de 4 à 6 lignes : les latéraux ordinairement moins longs que les autres. Pétales supérieurs un peu plus courts que les sépales. Pétales latéraux à peu près du tiers plus longs que les sépales : lame un peu plus courte que l'onglet. Follicules longs de 4 à 8 lignes (y compris le bec, lequel est conique-subulé), pubescents. Graines d'un noir foncé, longues de 1 ligne à 2 lignes, sur à peu près autant de large.

Cette espèce, indigène dans le midi de la France et dans les contrées plus australes de l'Europe, mérite d'être cultivée comme plante d'ornement; mais d'ailleurs elle n'est sans doute pas moins vénéneuse que ses congénères.

Genre PHLÉDINIUM. — *Phledinium* Spach. (1)

Sépales 5, inonguiculés : le supérieur subcuculliforme, éperonné postérieurement; les 4 autres planes, inégaux, divariqués. Pétales 4, libres : les 2 supérieurs plus grands, comme médifixes, inonguiculés, ascendants, connivents, inégalement bilobés, dolabriformes, planes, chacun terminé postérieurement en éperon tubuleux inclus; les 2 la-

(1) Anagramme de *Delphinium*.

téraux longuement onguiculés, parallèles, un peu déclinés : lame imberbe, plane, équilatérale, rectiligne; onglets filiformes, non-géniculés ni fovéolés à la base. Étamines environ 15, courtes, toutes fertiles, déclinées avant l'anthèse, puis infléchies ; filets subulés, marginés jusqu'au milieu; anthères elliptiques, obtuses. Ovaires 3, 8-12-ovulés; ovules bisériés. Styles courts, subulés, dressés. Étairion de 3 follicules subcylindriques, non-stipités, chartacés, réticulés, courtement aristés, 3-12-spermes. Graines petites, alternes-bisériées, subglobuleuses, ombiliquées à la base : tégument transversalement squamelleux ; embryon minime, obcordiforme.

Herbe annuelle. Tige feuillée, ordinairement rameuse. Feuilles tantôt pédatiparties, tantôt palmatiparties, tantôt palmatifides (les supérieures et les ramulaires en général petites, très-entières, passant graduellement à l'état de bractées) : les inférieures longuement pétiolées ; les autres courtement pétiolées ou sessiles; pétiole presque plane, plus ou moins élargi vers sa base. Grappes terminales, dressées, solitaires, tantôt feuillées à la base, tantôt bractéolées dès la base : les ramulaires courtes, pauciflores, très-lâches (toujours bractéolées dès la base); les autres plus ou moins allongées, moins lâches, pluriflores, ou multiflores. Pédicelles courts, grêles, épaissis au sommet, épars, inclinés durant la floraison, dibractéolés vers leur milieu ou plus haut : les inférieurs accompagnés à leur base d'une feuille palmatifide ou indivisée; les autres (ou quelquefois tous) accompagnés d'une bractée. Bractéoles en général opposées, persistantes de même que les bractées. Fleurs assez grandes, subhorizontales, tantôt bleues, tantôt violettes, tantôt panachées soit de bleu, de blanc et de violet, soit seulement de deux de ces couleurs. Sépales inférieurs tantôt aussi larges ou plus larges que les sépales latéraux, tantôt moins larges. Pétales tantôt plus longs que les sépales, tantôt à peine aussi longs ou un peu plus courts : les latéraux toujours plus courts et beaucoup moins larges que les supérieurs. Étamines plus courtes que les sépales ; anthères petites, jaunes. Pistil très-petit à l'époque de la floraison, longuement débordé par les étamines : ovaires contigus, rectilignes de même que les styles. Follicules (accidentellement verticillés-quaternés) petits, minces, dressés, un peu divergents au sommet, contigus inférieurement, bosselés, un peu comprimés bilatéralement, convexes et finement uni-nervés au dos, légèrement carénés au bord antérieur, acuminés et courtement aristés par le style. Réceptacle court, tronqué. Pédicelles fructifères renflés au sommet en forme de boule déprimée. Graines noirâtres : tégument mince, couvert de squamelles subdiaphanes, brunâtres, striées longitudinalement, imbriquées, égales, très-courtes, circulaires, tronquées. Embryon à peine perceptible à l'œil nu : radicule mammiforme, apiculée ; cotylédons minces, elliptiques, obtus, divariqués, un peu plus courts que la radicule.

L'espèce dont nous allons parler est la seule que nous puissions rapporter avec certitude à ce genre.

Phlédinium effilé. — *Phledinium virgatum* Spach. — *Delphinium peregrinum* Linn. — Allion. Flor. Pedem. tab. 25, fig. 3. — Sibth. Flor. Græc. tab. 506. — *Delphinium junceum* De Cand. — *Delphinium halteratum* Sibth. Flor. Græc. tab. 507. — *Delphinium gracile* De Cand. Syst. et Prodr. — *Delphinium virgatum* Poir. — Deless. Ic. Sel. 1, tab. 55. — *Delphinium nanum* De Cand. Syst. et Prodr. — *Delphinium cardiopetalum* De Cand. Syst. et Prodr. — *Delphinium verdunense*. — *Delphinium Garumnæ* Lapeyr.

Plante tantôt très-glabre, tantôt plus ou moins fortement pubérule, haute de quelques pouces à 2 ½ pieds. Racine grêle, pivotante, peu rameuse. Tige dressée, grêle, effilée, cylindrique, ou obscurément anguleuse, légèrement cannelée, pleine, tantôt presque simple ou rameuse seulement vers son sommet, tantôt ramulifère à presque toutes les aisselles, tantôt paniculée presque dès la base. Rameaux presque dressés, ou plus ou moins divergents, ou ascendants, très-grêles (souvent jonciformes), feuillés, tantôt très-simples ou ne produisant que des ramules axillaires filiformes, tantôt paniculés. Feuilles assez fermes, d'un vert foncé, cunéiformes à leur base : les inférieures (larges de 1/2 pouce à 2 pouces) tantôt plus ou moins profondément 3- ou 5-fides, tantôt 3- ou 5-parties, à segments cunéiformes ou subrhomboïdaux (souvent comme pétiolulés), inégalement trifides, ou irrégulièrement laciniés, ou incisés-dentés; dents ou lanières acuminées, ou pointues, ou mucronées; pétiole commun atteignant jusqu'à 1 pouce de long; feuilles supérieures en général soit triparties, soit cunéiformes-trifides ou bifides, à lanières tantôt sublinéaires ou oblongues et très-entières, tantôt cunéiformes et plus ou moins profondément 2- ou 3-dentées; feuilles ramulaires et feuilles florales la plupart très-petites, lancéolées-spathulées, ou linéaires-spathulées, ou subulées, ou linéaires-lancéolées, pointues, mucronulées. Grappes très-grêles ou presque filiformes, effilées : les principales atteignant 1/2 pied à 1 1/2 pied de long; les autres en général très-courtes. Pédicelles longs de 2 lignes à 1 pouce : les inférieurs en général beaucoup plus courts que la feuille florale; les supérieurs aussi longs ou plus longs que la bractée. Bractées linéaires-lancéolées ou linéaires-subulées. Bractéoles subulées. Sépales longs de 2 à 4 lignes, oblongs, ou lancéolés-oblongs, ou oblongs-spathulés, ou oblongs-lancéolés, ou ovales-lancéolés, très-obtus, ou pointus; éperon calicinal long de 1/2 pouce à 1 pouce (toujours plus long que la lame de son sépale), conique-subulé, obtus, tantôt subhorizontal et rectiligne, tantôt ascendant et plus ou moins arqué. Lame des pétales supérieurs 2 à 3 fois plus courte que l'éperon, à lobes obtus, très-entiers : le lobe supérieur linéaire; l'inférieur arrondi, 3 fois plus court; lame des pétales latéraux oblongue, ou elliptique, ou cordiforme, ou suborbiculaire, ou réniforme, 1 à 3 fois plus courte que l'onglet. Follicules longs de 3 à 6 lignes, glabres, ou quelquefois pubérules, d'un brun clair, oblongs. Graines plus petites que celles du *Pied-d'alouette sauvage*.

Cette espèce, commune dans toute la région méditerranéenne,

mérite d'être cultivée comme plante de parterre. Elle fleurit en été.

Genre DAUPHINELLE. — *Delphinium* (Linn.) Spach.

Sépales 5, à lame plane : le supérieur éperonné, inonguiculé; les 4 autres onguiculés, divariqués, inégaux. Corolle en forme de gaîne trilobée, ascendante, fendue antérieurement, prolongée postérieurement en éperon tubuleux, inclus dans l'éperon du calice. Étamines 12-20, déclinées avant l'anthèse, puis infléchies; filets subulés, ailés jusque vers leur milieu; anthères suborbiculaires. Ovaire solitaire, pluri-ovulé; ovules bisériés. Style filiforme ou conique-subulé, court. Follicule comprimé ou subcylindrique, chartacé, subréticulé, non-stipité, corniculé, polysperme. Graines irrégulièrement bisériées, subglobuleuses, ou turbinées : tégument lâche, transversalement squamelleux; embryon petit, à cotylédons suborbiculaires, divergents.

Herbes annuelles. Feuilles palmatiparties ou pédatiparties (les inférieures courtement pétiolées; les autres subsessiles ou sessiles), à segments en général pennatipartis, ou bipennatipartis. Fleurs en grappes terminales; pédicelles épars, solitaires, dressés (durant la floraison un peu inclinés au sommet), naissant chacun à l'aisselle d'une feuille ou d'une bractée, et en outre garnis vers leur sommet de 2 bractéoles alternes. Sépales et pétales bleus, ou violets, ou rouges, ou blancs, ou jaunâtres, ou panachés. Éperon calicinal tantôt rectiligne, tantôt un peu recourbé au sommet, subhorizontal, ou ascendant, aussi long ou plus long que la lame de son sépale, conique-subulé. Sépales latéraux plus larges que les sépales extérieurs. Corolle condupliquée, un peu plus courte que les sépales, insérée devant les 3 sépales supérieurs : lobe terminal (formé par la soudure des 2 pétales supérieurs) échancré ou bilobé, érigé, plus long que les lobes latéraux, lesquels sont arrondis; éperon conforme à l'éperon calicinal et à peu près aussi long, mais plus grêle et canaliculé en dessous. Étamines saillantes ou incluses, conniventes inférieurement, plus longues que le pistil. Anthères petites, pubérules aux bords, d'un jaune verdâtre. Pistil plus ou moins oblique, petit. Style plus ou moins recourbé, stigmatifère antérieurement. Follicule rectiligne ou subfalciforme, dressé, plus ou moins comprimé bilatéralement, finement uni-nervé au dos, plus ou moins distinctement caréné à la suture antérieure. Graines brunâtres ou noires, non-luisantes, petites, tantôt exactement cylindriques, tantôt irrégulièrement tri-ou tétra-gones, pointues au sommet, tronquées ou ombiliquées à la base : tégument (finement strié à un fort grossissement) mince, plissé en une multitude de courtes lamelles transversales, subdiaphanes, tronquées, ondulées, très-rapprochées et quelquefois subimbriquées, striées. Embryon de volume variable (sur un seul et même individu); cotylédons minces, obtus, plus ou moins divergents, tantôt plus longs que la radicule, tantôt plus courts; radicule cylindracée, pointue.

Ce genre renferme environ dix espèces, dont voici les plus remarquables:

A. *Grappes courtes, pauciflores, très-lâches, non-feuillées; pédicelles 2 à 4 fois plus longs que la bractée basilaire. Follicule terminé en courte pointe filiforme-subulée.*

Dauphinelle commune. — *Delphinium Consolida* Linn. — Flor. Dan. tab. 683. — Engl. Bot. tab. 1839. — Svensk Bot. tab. 58. — Schk. Handb. tab. 145. — *Delphinium segetum* Lamk. Fl. Franç. — *Delphinium divaricatum* Ledeb. — *Delphinium versicolor* Salisb.

Tige dressée, à rameaux divariqués, ou diffus. Feuilles triparties : segments pétiolulés, multifides, ou trifides : lanières linéaires ou linéaires-filiformes, pointues, allongées, subdivariquées. Bractées filiformes-subulées. Sépales pointus ou acuminulés : le supérieur oblong ou elliptique, plus court que l'éperon; les latéraux lancéolés-elliptiques; les inférieurs lancéolés ou lancéolés-oblongs; éperon grêle, pointu, entier. Étamines incluses. Follicule subfalciforme ou oblong, glabre, comprimé.

Plante glabre ou finement pubérule, haute de ½ pied à 2 pieds, en général paniculée. Racine très-grêle, fusiforme, simple, ou peu rameuse. Tige grêle, cylindrique, feuillée, souvent rameuse presque dès sa base, quelquefois (lorsque la plante croît dans un terrain très-maigre) presque simple. Rameaux simples ou paniculés, médiocrement feuillés, ou subaphylles, très-grêles, ou presque filiformes. Feuilles d'un vert foncé : les inférieures larges de 1 pouce à 2 pouces; les supérieures petites. Grappes 3-9-flores. Pédicelles divariqués, ou plus ou moins divergents, filiformes, longs de 1 pouce à 3 pouces. Bractéoles sétacées. Sépales longs de 3 à 6 lignes, en général d'un bleu de ciel, moins souvent blancs, ou roses, ou violets; éperon long de ½ pouce à 1 pouce, tantôt rectiligne, tantôt plus ou moins recourbé. Corolle en général panachée de violet et de jaune ou de blanc, moins souvent blanche, ou rougeâtre. Follicule long de 5 à 7 lignes. Graines d'un noir foncé.

Cette espèce, connue sous les noms vulgaires de *Pied d'alouette sauvage*, *Pied d'alouette des champs*, et *Dauphinelle sauvage*, est commune parmi les moissons, dans presque toute l'Europe. Elle fleurit en juin et juillet. L'élégance de ses fleurs la ferait sans doute cultiver dans les parterres, si l'on ne préférait l'espèce suivante. De même que la plupart des Helléboracées, la plante est âcre et suspecte; les chèvres et les moutons sont les seuls bestiaux qui la mangent sans répugnance. Les fleurs sont astringentes et s'employaient jadis, à tort ou à raison, contre les ophthalmies inflammatoires. Les graines pulvérisées peuvent servir, comme celles de la *Staphysaigre*, à faire périr la vermine.

B. *Grappes pluriflores ou multiflores, allongées, assez denses, feuillées à la base. Pédicelles inférieurs plus courts ou à peine aussi longs que la bractée basilaire. Follicule terminé en courte pointe conique-subulée, trièdre.*

Dauphinelle des jardins. — *Delphinium Ajacis* Linn. — Clus. Hist. 2, fig. 2. — Lob. Ic. p. 740. — *Delphinium sa-*

tivum Rivin. tab. 123 et 124. — *Delphinium ambiguum* Mill. Dict. (var. flor. plen.)

Tige très-simple, ou à rameaux plus ou moins divergents. Feuilles 3-ou 5-parties : segments sessiles ou pétiolulés, multifides, à lanières linéaires, pointues. Bractées filiformes-subulées. Sépales acuminulés : le supérieur ovale ou ovale-lancéolé, un peu plus court que l'éperon ; les latéraux suborbiculaires ou ovales-elliptiques ; les inférieurs lancéolés-elliptiques ; éperon grêle, pointu, entier. Étamines incluses. Follicule oblong, subcylindrique, ordinairement pubérule.

Plante haute de 1/2 pied à 3 pieds, plus ou moins rameuse à l'état spontané, ordinairement très-simple dans les jardins, en général pubérule sur toutes ses parties. Tige cylindrique, grêle, feuillée, raide, plus ou moins flexueuse étant rameuse ; rameaux feuillés, ou moins souvent aphylles jusqu'à la grappe, beaucoup moins grêles que ceux de l'espèce précédente, tantôt simples, tantôt paniculés. Feuilles d'un vert foncé : les inférieures larges de 1 pouce à 3 pouces. Grappes atteignant jusqu'à 1 1/2 pied de long (surtout dans la variété non-rameuse). Pédicelles ascendants ou dressés, longs de 4 lignes à 1 pouce. Fleurs bleues, ou violettes, ou roses, ou blanches, ou panachées, larges de 8 lignes à 1 1/2 pouce. Follicules longs d'environ 1 pouce. Graines noires ou brunâtres, semblables à celles de l'espèce précédente.

Cette espèce, si communément cultivée dans les parterres et connue sous les noms de *Pied d'alouette*, ou *Dauphinelle annuelle*, croît en Orient et dans l'Europe australe. L'imagination des poëtes de l'antiquité s'est plue à retracer le nom d'*Ajax*, dans les veinules dont est striée la base de la corolle.

Genre ACONITELLE. — *Aconitella* Spach.

Sépales 5 : le supérieur courtement onguiculé, en forme de casque obtus, conique-cylindracé, courtement appendiculé (antérieurement) ; les 4 autres planes, inonguiculés, inégaux, subdivariqués. Corolle en forme de casque conique, redressé, inclus, bi-appendiculé à la base (antérieurement), rétréci au sommet en court éperon infléchi. Étamines environ 20, courtes, toutes fertiles, déclinées avant l'anthèse, puis réfléchies; filets subulés, ailés jusque vers le milieu; anthères cordiformes-elliptiques, rétuses. Ovaire solitaire, 8-12-ovulé. Style court, subulé. Follicule petit, non-stipité, chartacé, subréticulé, corniculé, 5-8-sperme. Graines subbisériées, petites, subglobuleuses, transversalement squamelleuses.

Herbe annuelle, en général paniculée. Tige feuillée; rameaux nus ou presque nus. Feuilles caulinaires palmatiparties ou pédatiparties : les inférieures pétiolées; les supérieures subsessiles; pétiole subfoliacé, élargi et membraneux à la base. Feuilles raméaires et ramulaires très-petites, sessiles, très-entières, ou trifides. Ramules uniflores, ou pauciflores. Pédicelles terminaux, ou oppositifoliés et terminaux, dibractéolés vers leur sommet, plus ou moins divariqués, subfiliformes, inclinés au sommet durant la floraison. Fleurs de grandeur médiocre, d'un rose pâle. Corolle presque aussi longue que le sépale supérieur. Étamines en partie recouvertes par les appendices basilaires de la corolle, glabres; anthères petites, jaunes. Pistil à l'époque de la floraison très-petit, longuement débordé par les étamines; style rectiligne, sans stigmate apparent.

Ce genre, qui établit une transition très-évidente des *Aconits* aux vrais *Delphinium*, ne renferme que l'espèce dont nous allons faire mention.

Aconitelle Fausse-Dauphinelle. — *Aconitella delphinioides* Spach. — *Delphinium Aconiti* Linn.—Vahl, Symb. 1, tab. 13. — *Aconitum monogynum* Forsk.

Plante très-glabre ou légèrement pubérule, haute de quelques pouces à 1 pied. Racine grêle, pivotante, peu rameuse. Tige dressée, flexueuse, pleine, cylindrique, légèrement cannelée, grêle, en général rameuse presque dès sa base. Rameaux raides, en général paniculés, très-grêles, en général divariqués de même que les ramules; ramules presque filiformes, mais très-raides.

Feuilles caulinaires larges de 1/2 pouce à 2 pouces : segments fendus en 3 ou 5 lanières linéaires et très-étroites, ou moins souvent linéaires et indivisés. Feuilles raméaires linéaires ou fendues en 2 ou 3 lanières linéaires ; feuilles ramulaires bractéoliformes, très-courtes, en général indivisées. Pédicelles longs de 1 pouce à 2 pouces. Sépale supérieur long d'environ 5 lignes : appendice oblong, obtus, un peu concave. Sépales latéraux elliptiques-oblongs, obtus, verdâtres vers leur sommet, longs d'environ 3 lignes ; sépales inférieurs oblongs ou lancéolés-oblongs, un peu plus longs que les sépales latéraux. Appendices basilaires de la corolle arrondis, saillants, connivents ; éperon du casque court, obtus. Follicule semblable à celui du *Pied-d'alouette sauvage.* Graines petites, noirâtres, subglobuleuses.

Cette plante croît en Syrie, en Arabie et dans l'Asie mineure.

Genre ACONIT. — *Aconitum* Linn.

Sépales 5, subonguiculés : le supérieur en forme de casque comprimé ou naviculaire, ascendant, très-obtus, rostré ou acuminé antérieurement ; les 2 latéraux (intérieurs) un peu bombés, inéquilatéraux, horizontaux, presque égaux, connivents, recouvrant les organes sexuels ; les 2 inférieurs inégaux, déclinés, beaucoup moins larges que les latéraux, subnaviculaires. Pétales (staminodes) 2, inclus dans le casque, libres, longuement onguiculés, cuculliformes, petits, renversés, uni-labiés antérieurement, éperonnés postérieurement ; onglets filiformes, ascendants, souvent réclinés. Étamines nombreuses, courtes, un peu déclinées, ascendantes pendant l'anthèse, puis défléchies ; filets subulés, ailés jusque vers leur milieu : les extérieurs parfois stériles ; anthères elliptiques ou suborbiculaires, échancrées aux 2 bouts. Ovaires 3 à 6, cylindracés, subtrigones, pluri-ovulés ; ovules bisériés. Styles subulés, subrectilignes, bidenticulés au sommet (par le stigmate). Étairion de 3 à 6 follicules subcylindracés, obscurément trigones, non-stipités, chartacés, réticulés, corniculés au sommet, polyspermes. Graines subcylindriques, ou trigones, ou trièdres, carénées ou ailées aux angles, lisses, ou légèrement rugueuses, ou transversalement squamelleuses, bisériées; embryon petit ou ponctiforme, à cotylédons écartés.

Herbes vivaces. Racine composée soit de plusieurs tubercules fibreux (périssant après avoir produit une tige florifère et un nouveau tubercule latéral), soit d'un rhizome irrégulièrement rameux. Tiges feuillues, souvent paniculées (du moins au sommet) : rameaux et ramules tous florifères. Feuilles (dans une seule espèce peu ou point lobées) palmatifides, ou palmatiparties (segments en général plus ou moins laciniés) : les inférieures plus ou moins longuement pétiolées; les supérieures courtement pétiolées ou sessiles, graduellement plus petites et de plus en plus semblables aux bractées; pétiole à base soit immarginée et peu ou point élargie, soit élargie en gaîne plus ou moins amplexicaule et membraneuse. Fleurs jaunes, ou bleues, ou violettes, ou blanches, ou livides, ou panachées, grandes, disposées en grappes terminales ou axillaires et terminales, solitaires, dressées, tantôt denses, tantôt lâches, courtes, ou allongées, souvent (du moins les principales) feuillées à la base. Pédicelles épars, dressés, ou ascendants, ou résupinés, très-épaissis au sommet et inclinés durant la floraison, plus tard en général redressés, dibractéolés tantôt vers leur milieu, tantôt plus haut ou plus bas, naissant chacun à l'aisselle soit d'une feuille conforme aux autres feuilles, soit d'une bractée de grandeur très-variable. Bractéoles tantôt subopposées, tantôt alternes et plus ou moins éloignées. Sépales non-persistants (excepté dans une espèce) : le supérieur (casque) en général beaucoup plus grand que les 4 autres, de forme très-variable (dans toutes les espèces), à embouchure en général plus ou moins arquée, prolongée antérieurement en bec tantôt court et dentiforme, tantôt liguliforme et plus ou moins allongé. Sépales latéraux toujours notablement plus larges que les sépales inférieurs, mais quelquefois un peu plus longs que ceux-ci, tantôt en partie recouverts par le casque, tantôt restant tout à fait à découvert : les bords supérieurs connivents et équitants (de manière à former une sorte de voûte autour des organes sexuels); les bords inférieurs plus ou moins distants. Sépales inférieurs subnaviculaires, carénés au dos, anisomètres, inéquilarges, plus ou moins divergents. Pétales complétement inclus : capuchon (en général beaucoup plus court que l'onglet) à bord supérieur prolongé antérieurement en labelle liguliforme ou (dans une seule espèce) comme stipité et arrondi; éperon gibbeux et un peu charnu à son extrémité, creux, soit très-court et rectiligne ou subrectiligne, soit plus ou moins allongé et recourbé en forme de crochet, ou roulé soit en cercle plus ou moins complet, soit en forme de crosse. Étamines plurisériées, conniventes inférieurement, plus longues que le pistil, plus courtes que les sépales, avant la floraison réfléchies au sommet; filets blanchâtres, souvent bicuspidés ou bidentés vers leur milieu (par le prolongement des rebords ou ailes); anthères comprimées, petites, jaunâtres avant l'anthèse, puis noirâtres : connectif filiforme, inapparent antérieurement. Réceptacle plane, disciforme. Pistil petit, obliquement horizontal; ovaires tantôt connivents, tantôt plus ou moins divergents; ovules horizontaux, anatropes, immédiatement superposés. Styles à peu près aussi longs que les ovaires. Stigmates très-petits, peu ou point papilleux. Follicules minces, dressés, en général contigus presque jusqu'au sommet. Graines ovoïdes, ou subcylindracées, ou turbinées, ou pyramidales, tronquées ou ombiliquées à la base, obtuses ou pointues au sommet : tégument mince, peu adhérent, en général couvert de squamelles transversales plus ou moins rapprochées (mais jamais imbriquées comme celles de plusieurs *Delphinium*), marginiformes, ondulées, subscarieuses, semi-diaphanes, ou presque opaques, finement striées; radicule conique ou mammiforme, apiculée; cotylédons minces, obtus, en général aussi longs ou plus longs que la radicule.

Toutes les parties des *Aconits* et notamment leurs racines (à l'exception de celles de l'*Aconitum heterophyllum*, dont nous ferons mention plus bas) ont des propriétés très-délétères qui paraissent agir comme poisons à la fois âcres et narcotiques; il est certain que les racines de ces plantes conservent, à temps indéfini, après la dessiccation, une partie de leur énergie redoutable.

Le nombre des espèces de ce genre a été porté par plusieurs auteurs à environ cent quarante, tandis que d'autres botanistes n'en admettent que vingt à trente. Après de longues et pénibles recherches à ce sujet, nous avons acquis la conviction parfaite, que la plupart des caractères employés très-généralement pour la distinction de ces prétendues espèces, loin d'être constants, ne suffisent pas, dans la plupart des cas, pour y fonder des variétés (1). Aussi ne saurions-nous reconnaître d'autres espèces que celles dont nous allons parler, auxquelles il y aura peut-être à ajouter quelques espèces de l'Himalaya, sur lesquelles il nous est impossible d'avoir une opinion quelconque, faute de matériaux.

SECTION I. LYCOCTONUM Reichenb.

Calice non-persistant. Casque peu ou point rétréci à la base, à embouchure horizontalement ou obliquement tronquée, courtement rostrée. Pétales à capuchon très-court, prolongé en labelle liguliforme non-stipité. Étamines après l'anthèse défléchies en deux faisceaux divergents. Graines aptères, non-luisantes, squamelleuses. Feuilles non-luisantes en dessus. Fleurs jaunes, ou rougeâtres, ou bleuâtres. Racine rhizomateuse.

---

(1) Nous croyons utile de faire remarquer que quelques-unes des espèces exotiques, jusqu'aujourd'hui moins communes dans les jardins et dans les herbiers, fourniraient encore, à tout aussi juste titre que les espèces indigènes, matière à l'établissement d'une centaine d'*espèces nouvelles*; car elles n'offrent guère moins de variations que leurs congénères d'Europe.

Casque tantôt conique, tantôt obconique, tantôt subcylindracé, peu ou point élargi vers la base, plus ou moins comprimé. Sépales latéraux en général moins larges que le plus grand diamètre du casque. Pétales à éperon gibbeux à l'extrémité, souvent roulé en crosse. Feuilles tantôt palmatifides, tantôt palmati-ou pédati-parties.

A. ***Pétales à éperon long, grêle, roulé tantôt en forme de crosse, tantôt en cercle plus ou moins complet, tantôt seulement en demi-cercle.***

ACONIT TUE-LOUP. — *Aconitum Lycoctonum* (Linn.) Spenn. Flor. Friburg.

— α : COMMUN (*vulgare*). — *Aconitum Lycoctonum* Linn. — Gærtn. Fruct. 1, tab. 65. — Jacq. Flor. Austr. tab. 380. — Bull. Herb. tab. 63. — Weinm. Phyt. tab. 23 et 24. — *Aconitum Mycoctonum* Reichb. Ill. Aconit. tab. 51. — *Aconitum Thelyphonum* Reichb. l. c. tab. 54. — *Aconitum altissimum* Mill. — *Aconitum rectum* Bernh. — *Aconitum Vulparia* (*Phthora*, *Cynoctonum*, et *Tragoctonum*) Reichb. l. c. tab. 56, 57 et 58. — *Aconitum exaltatum* Reichb. l. c. — *Aconitum orientale* Mill. — Reichb. l. c. tab. 29. — *Aconitum ochroleucum* Willd. — Bot. Mag. tab. 257. — *Aconitum excelsum* Reichb. l. c. tab. 53. — *Aconitum theriophonum*, *A. Luparia*, *A. arctophonum*, *A. lupicida*, *A. strictissimum*, *A. perniciosum*, *A. œgophonum*, *A. galectonum*, *A. meloctonum*, *et A. zooctonum* Reichb. l. c. — Fleurs jaunes. Segments des feuilles trifides et incisés-dentés, larges, en général cunéiformes ou subrhomboïdaux (ceux des feuilles radicales souvent arrondis).

— β : A FLEURS ROUGEATRES (*rubicundum*). — *Aconitum rubicundum* et *Aconitum triste* Fisch. — *Aconitum septentrionale* Flor. Dan. tab. 123. — Bot. Mag. tab. 2196. — *Aconitum australe* Reichb. Ill. — *Aconitum moldavicum* Hacq.

— *Aconitum ranunculoides* Turcz. — Fleurs rougeâtres, ou bleuâtres, ou violettes. Feuilles semblables à celles de la variété précédente.

— γ : A FEUILLES MENUES (*tenuifolium*). — *Aconitum pyrenaicum* Lamk. — De Cand. — *Aconitum Lamarkii* Reichb. l. c. tab. 55. — Feuilles à segments plus profondément trifides et laciniés. Fleurs jaunes.

Plante haute de 1 pied à 4 pieds, en général plus ou moins fortement poilue ou pubérule. Rhizome subfusiforme, oblique, en général creux et rameux (étant adulte), couvert d'une multitude de fibres assez grosses, ordinairement unicaules. Tige dressée, fistuleuse, obscurément anguleuse, en général très-simple, ou ramulifère aux aisselles des feuilles supérieures, moins souvent divisée dans sa partie supérieure en rameaux feuillés et eux-mêmes ramulifères. Ramules subaphylles ou médiocrement feuillés, très-grêles, ou filiformes, tantôt dressés, tantôt ascendants ou plus ou moins divergents, tous florifères. Feuilles en dessus glabres ou légèrement pubérules, d'un vert gai et souvent maculées de blanc aux sinus des segments et lanières, en dessous un peu luisantes, d'un vert pâle, réticulées, en général plus ou moins pubérules ou pubescentes : les inférieures larges de 2 à 8 pouces, divisées jusqu'au milieu ou plus bas (quelquefois jusqu'à la base) en 5 à 11 segments cunéiformes à la base; les autres graduellement plus petites, 3- ou 5-fides; les raméaires et les ramulaires très-petites, souvent à segments très-entiers ou légèrement tridentés; lanières de forme et de grandeur très-variables; dents arrondies, ou ovales, ou triangulaires, ou linéaires-lancéolées, en général pointues ou acuminulées; pétiole trigone, profondément canaliculé en dessus, en général pubescent ou poilu (poils horizontaux ou réfléchis). Grappes tantôt assez denses, tantôt plus ou moins lâches : la principale atteignant 1/2 pied à 2 pieds de long, souvent rameuse à la base; les ramulaires et les axillaires courtes, souvent pauciflores. Pédicelles tantôt plus courts que les fleurs, tantôt aussi longs ou jusqu'à 2 fois plus longs, dressés, ou ascendants, ou plus ou moins divergents, dibractéolés tantôt vers leur milieu, tantôt plus haut, tantôt plus bas. Bractées basilaires linéaires ou linéaires-lancéolées : les inférieures en général plus longues que les pédicelles. Bractéoles subulées ou linéaires-subulées, petites. Fleurs de grandeur très-variable. Sépales très-inégaux, tantôt glabres, tantôt pubérules ou velus en dessous : le supérieur (ou casque) long de 6 lignes à 1 pouce, large de 2 à 6 lignes, droit, ou un peu courbé en avant, cylindracé, ou subcylindracé, tantôt plus ou moins élargi soit à sa base, soit vers son sommet, soit vers les deux bouts, à bec court, obtus, naviculaire, quelquefois redressé au sommet, tantôt débordant les sépales intérieurs, tantôt débordé par ceux-ci. Sépales latéraux obliquement obovales, ou obovales-orbiculaires, très-obtus, ou rétus, ou échancrés, souvent fortement poilus (surtout aux bords), ou barbus en dessus vers leur sommet, larges de 2 à 4 lignes, tantôt à peu près aussi longs que les sépales inférieurs, tantôt plus courts. Sépales inférieurs plus ou moins inégaux, obtus, ou pointus, ou acuminés, souvent barbus : l'un plus étroit, elliptique-oblong, ou lancéolé-oblong, ou lancéolé, ou lancéolé-obovale, rétréci au sommet en appendice cymbiforme ; l'autre plus large, mais un peu plus court, obovale, ou elliptique, ou elliptique-obovale, ou elliptique-oblong. Pétales à onglet filiforme tantôt aussi long ou plus long que le casque, tantôt plus court, rectiligne, ou plus ou moins incliné au sommet ; capuchon conique, à labelle oblong ou suboblong, plus court que l'éperon, rectiligne, échancré, ou obtus. Étamines en général glabres, plus longues que le pistil ; anthères jaunes avant l'anthèse, puis noirâtres. Filets blanchâtres. Ovaires glabres ou pubescents, petits. Styles subrectilignes, à peu près aussi longs que les ovaires. Follicules (verticilles-ternés) longs de 1/2 pouce à 1 pouce, glabres, ou pubescents, d'un brun noirâtre. Graines longues de 1 ligne à 1 1/2 ligne, d'un brun noirâtre.

Cette espèce, nommée vulgairement *Tue-Loup jaune*, croît dans presque toute l'Europe ainsi qu'en Sibérie et au Cuacase. Dans les contrées dont le climat est tempéré, elle est moins commune que dans le nord, et ne se trouve que dans les régions subalpines, ou dans les bois humides des montagnes. Ses fleurs se succèdent pendant une grande partie de l'été. Toute la plante participe aux propriétés vénéneuses communes aux autres espèces congénères.

Les variétés à fleurs panachées, ou rougeâtres, ou violettes, sont préférées, comme plantes de parterre, aux variétés à fleurs jaunes.

B. *Pétales à éperon rectiligne ou un peu recourbé, très-court.*

ACONIT BARBU. — *Aconitum barbatum* Patrin. — Deless. Ic. Sel. 1, tab. 64. — Sering. in Mus. Helv. 1, tab. 15, fig. 10 et 11. — Reichb. Ill. Acon. tab. 45. — Sweet, Brit. Flow. Gard. tab. 164. — *Aconitum hispidum* De Cand. Syst. — Gmel. Flor. Sibir. 4, tab. 81. — *Aconitum squarrosum* Linn. (ex Sering.) — *Aconitum Gmelini* Reichb. l. c. tab 46. — *Aconitum dissectum* Reichb. l. c. tab. 47. — *Aconitum leptanthum* Reichb. l. c. tab. 44. — *Aconitum pallidum* Reichb. l. c. tab. 50. — *Aconitum boreale* Reichb. l. c. — *Aconitum ochranthum* Ledeb. Ic. Flor. Alt. tab. 406. — *Aconitum pyrenaicum* Pallas.

Cet Aconit, indigène en Sibérie, n'est peut-être qu'une variété de l'espèce précédente, dont il ne diffère essentiellement que par le caractère indiqué ci-dessus; du reste, la plante est tout aussi variable, dans toutes ses parties, que l'*Aconitum Lycoctonum*; mais en général les segments de ses feuilles sont profondément laciniés. Les follicules et les graines sont absolument comme ceux de l'*Aconitum Lycoctonum*.

SECTION II. NAPELLUS Spach. (*Cammarum*, *Corythælon*, *Enchylodes* et *Napellus* Reichenb.)

Calice non-persistant. Casque plus ou moins rétréci vers la base, à embouchure arquée, ou soit verticalement soit très-obliquement tronquée, souvent longuement rostrée. Pétales à capuchon plus ou moins allongé, renflé, prolongé en labelle liguliforme non-stipité. Étamines après l'anthèse défléchies dans toutes les directions. Graines ailées à l'un ou à deux des angles, luisantes, lisses, ou transversalement rugueuses, ou squamelleuses. Feuilles luisantes aux 2 faces. Fleurs en général bleues (dans certaines variétés blanches, ou panachées de blanc et de bleu, ou violettes). Racine tubéreuse.

Casque tantôt semi-circulaire ou subfalciforme, tantôt plus ou moins obliquement conique ou obconique. Sépales latéraux souvent plus larges que le casque. Pétales à éperon court et sacciforme, ou plus allongé et gibbeux à l'extrémité, plus ou moins recourbé (mais jamais roulé en crosse). Feuilles palmatifides, ou palmatiparties, ou pédatiparties.

A. *Graines petites, squamelleuses. Grappes en général courtes, lâches, pauciflores.*

a) *Feuilles plus ou moins profondément 3- ou 5- fides : lobes (jamais laciniés) très-entiers ou inégalement dentés, très-divariqués. Casque onciné ou courtement rostré. Pétiole peu ou point élargi à sa base, non-engaînant.*

Aconit onciné. — *Aconitum uncinatum* Lamk. — Bot. Mag. tab. 1119. — Reichenb. Ill. Aconit. tab. 55 et 56. — *Aconitum japonicum* Thunbg. (ex Reichb.)

Tige flexueuse. Feuilles (suborbiculaires ou réniformes-orbiculaires ou ovales en leur contour, à base soit subcordiforme, soit arrondie, soit tronquée) à 3 ou 5 lobes oblongs, ou subovales, ou subtriangulaires, ou rarement cunéiformes-oblongs, acuminés, ou pointus, en général 3-ou pauci-dentés. Pétales à éperon onciniforme, ou annulaire ; capuchon plus long que l'éperon : labelle décliné ou ascendant. Follicules en général verticillés-ternés. Graines oblongues ou ovales-oblongues.

Plante haute de 2 à 4 pieds, tantôt glabre, tantôt plus ou moins fortement pubérule (surtout vers le sommet). Tige très-grêle, dressée, cylindrique, fistuleuse, en général très-simple jusque vers son milieu ou plus haut. Rameaux ascendants, plus ou moins divergents, en général courts, tantôt simples ou presque simples et subaphylles, tantôt paniculés. Feuilles coriaces, d'un vert foncé et ordinairement glabres en dessus, d'un vert pâle (souvent pubérules) et veineuses en dessous : les inférieures larges de 2 à 4 pouces ; les supérieures graduellement moins grandes ; les raméaires et ramulaires très-petites, souvent indivisées et bractéiformes ; lobes des feuilles-trifides tantôt presque égaux, tantôt inégaux ; lobes basilaires des feuilles-5-fides toujours beaucoup plus courts que les 3 lobes terminaux ; dents pointues ou acuminées, triangulaires, ou subtriangulaires, plus ou moins écartées ; pétiole très-grêle, cylindrique, canaliculé en dessus : celui des feuilles caulinaires (même des supérieures) souvent aussi long ou plus long que la lame. Grappes 3-9-flores, tantôt lâches, tantôt assez denses, tantôt feuillées inférieurement, tantôt bractéolées dès leur base : les rameaux ou ramules florifères supérieurs rapprochés en une panicule terminale lâche et plus ou moins allongée. Pédicelles divariqués, ou ascendants et plus ou moins divergents, ou moins souvent presque dressés, longs de 1/4 de pouce à 2 pouces. Bractées et bractéoles petites, obovales, ou lancéolées-obovales, ou lancéolées, ou spathulées, acuminées, souvent recourbées. Fleurs violettes, ou d'un bleu plus ou moins foncé. Sépales en général pubérules en dessous : casque subsemicirculaire, ou subfalciforme, ou obliquement obconique, ou conique, large de 5 à 8 lignes, à bec tantôt horizontal, tantôt plus ou moins décliné, ou onciné, pointu ou obtus. Sépales latéraux larges de 4 à 7 lignes, obovales, ou obovales-orbiculaires, ou subréniformes, très-inéquilatéraux, souvent barbus en dessus. Sépales inférieurs tantôt aussi longs que les sépales latéraux, tantôt plus courts, toujours beaucoup moins larges : l'un (plus large) obliquement obovale ou lancéolé-obovale, subacuminé ; l'autre (plus étroit) lancéolé-oblong, ou lancéolé-elliptique, ou lancéolé, obtus. Pétales tantôt aussi longs que le casque, tantôt plus courts, plus ou moins inclinés au sommet : onglet filiforme, poilu, tantôt à peine incliné au sommet, tantôt arqué en avant (suivant la courbure plus ou moins forte du casque); capuchon conique, à labelle oblong, obtus, ordinairement décliné. Étamines glabres ou poilues. Follicules glabres ou pubescents, longs d'environ 6 lignes. Graines longues de 1 ½ ligne à 2 lignes, d'un brun noirâtre, obscurément trigones, ou subcylindriques, obtuses aux 2 bouts, uni-carénées, couvertes de squamelles inégales, courtes, plus ou moins larges, ondulées, noirâtres, subdiaphanes.

Cette espèce, indigène dans les montagnes des États-Unis, se cultive comme plante d'ornement.

b) *Feuilles 3- ou 5- parties : segments profondément 2- ou 3-fides et irrégulièrement laciniés ou pennatifides, divariqués de même que les lanières ; pétiole élargi en gaîne membraneuse subamplexicaule ou semi-amplexicaulé. Casque courtement acuminé.*

Aconit féroce. — *Aconitum ferox* Wallich, Plant. Asiat. Rar. tab. 41. — *Aconitum virosum* Don, Prodr.

Tige droite. Feuilles (suborbiculaires en leur contour, à base tronquée ou subcunéiforme) palmatiparties ou pédatiparties : segments cunéiformes à la base ; lanières linéaires-lancéolées, ou triangulaires-lancéolées, pointues. Pétales à éperon plus ou moins recourbé ; capuchon à peine aussi long que l'éperon : labelle court, ascendant. Follicules ordinairement verticillés-quinés. Graines subturbinées, tronquées à la base.

Plante haute de 1 pied à 5 pieds (dans certaines localités jusqu'à 12 pieds), en général plus ou moins pubérule. Racine formée de plusieurs tubercules subfusiformes, noirâtres en dehors, blanchâtres en dedans, longs de 2 à 4 pouces. Tige grêle, dressée, cylindrique, fistuleuse, tantôt simple, ou ramulifère seulement vers son sommet, tantôt plus ou moins rameuse. Rameaux simples ou paniculés, dressés, ou ascendants, souvent couverts (de même que les ramules et les pédicelles) d'une pubescence veloutée. Feuilles distantes, en général glabres en dessus, d'un vert pâle et pubérules en dessous : les inférieures larges de 3 à 6 pouces ; les ramulaires très-petites, 3-fides, ou moins souvent pennatifides, à lanières très-entières ; pétiole grêle, canaliculé en dessus : celui des feuilles inférieures atteignant jusqu'à 1 pied de long ; celui des feuilles raméaires en général réduit à la gaîne. Grappes 5-15-flores, en général lâches, tantôt feuillées presque jusqu'à leur sommet, tantôt bractéolées dès la base : les principales atteignant ½ pied à 1 pied de long. Pédicelles longs de ¼ de pouce à 2 pouces, grêles, dressés, ou ascendants, tantôt plus courts que les feuilles florales, tantôt plus longs, souvent 2-bractéolés à la base ou peu au-dessus. Bractéoles linéaires ou linéaires-lancéolées, petites. Fleurs bleues, de la grandeur de celles du *Napel*. Sépales ordinairement pubérules en dessous : casque semi-circulaire, ou falciforme, ou subconique, plus ou moins incliné en avant. Sépales latéraux obliquement obovales, longs de 5 à 6 lignes. Sépales inférieurs en général plus courts que les sépales latéraux : l'un (plus étroit et plus court) oblong ou lancéolé-oblong, obtus ; l'autre (plus large) lancéolé-obovale, ou lancéolé-elliptique, subacuminé. Pétales à onglet à peu près aussi long que le casque, filiforme, glabre, incliné, arqué au sommet ; capuchon petit, conique : labelle oblong, obtus. Étamines 2 fois plus courtes que les sépales latéraux : filets glabres ou ciliés. Follicules longs d'environ 6 lignes. Graines d'un brun noirâtre, trigones, pointues au sommet, longues d'environ 2 lignes.

Cette espèce, indigène dans les régions alpines de l'Himalaya, est l'une des plantes les plus vénéneuses que l'on connaisse. Les Hindous l'appellent *Bikh* ou *Bikhnia* : noms qu'ils appliquent d'ailleurs aussi à quelques autres Aconits. En sanscrit, on la désigne par les noms de *vicha* (c'est-à-dire le poison par excellence) et *ati vicha* (poison atroce). La racine exerce une action mortelle non-seulement sur les organes internes, mais même étant introduite dans des blessures ; et, contrairement à ce qui s'observe chez la plupart des autres Renonculacées ou Helléboracées vénéneuses, ces propriétés délétères ne se perdent point par la dessiccation. Plusieurs peuplades barbares du nord de l'Inde ont coutume d'empoisonner les flèches en les trempant dans le suc de la racine de cet Aconit. Les médecins hindous, accoutumés du reste à administrer des remèdes violents, préparent avec ces racines mêlées à d'autres ingrédients, un extrait huileux qui passe pour un spécifique contre les rheumatismes, le choléra, et différentes autres maladies (1).

c) *Feuilles 5-5- ou 7-parties : segments pétiolulés ou sessiles, plus ou moins profondément trifides ou pennatifides ; lobes laciniés ou incisés-dentés ; lanières non-divariquées ; pétiole à base peu élargie, submarginée, non-engaînante. Casque plus ou moins longuement rostré.*

Aconit Faux-Napel.—*Aconitum Pseudo-Napellus* Spach. — *Aconitum variegatum* Linn. — Reichenb. Ill. Acon. tab. 34. — *Aconitum Cammarum* Jacq. Flor. Austr. tab. 424. — Reichb. l. c. tab. 39. — *Aconitum paniculatum* Lamk. De Cand. — Reichenb. l. c. tab. 32. — *Aconitum cernuum* Wulff. — Recihb. l. c. tab. 33. — *Aconitum rostratum* Bernh. — Reichb. l. c. tab. 11. — Loddig. Bot. Cab. tab. 203. — *Aconitum album* H. Kew. — Reichb. l. c. tab. 30. — *Aconitum nasutum* Fisch. — Reichb. l. c. tab. 9 et 10. — *Aconitum Bernhardianum* Wallr. Sched. Crit. tab. 2. — *Aconitum altigaleatum* Hayn. Arzn. XII, 16. — *Aconitum judenbergense* Reichb. l. c. tab. 7 et 8. — *Aconitum molle* Reichb. l. c. tab. 31. — *Aconitum toxicum* Reichb.

---

(1) M. Wallich rapporte le résultat suivant de quelques expériences faites par le docteur Pereira, de Londres, avec des racines d'*Aconitum ferox*, récoltées au Népaul dix années avant cet emploi.

Un grain d'extrait alcoholique introduit dans le péritoine d'un lapin commença à agir au bout de deux minutes, et la mort suivit au bout de 9 1/2 minutes ; dans une seconde expérience de même nature, l'effet mortel se manifesta au bout de 11 minutes. Deux grains de ce même extrait introduits dans la veine jugulaire d'un chien de forte taille, produisirent des convulsions au bout d'une minute, et la mort en 5 minutes. Un grain introduit dans le tissu cellulaire du dos d'un lapin, commença à agir au bout de 6 minutes, et 9 minutes plus tard l'animal fut mort. L'extrait aqueux est moins énergique que l'extrait alcoolique : deux grains du premier, introduits dans le péritoine d'un lapin, ne produisirent la mort, qu'au bout de 27 minutes.

l. c. tab. 37. — *Aconitum acuminatum* Reichb. l. c. tab. 38. — *Aconitum hebegynum* De Cand. — *Aconitum tortuosum* Willd. — Reichb. l. c. tab. 34. — *Aconitum volubile* Pallas. — Reichb. l. c. tab. 35. — *Aconitum villosum* Reichenb. l. c. tab. 36 et 37. — *Aconitum ciliare* De Cand. — Deless. Ic. Sel. 1, tab. 65. — *Aconitum eriostemon*, *A. ambiguum*, *A. recognitum*, *A. reflexum*, *A. acuminatum* et *A. parviflorum* Reichb. l. c. — *Aconitum gibbosum* Sering.

Tige plus ou moins flexueuse. Feuilles palmatiparties ou pédatiparties (suborbiculaires ou cordiformes-orbiculaires en leur contour) : segments cunéiformes-lancéolés, rhomboïdaux, ou rhomboïdaux-lancéolés, ou cunéiformes-rhomboïdaux, pointus de même que les dents et lanières. Pétales à éperon plus ou moins recourbé; capuchon en général plus long que l'éperon : labelle court ou allongé, souvent ascendant. Follicules verticillés au nombre de 3 à 6.

Plante extrêmement variable dans presque toutes ses parties, glabre, ou moins souvent pubérule, haute de 1 pied à 5 pieds. Pubescence des pédicelles et des sépales quelquefois glandulifère. Racine composée de plusieurs tubercules fibreux, noirâtres, subglobuleux, ou ovoïdes. Tige grêle, dressée, fistuleuse, cylindrique, ou obscurément anguleuse, feuillue, tantôt simple, ou ramulifère seulement vers son sommet, tantôt plus ou moins rameuse. Rameaux simples ou paniculés, ascendants, ou plus ou moins divergents, en général courts et médiocrement feuillés. Ramules courts, pauciflores, subaphylles. Feuilles d'un vert gai en dessus, plus pâles en dessous, en général glabres : les inférieures larges de 2 à 4 pouces; les ramulaires très-petites, trifides, ou bractéiformes; dents ou lanières triangulaires, ou triangulaires-lancéolées, ou linéaires-lancéolées; pétiole très-grêle, subtrigone, canaliculé en dessus : celui des feuilles inférieures à peu près aussi long que la lame, ou plus court. Grappes rarement un peu denses et atteignant jusqu'à ½ pied de long, en général (surtout les axillaires et les ramulaires) courtes, lâches et pauciflores, tantôt feuillées dans presque toute leur longueur, tantôt bractéolées dès leur base : les supérieures rapprochées en panicule terminale tantôt courte et subpyramidale, tantôt plus ou moins allongée. Pédicelles divariqués ou ascendants et plus ou moins divergents, longs de 4 lignes à 2 pouces (tantôt plus courts que la feuille florale ou la bractée, tantôt plus longs), dibractéolés tantôt au-dessus du milieu, tantôt au-dessous. Bractéoles obovales, ou lancéolées-obovales, ou lancéolées, ou spathulées, ou subulées, petites, en général pubérules ou ciliées. Fleurs de grandeur très-variable, d'un bleu soit clair, soit plus ou moins foncé, ou violettes, ou lilas, ou blanches, ou panachées de blanc et de bleu ou de violet. Sépales glabres, ou pubérules (quelquefois visqueux) en dessous : casque de forme et de grandeur très-variables, droit, ou plus ou moins incliné en avant, subsemicirculaire, ou falciforme, ou conique, ou obliquement obconique, plus ou moins longuement rétréci vers sa base, haut de 1/2 pouce à 1 1/2 pouce, en général moins large que haut (quelquefois large seulement de 3 lignes, d'autres fois atteignant jusqu'à 1 pouce dans son plus grand diamètre), souvent creusé d'un sinus plus ou moins profond soit immédiatement au-dessus du bec, soit plus haut : bec horizontal, ou décliné, ou ascendant, ou résupiné, liguliforme, ou triangulaire, obtus, ou pointu, long de 1 ligne à 4 lignes. Sépales latéraux obliquement obovales ou obovales-orbiculaires, ou suborbiculaires, très-obtus, ou subacuminés, égaux, ou inégaux, larges de 4 à 10 lignes. Sépales inférieurs en général plus courts que les sépales latéraux, et beaucoup moins larges que ceux-ci : le plus étroit oblong, ou lancéolé-oblong, ou oblong-spathulé, équilatéral, naviculaire, subcaréné, obtus; l'autre un peu plus court, 2 fois plus large, très-inéquilatéral, obliquement tronqué et presque plane d'un côté, naviculaire de l'autre côté, obovale, ou lancéolé-obovale. Pétales à onglet filiforme, anguleux, plus ou moins arqué et incliné en avant, tantôt aussi long que le casque, tantôt plus court; capuchon conique ou oblong, de grandeur variable; éperon onciniforme ou plus ou moins complétement annulaire, gros, 2 à 5 fois plus court que le capuchon; labelle oblong ou ovale-oblong, souvent échancré, presque aussi long que le capuchon, ou jusqu'à deux fois plus court, tantôt décliné, tantôt subhorizontal, tantôt ascendant ou révoluté. Étamines glabres ou poilues. Ovaires tantôt connivents au sommet, tantôt plus ou moins divergents. Follicules (quelquefois inclinés ou renversés par le recourbement du pédicelle) glabres ou moins souvent pubérules, longs d'environ 6 lignes, ordinairement connivents presque jusqu'au sommet. Graines longues de 1 ligne ou un peu plus, brunes, ovoïdes, ou subturbinées, plus ou moins distinctement trigones, ailées à l'un ou à deux des angles, pointues au sommet, arrondies ou tronquées à la base : squamelles blanchâtres, subdiaphanes, moins rapprochées que sur les graines des espèces précédentes.

Cette espèce croît dans les Alpes, les Pyrénées et d'autres montagnes de l'Europe, ainsi qu'au Caucase et en Sibérie. On la cultive fréquemment comme plante de parterre. Elle fleurit en été. Ses propriétés drastiques ne diffèrent point de celles du *Napel*.

B. *Graines assez grosses, tantôt très-lisses, tantôt plus ou moins fortement rugueuses (surtout à l'une des faces) mais jamais squamelleuses. Grappes (du moins les principales) souvent très-allongées et assez denses.*

a) *Feuilles 5- ou 7- parties, pédalées : segments plus ou moins profondément 3-fides ou pennatifides ; à lobes le plus souvent laciniés ou incisés-dentés ; pétiole à base peu ou point marginée.*

Aconit Napel. — *Aconitum Napellus* Linn. — Jacq. Flor. Austr. tab. 381. — Reichenb. Ill. Acon. tab. 1, 2 et 3. — *Aconitum pyramidale* Mill. — Reichb. l. c. tab. 68. — *Aconitum tauricum* Willd. — *Aconitum autumnale* Reichb. l. c. tab. 67. — *Aconitum neubergense* Reichb. l. c. tab. 69. — *Aconitum eminens* Koch. — Reichb. l. c. tab. 69 (anal.) — *Aconitum multifidum* Koch. — Reichb. l. c. tab. 70. — *Aconitum callibotryon* Reichb. Monogr. Acon. tab. 16. — *Aconitum amœnum* Reichb. l. c. tab. 14, fig. 3, et Ill. tab. 70. — *Aconitum Bernhardianum* Reichb. Ill. tab. 68. — *Aconitum albidum* Bernh. — *Aconitum Funkianum* Reichb. l. c. tab. 66. — *Aconitum angustifolium* Willd. En. Suppl. —

Aconitum eustachyum Reichb. l. c. tab. 66. — *Aconitum laxum* Reichb. l. c. tab. 66. — *Aconitum acutum* Reichb. Monogr. tab. 14, fig. 2. Ill. tab. 65. — *Aconitum firmum* Reichb. Mon. tab. 14, fig. 1. — *Aconitum Hoppeanum* Reichb. Ill. tab. 65. — *Aconitum angustifolium* Bernh. — Reichb. l. c. tab. 23. — *Aconitum hians* Reichb. Mon. tab. 18, fig. 1. — *Aconitum Clusianum* Reichb. l. c. tab. 13. — *Aconitum formosum* Reichb. l. c. tab. 18, fig. 2. — Ill. tab. 64. — *Aconitum strictum* Bernh. — Reichb. Mon. tab. 17, fig. 1. — Ill. tab. 64. — *Aconitum inunctum* Koch. — *Aconitum lœtum* Reichb. Mon. tab. 13, fig. 2. — Ill. tab. 63. — *Aconitum Kœleri* Reichb. l. c. — *Aconitum tauricum* Wulff. — Jacq. Ic. Rar. 3, tab. 492. — Reichb. Ill. tab. 63. — *Aconitum commutatum* Reichb. Mon. tab. 18, fig. 3. — *Aconitum Kœlleanum* Reichb. Ill. tab. 62. — *Aconitum Stœrkianum* Riechb. Ill. tab. 71. — *Aconitum exaltatum* Bernh. — Reichb. Ill. tab. 72. — *Aconitum palmatifidum* Reichb. l. c. tab. 72. — *Aconitum neomontanum* Willd. (non Wulff.) — *Aconitum intermedium* De Cand. Syst. et Prodr.

Tige droite ou flexueuse. Feuilles suborbiculaires ou subrhomboïdales en leur contour : segments rhomboïdaux, ou rhomboïdaux-lancéolés, ou cunéiformes-rhomboïdaux, ou cunéiformes-lancéolés : le terminal en général pétiolulé ; les autres sessiles ou subsessiles ; lobes rhomboïdaux ou subrhomboïdaux, en général étroits ; dents ou lanières pointues (rarement obtuses), en général linéaires-lancéolées. Casque acuminé ou courtement rostré. Pétales à éperon court ou sacciforme, en général recourbé ; capuchon grand, à labelle plus ou moins allongé et souvent ascendant ou révoluté. Follicules verticillés au nombre de 3 à 6.

Plante extrêmement variable, haute de 1/2 pied à 5 pieds, tantôt glabre, tantôt plus ou moins pubérule ou pubescente. Racine à 2 ou 3 tubercules fusiformes ou napiformes (1), noirâtres, fi-

---

(1) C'est à cette ressemblance des tubercules avec un navet, que fait allusion le nom de *Napel*.

breux. Tige grêle, dressée, fistuleuse, obscurément anguleuse, feuillue, tantôt très-simple, tantôt ramulifère au sommet, tantôt plus ou moins rameuse. Rameaux simples, ou paniculés, ascendants, ou plus ou moins divergents, ou dressés, tantôt courts et médiocrement feuillés, tantôt plus ou moins allongés. Ramules courts, en général pauciflores et subaphylles. Feuilles d'un vert gai en dessus, plus pâles en dessous, le plus souvent glabres aux 2 faces, très-rarement pubérules en dessus : les inférieures larges de 2 à 4 pouces ; les ramulaires très-petites ou bractéiformes, en général soit indivisées, soit tridentées, ou trifides ; pétiole grêle, trigone, canaliculé en dessous : celui des feuilles inférieures à peu près aussi long que la lame ou plus court. Grappes tantôt feuillées dans presque toute leur longueur, tantôt bractéolées dès leur base : la caulinaire-terminale en général multiflore, assez dense, atteignant 1/2 pied à 2 pieds de long ; les axillaires et les ramulaires en général beaucoup plus courtes, lâches et pauciflores, disposées en panicule tantôt pyramidale, tantôt plus ou moins allongée. Pédicelles dressés, ou ascendants, ou plus ou moins divergents, ou subdivariqués, longs de quelques lignes à 3 pouces (tantôt plus longs que la feuille florale ou la bractée, tantôt plus courts), dibractéolés tantôt vers leur milieu, tantôt plus haut ou plus bas. Bractées spathulées ou lancéolées. Bractéoles linéaires ou subulées, petites. Fleurs de grandeur très-variable, d'un bleu soit clair, soit plus ou moins foncé, soit violet, ou moins souvent soit blanches, soit panachées de bleu et de blanc. Sépales glabres ou pubérules en dessous : casque subfalciforme, ou semi-circulaire, conique, ou obconique, large de 1/2 pouce à 1 pouce, tantôt plus haut que large, tantôt aussi haut ou moins haut, droit ou incliné en avant : bec horizontal, ou décliné, ou ascendant, obtus, ou pointu, liguliforme, ou dentiforme. Sépales latéraux souvent barbus en dessus, obliquement obovales, ou obovales-orbiculaires, ou suborbiculaires, ou subdolabriformes, en général égaux, larges de 4 à 10 lignes. Sépales inférieurs en général plus courts et beaucoup moins larges que les sépales latéraux : le plus étroit lancéolé, ou lancéolé-oblong ; l'autre lancéolé-elliptique, ou lancéolé-obovale, ou ovale-lancéolé, un peu plus court. Pétales à onglet tantôt aussi long que le casque, tantôt plus court, plus ou moins fortement arqué et incliné en avant, filiforme, anguleux; capuchon conique ou oblong-conique, plus ou moins gros, tantôt à peine aussi long que le labelle, tantôt plus long : labelle obtus ou échancré. Étamines tantôt glabres, tantôt plus ou moins peilues. Ovaires tantôt connivents, tantôt plus ou moins divergents. Follicules longs d'environ 6 lignes, glabres, ou pubérules, connivents presque jusqu'au sommet. Graines d'un brun noirâtre, longues d'environ 2 lignes sur 1 ligne à 2 lignes de large, subturbinées, ombiliquées ou tronquées à la base, subobtuses ou pointues au sommet : ailes 2 à 4 fois moins larges que les faces, subchartacées, semi-diaphanes, striées, noirâtres; rides (en général nulles sur l'une ou sur deux des faces, ou quelquefois sur toutes) fines, ondulées, plus ou moins exprimées. Embryon moins petit que celui des autres espèces congénères : radicule courte, conique, apiculée; cotylédons en général à peu près aussi longs que la radicule.

Cette espèce, connue sous les noms vulgaires de *Napel*, *Napel bleu*, *Coqueluchon*, *Madriette*, *Capuce*, *Capuchon de moine*, *Thore*, et *Tue-Loup bleu*, est commune dans le nord de l'Europe ainsi que dans les Alpes, les Pyrénées, et autres montagnes de France; elle se trouve en outre au Caucase et dans presque toute la Sibérie. Sa floraison a lieu en été. On la cultive fréquemment comme plante de parterre.

Toutes les parties du Napel, mais surtout les racines fraîches, sont très-vénéneuses. Les anciens auteurs de matière médicale rapportent beaucoup de cas d'empoisonnements mortels, causés par ces racines, ou par celles des espèces voisines. On assure d'ailleurs que jadis les chasseurs des Alpes avaient coutume de tremper les flèches dans le suc du Napel, afin de rendre mortelle toute blessure faite avec cette arme.

Plusieurs médecins célèbres ont préconisé l'extrait de Napel, pris à petite dose, comme l'un des plus puissants sudorifiques, et comme un excellent remède contre la goutte, les rhumatismes chroniques, les maladies syphilitiques et autres. Il est curieux, ainsi qu'on a pu le voir plus haut, que les médecins hindous attribuent les mêmes propriétés à l'*Aconitum ferox*, espèce beaucoup plus vénéneuse encore que les Aconits d'Europe.

b) *Feuilles indivisées ou à peine lobées.*

ACONIT HÉTÉROPHYLLE. — ***Aconitum heterophyllum*** **Wallich**, Cat. — Royle, Illustr. Plant. Himal. 1, tab. 13. — ***Aconitum cordatum*** Royle, l. c. 1, p. 56. — ***Aconitum Atees*** Royle, Journ. As. Soc. 1, p. 459.

Feuilles cordiformes ou cordiformes-orbiculaires, acuminées, ou arrondies au sommet, sinuées-dentées, ou incisées-dentées, ou dentelées, quelquefois subquinquélobées. Pétales à éperon ovoïde, obtus, sacciforme; labelle plus ou moins allongé, ascendant. Follicules en général verticillés-quinés.

Plante haute de 1 pied à 4 pieds, en général plus ou moins pubescente. Racine à 2 tubercules subfusiformes, grisâtres à la surface, blanchâtres à l'intérieur, fibreux, d'une saveur amère sans mélange d'âcreté. Tige dressée, grêle, feuillue, obscurément anguleuse, en général simple, ou paniculée seulement au sommet. Feuilles coriaces, glabres, luisantes, 5-nervées : les inférieures longuement pétiolées, larges de 1 pouce à 3 pouces; les supérieures courtement pétiolées, ou subsessiles, à pétiole subamplexicaule; dents ou dentelures mucronées. Grappes courtes et pauciflores, ou pluriflores et plus ou moins allongées, lâches, en général (du moins la terminale) feuillées à la base. Pédicelles longs, dressés, dibractéolés en général peu au-dessous du sommet. Bractées ou feuilles-florales cordiformes, acuminées, souvent dentées. Bractéoles ovales, ou oblongues, ou spathulées, quelquefois dentelées. Fleurs grandes, bleues. Sépales glabres, ou pubérules en dessous : casque semicirculaire, subacuminé. Sépales latéraux aussi grands que le casque, obliquement triangulaires. Sépales inférieurs sublancéolés. Pétales longs d'environ 1 pouce : onglets arqués; labelle acuminé, quelquefois crépu. Étamines poilues. Follicules pubescents. Graines (suivant M. Royle, auquel nous empruntons aussi toute la description de cette espèce) planes, bordées d'une aile membraneuse.

Cette espèce croît dans les régions alpines de l'Himalaya (de 9,000 à 10,000 pieds au-dessus du niveau de la mer). Elle fait une exception remarquable parmi les Aconits, en ce que les tubercules de ses racines n'ont aucune propriété délétère. Ces tubercules, connus dans l'Inde sous le nom d'*Ati*, ont une saveur très-amère, sans aucun mélange d'âcreté; les médecins hindous les administrent fréquemment comme remède tonique et excitant. M. Royle assure que les fleurs de cet Aconit surpassent en élégance celles de toutes les autres espèces du genre.

Section III. ANTHORA Reichenb.

Calice persistant. Casque plus ou moins rétréci vers la base, à embouchure arquée ou soit verticalement, soit très-obliquement tronquée, plus ou moins longuement rostrée. Pétales à capuchon très-court et terminé en labelle obcordiforme ou suborbiculaire, longuement stipité; onglets brusquement géniculés au sommet. Graines ailées à l'un ou à deux des angles, luisantes, tantôt très-lisses, tantôt très-légèrement rugueuses. Feuilles pédatiparties, peu ou point luisantes. Fleurs d'un jaune pâle, ou rarement d'un bleu livide, ou panachées de bleu et de jaune. Racine tubéreuse.

Casque tantôt semi-circulaire ou subfalciforme, tantôt plus ou moins obliquement conique ou obconique. Sépales latéraux quelquefois plus larges que le casque. Pétales à éperon gibbeux à l'extrémité, courbé en cercle plus ou moins complet ou en forme de crosse. Feuilles à segments déchiquetés en lanières linéaires ou sublinéaires, souvent très-étroites. Embryon minime, obcordiforme.

L'espèce dont nous allons parler est la seule qu'on puisse rapporter avec certitude à cette section.

Aconit Anthore. — *Aconitum Anthora* Linn. — Blackw. Herb. tab. 562. — Jacq. Flor. Austr. tab. 382. — Reichb. Monogr. tab. 1; Ill. tab. 59. — Sering. Mus. Helv. tab. 15, fig. 5, 6, 7, 8, 9, 10, 11, et 48. (anal.) — *Aconitum tenuifolium* Reichb. Ill. tab. 6. — *Aconitum Jacquini* Reichb. Monogr. tab. 2. — *Aconitum nemorosum* Marsch. Flor. Taur. Cauc. — Reichb. Monogr. tab. 6. — *Aconitum Candollii* Reichb. Monogr. tab. 3. — *Aconitum eulophum* Reichb. Monogr. tab. 5; Ill. tab. 61. — *Aconitum Pallasii* Reichb. Monogr. tab. 6. — *Aconitum anthoroideum* De Cand. — Reichb. Monogr. tab. 4.

Tige droite ou peu flexueuse, plus ou moins anguleuse. Feuilles 5-9-parties (les florales triparties, ou pennatiparties) : segments pétiolulés ou sessiles (subrhomboïdaux en leur contour), profondément trifides et laciniés, ou biternatifides, ou bipennatifides : lanières pointues, plus ou moins divariquées; pétiole semi-amplexicaule, marginé vers sa base. Pétales à éperon beaucoup plus long que le capuchon; labelle à lame 3 ou 4 fois plus courte que son stipe. Follicules en général verticillés-quinés.

Plante tantôt glabre, tantôt plus ou moins fortement pubérule, haute de 1/2 pied à 4 pieds. Racine à 2 ou 3 tubercules blanchâtres ou brunâtres, napiformes, fibreux. Tige raide, dressée, fistuleuse, grêle, feuillue, tantôt très-simple, tantôt ramulifère ou rameuse au sommet, tantôt rameuse dès son milieu. Rameaux simples ou moins souvent paniculés, ascendants, ou dressés, en général courts et médiocrement feuillés. Ramules courts, en général pauciflores et subaphylles. Feuilles glabres ou pubérules, fermes, d'un vert foncé en dessus, plus pâles en dessous : les inférieures larges de 2 à 4 pouces; les ramulaires très-petites ou bractéiformes; pétiole grêle, profondément canaliculé en dessus : celui des feuilles inférieures long de 2 à 4 pouces; celui des feuilles supérieures réduit à une courte gaîne; lanières plus ou moins allongées, larges de 1/4 de ligne (ou quelquefois moins) à 2 lignes, linéaires, ou linéaires-oblongues, ou lancéolées-linéaires, ou linéaires-subulées, ou linéaires-falciformes, en général pointues, moins souvent obtuses et mucronulées. Grappes tantôt feuillées dans presque toute leur longueur (surtout les principales), tantôt bractéolées dès leur base, tantôt lâches, tantôt plus ou moins denses : la caulinaire-terminale atteignant quelquefois 1 $^1/_2$ pied de long; les autres en général beaucoup plus courtes et pauciflores, rapprochées en panicule subpyramidale ou plus ou moins allongée. Pédicelles dressés ou ascendants, longs de quelques lignes à 2 pouces (tantôt plus longs que la feuille florale ou la bractée, tantôt plus courts), dibractéolés en général au-dessus de leur milieu. Bractées et bractéoles subulées. Fleurs de grandeur variable. Sépales glabres ou pubérules en dessous : casque large de 3 lignes à 1 pouce, tantôt plus haut que large, tantôt plus large que haut, droit ou plus ou moins incliné en avant, en général creusé d'un sinus plus ou moins profond immédiatement ou peu au-dessus du bec : bec long de 1 ligne à 4 lignes, oblong, ou oblong-lancéolé, obtus, ou pointu, horizontal, ou décliné, ou ascendant, ou redressé à l'extrémité. Sépales latéraux larges de 3 à 8 lignes, en général barbus intérieurement vers leurs bords, suborbiculaires, ou obovales-orbiculaires, ou cunéiformes-orbiculaires, ou subcultriformes, ou subdolabriformes, plus ou moins inéquilatéraux, en général égaux. Sépales inférieurs 3 à 4 fois moins larges que les sépales latéraux, et en général un peu plus courts, souvent barbus aux bords : le plus étroit oblong, ou oblong-spathulé, ou lancéolé-oblong; l'autre elliptique, ou elliptique-oblong, ou obovale, un peu plus court. Pétales à onglet aussi long que le casque ou plus court, plus ou moins fortement arqué et incliné en avant, filiforme; capuchon presque réduit à la base conique de l'éperon; éperon assez gros, très-renflé à l'extrémité; labelle large de 1 ligne à 2 lignes, horizontal ou résupiné, porté sur un stipe filiforme 2 à 3 fois plus court que l'onglet du pétale. Étamines en général glabres. Follicules longs d'environ 6 lignes, dressés, contigus presque jusqu'au sommet, ordinairement pubescents. Graines longues de 1 ligne à 1 $^1/_2$ ligne, larges d'environ 1 ligne, noires, obtuses ou tronquées à la base, en général pointues au sommet : ailes marginiformes, subopaques; rides nulles ou très-fines et peu nombreuses.

Cette espèce, connue sous les noms vulgaires d'*Anthore* et de *Maclou*, croît en Europe dans les Alpes, les Pyrénées et autres montagnes, ainsi qu'au Caucase et en Sibérie. Elle fleurit en été. On la cultive comme plante d'ornement. Les anciens auteurs lui donnent le nom d'*Aconit salutaire*, parce qu'ils lui attribuaient la propriété, probablement imaginaire, d'être l'antidote des autres Aconits; mais en attendant que des expériences positives soient venues à l'appui de cette assertion sans preuves, il sera très-prudent de considérer l'*Anthore* comme non moins dangereuse que le Napel.

Ire TRIBU. LES ACTÉARIÉES. — *ACTÆARIEÆ* Spach.

Calice caduc dès l'épanouissement. Pétales nuls, ou planes, ou cymbiformes, caducs avec les étamines (plus tard que les sépales). Étamines hypogynes; anthères adnées, comprimées; connectif filiforme ou linéaire.

Genre HYDRASTIS. — *Hydrastis* Linn. (1)

Sépales 3. Pétales nuls. Étamines 50 à 60, toutes fertiles; filets linéaires, aplatis, un peu rétrécis au sommet : les extérieurs plus larges et plus courts que les intérieurs; anthères elliptiques, tronquées. Pistil de 5 à 15 ovaires agrégés, non-stipités, bi-ovulés : ovules collatéraux, attachés vers le milieu de l'angle interne. Styles gros, rectilignes, courts, dressés, terminés chacun par 2 crêtes pétaloïdes, conniventes, arrondies, denticulées. Péricarpe moriforme, composé de 5 à 15 baies charnues, 1- ou 2-spermes. Graines lisses, obovoïdes.

Herbe vivace. Rhizome court, oblique, tronqué, jaune intérieurement, squamifère au sommet, garni inférieure-

---

(1) M. De Candolle place ce genre à côté des Anémones, dont il est très-éloigné tant par le port que par la conformation des ovaires, tandis que ses nombreuses affinités avec les *Actæa* sont très-évidentes.

ment de fibres simples ou peu rameuses. Tige très-simple, dressée, uni-flore, diphylle vers le sommet, nue inférieurement. Feuilles grandes, palmatifides : les radicales (nulles sur la plante florifère) et la caulinaire inférieure pétiolées; la caulinaire supérieure sessile; pétiole élargi à sa base en courte gaîne amplexicaule. Pédoncule nu, terminal, dressé à l'époque de la floraison. Fleur peu apparente. Sépales d'un rose verdâtre. Étamines plus longues que le pistil, divergentes après l'anthèse; filets blanchâtres; anthères jaunes; connectif large, linéaire, subappendiculé au sommet.

L'espèce suivante constitue à elle seule le genre.

Hydrastis du Canada. — *Hydrastis canadensis* Linn. — *Warneria canadensis* Mill. Ic. 2, tab. 285.

Plante haute de 1/2 pied à 1 1/2 pied, en général pubérule sur toutes ses parties herbacées. Rhizome garni au sommet de plusieurs écailles membraneuses, jaunâtres, amplexicaules, larges, elliptiques, ou arrondies, ordinairement subbilobées au sommet, ou rétuses et mucronulées. Feuilles caulinaires (peu développées à l'époque de la floraison) larges de 2 à 5 pouces, molles, profondément 5-ou 7-fides, cordiformes-orbiculaires ou subréniformes en leur contour : lobes subrhomboïdaux, ou lancéolés-obovales, ou lancéolés-oblongs, ou lancéolés, acuminés, inégalement dentelés, ou incisés-dentés : dentelures acuminées; pétiole de la feuille inférieure long de 1 pouce à 4 pouces. Pédoncule florifère long de 1/2 pouce à 1 pouce, grêle, pubérule, longuement débordé par la feuille terminale. Sépales elliptiques ou ovales-elliptiques, très-obtus, finement veinés, longs d'environ 3 lignes. Étamines à peu près aussi longues que les sépales. Ovaires subovoïdes. Fruit (suivant Michaux) rouge, de la forme et du volume d'une mûre sauvage.

Cette plante croît au Canada et dans les montagnes des États-Unis, où on la nomme vulgairement *yellow-root* (c'est-à-dire racine jaune); elle se plaît dans les endroits humides, ombragés, et fleurit au printemps. Sa racine est extrêmement amère mais point vénéneuse ; on l'emploie fréquemment, en Amérique, comme remède tonique.

Genre ACTÉA. — *Actæa* (Linn.) Fisch. et C. A. M.

Sépales 4. Pétales 1 à 6 (accidentellement nuls), petits, longuement onguiculés, spathulés, planes. Étamines 30 à 40, toutes fertiles ; filets filiformes-spathulés ; anthères suborbiculaires, obtuses. Pistil à ovaire solitaire, oblique, ovoïde, 6-12-ovulé, non-stipité ; ovules opposés-bisériés. Stigmate oblique, sessile, adné, transversalement oblong ou elliptique, uni-sulqué. Péricarpe ovoïde ou ellipsoïde, charnu, indéhiscent, 6-12-sperme, couronné par le stigmate. Graines bisériées, semi-circulaires, trigones, plus ou moins comprimées bilatéralement, convexes au dos, immarginées aux angles latéraux, tantôt uni- tantôt bi-carénées au bord antérieur ; tégument épais, subcoriace, ponctué ; embryon minime, obcordiforme.

Herbes vivaces, à rhizome rampant. Tige simple, oligophylle. Feuilles radicales (n'existant que sur les jeunes plantes non-florifères) et feuilles caulinaires inférieures longuement pétiolées, décomposées (pétiole à ramifications biternées : les ramifications secondaires pennées-trifoliolées ou pennées-5-7-foliolées) ; la terminale subsessile, ordinairement biternée ; pétiole élargi à la base en courte gaîne amplexicaule membraneuse ; folioles incisées-dentées ou incisées-crénelées, souvent (surtout les terminales) triparties ou trifides. Grappes terminales, solitaires (ou quelquefois géminées, mais l'une seulement 2-5-flore), pédonculées, courtes, 7-40-flores, aphylles, toujours dressées. Pédicelles horizontaux ou presque dressés, épars, nus, uni-bractéolés à leur base. Bractéoles courtes, persistantes. Fleurs assez petites. Sépales cymbiformes-obovales, très-obtus, d'un blanc verdâtre, très-minces, finement striés. Pétales étroits, blancs, en général plus courts que les étamines. Étamines plus longues que le pistil, divergentes après l'anthèse ; filets blanchâtres; anthères petites, jaunes. Ovaire inéquilatéral, à suture ovulifère sublatérale. Péricarpe charnu, assez mince, non-stipité, obtus, oblique, caduc, exactement rempli par les graines. Graines grosses, immédiatement superposées, un peu luisantes, d'un brun soit roux, soit noirâtre, tronquées ou échancrées aux 2 bouts; raphé et chalaze oblitérés; embryon à peine perceptible à l'œil nu: radicule conique ou mammiforme, apiculée; cotylédons minces, un peu divergents, elliptiques, obtus, à peu près aussi longs que la radicule.

Ce genre se compose des trois espèces dont nous allons faire mention.

Actéa commun. — *Actæa vulgaris* Spach.

— α : A fruit noir (*melanocarpa*). — *Actæa spicata* Linn. — Gærtn. Fruct. 2, tab. 114, fig. 1. — Engl. Bot. tab. 918. — Flor. Dan. tab. 498. — Bull. Herb. tab. 83. — Svensk Bot. tab. 291. — Hayn. Arzn. 1, tab. 14. — Blackw. Herb. tab. 565. — *Christophoriana spicata* Mœnch, Meth. — *Actæa nigra* Flor. Wetterav.

— β : A fruit rouge (*erythrocarpa*). — *Actæa erythrocarpa* Fisch. — *Actæa rubra* Ledeb. Flor. Alt. (non Bigelow.)

Folioles sessiles ou pétiolulées, acuminées, incisées-dentées, à base cordiforme, ou arrondie, ou cunéiforme, ou obliquement tronquée : les latérales ovales, ou ovales-lancéolées, ou oblongues-lancéolées, ou ovales-rhomboïdales; la terminale en général cunéiforme-rhomboïdale, trifide, ou tripartie. Grappe terminale, courte, 7-20-flore, ovale-oblongue. Pédicelles horizontaux ou subhorizontaux, en général à peine aussi longs que la fleur. Pétales elliptiques ou obovales, obtus, ou échancrés. Baies ellipsoïdes ou ovoïdes, en général plus longues que les pédicelles.

Plante glabre ou légèrement pubérule, haute de 1 pied à 2 1/2 pieds. Rhizome grêle, brun, jaunâtre à l'intérieur, garni inférieurement de longues fibres, et au sommet de plusieurs écailles larges, membraneuses, engaînantes, roussâtres. Tiges (en général solitaires) dressées, cylindriques, grêles, cannelées, fistuleuses, 2-4-phylles, tantôt nues jusque vers le milieu, tantôt produisant la première feuille presque dès la base. Feuilles verticales, triangulaires en leur contour : la caulinaire inférieure atteignant jusqu'à 2 pieds de long ; les autres beaucoup moins grandes ; folioles longues de $^1/_2$ pouce à 3 pouces, minces, d'un vert gai, luisantes, un peu rugueuses ; dents mucronées ou acuminées, plus ou moins inclinées. Grappes solitaires ou géminées, assez denses lors de la floraison : le pédoncule de la grappe principale long de $^1/_2$ pouce à 3 pouces, raide, anguleux ; le pédoncule de la grappe accessoire presque filiforme, plus court, 2-5-flore. Pédicelles à peu près aussi longs que la fleur, ou moins souvent plus longs. Bractées subulées, de moitié à 3 fois plus courtes que le pédicelle. Sépales longs d'environ 2 lignes. Pétales tantôt aussi longs que les étamines, tantôt plus courts. Étamines à peu près aussi longues que les sépales. Baies du volume d'un gros pois. Graines d'un brun soit roux, soit noirâtre, longues de 3 à 4 lignes.

Cette espèce, connue sous le nom vulgaire d'*Herbe de Saint-Christophe*, croît dans les bois humides, en Europe ainsi qu'en Sibérie. Elle fleurit en mai et juin. Toutes les parties de la plante sont vénéneuses. La racine, qui est d'une âcreté très-prononcée, a été vantée comme sudorifique et purgative ; mais à dose un peu trop forte, elle cause des vomissements accompagnés de délire et d'autres accidents graves. Les feuilles ont une saveur très-amère et une odeur désagréable ; leur décoction s'employait autrefois, à l'extérieur, contre les scrofules et autres maladies de la peau. Le fruit, qui passe également pour être très-vénéneux, a une saveur nauséabonde ; bouilli avec de l'alun, il donne une teinture noire. L'herbe de Saint-Christophe, dit le docteur Loiseleur Deslongchamps, paraît être un médicament énergique mais redoutable, qui ne doit être employé qu'à l'extérieur, ou avec la plus grande précaution à l'intérieur, jusqu'à ce qu'on connaisse plus positivement sa manière d'agir.

Actéa a longs pédicelles. — *Actæa longipes* Spach. — *Actæa rubra* Bigel. Flor. Bost. — Hook. Flor. Bor. Amer. — *Actæa brachypetala* β : *rubra* De Cand. Syst. et Prodr.

Cette espèce, indigène au Canada et dans les États-Unis, ne diffère de l'*Actæa vulgaris* que par ses pédicelles 2 à 3 fois plus longs que la fleur, ses pétales lancéolés ou lancéolés-spathulés, pointus, enfin par son fruit et ses graines plus petits; ce fruit est tantôt rouge, tantôt blanchâtre.

Actéa a courts pédicelles. — *Actæa pachypoda* Elliot, Sketch. — *Actæa alba* Big. l. c. — Hook. l. c. — *Actæa brachypetala* β : *microcarpa* De Cand. Syst. et Prodr.

Suivant les auteurs cités, cette espèce diffère de la précédente par des pédicelles très-courts, très-épaissis après la floraison, de manière à égaler presque le diamètre de la baie. Celle-ci, à ce qu'il paraît, est habituellement blanche; mais nous présumons que l'*Actæa brachypetala* γ : *cærulea* De Cand., doit se rapporter à la même espèce. Cette plante croît au Canada et dans les montagnes des États-Unis.

Genre CIMICAIRE. — *Cimicifuga* Linn.

Sépales 4 ou 5. Pétales 1 à 5 (ou quelquefois nuls), courtement onguiculés, cymbiformes-orbiculaires, 2- ou 3-lobés au sommet, gibbeux et fovéolés antérieurement audessus de l'onglet. Étamines 15 à 40, soit toutes fertiles, soit toutes stériles, soit les extérieures stériles et les autres fertiles; filets filiformes-spathulés; anthères suborbiculaires, rétuses. Pistil (quelquefois abortif) de 3 à 6 ovaires stipités, subtrigones, 6-10-ovulés; ovules alternes-bisériés. Styles courts, filiformes, obtus, papilleux antérieurement. Étairion de 2 à 6 follicules stipités, chartacés, subréticulés, comprimés, oblongs, oncinés par le style, bivalves, par avortement 3-8-spermes. Graines uni-sériées, oblongues, cylindriques, squamelleuses; embryon minime, obcordiforme.

Herbes vivaces. Tige feuillée, paniculée. Feuilles pétiolées (excepté les supérieures) : les radicales et les caulinaires inférieures tantôt biternées, tantôt surdécomposées (à pétiole trifurqué : chacune des ramifications tantôt bi- ou tri-pennée, tantôt simplement pennée); les caulinaires supérieures et les raméaires bipennées, ou pennées, ou 3-foliolées ; folioles sessiles ou pétiolulées, incisées-dentées, ou incisées-crénelées : la terminale (de chaque pennule) en général trifide ou tripartie ; pétiole élargi et submarginé à sa base. Grappes terminales, ou axillaires et terminales, aphylles, multiflores, assez denses, souvent rameuses, inclinées avant la floraison, puis dressées (les fructifères souvent réclinées ou recourbées). Pédicelles courts, horizontaux, raides, un peu épaissis au sommet, 3-bractéolés à la base. Bractéoles minimes, subulées, persistantes, verticillées : l'une (inférieure) un peu plus grande que les 2 autres. Fleurs assez petites. Sépales d'un blanc verdâtre, finement trinervés, très-obtus : les 2 ou 3 extérieurs cymbiformes-orbiculaires ; les intérieurs cymbiformes-obovales, plus étroits. Pétales presque aussi grands que les sépales, un peu charnus, d'un jaune pâle, rougeâtres ou blanchâtres au sommet. Réceptacle court, tronqué. Étamines plus longues que les pétales, divergentes après l'anthèse ; filets blanchâtres ; anthères (indéhiscentes et plus petites lorsque les étamines sont stériles) d'un jaune pâle, petites : connectif étroit, linéaire. Pistil longuement débordé par les étamines. Ovaires à l'époque de la floraison très-petits, connivents, courtement stipités : style d'abord rectiligne et dressé, plus tard tantôt recourbé, tantôt incliné en avant. Étairion en général 3-5-folliculaire ; follicules minces, comprimés bilatéralement, subcarénés aux bords, finement veineux, un peu divergents au sommet, contigus inférieurement, chacun porté sur un stipe filiforme résupiné. Graines obtuses aux 2 bouts, couvertes d'une multitude de squamelles inégales (les unes plus courtes et sublinéaires, les autres plus longues et flabelliformes ou cunéiformes), scarieuses, subdiaphanes, finement striées, horizontales, plus longues que le diamètre de la graine. Embryon à peine perceptible à l'œil nu : radicule mammiforme, apiculée; cotylédons très-courts, arrondis, minces.

Les deux espèces dont nous allons traiter sont les seules qu'on puisse rapporter avec certitude à ce genre.

A. *Fleurs courtement pédicellées, hermaphrodites. Étamines ordinairement toutes fertiles.*

Cimicaire fétide. — *Cimicifuga fœtida* Linn. Syst. — Gmel. Flor. Sibir. v. 4, tab. 70. —Lamk. Ill. tab. 487 (mala). — *Actæa Cimicifuga* Linn. Amœn. — De Cand. — *Actæa macropoda* Turcz.

Folioles acuminées ou moins souvent obtuses, incisées-dentées, ou incisées-crénelées, à base cordiforme, ou arrondie, ou cunéiforme, ou obliquement tronquée : les latérales ovales, ou ovales-oblongues, ou ovales-lancéolées, ou oblongues-lancéolées, ou oblongues ; la terminale (de chaque pennule) en général cunéiforme ou subrhomboïdale et plus ou moins profondément trifide ou trilobée. Grappes simples, ou rameuses à la base. Pédicelles plus courts que les sépales. Follicules pubérules, acuminés aux deux bouts, courtement oncinés ou cuspidés.

Plante haute de 2 à 6 pieds. Racine courte, noueuse. Tige dressée, cylindrique, pleine, plus ou moins distinctement anguleuse, rameuse soit presque dès sa base, soit seulement vers son milieu ou plus haut, quelquefois très-simple, en général finement pubérule (de même que les rameaux, les pédoncules et pédicelles) surtout vers le haut; rameaux en général simples ou presque simples et médiocrement feuillés, dressés. Feuilles triangulaires en leur contour : les inférieures longues de $^1/_2$ pied à 2 pieds; les supérieures beaucoup plus petites; pétiole glabre ou pubérule, semi-cylindrique, plane ou un peu concave en dessus; folioles longues de $^1/_2$ pouce à 3 pouces, d'un vert foncé et glabres en dessus, d'un vert pâle et pubérules en dessous : les latérales tantôt sessiles, tantôt courtement pétiolulées; la terminale en général plus ou moins longuement pétiolulée et plus grande que les autres ; dents et crénelures en général acuminées, mucronulées. Grappes longues de 2 pouces à 1 pied, assez denses, grêles, rapprochées en panicule terminale : les axillaires et les terminales plus ou moins longuement pédonculées; les latérales sessiles ou subsessiles. Sépales et pétales longs à peine de 2 lignes. Étamines longues de 3 à 4 lignes. Follicules longs de 5 à 6 lignes, larges d'environ 2 lignes : stipe long de 1 $^1/_2$ ligne à 2 lignes. Graines d'un brun clair, longues de 1 $^1/_2$ ligne à 2 lignes, assez minces.

Cette espèce croît dans l'Europe orientale, en Sibérie, en Daourie, et au Kamtchatka. Toutes les parties de la plante sont vénéneuses et répandent une odeur fétide très-forte. Les habitants de la Sibérie se servent de ses racines pour chasser les punaises, qui, à ce qu'on assure, en détestent l'odeur.

B. *Fleurs subsessiles, dioïques. Étamines des fleurs femelles toutes stériles (à anthères indéhiscentes et dépourvues de pollen ; filets plus larges que ceux des étamines fertiles). Pistil des fleurs mâles rudimentaire.*

CIMICAIRE D'AMÉRIQUE. — *Cimicifuga americana* Michx. Flor. Amer. Bor. — *Cimicifuga podocarpa* Elliot, Sketch. — *Actæa podocarpa* De Cand. Syst. et Prodr. — Delcss. Ic. Sel. 1, tab. 66.

Plante tout à fait semblable au *Cimicifuga fœtida*, tant par le port, que par le feuillage. Fleurs plus petites, plus courtement pédicellées. Follicules glabres ou pubérules, en général verticillés-quinés ou quaternés, longuement stipités.

Cette espèce croît dans les forêts des montagnes de la Caroline.

Genre BOTROPHIS. — *Botrophis* Rafin.

Sépales 4 ou 5. Pétales 3 à 12, très-petits, longuement onguiculés, caducs avec les étamines, un peu charnus, concaves antérieurement, suboblongs, ordinairement bicornes au sommet. Étamines très-nombreuses (100 à 150), toutes fertiles, divergentes après l'anthèse; filets filiformes-spathulés; anthères suborbiculaires, tronquées au sommet. Pistil à ovaire solitaire, oblique, 6-12-ovulé, rétréci en col au sommet; ovules opposés-bisériés. Stigmate sessile, adné, transversalement elliptique, plane, uni-sulqué. Follicule chartacé, substipité, transversalement strié, ovoïde, un peu comprimé, subacuminé, par avortement 1-6-sperme. Graines bisériées, semi-circulaires, trigones (subglobuleuses étant solitaires), plus ou moins comprimées bilatéralement, convexes au dos, marginées aux angles; tégument épais, subcoriace, un peu rugueux; embryon petit, à cotylédons divergents.

Herbe vivace, ordinairement pluricaule. Tiges aphylles et paniculées vers leur sommet, indivisées et feuillées inférieurement. Feuilles pétiolées : les caulinaires inférieures et les radicales tantôt biternées, tantôt triternées, tantôt bi- ou tri-pennées (à ramifications primaires du pétiole toujours ternées); les supérieures pennées 3-7-foliolées; folioles sessiles ou pétiolulées, incisées-dentées, ou incisées-crénelées: la terminale (de chaque pennule) en général trifide ou trilobée; pétiole élargi et marginé à la base, semi-amplexicaule. Grappes axillaires et terminales, ordinairement rameuses (du moins la terminale), aphylles, grêles, spiciformes, multiflores, longuement pédonculées, pendantes avant la floraison, puis dressées (les fructifères souvent réclinées): le pédoncule des grappes latérales naissant à l'aisselle d'une courte bractée (feuille réduite à la gaîne pétiolaire) subscarieuse. Pédicelles courts, cylindriques, épaissis au sommet, uni-bractéolés à la base, épars, très-rapprochés, horizontaux pendant la floraison, puis déclinés ou réfléchis. Bractéoles petites, subulées, subscarieuses. Fleurs assez petites. Sépales cymbiformes-orbiculaires, mucronulés, finement striés, très-minces, d'un blanc jaunâtre. Pétales jaunâtres, beaucoup plus petits que les sépales. Réceptacle conique, court, tronqué. Étamines divergentes après l'anthèse; filets blanchâtres, presque capillaires; anthères petites, d'un jaune pâle. Pistil à l'époque de la floraison débordé par les étamines : ovaire assez gros. Follicule mince, fragile, un peu comprimé bilatéralement, à peine caréné aux bords. Graines immédiatement superposées, petites, apiculées aux 2 bouts; embryon plus grand que celui des genres voisins : cotylédons minces, elliptiques, obtus, divergents, à peu près aussi longs que la radicule; radicule conique, apiculée.

L'espèce que nous allons décrire constitue à elle seule le genre.

Botrophis Faux-Actéa. — *Botrophis actæoides* Rafin. — *Macrotys racemosa* Rafin. — *Actœa racemosa* Linn. — Dill. Hort. Elth. tab. 67, fig. 78. — *Cimicifuga Serpentaria* Pursh. — *Cimicifuga racemosa* Barton.

Plante haute de 2 à 4 pouces, en général très-glabre (excepté les grappes). Tige dressée, cylindrique, ou obscurément anguleuse, pleine, grêle, en général feuillée dès sa base, racémifère ou ramulifère aux aisselles des feuilles supérieures, simple inférieurement. Ramules grêles, dressés, presque aphylles, en général simples. Feuilles inférieures triangulaires en leur contour, atteignant jusqu'à 2 pieds de long (y compris le pétiole) et presque autant de large; les supérieures graduellement moins grandes; folioles longues de 1/2 pouce à 3 pouces, d'un vert gai en dessus, d'un vert pâle en dessous, assez fermes, ovales, ou ovales-oblongues, ou ovales-lancéolées, ou oblongues-lancéolées, ou lancéolées, ou subrhomboïdales, acuminées, à base cunéiforme, ou obliquement tronquée, ou arrondie, ou subcordiforme; pétiole cylindrique. Grappes longues de 4 pouces à 1 pied : rachis grêle, effilé, raide, finement pubérule de même que les pédicelles. Pédicelles longs de 1 1/2 ligne à 3 lignes. Sépales larges d'environ 2 lignes. Pétales étroits, longs de 1 ligne : onglet filiforme, presque aussi long que la lame, souvent géniculé; lame en général terminée par 2 lanières linéaires, divergentes (tantôt obtuses, tantôt pointues), ou moins souvent soit bidentée, soit tronquée. Étamines longues de 2 à 3 lignes. Follicule brunâtre, long de 2 à 3 lignes. Graines longues d'environ 1 ligne, larges de 1/3 de ligne à 1 ligne, d'un brun roux.

Cette espèce croît dans les montagnes des États-Unis, où on la connaît sous le nom de *snake root* (c'est-à-dire racine à serpent), parce qu'on attribue à sa racine la propriété, sans doute peu fondée, de guérir de la morsure des serpents à sonnette. L'odeur de toutes les parties de la plante est forte et désagréable. Ses longues grappes et son feuillage élégant la font cultiver comme plante de parterre; elle aime une exposition ombragée, et fleurit au commencement de l'été.

IIIe TRIBU. LES PÉONIÉES. — *PÆONIEÆ* Spach.

Calice marcescent. Pétales planes, inonguiculés, non-fovéolés. Réceptacle concave. Étamines insérées sur un disque périgyne cupuliforme. Anthères innées, tétragones, quadri-sulquées, plus ou moins arquées et contournées après l'anthèse; connectif inapparent.

Genre PIVOINE. — *Pæonia* Linn.

Sépales 5, inégaux, subcoriaces, cymbiformes: les 2 extérieurs moins grands (souvent terminés en appendice foliacé). Pétales 5 à 12 (ordinairement plus de 5), inonguiculés, non-persistants, presque étalés pendant l'épanouissement. Disque charnu, irrégulièrement lobé ou crénelé au bord, engaînant la partie inférieure des ovaires. Étamines très-nombreuses, non-persistantes, plurisériées (dans une seule espèce: la série interne stérile et soudée en urcéole recouvrant le pistil); filets courts, filiformes, cylindriques, divergents après l'anthèse. Anthères linéaires ou oblongues, arrondies aux 2 bouts, mutiques, ou mucronées. Ovaires (par exception solitaires) 2 à 6 (habituellement 3 ou 5), gros, subtrigones, pluri-ovulés. Ovules horizontaux, bisériés. Stigmates sessiles, grands, subpétaloïdes, condupliqués, marcescents, finement papilleux aux bords, persistants. Étairion de 2 à 6 follicules (par exception follicule solitaire) coriaces, univalves, subcylindriques, polyspermes (ou accidentellement oligospermes par avortement), persistant après la déhiscence. Graines ellipsoïdes ou subglobuleuses, grosses, très-lisses, horizontales, bisériées : tégument coriace. Embryon court : radicule grosse, subcolumnaire; cotylédons obovales, contigus.

Herbes vivaces (une seule espèce est un arbrisseau), à rhizome polycéphale, garni de grosses fibres fasciculées, charnues, souvent tubériformes. Tiges simples et uniflores, ou rameuses; les herbacées feuillées (du moins à partir du milieu), garnies à leur base de plusieurs écailles engaînantes, membraneuses. Feuilles subcoriaces, mais non-persistantes, éparses : les inférieures (caulinaires) grandes, plus ou moins longuement pétiolées, biternées, ou moins souvent soit bipennées, soit tripennées; les supérieures en général pennées-3-5-foliolées, ou simples; les radicales (nulles dans les bourgeons qui se développent en tige) en général conformes aux caulinaires inférieures, mais moins grandes; les primordiales ordinairement simples ou trifoliolées, petites; pétiole commun cylindrique ou semi-cylindrique, plus ou moins élargi à sa base; folioles (dans la plupart des espèces de forme très-variable) très-entières, ou lobées, ou 2- ou 3-fides, ou palmées, ou pennatifides, ou pennatiparties, ou bipennatiparties, tantôt sessiles, tantôt pétiolulées. Fleurs grandes, terminales, solitaires, tantôt sessiles ou subsessiles, tantôt plus ou moins longuement pédonculées. Calice ordinairement accompagné à sa base d'une ou de deux grandes bractées foliacées. Sépales beaucoup moins grands que la corolle, durant la floraison étalés, puis réfléchis : les 2 extérieurs terminés souvent en languette foliacée, ou quelquefois remplacés par une ou deux grandes bractées foliacées. Corolle blanche, ou carnée, ou rouge, non-éphémère, mais assez passagère. Réceptacle ample, cyathiforme, continu avec le pédoncule et les sépales, avant la floraison adhérent à la partie inférieure des ovaires. Disque blanc ou pourpre, épaissi au bord, adné inférieurement aux parois du réceptacle. Étamines insérées à la surface externe du disque (excepté les étamines stériles qui forment l'urcéole interne de la fleur du *Pæonia Moutan*), à peu près aussi longues que le calice, en préfloraison les extérieures ascendantes, les intérieures dressées. Filets blanchâtres ou d'un pourpre plus ou moins foncé. Anthères latéralement déhiscentes, jaunes, en général à peu près aussi longues que les filets. Pistil pendant l'anthèse à peu près aussi long que les étamines. Ovaires ovoïdes, ou coniques, ou subcolumnaires, non-stipités, pendant la floraison contigus ou à peine divergents, plus tard plus ou moins divergents, ou divariqués, ou réfléchis. Ovules anatropes, immédiatement superposés, attachés au placentaire moyennant un funicule court, gros, fongueux, cupuliforme, emboîtant (excepté dans le *Pæonia Moutan*, où les ovules sont attachés immédiatement au placentaire); exostome orbiculaire, un peu latéral; chalaze et raphé superficiels. Stigmates de couleur rose ou pourpre, tantôt liguliformes, tantôt ovales-oblongs ou ovales, obtus ou pointus, plus ou moins recourbés, ou roulés presque en crosse, ou moins souvent subrectilignes (1). Follicules ovoïdes, ou coniques, ou subcolumnaires, acuminés, ou obtus, non-stipités, ou peu rétrécis à leur base, tantôt rectilignes, tantôt plus ou moins recourbés, grands, innervés, convexes au dos, légèrement canaliculés à la suture antérieure, souvent cotonneux, en général étalés horizontalement ou un peu réfléchis; endocarpe d'abord coloré (rouge ou rose) et peu succulent, finalement chartacé, luisant. Graines légèrement

---

(1) Ces variations des stigmates se retrouvent d'une manière plus ou moins prononcée dans toutes les espèces.

carénées par le raphé, cylindriques, obtuses aux deux bouts, avant la parfaite maturité d'un rouge plus ou moins vif, puis violettes, enfin d'un noir luisant, en général persistant quelque temps après la déhiscence, souvent par avortement en nombre beaucoup moins considérable que les ovules; tégument extérieur d'abord charnu et succulent, finalement presque osseux; hile terminal, horizontal, linéaire; chalaze peu apparente; exostome petit, mammiforme. Embryon à peu près 4 fois plus court que le périsperme : cotylédons minces, obtus, un peu plus longs que la radicule, non-divergents.

Parmi les végétaux indigènes dans les contrées septentrionales de l'ancien continent, il en est peu qui puissent rivaliser avec les *Pivoines*, quant à la grandeur des fleurs; aussi les espèces de ce genre sont-elles, ainsi que personne ne l'ignore, du nombre des plantes de parterre les plus recherchées; et, sous ce rapport, elles offrent en outre les agréments d'une floraison assez précoce, ainsi que l'avantage d'une culture très-facile dans presque toute sorte de terrain, pourvu qu'il ne soit pas trop humide.

Malgré l'odeur forte et peu agréable des parties herbacées (ou même des fleurs de plusieurs espèces) ainsi que des racines des Pivoines, ces végétaux paraissent ne point participer aux propriétés délétères si communes parmi les autres Helléboracées.

Suivant plusieurs auteurs, ce genre renfermerait environ trente espèces, ou même plus. Mais quant à ce point, il en est des Pivoines comme des Aconits, des Dauphinastres, et de plusieurs autres genres de Renonculacées ou d'Helléboracées; toutes les espèces offrent une multitude de variations en général à peu près individuelles, et qu'une observation superficielle ou mal guidée a fait considérer comme autant de caractères. Les dix espèces que nous allons décrire sont, à notre avis, les seules qu'on puisse admettre comme telles.

SECTION I. MOUTAN De Cand.

Tige ligneuse. Feuilles pennati-biternées, ou pennées 3-5-foliolées. Pétales marqués au-dessus de leur base d'une grande tache d'un pourpre noirâtre. Étamines intérieures stériles, soudées en urcéole pétaloïde, irrégulièrement lacinié au sommet, engaînant les ovaires presque jusqu'à leur sommet. Filets linéaires. Anthères mucronées. Ovules attachés sans l'intermédiaire d'un funicule.

PIVOINE MOUTAN. — *Pæonia Moutan* Hort. Kew. — Bot. Mag. tab. 1154 et 2175. — Bonpl. Malm. tab. 1. — *Pæonia papaveracea* Andr. Bot. Rep. tab. 463. — Lodd. Bot. Cab. tab. 547. — *Pæonia suffruticosa* Andr. l. c. tab. 448 et 473.

Feuilles longuement pétiolées : pétiole cylindrique ou anguleux, non-canaliculé en dessus. Folioles acuminées : les latérales sessiles ou subsessiles, ovales, ou ovales-lancéolées, ou oblongues-lancéolées, ou oblongues, très-entières, ou irrégulièrement incisées-dentées ; les terminales plus ou moins longuement pétiolées, cunéiformes, ou subrhomboïdales, plus ou moins profondément trifides, ou triparties.

Arbrisseau touffu, atteignant 3 à 5 pieds de haut. Tige dressée, très-rameuse. Rameaux anguleux, érigés, creux : les adultes aphylles. Ramules grêles, feuillés, plus ou moins allongés, uniflores. Bourgeons écailleux. Feuilles tantôt oblongues, tantôt subtriangulaires en leur contour : les inférieures longues de 1/2 pied à 1 1/2 pied (y compris le pétiole) ; les supérieures moins grandes ; pétiole grêle, fistuleux, semi-amplexicaule, élargi mais immarginé à sa base, en général ramifié ou foliolifère à partir du milieu ; folioles glabres, d'un vert glauque en dessus, très-glauques en dessous, subcoriaces, longues de 1/2 pouce à 3 pouces : le segment intermédiaire de la foliole terminale (lorsqu'elle est 3-partie) souvent trifide. Fleurs plus ou moins longuement pédonculées, larges de 3 à 6 pouces. Bractées cunéiformes-trifides ou lancéolées, plus longues que les sépales. Sépales suborbiculaires, ou obovales-orbiculaires, ou cunéiformes-orbiculaires, souvent mucronés ou courtement cuspidés, d'un vert jaunâtre. Pétales obovales, ou oblongs-obovales, souvent érosés ou subfimbriés, blancs, ou carnés, ou d'un rose plus ou moins vif, beaucoup plus grands que les sépales. Étamines à peu près aussi longues que le calice : filets blanchâtres; urcéole blanchâtre ou pourpre. Pistil à peu près aussi long que les étamines : ovaires subquinés, cotonneux; stigmates larges, pourpres.

Cette espèce, connue sous le nom un peu emphatique de *Pivoine en arbre*, est indigène en Chine, d'où elle ne fut introduite en Europe que vers la fin du dernier siècle. C'est sans contredit l'une des plus belles plantes d'ornement parmi celles qui résistent, sans abri, aux hivers du nord de la France; mais, quoique très-rustique, ses fleurs, qui paraissent dès le mois d'avril, sont sujettes à souffrir des gelées printannières; aussi beaucoup d'amateurs préfèrent-ils la cultiver en orangerie, pour jouir plus longtemps de sa floraison. Les variétés à fleurs doubles ou semi-doubles sont plus communes, et par conséquent moins recherchées que le type naturel de l'espèce.

SECTION II. PÆON De Cand.

Tiges herbacées, feuillues. Feuilles subdécomposées, ou subtriternées, ou biternées, ou quinati-bipennées (les supérieures souvent pennati-3- ou 5-foliolées, ou digitées-3-foliolées). Pétales immaculés ou lavés de jaune vers leur base. Étamines toutes fertiles : filets filiformes ou capillaires; anthères obtuses, mutiques. Ovules attachés moyennant un funicule gros, charnu, évasé en forme de cupule.

A. *Ovaires solitaires.*

PIVOINE DE L'HIMALAYA. — *Pæonia Emodi* Wallich, Cat. — Royle, Ill. Himal. Plant. 1, p. 57.

« Feuilles biternées; folioles glabres, décurrentes, lancéolées,

» acuminées. Follicule cotonneux, érigé. — Plante haute de 3 » pieds. Fleurs blanches. Calice souvent trisépale. Pétales au » nombre de 8. » Royle, l. c.

Cette plante qui, d'après la courte description de l'auteur cité, ne paraît guère différer de l'espèce suivante, croît dans les régions alpines de l'Himalaya.

B. *Tiges 2-5-flores* (*accidentellement uniflores*). *Feuilles raméaires simples, indivisées. Follicules* (*en général quinés*) *ovoïdes ou coniques, élargis ou non-rétrécis à leur base, érigés, ou peu divergents, rectilignes, ou subrectilignes, ordinairement oligospermes* (*petits en proportion à ceux des autres espèces herbacées*).

Pivoine comestible. — *Pœonia edulis* Salisb. Parad. Lond. —*Pæonia albiflora* Pallas, Flor. Ross. 2, tab. 84.—Andr. Bot. Rep. tab. 64. — Bot. Mag. tab. 1756. — Bot. Reg. tab. 630 (var. flor. alb. plen.)— *Pæonia tatarica* Bot. Reg. tab. 42. — *Pæonia Humei* Bot. Mag. tab. 1768. (var. flor. plen. purpur.) — *Pæonia Whitleyi* Anders. — Bot. Reg. tab. 630. — Andr. Bot. Rep. tab. 612 (var. flor. plen. albo). — *Pæonia fragrans* Anders. (var. flor. purpur. simpl.) — Bot. Reg. tab. 485.

Feuilles glabres, subcoriaces, luisantes : les inférieures biternées ou subbiternées; les supérieures pennées (3-ou 5-foliolées) ou simples; folioles lancéolées, ou lancéolées-oblongues, ou lancéolées-obovales, ou lancéolées-elliptiques, ou lancéolées-rhomboïdales, ou obovales-rhomboïdales, acuminées, ordinairement décurrentes : les latérales très-entières; les terminales quelquefois subbiparties ou bilobées; pétiole canaliculé en dessus.

Plante très-glabre, haute de 2 à 3 pieds. Tiges grêles, anguleuses, ordinairement rameuses vers leur sommet. Rameaux courts, uniflores, ou rarement biflores, subaphylles. Feuilles inférieures longues d'environ 1 pied (y compris le pétiole, lequel se ramifie en général à partir du milieu ou un peu plus haut); folioles longues de 2 à 8 pouces, larges de ½ pouce à 2 pouces, veineuses, d'un vert foncé en dessus, d'un vert pâle ou un peu glauques en dessous, non-incombantes, en général inéquilatérales, quelquefois géminées sur un ou deux des pétioles secondaires. Fleurs grandes, légèrement odorantes, plus ou moins longuement pédonculées, ou subsessiles. Bractées lancéolées, plus longues que les sépales. Sépales elliptiques, ou ovales-elliptiques, ou obovales-orbiculaires, très-obtus, ou cuspidés, ou acuminés, d'un vert plus ou moins lavé de pourpre, longs de ½ pouce à 1 pouce. Corolle rose, ou blanche, ou pourpre, large de 2 à 4 pouces : pétales obovales ou flabelliformes. Étamines à peu près aussi longues que les sépales : filets blancs ou rouges. Pistil glabre, à peu près aussi long que les étamines, en général d'un pourpre noirâtre. Follicules glabres, longs de ½ pouce à 1 pouce, ordinairement quinés. Graines subglobuleuses, du volume d'un gros Pois.

Cette espèce, indigène en Sibérie, en Daourie et dans le nord de la Chine, est la plus recherchée, parmi ses congénères herbacées, comme plante d'ornement. Elle fleurit en mai et juin. On en possède de très-belles variétés à fleurs doubles.

Les Mongols mangent les racines de cette Pivoine, après les avoir fait cuire, et l'infusion des graines leur tient lieu de thé.

C. *Follicules (lors de la maturité) divariqués, plus ou moins recourbés, ordinairement verticillés-ternés (accidentellement solitaires par avortement, ou géminés). Tiges uniflores (très-rarement divisées vers leur sommet en deux ou trois rameaux uniflores).*

a) *Tiges subaphylles vers leur sommet. Feuilles biternées (excepté les plus voisines de la fleur, lesquelles sont souvent ou indivisées, ou pennées 3-5-foliolées); folioles des feuilles caulinaires tantôt très-entières, tantôt lobées, tantôt pennatifides, ou pennatiparties, ou palmatiparties; folioles des feuilles radicales très-entières ou moins souvent soit bilobées, soit trilobées, assez fréquemment géminées au sommet des pétioles secondaires; pétiole commun subcylindrique, canaliculé ou plane en dessus, immarginé.*

PIVOINE OFFICINALE. — *Pæonia officinalis* Linn.

— α : A FOLIOLES LOBÉES OU LACINIÉES. — *Pæonia officinalis* : α, Linn.

Sous-variétés à folioles vertes aux deux faces.

Pæonia officinalis auct. plur. — Blackw. Herb. tab. 65. — Bot. Mag. tab. 1784. (flor. plen.) — *Pæonia lobata* Desfont. Hort. Par. — *Pæonia festiva* Tausch. — *Pæonia porrigens* Reichb. Flor. Germ. Excurs.

Sous-variétés à folioles glauques soit aux 2 faces, soit seulement en dessous.

Pæonia fœmina et *Pæonia villosa* Desfont. Hort. Par. — — *Pæonia officinalis* Bull. Herb. tab. 101. — Loddig. Bot. Cab. tab. 1075. — *Pæonia pubens* Sims, Bot. Mag. tab. 2264. — *Pæonia mollis* Bot. Mag. tab. 474. — *Pæonia sessiliflora* Bot. Mag. tab. 2648. — *Pæonia villosa* Sweet, Brit. Flow. Gard. tab. 113. — *Pæonia promiscua* Lobel. — *Pæonia lanceolata* Salm, Cat. Hort. Dyck. — *Pæonia multifida* Salm, l. c. — *Pæonia paradoxa* Anders. — Sweet, Brit. Flow. Gard. tab. 19. — Bot. Reg. tab. 474. — *Pæonia fimbriata* Anders. — *Pæonia peregrina* Mill. — Bot. Mag. tab. 1050. — *Pæonia humilis* Retz. — Bot. Mag. tab. 1422. — *Pæonia decora* Anders. — *Pæonia arietina* Anders. — *Pæonia cretica* Bot. Reg. tab. 819. — — *Pæonia tatarica* Mill. Ic. tab. 199. — *Pæonia microcarpa* Salm, Cat. Hort. Dyck. — Folioles latérales tantôt indivisées (lancéolées, ou lancéolées-oblongues, ou oblongues, ou oblongues-lancéolées, ou ovales-lancéolées), tantôt bilobées, ou trifides, ou pennatifides, ou pennatiparties; folioles terminales en général triparties ou pennatiparties.

— β : A FOLIOLES INDIVISÉES. — *Pæonia officinalis* : β, Linn. — *Pæonia corallina* Retz. Obs. — Engl. Bot. tab. 1513. — Moris, Flor. Sard. 1, tab. 4. — *Pæonia officinalis* Blackw. Herb. tab. 245. — Mill. Illustr. tab. 47. — *Pæonia integra* Murr. in Comment. Gœtt. — *Pæonia mascula* Desfont. Hort. Par. — *Pæonia triternata* Pallas, in Nov. Act. Petrop. v. 10. — *Pæonia daurica* Andr. Bot. Rep.

tab. 486. — Bot. Mag. tab. 1441. — *Pæonia Russi* Bivon. Man. Sicul. — Sweet, Brit. Flow. Gard. tab. 122. — Bot. Mag. tab. 3431. — *Pæonia bannatica* Roch. Bann. tab. 11. — *Pæonia rosea* Host. Austr. — *Pæonia subternata* Salm, Cat. Hort. Dyck. — Folioles ordinairement glauques (du moins en dessous) : les latérales en général très-entières ; les terminales tantôt conformes aux latérales, tantôt (mais moins souvent) plus ou moins profondément 2-ou 3-lobées, ou rarement 2-ou 3-parties (1).

Plante haute de 1/2 pied à 3 pieds, tantôt très-glabre, tantôt plus ou moins pubescente, extrêmement variable surtout quant à la composition de ses feuilles, ainsi que la forme et la grandeur des folioles ou segments de folioles. Rhizome oblique ou subhorizontal, polycéphale, de forme irrégulière, couvert de longues fibres plus ou moins grosses, tantôt cylindriques ou sub-cylindriques, tantôt moniliformes, tantôt napiformes vers leur extrémité. Tiges glabres ou pubescentes, dressées, tantôt raides, tantôt flexueuses, anguleuses, cannelées, finalement creuses, en général très-simples et uniflores, rarement divisées vers leur sommet en deux ou trois rameaux chacun uniflore. Feuilles primordiales petites et en général à 3 folioles très-entières subsessiles. Feuilles radicales le plus souvent soit à 3 folioles 2-ou 3-parties, soit à 7 ou 9 folioles indivisées. Feuilles caulinaires plus ou moins longuement pétiolées, tantôt triangulaires, tantôt oblongues en leur contour : les inférieures larges de 4 pouces à 2 pieds ; pétiole atteignant jusqu'à un pied de long, glabre, ou pubescent, grêle, à ramifications primaires tantôt presque égales, tantôt plus ou moins inégales (les latérales en général 1 à 4 fois moins longues que la terminale ; quelquefois la terminale moins longue que les latérales). Folioles longues de 1/2 pouce à 1/2 pied, larges de 3 lignes à 6

(1) Malgré cette synonymie déjà si riche, les amateurs trouveront encore dans les innombrables variations du *Pæonia officinalis*, ample matière à l'établissement de quantité d'*espèces nouvelles*, tout aussi valables que celles que nous réunissons ci-dessus.

lignes, fermes (du moins étant adultes), opaques, ou plus ou moins luisantes soit aux 2 faces, soit seulement en dessus, tantôt d'un vert soit gai, soit foncé, tantôt plus ou moins glauques (surtout en dessous), ordinairement glabres en dessus, en dessous tantôt glabres, tantôt finement pubérules, tantôt fortement pubescentes ou presque cotonneuses, sessiles ou plus ou moins longuement pétiolulées, décurrentes, ou non-décurrentes, équilatérales, ou plus ou moins inéquilatérales, planes, ou condupliquées, souvent incombantes, tantôt presque égales (sur la même ramification pétiolaire), tantôt plus ou moins inégales (les latérales plus petites que les terminales), offrant (ainsi que leurs lobes ou segments) tous les intermédiaires de la forme presque ronde à la forme lancéolée-linéaire, ou oblongue, ou rhomboïdale, à sommet tronqué, ou arrondi, ou acuminé, ou pointu, à base cordiforme, ou arrondie, ou cunéiforme, ou tronquée ; lobes ou segments en général très-entiers, moins souvent incisés-dentés, ou pennatifides, ou trifides. Fleurs tantôt sessiles ou subsessiles, tantôt plus ou moins longuement pédonculées, de grandeur très-variable, exhalant une odeur très-forte et peu agréable. Sépales glabres, ou pubérules en dessous, membraneux aux bords, suborbiculaires, ou elliptiques, verts, ou rougeâtres, longs de 1/2 pouce à 1 pouce : les extérieurs ordinairement cuspidés. Corolle large de 1 1/2 pouce à 4 pouces, pourpre, ou rose, ou écarlate, ou carnée, ou blanche; pétales obovales, ou oblongs-obovales, ou flabelliformes, arrondis ou tronqués et souvent érosés au sommet. Étamines à peu près aussi longues que le calice : filets blanchâtres, ou roses, ou pourpres. Pistil un peu plus long que les étamines. Stigmates jaunes ou pourpres, plus ou moins recourbés, quelquefois presque circinnés. Follicules longs de 1/2 pouce à 2 pouces, glabres, ou cotonneux, horizontaux, ou subhorizontaux, plus ou moins fortement recourbés, ou rarement subrectilignes, tantôt ovoïdes, tantôt coniques ou coniques-cylindracés, tantôt cylindracés, obtus ou acuminés, rétrécis à leur base, ou non-rétrécis. Graines subglobuleuses, ou ellipsoïdes, du volume d'un gros Pois.

Cette espèce est commune dans les localités herbeuses des

montagnes et des collines de l'Europe méridionale. Elle fleurit vers la fin du printemps. On la cultive communément dans les parterres, surtout ses variétés à fleurs doubles.

La racine de la *Pivoine officinale* a une saveur d'abord douceâtre, mais qui finit par laisser dans la bouche une amertume persistante et très-prononcée. Les médecins de l'école d'Hippocrate et de Galien considéraient cette racine comme un spécifique contre l'épilepsie et autres accès convulsifs, ainsi que comme un excellent vulnéraire et emménagogue; les graines et les fleurs de la plante passaient pour jouir des mêmes propriétés que la racine. Quoi qu'il en soit de ces vertus, l'usage médical de la Pivoine est tombé en désuétude dans la thérapeutique moderne.

b) *Tiges feuillues jusqu'au sommet. Feuilles ternées ou biternées : folioles profondément pennatifides ou irrégulièrement laciniées : lanières sublancéolées, ou linéaires-lancéolées ; pétiole semi-cylindrique ou comprimé.*

PIVOINE LACINIÉE. — *Pæonia anomala* Linn. — Bot. Mag. tab. 1754. — *Pæonia sibirica* Pallas, Flor. Ross. tab. 85. — *Pæonia laciniata* Pall. l. c. — *Pæonia lobata* et *Pæonia quinquecapsularis* Pallas, It. — *Pæonia intermedia* C. A. Meyer, in Ledeb. Flor. Alt.

Plante en général glabre (excepté parfois le pistil et les follicules), haute de 1 pied à 2 pieds. Tiges grêles, dressées, anguleuses, sillonnées, très-simples, uniflores, aphylles inférieurement, finalement fistuleuses. Feuilles suborbiculaires ou triangulaires en leur contour : les inférieures larges de 4 pouces à 1 pied; pétiole commun souvent ailé ou marginé, à ramifications latérales en général très-courtes et ailées. Folioles longues de 1 pouce à 4 pouces, larges de 1/2 pouce à 4 pouces, fermes, d'un vert foncé en dessus, d'un vert pâle ou un peu glauques en dessous, rhomboïdales ou cunéiformes en leur contour, les latérales sessiles ou subsessiles, les terminales subsessiles ou plus ou moins longuement pétiolulées : segments larges de 1 ligne à 1 pouce, pointus, ou acuminés, très-entiers, ou moins souvent bi-ou tri-fides, ou incisés-paucidentés. Fleur dressée ou subnutante, sessile, ou subsessile. Sépales verdâtres ou rougeâtres, ovales, ou elliptiques, ou suborbiculaires, arrondis au sommet, ou pointus, ou acuminés (les extérieurs quelquefois cuspidés), glabres, longs de ½ pouce à 1 pouce. Corolle large de 2 à 4 pouces, d'un pourpre plus ou moins vif; pétales obovales ou flabelliformes, très-entiers, ou érosés. Étamines à peu près aussi longues que le calice. Filets roses ou pourpres. Pistil de 2 à 5 ovaires glabres ou cotonneux. Follicules horizontaux ou plus ou moins divergents, recourbés, ou rectilignes. Graines ellipsoïdes, du volume d'un gros Pois.

Cette espèce croît dans les steppes et les montagnes de la Sibérie méridionale. Elle fleurit au printemps. On la cultive comme plante de parterre.

c) *Tiges feuillues jusqu'au sommet. Feuilles tripennées : folioles pennatiparties, ou bipennatiparties; lanières sublinéaires, très-étroites; pétiole comprimé ou semi-cylindrique, plane ou canaliculé en dessus, marginé.*

Pivoine a feuilles menues. — *Pæonia tenuifolia* Linn. Decad. tab. 5. — Bot. Mag. tab. 926. — Roch. Bann. tab. 12, fig. 26. — *Pæonia hybrida* Pallas, Flor. Ross. v. 2, tab. 86. — Bot. Reg. tab. 1208. — *Pæonia laciniata* Willd. Enum. (non Pallas.)

Plante haute de ½ pied à 2 pieds, en général très-glabre (excepté en général les ovaires). Tiges grêles, dressées, anguleuses, sillonnées, en général aphylles jusque vers leur milieu, très-feuillues supérieurement, presque toujours très-simples et uniflores. Feuilles d'un vert gai, luisantes, en général ovales-orbiculaires ou ovales-oblongues en leur contour : les inférieures atteignant jusqu'à 1 pied de long, à pétiole commun divisé en 7 ou 9 ramifications primaires; folioles multifides, décurrentes, à lanières en général larges de ¼ de ligne à ½ ligne, plus ou moins divariquées. Fleur sessile ou subsessile, dressée. Sépales obovales ou suborbiculaires, membraneux aux bords, d'un vert lavé de jaune ou de pourpre : les extérieurs souvent cuspidés; les intérieurs très-obtus ou acuminulés. Corolle large de 2 à 4 pouces, d'un pourpre foncé ; pétales obovales ou flabelliformes, très-entiers, ou érosés. Étamines à peu près aussi longues que le calice ; filets ordinairement pourpres de même que le disque. Follicules verticillés-ternés, ou quaternés, ou quinés, ovoïdes, ou coniques, horizontaux, ou divergents, plus ou moins recourbés, ordinairement cotonneux, longs d'environ 6 lignes.

Cette espèce est commune dans les steppes du midi de la Russie et de la Sibérie ; elle se retrouve en Hongrie. On la cultive fréquemment comme plante de parterre. Elle fleurit au printemps.

GENRE ANOMALE.

Anthères monothèques, transversalement bivalves.

Genre XANTHORRHIZA. — *Xanthorrhiza* L'hérit. (1).

Sépales 5, subpétaloïdes, non-persistants. Pétales 5, alternes avec les sépales, onguiculés, subpeltés, réniformes-bilobés. Étamines tantôt 5 (accidentellement nulles, ou 1 à 4), uni-sériées, alternes avec les pétales, tantôt jusqu'à 10, bisériées (la série externe toujours complète, c'est-à-dire de 5, alternes avec les pétales); filets courts, filiformes-spathulés; anthères réniformes-orbiculaires, ou réniformes-bilobées, subpeltées, transversalement bivalves. Ovaires 5 à 20, courtement stipités, minimes, filiformes, bi-ovulés, terminés chacun en style subulé. Ovules minimes, collatéraux, horizontaux, attachés vers le milieu de la suture antérieure. Étairion de 5 à 20 follicules bivalves, monospermes (par avortement), ou dispermes, courtement stipités, chartacés, innervés, un peu comprimés, curvilignes, ascendants, obtus, oncinulés vers le milieu de la suture dorsale

---

(1) Ce genre a peut-être plus d'affinités avec les Ménispermacées, qu'avec les Helléboracées.

par le style devenu infra-apicilaire. Graines petites, ovoïdes, cylindriques, lisses, obtuses, suspendues, attachées vers le sommet de la suture antérieure; embryon minime, à cotylédons écartés.

Arbrisseau à bois jaunâtre. Bourgeons écailleux, ordinairement terminaux, à la fois folii- et flori-fères. Feuilles non-persistantes, longuement pétiolées, alternes sur les jeunes pousses, roselées à la base des ramules florifères, imparipennées; folioles plus ou moins laciniées, sessiles, mais non décurrentes; pétiole très-grêle, trigone, canaliculé en dessus, dilaté à sa base en large gaîne amplexicaule. Fleurs petites, d'un pourpre livide, disposées en panicules aphylles plus ou moins rameuses, pendantes, solitaires ou fasciculées à la base des jeunes pousses; pédicelles solitaires, ou géminés, ou subfasciculés, filiformes, courts, uni-bractéolés à leur base (ainsi que les ramifications primaires ou primaires et secondaires du pédoncule commun), disposés en grappes tantôt plus ou moins allongées, tantôt subcorymbiformes. Bractées subulées, submembraneuses, persistantes. Sépales courtement onguiculés, plus grands que les pétales; estivation quinconciale. Pétales très-petits : onglet trièdre, linéaire-cunéiforme, un peu plus long que la lame; lame subconvolutée. Étamines minimes. Réceptacle minime, disciforme. Ovaires uni- ou pluri-sériés; ovules ponctiformes, anatropes. Follicules (en général par avortement en nombre moindre que les ovaires) luisants, brunâtres, courbés presque en forme de S. Graines (en général solitaires par avortement) noirâtres, luisantes, obtuses aux 2 bouts; tégument crustacé; chalaze terminale, peu apparente; raphé filiforme; funicule très-court. Périsperme charnu, huileux. Embryon apicilaire, axile : cotylédons minces, obtus, très-courts; radicule cylindracée, obtuse.

L'espèce que nous allons décrire constitue à elle seule ce genre.

Xanthorrhiza a feuilles d'Ache. — *Xanthorrhiza apiifolia* L'hérit. Stirp. Nov. tab. 38. — Duham. Arb. Ed. nov. v. 3, tab. 37. — Bot. Mag. tab. 1736.

Racine stolonifère. Tige simple, ou rameuse au sommet, grêle, dressée, haute de 2 à 4 pieds. Feuilles longues de 3 pouces à 1 ½ pied, 3-9-foliolées; folioles minces, finement veinées, non-persistantes, glabres et d'un vert foncé en dessus, d'un vert pâle et pubérules en dessous, longues de ½ pouce à 2 pouces, larges de 3 lignes à 2 pouces, lancéolées, ou lancéolées-rhomboïdales, ou rhomboïdales, pointues, cunéiformes ou moins souvent arrondies à la base, tantôt équilatérales, tantôt plus ou moins inéquilatérales, tantôt incisées-dentées (excepté vers leur base), tantôt en outre plus ou moins profondément bifides ou trifides (surtout les terminales) : les 3 terminales ordinairement très-rapprochées; les latérales-inférieures plus ou moins éloignées; pétiole en général pubérule. Panicules longues de 3 à 6 pouces, lâches, ordinairement pubérules, tantôt subracémiformes, tantôt pyramidales ou subpyramidales. Pédicelles longs de 1 ligne à 2 lignes. Bractéoles très-étroites, tantôt aussi longues que les pédicelles, tantôt plus courtes. Sépales oblongs, pointus, pubérules en dessus, à peine longs de 1 ligne. Pétales de moitié jusqu'à 1 fois plus courts que les sépales. Follicules longs d'environ 2 lignes, larges de ½ ligne, d'un brun clair, obtus, un peu gibbeux au sommet. Graines du volume de celles du Coquelicot.

Cet arbrisseau, qu'on cultive assez souvent dans les jardins, croît dans les montagnes des États-Unis, où on le connaît sous le nom vulgaire de *Yellow-root* (c'est-à-dire racine jaune). Il fleurit au printemps. Sa racine est extrêmement amère, mais sans aucune propriété délétère; les médecins américains le donnent comme remède tonique.

CENT DIXIÈME FAMILLE.

LES DILLÉNIACÉES. — *DILLENIACEÆ*.

Genera *Magnoliis* affinia Juss. — *Dilleneæ* Salib. Parad. Lond. p. 73. — *Dilleniaceæ* De Cand. Syst. Nat. 1, p. 395; Prodr. 1, p. 67. — R. Brown, in Flind. Voy. v. 2, p. 541. — Bartl. Ord. Nat. p. 249. — Cfr. Aug. Saint-Hil. Flor. Brasil. Merid. v. 1. — *Ranunculaceæ* tribus II, *Dillenieæ* Reichenb. Consp. et Syst. Nat.

Cette famille, que M. Reichenbach envisage comme une tribu des Renonculacées (dont elle paraît en effet ne différer que par le port, et par des graines en général arillées), est étrangère à la flore des contrées extra-tropicales de l'hémisphère septentrional. On en connaît environ cent cinquante espèces, la plupart indigènes dans la zone équatoriale.

Une propriété commune à la plupart des *Dilléniacées*, consiste en une astringence très-prononcée de leurs feuilles et de leur écorce : propriété à raison de laquelle plusieurs espèces s'emploient comme médicaments. Dans quelques Dilléniacées, le calice, après la floraison, devient charnu et mangeable. Les fleurs des Dilléniacées sont en général très-élégantes et semblables à celles des Cistacées ; dans plusieurs espèces, elles exhalent des parfums délicieux. Plusieurs espèces sont remarquables par des feuilles assez rudes pour servir à polir le bois et même les métaux.

Caractères de la famille.

Arbres, ou *arbrisseaux*, ou *sous-arbrisseaux*, ou (quelques espèces) *herbes;* rameaux cylindriques ou comprimés. Sucs-propres aqueux.

Feuilles éparses (par exception opposées), simples, penninervées (très-rarement sans nervures latérales), très-entières, ou dentées, sessiles, ou pétiolées, non-stipulées (excepté dans le *Wormia*), en général coriaces; pétiole plus ou moins embrassant, souvent articulé au-dessus de sa base.

Fleurs hermaphrodites, ou par avortement unisexuelles, jaunes, ou blanches, en général régulières. Pédoncules terminaux, ou axillaires, ou oppositifoliés, ou latéraux, solitaires, ou moins souvent fasciculés, uniflores, ou pluriflores et plus ou moins rameux. Inflorescence très-variée.

Calice inadhérent, en général persistant; sépales au nombre de 5 (moins souvent 4 ou 6), bi-ou tri-sériés (par exception en nombre indéfini et pluri-sériés), ordinairement distincts dès la base; souvent colorés en dessus ; estivation imbricative.

Pétales en même nombre que les sépales et interposés (quelquefois par avortement en moindre nombre que les sépales), hypogynes, non-persistants (souvent fugaces, ou éphémères), uni-sériés, à peine onguiculés; estivation imbricative.

Disque nul ou peu apparent.

Réceptacle (rarement confondu avec le fond du calice) quelquefois prolongé en gynophore columnaire.

Étamines en nombre indéfini et pluri-sériées, ou au nombre de 7 à 15, en général hypogynes, persistantes, ou non-persistantes, quelquefois unilatérales. Filets planes, libres (pentadelphes dans les *Candollea*), filiformes, élargis soit à la base soit au sommet. Anthères basifixes, adnées, dithèques, extrorses, ou introrses, ou latéralement déhiscentes; bourses contiguës, ou séparées par un connectif soit élargi au sommet, soit linéaire, déhiscentes chacune par une fente longitudinale, ou par un pore apicilaire.

Pistil : Ovaires en nombre défini (2 à 6), ou moins souvent soit solitaires, soit en nombre indéfini, unisériés, uniloculaires, monostyles, distincts, ou plus ou moins cohérents, bi-ou pluri-ovulés. Ovules collatéraux ou bisériés, renversés, attachés au fond ou à l'angle interne des ovaires. Styles persistants, jamais soudés, en général terminaux. Stigmates simples.

Péricarpe : Étairion à follicules soit bivalves, soit déhiscents seulement par la suture antérieure, soit indéhiscents (secs ou charnus). — Dans plusieurs espèces le fruit est une baie syncarpique.

Graines (campylotropes?) en nombre défini, ou en nombre indéfini, ou par avortement solitaires, renversées, ou vagues, attachées au fond ou à l'angle interne des loges, en général recouvertes d'un arille pulpeux. Tégument extérieur coriace. Périsperme charnu. Embryon petit, rectiligne : radicule ordinairement infère.

La famille des Dilléniacées renferme les genres suivants :

Ire TRIBU. LES DÉLIMÉES. — *DELIMEÆ* Reichenb.

Étamines périphériques ; filets élargis au sommet ; anthères subdidymes, à bourses séparées par un connectif élargi vers le haut.

SECTION I. DÉLIMINÉES. — *Delimeæ genuinæ* Reichenb.

Étamines en nombre indéfini. Péricarpe sec.

Delima Linn. — *Tetracera* Linn. (Euryandra Forst. Wahlbomia Thunb. Tigarea Aubl. Rhinium Schreb.)

— *Davilla* Vand. — *Pinzona* Mart. — *Curatella* Linn. — *Reifferschiedia* Presl.

SECTION II. **RECCHININÉES.** — *Recchieæ* Reichenb.

Étamines au nombre de 10.

Recchia Moc. Sess.

SECTION III. **DOLIOCARPINÉES.** — *Doliocarpeæ* Reichenb.

Étamines en nombre indéfini. Péricarpe charnu.

Doliocarpus Rol. (Aug. Saint-Hil.) (Calinea Aubl. Soramia Aubl.) — *Empedoclea* Aug. Saint-Hil. — *Trachytella* De Cand.

IIe TRIBU. **LES HÉMISTÉMONÉES.** — *HEMISTEMONEÆ* Reichenb.

Étamines unilatérales.

Hemistemma Juss. — *Pleurandra* Labill.

IIIe TRIBU. **LES HIBBERTIÉES.** — *HIBBERTIEÆ* Reichenb.

Étamines périphériques ; filets peu ou point élargis vers le haut ; anthères à bourses soit contiguës, soit séparées par un connectif linéaire.

SECTION I. **HIBBERTINÉES.** — *Hibbertieæ genuinæ* Reichenb.

Étamines en nombre indéfini. Péricarpe sec.

Burtonia Salisb. — *Hibbertia* Andr. — *Dasynema* Schott. — *Othlis* Schott. — *Wormia* Rottb. (Lenidia Poir.) — *Candollea* Labill.

Section II. **ADRASTÉINÉES.** — *Adrastearieæ* Reichenb.

Étamines au nombre de 7 à 15.

Pachynema R. Br. — *Adrastea* De Cand. — ? *Acrotrema* Jack.

Section III. **DILLÉNINÉES.** — *Dillenieæ genuinæ* Reichenb.

Étamines en nombre indéfini. Péricarpe charnu ou sec, syncarpique.

Dillenia Linn. (Actinidia Lindl.) — *Colbertia* Salisb. — *Capellia* Blume.

Ire TRIBU. **LES DÉLIMÉES.** — *DELIMEÆ* Reichenb.

Étamines périphériques : Filets élargis au sommet ; anthères subdidymes : bourses séparées par un connectif élargi au sommet.

Genre TÉTRACÉRA. — *Tetracera* Linn. (Aug. Saint-Hil.)

Sépales 5 (rarement 4, ou 6), subisomètres, concaves, très-obtus. Pétales 5. Ovaires 3 à 6, 3-5-ovulés ; ovules appendants. Stigmates capitellés, anguleux. Étairion de 3 à 6 coques univalves, 1-ou 2-spermes. Graines arillées.

Arbrisseaux ou arbuscules, la plupart grimpants. Feuilles entières ou dentées, souvent scabres. Fleurs hermaphrodites, ou dioïques, ou polygames, blanches, ou jaunes, disposées en grappes ou en panicules.

Ce genre, propre à la zone équatoriale, renferme environ trente espèces. En voici la plus notable :

Tétracéra a feuilles oblongues. — *Tetracera oblongifolia* De Cand. Syst. — Deless. Ic. Sel. 1, tab. 67.

Arbrisseau grimpant. Ramules grêles, scabres. Feuilles semblables à celles du Charme, longues de 2 à 3 pouces, sur 1 pouce de large, ovales, ou ovales-oblongues, subobtuses, dentées vers le haut, scabres aux 2 faces; pétiole long d'environ 6 lignes. Grappes longues de 1 pouce à 2 pouces, axillaires et terminales, sessiles, paniculées, lâches, resserrées après l'anthèse; pédicelles glabres. Fleurs assez petites, blanches. Sépales suborbiculaires, ciliolés. Pétales obovales, concaves, denticulés. Étairion de 3 follicules glabres, subovoïdes, comprimés, luisants, longs de 3 à 4 lignes. Graines subglobuleuses : arille fimbrié.

Cette espèce habite le Brésil; M. Aug. de Saint-Hilaire l'a observée dans les provinces de Rio-Janéiro et des Mines.

Genre DAVILLA. — *Davilla* (Velloz.) Aug. Saint-Hil.

Sépales 5, très-inégaux, tri-sériés : le plus inférieur très-petit. Pétales au nombre de 1 à 6. Étamines nombreuses, persistantes. Ovaires au nombre de 1 à 3, bi-ovulés; ovules renversés, attachés au fond de la loge. Styles flexueux, épaissis au sommet, persistants. Stigmates peltés, ombiliqués. Étairion de 1 à 3 carcérules indéhiscents ou irrégulièrement ruptiles, recouverts par les deux sépales supérieurs devenus crustacés et simulant une capsule bivalve. Graines arillées, obtuses, ordinairement solitaires par avortement.

Arbrisseaux, la plupart volubiles. Feuilles entières ou dentées, décurrentes sur le pétiole. Grappes terminales et axillaires, courtes, souvent rameuses. Fleurs jaunes, odorantes, assez petites mais très-abondantes. Sépales étalés pendant la floraison, puis dressés, connivents, finalement crustacés, se rouvrant à la maturité du fruit. Carcérules caducs à la maturité.

Les *Davilla* sont remarquables par une inflorescence en général très-élégante. Ce genre est propre à l'Amérique méridionale; M. A. de Saint-Hilaire en a fait connaître sept espèces, dont voici les plus intéressantes :

a) *Tige non-volubile.*

DAVILLA FLEXUEUX. — *Davilla flexuosa* Aug. Saint-Hil. Flor. Brasil. 1, tab. 2.

Feuilles elliptiques, ou elliptiques-oblongues, obtuses, très-entières, coriaces. Grappes subsessiles, flexueuses, paniculées. Sépales supérieurs cymbiformes-orbiculaires. Étairion de 1 à 3 carcérules obovales, très-obtus, comprimés, irrégulièrement ruptiles.

Arbrisseau très-glabre, dressé, rameux dès la base. Ramules flexueux, rougeâtres. Feuilles longues de 2 à 3 pouces, sur 1 1/2 pouce de large. Calice fructifère sphérique, d'un pouce de diamètre. Carcérules longs d'environ 3 lignes. Graines obovales, noirâtres, comprimées.

Cette espèce croît dans les provinces méridionales du Brésil.

DAVILLA ELLIPTIQUE. — *Davilla elliptica* Aug. Saint-Hil. Plant. Us. des Brasil. tab. 23.

Feuilles elliptiques ou elliptiques-obovales, obtuses, très-entières, scabres en dessus, pubescentes en dessous, coriaces. Grappes pubescentes, paniculées. Sépales soyeux, suborbiculaires. Pétales au nombre de 3 à 6, obcordiformes. Carcérules géminés, obovales, très-obtus.

Arbrisseau haut de 2 à 3 pieds, très-rameux. Tige droite. Rameaux rougeâtres, poilus. Feuilles longues de 12 à 30 lignes, larges de 6 à 18 lignes. Bractées ovales, pointues, velues. Calice fructifère long de 1/2 pouce, jaunâtre, obové.

M. Aug. de Saint-Hilaire a observé cette espèce au Brésil, dans la province des Mines, où on la connaît sous le nom de *Cambaïbinha*. Ses propriétés astringentes la font employer par les habitants, comme vulnéraire.

b) *Tige grimpante.*

DAVILLA RUGUEUX. — *Davilla rugosa* Poir. — Aug. Saint-Hil. Plant. Us. des Bras. tab. 22. — *Davilla brasiliana* De Cand. Syst. — Deless. Ic. Sel. 1, tab. 71.

Feuilles elliptiques ou oblongues, acuminulées, dentées vers le haut, scabres en dessus, velues en dessous, coriaces. Grappes paniculées, pédonculées, velues. Sépales orbiculaires, pubescents. Pétales au nombre de 1 à 4, obcordiformes. Calice fructifère obovale. Pistil à ovaire solitaire. Carcérule subglobuleux.

Tige scabre, rameuse, hérissée au sommet. Feuilles longues de 2 à 3 pouces, larges de 12 à 15 lignes; pétiole très-velu, long de 1/2 pouce. Grappes longues de 12 à 18 lignes; pédicelles courts, rapprochés. Pétales longs de 2 à 3 lignes. Calice fructifère long d'environ 3 lignes, jaunâtre. Graines subglobuleuses, rugueuses, brunâtres.

Cette espèce est commune dans les provinces méridionales du Brésil. Le nom vulgaire de *Cambaïbinha* lui est commun avec l'espèce précédente; on l'appelle aussi *Apo de Carijo* (c'est-à-dire liane de Carijos). « La saveur acerbe du *Davilla rugosa*, » dit M. Aug. de Saint-Hilaire, prouve assez qu'il participe à » l'astringence des plantes de la famille à laquelle il appartient, » et les Brasiliens font de cette propriété une application heu- » reuse, puisqu'ils emploient la plante en question pour guérir » l'enflure des membres : maladie si commune dans les parties » chaudes et humides de leur pays. C'est surtout en fomenta- » tion qu'ils ont coutume de l'employer. »

Genre CURATELLA. — *Curatella* Linn. (Aug. Saint-Hil.)

Sépales 4 ou 5, inégaux, arrondis. Pétales 4 ou 5. Étamines nombreuses. Ovaires 2, cohérents par la base, subglobuleux, bi-ovulés, hispides; ovules renversés, collatéraux, attachés à la base de l'angle interne des loges. Styles sublatéraux, filiformes, persistants. Stigmates terminaux, peltés, ombiliqués. Étairion de 2 follicules subglobuleux, hispides, substipités, dispermes, univalves. Graines obovales, arillées.

Arbres. Feuilles sinuolées-denticulées, non-persistantes; pétiole ailé. Grappes latérales (naissant à l'aisselle des anciennes feuilles), paniculées, bractéolées, solitaires, multiflores, sessiles. Fleurs blanches.

On ne connaît que les deux espèces suivantes :

CURATELLA CAMBAÏBA. — *Curatella Cambaïba* Aug. Saint-Hil. Plant. Us. des Bras. tab. 24.

Feuilles elliptiques, ou ovales-elliptiques, ou suborbiculaires, obtuses, ou échancrées, subcordiformes à la base, poilues en dessus, cotonneuses en dessous. Corolle 4-pétale, très-caduque; pétales obovales. Sépales ovales-orbiculaires, réfléchis.

Petit arbre à tronc tortueux. Feuilles longues de 3 à 6 pouces, larges de 2 à 4 pouces : les jeunes laineuses. Grappes longues d'environ 3 pouces. Fleurs larges de 4 lignes.

« Cet arbre, dit M. Aug. de Saint-Hilaire, est commun » au Brésil, dans la partie occidentale de la province des Mines, » partie que l'on appelle *certao* (désert). Il croît à la fois dans » les paturages parsemés d'arbres tortueux et rabougris, et dans » ces bois nommés *cattingas*, qui perdent leurs feuilles tous les » ans. Chez nous, on lave souvent les plaies avec une décoction » de quinquina; dans le *certao*, on fait un usage semblable de » la seconde écorce du *Cambaïba.* »

CURATELLA DE LA GUIANE. — *Curatella americana* Linn. — Aubl. Guian. tab. 232.

Feuilles elliptiques ou ovales-elliptiques, obtuses, subcrénelées, très-scabres. Grappes nombreuses, rapprochées, pubescentes. Sépales 5, arrondis de même que les pétales.

Petit arbre : tronc tortueux, haut de 7 à 8 pouces, sur 8 à 10 pouces de diamètre; écorce épaisse, roussâtre, rugueuse, se détachant par plaques; bois rouge, compacte. Branches tortueuses. Ramules scabres, presque glabres. Feuilles atteignant jusqu'à 8 pouces de long, sur 4 à 5 pouces de large. Grappes lâches, longues d'environ 3 pouces; pédicelles filiformes, allongés, presque étalés, souvent ternés. Fleurs de la grandeur de celles du Tilleul.

Cette espèce croît dans les savanes de la Guiane. Aublet rapporte que les peuplades aborigènes se servent des feuilles pour polir leurs arcs et autres instruments de bois.

IIe TRIBU. LES HIBBERTIÉES. — *HIBBERTIEÆ* Reichenb.

Étamines périphériques ; filets peu ou point élargis vers le haut ; anthères à bourses soit contiguës, soit séparées par un connectif linéaire.

SECTION I. HIBBERTINÉES. — *Hibbertieæ* Reichenb.

Étamines en nombre indéfini. Péricarpe sec.

Genre BURTONIA. — *Burtonia* Salisb.

Calice 5-parti, cupuliforme au fond; sépales inégaux, colorés en-dessus : les trois intérieurs plus courts, inéquilatéraux. Pétales 5. Réceptacle confondu avec le fond du calice. Étamines subpérigynes, insérées au fond du calice, persistantes : la série extérieure stérile; filets filiformes, épaissis au sommet; anthères elliptiques, obtuses, latéralement déhiscentes : bourses contiguës. Ovaires 10 à 15, dressés; un peu connivents, bi-ovulés; ovules campylotropes, renversés, collatéraux, attachés au fond de la loge : funicules courts, dressés. Styles filiformes, rectilignes, réfractés. Stigmates petits, disciformes, suborbiculaires, peltés. Étairion de 10 à 15 follicules 1-ou 2-spermes.

Sous-arbrisseaux. Feuilles condupliquées et plissées en vernation, rétrécies en pétiole ailé, presque embrassant. Pédoncules oppositifoliés, uniflores, solitaires, nus, engaînés avant la floraison d'une ou de deux bractées caduques scarieuses. Fleurs de grandeur médiocre. Sépales rougeâtres, mucronés, étalés pendant l'épanouissement, puis dressés et connivents : les 2 extérieurs équilatéraux, acuminés, non-membraneux aux bords; les 3 intérieurs membraneux aux bords, subobtus. Corolle éphémère, d'un jaune vif. Étamines jaunes, plus courtes que le calice : les extérieures très-courtes, à anthères minimes, dépourvues de pollen. Anthères fertiles plus courtes que les filets, obtuses, avant la floraison profondément quadrisulquées ; connectif inapparent.

Burtonia crénelé. — *Burtonia grossulariæfolia* Salisb. Parad. Lond. tab. 73. — *Hibbertia grossulariæfolia* Sims, Bot. Mag. tab. 1218. — *Hibbertia crenata* Andr. Bot. Rep. tab. 474.

Arbuste à tiges procombantes. Rameaux cylindriques, diffus, très-grêles, feuillés, pubescents, ordinairement rougeâtres. Feuilles longues de 4 lignes à 1 pouce, subcoriaces, d'un vert foncé en dessus, d'un vert pâle en dessous, un peu scabres, pubérules, finement penninervées, suborbiculaires, ou ovales-orbiculaires, ou elliptiques, profondément crénelées, arrondies au sommet ou rétuses, en général cunéiformes vers leur base; crénelures mucronulées. Pédoncules ascendants ou redressés, grêles, pubescents, en général plus longs que les feuilles. Sépales longs de 2 à 3 lignes, pubérules en dessous : les 2 extérieurs ovales, acuminés; les 3 intérieurs ovales-elliptiques, ou elliptiques. Corolle large de près de 1 pouce : pétales flabelliformes, ou cunéiformes-obovales, tronqués au sommet. Follicules poilus au sommet.

Cette plante, indigène dans la Nouvelle-Hollande, se cultive dans les collections de serre tempérée. Elle fleurit pendant une grande partie de l'année.

Genre HIBBERTIA. — *Hibbertia* Andr.

Sépales 5, inégaux, colorés en dessus : les 3 intérieurs plus courts. Pétales 5. Étamines persistantes, toutes fertiles; filets filiformes; anthères linéaires ou ovales. Ovaires 3 à 8, ou quelquefois solitaires, 2-4-ovulés. Styles filiformes. Étairion de 1 à 8 follicules 1-5-spermes. Graines arillées, ou inarillées.

Sous-arbrisseaux, quelquefois volubiles. Feuilles sessiles ou pétiolées, très-entières, ou dentées, condupliquées en vernation; pétiole subamplexicaule. Fleurs sessiles ou pédonculées, terminales, ou oppositifoliées et terminales, jaunes, solitaires.

Ce genre, propre à la Nouvelle-Hollande, renferme environ vingt espèces (plusieurs desquelles sont peut-être à transférer au genre *Burtonia*). Les suivantes se cultivent comme arbustes d'ornement.

A. *Fleurs sessiles, terminales.*

Hibbertia volubile. — *Hibbertia volubilis* Andr. Bot. Rep. tab. 126. — *Dillenia speciosa* Bot. Mag. tab. 429. (non Linn.)

Tige subvolubile. Feuilles lancéolées-elliptiques, ou lancéolées-obovales, ou lancéolées-oblongues, mucronées, très-entières, ou subsinuolées, courtement pétiolées, coriaces, glabrescentes (les jeunes satinées). Sépales satinés en dessous : les extérieurs ovales, acuminés; les intérieurs elliptiques, mucronés. Pétales cunéiformes-obovales, un peu plus courts que le calice. Anthères linéaires. Étairion de 5 à 8 follicules glabres.

Arbuste haut de 2 à 4 pieds. Tige et rameaux ligneux, cicatriqueux. Feuilles longues de 1 pouce à 3 pouces, d'un vert gai en dessus. Sépales rougeâtres en dessus : les extérieurs longs de près de 1 pouce. Étamines à peu près 3 fois plus courtes que le calice. Graines (suivant M. de Candolle) noires, pisiformes, un peu comprimées, dures, inarillées.

B. *Fleurs terminales, pédonculées.*

Hibbertia a feuilles de Coris. — *Hibbertia corifolia* Sims, Bot. Mag. tab. 2672. — *Hibbertia pedunculata* De Cand. Syst. — Bot. Reg. tab. 1001.

Rameaux filiformes, cylindriques, diffus. Feuilles sessiles, linéaires, subdenticulées, glauques en dessous, pubescentes, obtuses. Pédoncules filiformes, plus longs que les feuilles. Sépales elliptiques, obtus, velus. Pétales obcordiformes, 2 fois plus longs que le calice. Étairion de 3 à 5 follicules 3-ou 4-spermes.

Sous-arbrisseau bas, diffus, semblable à un *Hélianthème*. Tige ligneuse. Rameaux herbacés, touffus. Fleurs larges d'environ 1 pouce.

C. *Pédoncules oppositifoliés et terminaux, sur de courts ramules axillaires.*

Hibbertia a feuilles dentées. — *Hibbertia dentata* R. Br. — Bot. Reg. tab. 282.

Rameaux grêles, cylindriques, volubiles, herbacés. Feuilles oblongues, ou elliptiques, ou ovales-elliptiques, obtuses, ou subacuminées, subsinuolées, mucronées-denticulées, pétiolées, finement penninervées. Pédoncules veloutés, bractéolés à la base, à peine plus longs que le calice. Sépales elliptiques ou obovales : les extérieurs acuminés, pubescents en dessous; les intérieurs mucronés, pubescents aux bords. Pétales obcordiformes, un peu plus longs que les sépales. Anthères ovales-elliptiques. Étairion de 3 à 5 follicules.

Rameaux longs, rougeâtres, glabres : les adultes ligneux. Feuilles subcoriaces, plus ou moins pubérules aux 2 faces, ou glabres, d'un vert foncé en dessus, un peu glauques en dessous (à côte ordinairement ferrugineuse) : les raméaires (plus courtes que les entrenœuds) longues de 2 à 4 pouces; les ramulaires longues de ½ pouce à 2 pouces; pétiole velouté, ordinairement 3 à 4 fois plus court que la lame. Ramules florifères solitaires, en général plus courts que la feuille à l'aisselle de laquelle ils naissent, ordinairement biflores. Fleurs larges d'environ 1 pouce. Sépales jaunâtres en dessus. Étamines beaucoup plus courtes que le calice.

Section III. **DILLÉNINÉES**. — *Dillenieæ genuinæ* Reichenb.

Étamines en nombre indéfini. Péricarpe charnu ou sec, syncarpique.

Genre DILLÉNIA. — *Dillenia* Linn.

Sépales 5, concaves, accrescents, finalement charnus. Pétales 5. Étamines très-nombreuses; filets courts; anthères linéaires, déhiscentes par 2 pores apicilaires : celles de la série interne plus longues, ascendantes, conniventes. Ovaires 9 à 20, verticillés autour d'un gynophore gros et conique; ovules très-nombreux, nidulants. Stigmates subsessiles, subulés, ou lancéolés, pétaloïdes, persistants. Baie de 9 à 20 coques pulpeuses en dedans, charnues, polyspermes. Graines subréniformes (*Roxburgh*). Tégument extérieur épais, coriace; embryon petit : radicule centripète.

Grands arbres. Feuilles grandes, sessiles, ou courtement pétiolées. Pétiole subamplexicaule. Fleurs terminales, solitaires. Sépales étalés pendant la floraison, puis appliqués sur le fruit. Corolle jaune ou blanche, étalée pendant l'épanouissement. Anthères jaunes, serrées : les intérieures conniventes en forme de boule.

Les *Dillenia* ne sont pas moins remarquables comme végétaux usuels, que par la rare beauté de leur feuillage et de leurs fleurs. Ce genre est propre à l'Asie équatoriale; on en connaît environ 12 espèces, dont voici les plus importantes :

DILLÉNIA ÉLÉGANT. — *Dillenia speciosa* Thunb. in Trans. Linn. Soc. 1, p. 100. — Smith, Exot. Bot. 1, tab. 2 et 3. — Roxb. Flor. Ind. 2, p. 650. — *Dillenia indica* Linn. — *Syalita* Hort. Malab. 3, tab. 38 et 39.

Feuilles lancéolées-elliptiques ou lancéolées-oblongues, obtuses, ou pointues, dentelées, courtement pétiolées, persistantes. Pistil à environ 20 ovaires. Baie globuleuse. Graines (suivant Roxburgh) comprimées, très-poilues.

Arbre atteignant 40 à 50 pieds de haut; tronc gros, droit; écorce épaisse, écailleuse, contenant un suc-propre aqueux très-abondant. Branches nombreuses, disposées en tête très-régulièrement arrondie, dense, touffue. Feuilles longues de 1/2 pied à 1 pied, larges de 3 à 5 pouces, rapprochées aux extrémités de ramules, coriaces, glabres et luisantes en dessus, fortement penninervées : nervures couvertes (à la face inférieure) d'une pubescence scabre; pétiole demi-embrassant, canaliculé, ailé, pubérule, long d'environ 1 pouce. Pédoncules claviformes, cylindriques, lisses. Fleurs très-odorantes, finalement nutantes, larges de 6 à 9 pouces. Sépales larges, ovales-arrondis. Pétales elliptiques-oblongs, ondulés, blancs, veinés de rose : onglet d'un vert lavé de rose. Étamines beaucoup plus courtes que la corolle, un peu débordées par les stigmates. Stigmates étalés en étoile. Baie recouverte par le calice, verdâtre, du volume d'un petit melon : coques au nombre d'environ vingt, subréniformes, remplies d'une pulpe visqueuse diaphane.

Cette espèce, que tous les auteurs s'accordent à signaler comme l'un des végétaux les plus magnifiques de la zone équatoriale, croît au Bengale et dans d'autres contrées de l'Inde, où d'ailleurs on le cultive aussi tant comme arbre fruitier qu'à cause de la beauté et du délicieux parfum de ses fleurs. Au Bengale, il fleurit durant la saison chaude et au commencement de la saison pluvieuse, tandis que les fruits ne sont mûrs qu'au mois de février. Le calice charnu qui recouvre ce fruit a une saveur acide que les Hindous de même que les Européens trouvent délicieuse. Suivant Rheede, la pulpe qui remplit les loges du fruit est purgative. Le suc-propre contenu dans l'écorce et dans les feuilles est extrêmement astringent; les Hindous considèrent la décoction de ces parties comme un remède contre plusieurs maladies. Le bois de l'arbre est dur et tenace; Roxburgh dit qu'on en fait d'excellentes crosses à fusil.

Dillénia a fleurs jaunes. — *Dillenia aurea* Smith, Exot. Bot. tab. 92 et 93.

Feuilles lancéolées-elliptiques, acuminées, doublement dentelées, non-persistantes. Fleurs subsolitaires. Sépales ovales-elliptiques, obtus. Pétales obovales-orbiculaires. Pistil de 10 à 12 ovaires. Stigmates subulés. Baie globuleuse.

Arbre dépouillé de feuilles à l'époque de la floraison. Feuilles longues d'environ 6 pouces. Fleurs d'un jaune de citron, larges d'environ 4 pouces. Fruit du volume d'une noix, de couleur orange de même que son pédoncule et le calice qui l'accompagne.

Cette espèce croît dans l'Inde, où on la nomme *Aki* et *Teykal*.

DILLÉNIA MAGNIFIQUE. — *Dillenia ornata* Wallich, Plant. Asiat. Rar. 1, tab. 23.

Feuilles obovales, obtuses, sinuolées-denticulées, glabres et luisantes en dessus, pubescentes-blanchâtres en dessous, pétiolées. Fleurs solitaires. Pédoncules courts, gros, bractéolés. Pistil à 9 ovaires. Sépales ovales-oblongs, obtus, soyeux en dessous. Pétales cunéiformes-obovales.

Arbre très-rameux, haut d'environ 50 pieds; tronc droit; rameaux cylindriques, lisses. Feuilles longues de près de 1 pied, rapprochées vers l'extrémité des ramules. Bractées petites, ovales, caduques. Fleurs odorantes, larges d'environ 4 pouces, d'un jaune vif.

Cette espèce a été observée au Pégou, par M. Wallich.

DILLÉNIA ÉLANCÉ. — *Dillenia augusta* Roxb. Flor. Ind. v. 2, p. 652.

Feuilles sessiles, embrassantes, lancéolées-obovales, dentelées vers leur base, sinuolées supérieurement.

Arbre très-élevé. Feuilles longues de 2 à 4 pieds, larges de 9 à 18 pouces : les jeunes un peu velues et d'un beau rouge.

Cette espèce, dont Roxburgh n'a vu ni les fleurs ni les fruits (et qui par conséquent pourrait très-bien appartenir à un autre genre), croît dans les montagnes de l'Inde.

Genre COLBERTIA. — *Colbertia* Salisb.

Sépales 5, concaves, accrescents, finalement charnus. Pétales 5. Étamines très-nombreuses : les dix intérieures beaucoup plus longues que les autres. Ovaires de 5 à 7 coques accolées contre un axe central. Styles 5, persistants. Stigmates capitellés. Baie à 5 coques charnues, pulpeuses en dedans, polyspermes (?), ou oligospermes. Graines réniformes.

Arbres. Feuilles grandes, pétiolées. Pédoncules bractéolés ou non-bractéolés, uniflores, raméaires (fasciculés aux aisselles des feuilles déjà tombées). Fleurs grandes, jaunes.

Ce genre renferme 3 ou 4 espèces, dont voici les plus intéressantes :

Colbertia pentagyne. — *Colbertia coromandeliana* De Cand. Prodr. — *Dillenia pentagyna* Roxb. Corom. 1, tab. 20.

Feuilles oblongues-lancéolées, pointues, dentelées : les adultes lisses et glabres. Pédoncules non-bractéolés, inégaux. Pétales oblongs, ou lancéolés. Ovaire à 5 coques. Baie pendante.

Arbre très-élevé; tronc rameux. Feuilles longues de 1 pied à 1 1/2 pied, larges de 4 à 6 pouces. Fleurs jaunes, larges de 1 pouce. Styles plus courts que les étamines. Baie du volume d'une Noisette.

Cette espèce, remarquable par la beauté de ses fleurs, croît dans les montagnes du Bengale.

Colbertia a feuilles scabres. — *Colbertia scabrella.* — *Dillenia scabrella* Roxb. Flor. Ind. — Wall. Plant. Asiat. Rar. 1, tab. 22.

Feuilles cunéiformes-oblongues ou obovales, pointues, ou obtuses, denticulées, couvertes d'une pubescence scabre. Pédoncules tri-bractéolés au milieu. Pétales obovales, légèrement crénelés. Ovaire à 5 coques. Baie oblongue.

Arbre très-rameux, haut de 30 à 40 pieds, dépouillé de feuilles à l'époque de la floraison. Rameaux cylindriques, grisâtres. Feuilles longues de 1/2 pied à 1 pied. Fleurs jaunes, odorantes, larges de 2 pouces, très-nombreuses. Bractées éparses, lancéolées. Baie de couleur orange, du volume d'une Cerise.

Cette espèce croît dans les montagnes du Bengale; durant la saison des pluies, elle se couvre d'une quantité innombrable de fleurs. Le calice charnu qui accompagne le fruit est mangeable et d'une saveur acidule agréable.

CENT-ONZIÈME FAMILLE.

LES MAGNOLIACÉES.—*MAGNOLIACEÆ.*

Magnoliaceæ Juss. Gen. — De Cand. Syst. 1, p. 439; Prodr. 1, p. 77. — Bartl. Ord. Nat. p. 248. — Blume, Flor. Jav. — Aug. Saint-Hil. in Flor. Brasil. Merid. v. 1. — *Ranunculacearum* tribus III (*Magnolieæ*, exclus. *Anoneis*) Reichenb. Syst. Nat. p. 278.

Les *Magnoliacées* sont très-voisines tant des Anonacées, que des Dilléniacées, des Renonculacées et des Helléboracées ; aussi leurs caractères différentiels seraient-ils fort difficiles à énoncer. On connaît environ cinquante espèces de ce groupe ; la plupart appartiennent aux contrées intertropicales ; jusqu'aujourd'hui, aucune n'a été trouvée en Afrique ; l'Asie septentrionale et l'Europe en sont également privées, mais plusieurs habitent l'Amérique extra-tropicale soit septentrionale, soit australe.

La plupart des Magnoliacées sont du nombre des végétaux les plus magnifiques que l'on connaisse ; leurs fleurs, qui en général exhalent des parfums délicieux, acquièrent, dans beaucoup d'espèces, une ampleur peu commune et s'accompagnent d'un feuillage non moins élégant ; le genre *Magnolia*, que M. de Jussieu a envisagé comme type de la famille, en fournit des exemples suffisamment connus. Du reste, presque toutes les parties des Magnoliacées, mais notamment l'écorce et le fruit, sont très-aromatiques et toniques. Contrairement à ce qui s'observe parmi les Helléboracées et les Renonculacées, les Magnoliacées ne renferment aucune plante vénéneuse.

CARACTÈRES DE LA FAMILLE.

Arbres, ou *arbrisseaux*. Rameaux et ramules cylindriques ou irrégulièrement anguleux, inarticulés mais le plus souvent marqués de cicatrices annulaires (provenant de l'insertion des stipules). Bourgeons écailleux, ou (dans la plupart des espèces) sans autres enveloppes que les stipules. Sucs-propres aqueux.

Feuilles indupliquées en vernation, éparses (mais souvent agrégées ou roselées à l'extrémité des ramules anciens), simples, pétiolées, penninervées, ou penniveinées, très-entières (rarement dentées ; celles du *Liriodendron* ordinairement lobées), bistipulées (dans un petit nombre d'espèces : non-stipulées), ponctuées (d'une multitude de vésicules oléifères), ou non-ponctuées, en général coriaces; pétiole épaissi ou dilaté à sa base, inarticulé. Stipules ponctuées, caduques longtemps avant le complet développement de la feuille, en général adhérentes (dans le bourgeon) à la face du pétiole ; celles de chaque feuille connées (par les bords) en spathe (ayant la forme d'un cornet renversé) amplexicaule, recouvrant complétement la feuille suivante (avant son développement), et s'ouvrant soit par une fente dorsale, soit antérieurement et postérieurement (de manière que les deux stipules se disjoignent à l'époque de leur chute) (1).

Fleurs hermaphrodites (par exception unisexuelles par avortement), régulières, non-éphémères, en géné-

(1) Dans la plupart des espèces, les spathes extérieures (ou d'ordinaire seulement la spathe la plus externe) du bourgeon portent à la base de leur suture dorsale le pétiole d'une feuille dont la lame est ou nulle, ou plus ou moins abortive. C'est par erreur qu'il a été dit que chaque feuille des Magnoliacées est enveloppée dans ses propres stipules.

ral grandes : celles des espèces à feuilles stipulées recouvertes avant l'épanouissement d'une grande spathe (semblable aux spathes stipulaires) caduque, coriace, ou membranacée, insérée tout autour du pédoncule (soit à son sommet, soit plus bas), en général monophylle et soit indéhiscente, soit latéralement déhiscente, moins souvent bivalve; dans quelques espèces, le bouton est recouvert de plusieurs spathes, emboîtées les unes dans les autres à l'instar des spathes stipulaires. Pédoncules uniflores, ou moins souvent soit biflores, soit pluriflores, solitaires, ou rarement fasciculés, terminaux, ou moins habituellement axillaires et terminaux, ou latéraux, en général courts et sans autres bractées que la spathe florale.

Calice coriace, ou pétaloïde, ou herbacé, ponctué, non-persistant (par exception persistant), inadhérent. Sépales uni-sériés (au nombre de 3, rarement au nombre de 2, de 4, ou de 5), ou moins souvent bisériés (au nombre de 6, en ordre ternaire, ou au nombre de 8, en ordre quaternaire), ou (dans une seule espèce) trisériés (au nombre de 7 à 9, sans ordre régulier), en préfloraison imbriqués au sommet (la série intérieure, lorsqu'il y en a deux séries, recouverte par la série extérieure). — Dans les *Drymis*, le calice est membraneux, spathacé, persistant, finalement 2-ou 3-parti.

Réceptacle annulaire, ou columnaire, ou conique, gros, hypogyne, en général prolongé en gynophore plus ou moins saillant. Disque inapparent.

Pétales insérés sur la base du réceptacle, libres, imbriqués en préfloraison, en général au nombre de 6 (bisériés, en ordre ternaire), moins souvent soit au nombre de 3 (uni-sériés), ou de 8 (biseriés en ordre quaternaire), ou de 9 (tri-sériés en ordre ternaire), soit en nombre indéfini (jusqu'à 40) et pluri-sériés (en ordre soit ternaire, soit quaternaire, ou bien sans ordre apparent), non-persistants, le plus souvent un peu charnus ou subcoriaces, onguiculés, ou inonguiculés, planes ou plus ou moins bombés, inappendiculés : ceux de la série externe alternes avec les sépales ; ceux de la série suivante alternes avec les extérieurs (et en général moins grands), et ainsi de suite lorsqu'il y a 3 séries ou plus.

Étamines hypogynes (insérées au réceptacle), non-persistantes, en nombre indéfini (en général très-nombreuses et pluri-sériées; dans la plupart des espèces : beaucoup plus courtes que la corolle), conniventes et imbriquées en préfloraison (et le plus souvent restant telles pendant l'épanouissement). Filets libres, charnus, en général courts. Anthères introrses, ou latéralement déhiscentes, ou rarement extrorses, continues au filet, dithèques, en général linéaires ou oblongues ; bourses soit contiguës (lorsque les anthères sont extrorses ou introrses), soit adnées latéralement au connectif (lorsque les anthères s'ouvrent latéralement), parallèles (rarement divergentes à la base), s'ouvrant chacune soit par une fente longitudinale, soit en deux valvules longitudinales involutées ou révolutées. Connectif linéaire ou oblong (rarement ovale), prolongé en appendice apicilaire.

Pistil : Ovaires soit en nombre indéfini (ordinairement très-nombreux), pluri-sériés, imbriqués en forme de capitule ou d'épi, soit en nombre subdéfini et unisériés (verticillés autour du gynophore), distincts, ou moins souvent soudés, uni-loculaires, monostyles, uni-bi-ou pluri-ovulés. Ovules anatropes, suspendus, ou renversés, ou horizontaux, ou de direction vague (les ovules d'un seul et même pistil variant quant à leur direction et position), bisériés (lorsqu'il y en a plus de 2 par loge), ou collatéraux, ou alternes, attachés soit au fond soit à l'angle interne de la loge. Styles (quelquefois nuls ou très-courts) persistants, ou non-persistants, terminaux (rarement latéraux), continus avec les ovaires, munis chacun d'un stigmate terminal ou (plus fréquemment) longitudinal (c'est-à-dire, décurrent sous forme de bourrelet ou de papilles bisériées, sur le bord antérieur ou la face du style).

Péricarpe en général étairionnaire, à follicules distincts, ou finalement disjoints, uni-valves (déhiscents par une fente dorsale), ou bi-valves, coriaces, ou subdrupacés, persistant après la déhiscence. — L'étairion du *Liriodendron* est composé de samares indéhiscentes caduques ; celui de plusieurs *Illiciées* se compose de coques indéhiscentes (sèches ou charnues). — Le péricarpe des *Talauma* et de l'*Aromadendron* est un syncarpe irrégulièrement ruptile, ou se désunissant en nucules évalves.

Graines (en général grosses et plus ou moins comprimées, ou trigones) anatropes, soit inarillées et sessiles, soit (dans la plupart des espèces) recouvertes chacune d'un arille charnu attaché au péricarpe moyennant un funicule entièrement vasculaire (1), solitaires dans chaque loge ou follicule, ou géminées, ou en nombre in-

(1) Le cordon ombilical de ces graines, ainsi que M. Blume l'a observé le premier, est constitué en entier par un faisceau de trachées déliées, mais très-tenaces (ayant l'apparence des fils d'une toile d'araignée), qui se déroulent lors de la déhiscence du fruit, par l'effet du poids de la graine qui s'en échappe, mais qui, retenue par le cordon qui s'allonge sans se rompre, reste suspendue plus ou moins longtemps en dehors du follicule. Ce caractère est général à toutes les Magnoliacées dont les

défini, horizontales, ou suspendues, ou vagues, ou renversées, attachées soit au fond des follicules, soit à l'angle interne, soit (dans les syncarpes) dans les fossettes d'un réceptacle central. Tégument extérieur coriace, ou osseux, ou testacé, lisse, ou anfractueux, ou rugueux, inadhérent. Hile terminal, ombiliqué. Raphé en général inapparent (du moins sur les graines arillées). Chalaze ombiliquée, ou saillante, ou aréolaire, basilaire (relativement au hile), en général grande. Tégument intérieur membraneux ou crustacé, adhérent au périsperme. Périsperme (ordinairement gros) charnu, huileux, aromatique, lisse, ou anfractueux, ou rimeux, en général cordiforme à la base et apiculé ou acuminé au sommet. Embryon petit ou ponctiforme, apicilaire, rectiligne, inclus : radicule (centripète lorsque les graines sont horizontales) contiguë au hile, conique, ou columnaire, ou mammiforme, en général apiculée ou cuspidée ; cotylédons planes ou concaves, très-entiers, très-obtus, minces, foliacés en germination, en général plus ou moins divergents ; plumule imperceptible.

La famille des Magnoliacées se compose comme suit :

Ire TRIBU. LES ILLICIÉES. — *ILLICIEÆ* De Cand. (1)

Feuilles non-stipulées, toujours visiblement ponctuées. Bourgeons écailleux. Spathes florales nulles. Sépales au

---

graines sont arillées, et c'est à tort qu'on s'en est servi pour caractériser le genre *Magnolia* en particulier. Nous ferons encore remarquer, que l'arille même est rempli de quantité de trachées éparses, à ce qu'il paraît sans ordre, dans toute la substance charnue.

(1) Cette tribu, que quelques auteurs ont considérée comme une famille particulière (sous le nom de *Wintéracées*), serait peut-être classée à plus juste titre dans les Dilléniacées que dans les Magnoliacées ; quoi qu'il en soit, elle établit un passage très-évident des unes aux autres.

nombre de 2 à 9, uni-bi-ou tri-sériés. Étamines uni-ou pauci-sériées, au nombre de 5 à 30. Anthères sub-orbiculaires, ou ovales, ou elliptiques : bourses en général divergentes à la base. Ovaires 2 à 15 (par exception solitaires), unisériés, distincts, basifixes, verticillés autour d'un gynophore peu saillant. Péricarpe composé de drupes ou de follicules étalés horizontalement en forme d'étoile. Graines inarillées, sessiles.

Section I. **WINTÉRINÉES.** — *Winterineæ* Spach.

Calice bi-ou tri-parti, spathacé en préfloraison. Péricarpe composé de 1 à 8 coques sèches ou charnues, indéhiscentes.

Temus Molin. — *Drymis* Forst. (Wintera Murr. Willd.) — *Tasmannia* R. Br.

Section II. **ILLICINÉES.** — *Illicineæ* Spach.

Sépales 6, ou 7 à 9. Péricarpe composé de 8 à 15 follicules bivalves.

Illicium Linn. — *Cymbostemon* Spach.

IIe TRIBU. **LES MAGNOLIÉES.** — *MAGNOLIEÆ* De Cand.

Feuilles non-ponctuées, ou très-finement ponctuées, stipulées. Stipules ponctuées : celles de chaque feuille connées (du moins dans le bourgeon) en spathe recouvrant complétement la feuille suivante (avant son développement). Bourgeons sans autres enveloppes que les spathes stipulaires. Boutons recouverts chacun d'une ou de plusieurs spathes caduques (1). *Sépales au nombre de 3 (rarement 4 ou 5), souvent semblables aux pétales. Gynophore subglobuleux ou très-allongé. Ovaires pluri-sériés, imbriqués en forme de capitule ou en forme d'épi, soudés, ou distincts, adnés au gynophore par la face. Péricarpe : syncarpe déhiscent en pièces caduques ; plus fréquemment étairion composé de follicules déhiscents et persistants ; par exception étairion composé de samares indéhiscentes caduques. Graines (excepté celles du Liriodendron) recouvertes chacune d'un arille charnu (aromatique, huileux), attaché au péricarpe moyennant un cordon de trachées.*

SECTION I. **MAGNOLINÉES.** — *Magnolineæ* Spach.

Feuilles ni tronquées au sommet, ni lobées, en général très-entières ; lame en vernation dressée. Étamines débordées par le pistil, beaucoup plus courtes que la corolle. Anthères *introrses, ou latéralement déhiscentes* (2), rectilignes. Péricarpe soit syncarpique et déhiscent en pièces caduques (laissant les graines à nu), soit composé de follicules persistant après la déhiscence. Graines arillées, inadhérentes.

Talauma Juss. — *Aromadendron* Blume. — *Manglietia* Blume. — *Michelia* Linn. — *Liriopsis* Spach. — *Yulania* Spach. — *Magnolia* Linn. — *Tulipastrum* Spach.

---

(1) Ces spathes sont aussi composées chacune de 2 stipules plus ou moins complétement connées, et offrant quelquefois (de même que la spathe stipulaire la plus externe des bourgeons) le long de leur suture dorsale le pétiole d'une feuille à lame abortive ou moins souvent (p. ex. dans les *Yulania*) parfaite.

(2) C'est par erreur que M. de Candolle attribue aux *Magnolia* de l'Amérique septentrionale des anthères extrorses.

— *Lirianthe* Spach. (Liriodendron Roxb. non Linn.)

Section II. **LIRIODENDRINÉES.** — *Liriodendrineæ* Spach.

Feuilles tronquées ou bilobées au sommet, en général plus ou moins profondément sinuées-lobées aux bords; lame en vernation repliée sur le pétiole. Étamines plus longues que le pistil, un peu plus courtes que la corolle. Anthères *extrorses*, arquées. Étairion composé de samares distinctes, ailées, indéhiscentes, caduques à la maturité. Graines inarillées, adhérant à l'endocarpe.

Liriodendron (Linn.) De Cand.

Ire TRIBU. **LES ILLICIÉES.** — *ILLICIEÆ* De Cand.

Feuilles non-stipulées; toujours visiblement ponctuées. Bourgeons écailleux. Spathes florales nulles. Sépales au nombre de 2 à 9, uni-bi-ou tri-sériés. Étamines uni-ou pauci-sériées, au nombre de 5 à 30. Anthères suborbiculaires, ou ovales, ou elliptiques : bourses en général divergentes à la base. Ovaires 2 à 15 (par exception solitaires), uni-sériés, distincts, basifixes, verticillés autour d'un gynophore peu saillant. Péricarpe composé de drupes ou de follicules étalés horizontalement en forme d'étoile. Graines inarillées, sessiles.

Section I. **WINTÉRINÉES.** — *Winterineæ* Spach.

Calice bi-ou tri-parti, spathacé en préfloraison. Péricarpe composé de 1 à 8 coques sèches ou charnues, indéhiscentes.

Genre DRYMIS. — *Drymis* Forst.

Calice 2-ou 3-parti, membraneux, persistant, monophylle en préfloraison. Pétales 6 à 24. Étamines 20 à 30; filets courts, linéaires, tétragones-comprimés; anthères réniformes-orbiculaires, didymes, extrorses, petites : bourses dicoques. Ovaires 3 à 8, obovés, très-obtus, connivents, gibbeux postérieurement, 6-14-ovulés; ovules horizontaux, bisériés. Styles très-courts, dentiformes, comprimés, tronqués, latéraux, infra-apicilaires, subhorizontaux, garnis vers leur sommet d'un bourrelet stigmatique linéaire. Étairion de 3 à 8 baies obovées, gibbeuses, en général par avortement oligospermes.

Arbres ou arbrisseaux. Bourgeons écailleux. Feuilles éparses (celles des ramules florifères en général rapprochées en rosette terminale), non-stipulées, coriaces, très-entières, glauques ou blanchâtres en dessous. Pédoncules axillaires et terminaux, uni-ou pauci-flores, ou ombellifères, le plus souvent agrégés vers l'extrémité des ramules; pédicelles dressés, grêles, nus, accompagnés à leur base d'une bractée membranacée caduque. Fleurs blanchâtres, odorantes, de grandeur médiocre. Calice petit, finement strié, subdiaphane, spathacé, mucroné, s'ouvrant en deux ou trois valves cymbiformes égales. Pétales inonguiculés, minces, beaucoup plus longs que les sépales : les intérieurs plus courts et plus étroits que les extérieurs. Réceptacle conique. Étamines pauci-sériées, débordées par le pistil : les intérieures un peu plus longues que les extérieures; filets plus longs que les anthères; anthères petites, jaunâtres : connectif étroit, presque inapparent postérieurement; bourses à deux valves égales.

Ce genre est propre à l'Amérique; les espèces qui le constituent sont très-remarquables par des propriétés toniques et aromatiques, de même que par une inflorescence très-élégante. Parmi les cinq espèces connues, les plus notables sont les suivantes :

DRYMIS POLYMORPHE. — *Drymis granatensis* Linn. — Aug. Saint-Hil. Plantes usuelles des Brasil. tab. 26, 27 et 28. — *Wintera granatensis* Murr. Syst. — Humb. et Bonpl. Plant. Équinox. 1, tab. 58.

Feuilles oblongues, ou obovales-oblongues, ou lancéolées-oblongues, ou spathulées, pointues, ou obtuses, ou échancrées, glauques ou blanchâtres en dessous, glabres. Pédoncules 1-5-flores, tantôt épars, tantôt agrégés. Segments calicinaux ovales-orbiculaires. Pétales (9 à 15) oblongs ou linéaires-oblongs, obtus, ou pointus.

Espèce très-variable, se rencontrant tantôt sous forme d'arbre, tantôt sous forme d'arbrisseau haut de 5 à 15 pieds. Feuilles longues de 1 pouce à 3 pouces, larges de 6 à 18 lignes; pétiole long de 5 à 9 lignes. Ombellules-terminales 3-5-flores (quelquefois les pédoncules terminaux sont aussi 1-ou 2-flores) : pédoncules longs de 3 à 4 lignes; pédicelles filiformes, un peu divergents, plus longs que le pédoncule. Sépales rougeâtres. Pétales longs de 2 à 3 lignes, larges d'environ 1 ligne.

Cette espèce, d'abord observée par MM. de Humboldt et Bonpland, sur les plateaux de Santa-Fé-de-Bogota (jusqu'à une élévation de 1500 toises au-dessus du niveau de la mer), a été retrouvée par M. Aug. de Saint-Hilaire, au Brésil, tant dans les plaines découvertes, que dans les forêts-vierges, et sur les montagnes.

« Le nom vulgaire de *casca d'anta* (écorce de tapir) que cette » plante porte au Brésil, dit M. Aug. de Saint-Hilaire, lui a été » donné, au rapport des habitants du pays, parce que le tapir, » sujet selon eux à de fréquentes attaques de coliques, arrache, » pour s'en guérir, l'écorce des *Drymis*, et a ainsi révélé aux » hommes les vertus de ce végétal. Quoi qu'il en soit de cette tra- » dition, le *Drymis granatensis* est actuellement un remède » fort vanté par les habitants de l'intérieur du Brésil, et dont ils » font assez généralement usage. Une saveur aromatique et for- » tement stimulante caractérise l'écorce et même les feuilles du » *Drymis*, et par conséquent les Brasiliens font une heureuse » application des propriétés de cette plante, en l'employant

» comme tonique, pour guérir les coliques et les maux d'esto- » mac. On sait que c'est dans des cas semblables qu'autrefois, » en Europe, on administrait la fameuse écorce de Winter (*Dry- » mis Winteri*), avec laquelle celle du *Drymis granatensis* se » trouvait, à ce qu'il paraît, souvent mélangée. — C'est unique- » ment par ses propriétés médicales que les Brasiliens connais- » sent l'écorce du *Drymis granatensis*; mais, ainsi que plu- » sieurs auteurs l'on déjà fait observer, elle peut aussi être » employée comme épicerie. Si les habitants du Brésil donnaient » l'exemple de s'en servir pour assaisonner leurs aliments, il » serait possible que son emploi dans la préparation des mets » s'étendît peu à peu, et la plante qui la produit acquerrait ainsi » une grande importance pour le pays. »

DRYMIS DE WINTER. — *Drymis Winteri* Forst. Gen. p. 84, tab. 42. — Feuill. Obs. v. 3, p. 10, tab. 6. — *Wintera aromatica* Murr. Syst. — *Winterana aromatica* Soland. Med. Obs. v. 5, tab. 1. — *Drymis punctata* Lamk. Dict. — Lamk. Ill. tab. 494, fig. 1 (mala).

Arbre de grandeur très-variable, s'élevant (suivant les diverses localités) de 6 à 40 pieds. Écorce épaisse, grisâtre en dehors, brunâtre à l'intérieur. Rameaux cylindriques, tuberculeux. Feuilles lancéolées-oblongues, ou oblongues, obtuses, plus ou moins glauques en dessous. Pédoncules axillaires et agrégés vers l'extrémité des ramules, ordinairement uniflores. Corolle blanche, de six pétales oblongs. Étairion de 4 à 6 baies obovées.

Cette espèce croît dans les vallées des terres voisines du détroit de Magellan. C'est d'elle (et probablement de plusieurs autres espèces congénères) que provient l'*écorce de Winter*, jadis tant préconisée en thérapeutique à titre de remède stomachique, sudorifique, et antiscorbutique : propriétés qu'elle possède en commun avec beaucoup d'autres substances aromatiques; aussi a-t-elle été remplacée depuis, dans l'usage médical, par la cannelle et autres épiceries.

SECTION II. ILLICINÉES. — *Illicineæ* Spach.

Sépales 6, ou 7 à 9. Péricarpe composé de 8 à 15 follicules bivalves.

Genre ILLICIUM. — *Illicium* Linn.

Sépales 6, pétaloïdes, bisériés (en ordre ternaire). Pétales 12 à 24, quadri-ou pluri-sériés (en ordre ternaire), étalés : les intérieurs graduellement plus étroits. Étamines en nombre indéfini (environ 18 à 30), pauci-sériées. Filets courts, sublinéaires, tétragones-ancipités. Anthères elliptiques, introrses, mucronées, un peu plus larges que le filet, après l'anthèse recourbées; bourses parallèles, presque contiguës. Ovaires 8 à 15, subtrigones, uni-ovulés; ovule renversé, attaché au fond de la loge. Styles subulés, recourbés. Étairion stelliforme, composé de 8 (ou par avortement moins de 8) à 15 follicules horizontaux, subdrupacés, acuminés, monospermes, finalement bivalves au sommet, ou déhiscents par la suture supérieure. Graine lisse, un peu comprimée : tégument externe testacé. Gynophore presque plane, ou conique.

Petits arbres, ou arbrisseaux. Bourgeons écailleux : les uns foliaires; les autres aphylles, uniflores. Feuilles alternes sur les jeunes pousses, rosclées ou subverticillées vers l'extrémité des anciens ramules, coriaces, luisantes, pétiolées, très-entières. Pédoncules axillaires, ou terminaux, ou latéraux, solitaires, ou subsolitaires, uniflores, dressés, nus, épaissis au sommet. Fleurs jaunâtres ou rougeâtres, odorantes. Sépales planes, ciliolés, tombant avec les pétales, presque membraneux : les extérieurs (soit égaux soit inégaux) plus courts que les intérieurs. Pétales un peu charnus, subcoriaces, planes, inonguiculés, subisomètres, plus longs que les sépales, glabres, non-persistants. Étamines à peu près aussi longues que le pistil, beaucoup plus courtes que les pétales, serrées, d'abord apprimées, après l'anthèse réfléchies : les extérieures un peu plus longues que les intérieures; anthères comprimées, jaunâtres; connectif caréné au dos. Ovaires trigones, comprimés bilatéralement, carénés au dos. Styles comprimés, canaliculés antérieurement : sillon étroit, finement papilleux de chaque côté. Follicules acuminés (par les restes du style), convexes ou carénés au dos, comprimés bilatéralement, légèrement canaliculés au bord antérieur; épicarpe mince; mésocarpe charnu, finalement sec; endocarpe luisant, cartilagineux. Graines solitaires, attachées à la base de l'angle interne des follicules (moyennant un funicule court et épais), ellipsoïdes, ou obovales; périsperme blanchâtre; embryon très-petit : radicule courte, conique; cotylédons suborbiculaires, minces, contigus.

Ce genre ne renferme que les trois espèces dont nous allons traiter.

Section I. BADIANA Spach.

Fleurs jaunâtres. Sépales extérieurs très-inégaux, dissemblables. Étamines environ 20. Pistil de 8 à 10 ovaires. Gynophore conique. Follicules charnus avant la déhiscence.

Follicules non-aromatiques.

Illicium Faux-Badianier. — *Illicium religiosum* Siebold et Zuccar. Flor. Japon. 1, p. 1; tab. 1. — *Illicium anisatum* Thunb. Flor. Jap. (excl. synon.). — Chaum. Flor. Médic. (non Linn.)

Arbre haut de 12 à 20 pieds. Tronc dressé; écorce grisâtre; bois dur, fragile, rougeâtre. Rameaux tantôt alternes, tantôt fasciculés, ou subverticillés, ou subopposés, étalés, glabres de même que toutes les autres parties de la plante : les jeunes verdâtres; les adultes d'un gris tirant sur le roux. Feuilles longues de 18 à 30 lignes, larges de 10 à 18 lignes, d'un vert gai et luisantes en dessus, d'un vert pâle en dessous, lancéolées-oblongues, ou lancéolées-elliptiques, acuminées. Bourgeons foliaires ovales, pointus. Bourgeons floraux subglobuleux, obtus, axillaires, ou latéraux (c'est-à-dire aux aisselles des feuilles déjà tombées); écailles nombreuses, imbriquées, coriaces, fimbriolées aux bords, d'un jaune verdâtre : les extérieures courtes, suborbiculaires; les intérieures graduellement plus longues, ovales, ou oblongues. Pédoncules assez gros, lors de la floraison longs à peine de ½ pouce, finalement longs d'environ 1 pouce. Fleurs larges d'environ 15 lignes. Sépales extérieurs dissemblables : l'un suborbiculaire, échancré, presque 3 fois plus court que les sépales intérieurs; un autre, conforme au premier, mais de moitié plus long; le troisième oblong-obovale, presque aussi long que les sépales intérieurs; sépales intérieurs oblongs-obovales, très-obtus, un peu plus courts et 2 fois plus larges que les pétales. Pétales obtus : les extérieurs obovales-oblongs; les intérieurs linéaires-oblongs ou linéaires. Follicules mucronés, finalement déhiscents en dessus. Graine obovale-elliptique, d'un brun jaunâtre. (Siebold et Zuccar. l. c.)

Cette espèce, qui a été confondue par la plupart des auteurs avec l'*Illicium anisatum* ou vrai *Badianier*, croît au Japon, où on la connaît sous le nom de *Skimi*.

« Le Skimi, dit M. de Siebold, est une des plantes introduites » au Japon de la Chine ou du Koraï, dans les temps les plus re- » culés, par les prêtres budhistes; il est encore aujourd'hui res- » pecté comme sacré, et planté par cette raison aux alentours » des temples. Sa tige atteint une hauteur de 20 à 25 pieds, » mais la couronne se trouve ordinairement mutilée, parce qu'on » en coupe les branches, surtout pendant la floraison, pour les » exposer dans des vases plus ou moins somptueux tant sur les » autels des idoles, que sur les cimetières au pied des tombeaux, » avec d'autres plantes d'ornement, comme les *Ca*[illegible], le » *Cleyera Kæmpferiana*, etc. L'écorce des jeunes branches a » un goût aromatique. Le fruit mûrit en automne; il ressemble » tout à fait à la véritable Badiane, sans en avoir pourtant le » goût aromatique. Néanmoins l'arbre passa jusqu'à présent gé- » néralement pour la plante qui fournit cette épice, dont on fait

» à la vérité usage au Japon, mais qu'on introduit de la Chine. » L'erreur provint d'abord de ce que, séduits par la ressem- » blance des fruits, les botanistes européens déclarèrent le *Skimi* » ou *Somo* de Kæmpfer pour être le véritable *Badianier*, sans » faire attention à la remarque de l'excellent observateur, que » seulement l'écorce de la plante japonaise a un goût aromatique, » mais que le fruit est fade et rebutant. Thunberg augmenta la » méprise, en disant seulement que les capsules de la Badiane » japonaise sont moins aromatiques que celles de la Badiane de » Chine, sans témoigner aucun doute par rapport à l'identité de » l'espèce. Par lui des échantillons séchés de la plante parvin- » rent aussi en Europe. De Candolle, en les examinant, n'osa » point écarter les contradictions dans la description de Lou- » reiro, et c'est ainsi que l'erreur fut propagée jusqu'à ce jour.

» Le *Skimi* est aussi cultivé fréquemment dans les jardins des » Japonais, où il produit un bel effet, surtout au printemps, pré- » dominant alors tant par son feuillage touffu et luisant, que par » la quantité de ses fleurs, sur le vert plus modeste des Cerisiers, » sur les buissons encore dépourvus de feuilles des *Cercis*, des » *Azalea*, etc. Rarement on le rencontre en pleine campagne. » On cultive ce Badianier jusque vers le 35ᵉ degré de Lat. N., » et un froid de quelques degrés ne lui nuit point, de sorte qu'il » pourrait bien résister au climat de la France méridionale.

» Les fruits ne sont d'aucune utilité. Les feuilles passent pour » vénéneuses, mais en même temps pour un antidote contre les » effets du *Tetraodon hispidus*, poisson vénéneux. L'écorce » pulvérisée fait partie des pastilles qu'on brûle au service divin » budhiste. »

B. *Follicules très-aromatiques.*

Illicium Badianier.—*Illicium anisatum* Linn. (non Thunb. Flor. Japon.)—Loureir. Flor. Cochinch. 1, p. 432. — Gærtn. Fruct. 1, tab. 69.

Arbrisseau à tronc gros, branchu, atteignant environ 8 pieds de haut. Bois dur, fragile. Rameaux étalés. Feuilles longues d'environ 2 pouces, larges de 6 à 8 lignes, obovales, ou lancéolées-obovales, subobtuses. Fleurs larges de 1/2 pouce. Pédoncules courts. Pétales au nombre de 27 à 30 : les extérieurs oblongs, ou linéaires-oblongs; les intérieurs linéaires-subulés. Étairion de 8 à 10 follicules ovales, comprimées. Graines lisses, d'un gris roussâtre. (Loureiro, l. c.)

Cette espèce croît dans les provinces méridionales de la Chine; c'est par erreur, ainsi que l'a démontré M. de Siebold (voyez les remarques relatives à l'espèce précédente), qu'on avait avancé qu'elle habite aussi le Japon.

Toutes les parties de cette plante, mais notamment son fruit, soit sec, soit frais, ont une saveur aromatique très-forte et analogue à celle de l'Anis. Ce fruit s'importe en Europe, où on le connaît sous le nom de *Badiane* ou *Anis étoilé;* les liquoristes et les confiseurs l'emploient à aromatiser diverses préparations; il entre notamment dans la liqueur appelée eau de Badiane; jadis on en faisait aussi usage en médecine. Dans l'Inde et la Chine, ce fruit est aussi très-recherché comme épicerie.

SECTION II. EUILLICIUM Spach.

Fleurs d'un pourpre noirâtre. Sépales extérieurs conformes, égaux. Étamines environ 30. Pistil de 12 à 15 ovaires. Gynophore presque plane.

ILLICIUM DE FLORIDE. — *Illicium floridanum* Ellis, Act. Angl. 1770, p. 524, tab. 12. — Lamk. Ill. tab. 493, fig. 1 (mala). — Bot. Mag. tab. 439. — Loddig. Bot. Cab. tab. 209. — Herb. de l'Amat. tab. 174.

Arbrisseau haut de 6 à 10 pieds. Rameaux dichotomes ou subtrichotomes; ramules divergents. Écailles des bourgeons scarieuses, ciliées, mucronées : les extérieures suborbiculaires; les intérieures elliptiques ou elliptiques-oblongues. Feuilles longues de 2 à 4 pouces, larges de 6 à 18 lignes, d'un vert foncé et luisantes en dessus, d'un vert pâle en dessous, très-glabres, très-finement penniveinées, lancéolées-oblongues, ou lancéolées-elliptiques, ou lancéolées, ou elliptiques-oblongues, acuminées, ou pointues, amincies et subrévolutées aux bords, en général subverticillées à l'extrémité des ramules de l'année précédente; pétiole long de 2 à 6 lignes, assez gros, plane et canaliculé en dessus. Pédoncules naissant au sommet ainsi qu'aux dichotomies des ramules de l'année précédente, solitaires, grêles, longs de 6 à 15 lignes. Sépales longs d'environ 3 lignes, membraneux, subdiaphanes, rougeâtres, ciliolés, obtus : les 3 extérieurs ovales-oblongs; les 3 intérieurs elliptiques-oblongs, un peu plus longs. Pétales environ 24, subisomètres, glabres, planes, inonguiculés, longs de 6 à 8 lignes : les extérieurs oblongs, obtus; les suivants oblongs-lancéolés, subobtus; les intérieurs linéaires-lancéolés, pointus. Étamines environ 30, à peu près aussi longues que le pistil, beaucoup plus courtes que les pétales, paucisériées; filets environ 2 fois plus longs que l'anthère : les extérieurs un peu plus longs que les intérieurs; bourses de l'anthère presque contiguës antérieurement; connectif linéaire, caréné au dos. Réceptacle court, subhémisphérique. Pistil glabre : ovaires trigones, carénés au dos, comprimés bilatéralement. Styles à peu près aussi longs que les ovaires, géniculés, réfléchis.

Cette espèce, indigène en Floride, se cultive comme arbrisseau d'ornement; mais elle ne résiste pas, en plein air, aux hivers du nord de la France. Les feuilles ont une odeur aromatique très-agréable; les fleurs, qui paraissent en été, ressemblent assez à celles des Calycanthes.

Genre CYMBOSTÉMON. — *Cymbostemon* Spach.

Sépales 7 à 9, subcoriaces, tri-sériés, connivents : les 3 ou 4 extérieurs petits, presque planes; les intérieurs cymbiformes, plus grands. Pétales 6 à 11, subtrisériés, inonguiculés, dissemblables : les extérieurs plus grands, suborbiculaires; les intérieurs équilatéraux, cymbiformes. Étamines 5 à 9, uni-sériées, isomètres, cymbiformes; filets larges, charnus, obliquement obovales; anthères très-petites, ovales, apiculées, introrses : bourses presque contiguës, un peu divergentes. Ovaires environ 15, comprimés, horizontaux, uni-ovulés; ovule renversé, attaché au fond de la loge. Styles courts, subulés, dressés. Étairion stelliforme, composé d'environ 15 (ou plus souvent moins, par avortement) follicules coriaces, comprimés, acuminés, monospermes, déhiscents par la suture supérieure. Graine lenticulaire : tégument extérieur testacé, fragile, finement ponctué. Gynophore petit, subhémisphérique, mucroné.

Arbrisseaux. Bourgeons écailleux : les uns foliaires; les autres uniflores ou pauciflores, aphylles. Feuilles éparses sur les jeunes pousses, agrégées vers l'extrémité des anciens ramules, coriaces, luisantes, pétiolées, très-entières. Pédoncules solitaires ou subfasciculés, uniflores, inclinés et épaissis au sommet, uni-ou di-bractéolés au-dessus du milieu, d'abord terminaux (sur les ramules de l'année précédente), plus tard latéraux (par le développement d'un nouveau ramule). Fleurs petites, nutantes. Sépales d'un jaune verdâtre, connivents, ponctués, ciliolés, inégaux, dissemblables : les intérieurs plus grands que les pétales. Pétales d'un jaune tirant sur le rouge, ponctués, innervés, glabres. Étamines à peu près aussi longues que le pistil, de moitié plus courtes que les pétales intérieurs, conniventes, anguleuses postérieurement, planes antérieurement. Réceptacle petit, subannulaire. Pistil glabre. Ovaires petits, non-stipités, contigus, connivents, comprimés bilatéralement. Styles persistants. Stigmates inapparents. Follicules carénés aux 2 bords, rectilignes et amincis au bord supérieur, curvilignes et épaissis au bord inférieur, acuminés par le style; mésocarpe mince, un peu charnu avant la maturité, finalement sec; endocarpe cartilagineux, luisant. Graines solitaires, attachées immédiatement au fond de la loge, horizontales, assez grosses, obtuses aux 2 bouts, obovales-lenticulaires; tégument extérieur mince, fragile, luisant; tégument intérieur mince, crustacé, adhérent au périsperme. Périsperme huileux. Embryon minime, subglobuleux : radicule apiculée, centripète; cotylédons très-courts, arrondis, divergents.

Ce genre, très-différent des *Illicium*, tant par les périanthes non disposés en ordre ternaire, que par la conformation des étamines, n'est fondé que sur l'espèce suivante :

Cymbostémon a petites fleurs. — *Cymbostemon parviflorus* Spach. — *Illicium parviflorum* Michx. Flor. Bor. Amer. — Vent. Hort. Cels. tab. 22. — Herb. de l'Amat. tab. 330.

Arbrisseau ou buisson, atteignant 10 pieds de haut. Tiges dressées, rameuses. Ramules glabres (de même que toutes les autres parties de la plante), rougeâtres, obscurément anguleux. Feuilles longues de 2 à 4 pouces, larges de 5 à 15 lignes, luisantes et d'un vert gai en dessus, d'un vert pâle ou un peu glauques en dessous, très-finement penniveinées, lancéolées, ou lancéolées-oblongues, ou lancéolées-elliptiques, subobtuses, amincies et subrévolutées aux bords; côte brunâtre et saillante en dessous, peu apparente en dessus; pétiole semi-cylindrique, canaliculé en dessus, long de 2 à 6 lignes. Écailles des bourgeons scarieuses, ponctuées, ciliolées. Pédoncules longs de 5 à 8 lignes. Fleurs larges de 4 à 5 lignes. Follicules longs de 5 à 6 lignes, larges d'environ 3 lignes, d'un brun roux à la maturité. Graines du volume d'une petite lentille, amincies aux bords : tégument extérieur jaunâtre, très-luisant; tégument intérieur opaque, d'un brun de Châtaigne.

Cette espèce croît dans la presqu'île de la Floride. Dans tout le midi des États-Unis, on la cultive fréquemment dans les jardins, tant pour l'élégance de son port, qu'à cause de ses propriétés aromatiques. L'écorce, les feuilles, et surtout le fruit, ont une saveur absolument semblable à celle de l'*Anis étoilé*. Il est à regretter que cet arbrisseau ne résiste guère aux hivers du nord de la France, et que sa culture, en pots, ne soit pas facile.

IIe TRIBU. LES MAGNOLIÉES. — *MAGNOLIEÆ* De Cand.

Feuilles non-ponctuées, ou très-finement ponctuées, stipulées. Stipules toujours ponctuées (de même que les spathes florales, les sépales et les pétales) : celles de chaque feuille connées (du moins dans le bourgeon) en spathe recouvrant complétement la feuille suivante (avant son développement). Bourgeons sans autres enveloppes que les spathes stipulaires. Boutons recouverts chacun d'une ou de plusieurs spathes caduques. Sépales au nombre de 3 (rarement 4 ou 5), souvent semblables aux pétales. Gynophore subglobuleux ou très-allongé. Ovaires pluri-sériés, imbriqués en forme de capitule ou en forme d'épi, soudés, ou distincts, adnés au gynophore par la face. Péricarpe : syncarpe déhiscent en pièces caduques; plus fréquemment étairion composé de follicules déhiscents et persistants; par exception : étairion composé de samares indéhiscentes caduques. Graines (excepté celles du Liriodendron) recouvertes chacune d'un arille charnu, attaché au péricarpe moyennant un cordon de trachées.

SECTION I. **MAGNOLINÉES**. — *Magnolineæ* Spach.

Feuilles ni tronquées au sommet, ni lobées, en général très-entières; lame en vernation dressée. Étamines débordées par le pistil, beaucoup plus courtes que la corolle. Anthères *introrses*, ou *latéralement déhiscentes*, rectilignes. Péricarpe soit syncarpique et déhiscent en pièces caduques (laissant à nu les graines), soit composé de follicules persistant après la déhiscence. Graines arillées, inadhérentes.

Genre TALAUMA. — *Talauma* Juss.

Sépales 3, coriaces, ou foliacés. Pétales 6 à 12, disposés en ordre ternaire. Anthères linéaires, subsessiles, introrses; appendice apicilaire court, liguliforme, obtus. Ovaires pauci-ou pluri-sériés, imbriqués, soudés, bi-ovulés. Ovules (1) collatéraux, suspendus dans les ovaires inférieurs, horizontaux dans les ovaires intermédiaires, renversés dans les ovaires supérieurs. Styles aplatis ou coniques, apprimés, ou dressés. Syncarpe strobiliforme, ligneux, pluri-ou multi-loculaire, déhiscent soit irrégulièrement en fragments inégaux caducs, soit en valvules caduques. Graines solitaires ou géminées dans chaque loge, restant nichées (après la déhiscence) dans les fovéoles du gynophore devenu ligneux.

Arbres ou arbrisseaux, ayant le port des *Magnolia*. Feuilles très-entières, persistantes, coriaces, subréticulées, pétiolées. Fleurs grandes, terminales, solitaires, pédonculées, odorantes, blanches, ou jaunâtres, enveloppées chacune, avant l'épanouissement, d'une spathe monophylle caduque. Sépales en général réfléchis. Pétales 2-4-sériés, un peu épais, bombés, connivents en forme de cloche. Étamines nombreuses, très-serrées, glabres, beaucoup plus courtes que les pétales. Ovaires linéaires-oblongs, glabres, ponctués, granuleux, soudés en masse compacte. Styles papillifères antérieurement, terminaux, persistants (du moins par leur partie inférieure). Syncarpe globuleux ou ovoïde, aréolé à la surface, souvent spinelleux (par les styles), se désunissant à la maturité soit en plusieurs fragments irréguliers (composés chacun d'un nombre plus ou moins considérable de nucules soudées), soit en autant de valvules naviculaires qu'il y a de fovéoles séminifères. Réceptacle central subclaviforme, libre après la déhiscence, creusé de fossettes séminifères oblongues, inégales, longitudinales. Graines obovales ou cunéiformes, obscurément trigones, recouvertes d'un arille succulent de couleur rouge, finalement pendantes; tégument externe osseux, brunâtre. Périsperme huileux. Embryon petit. (*Aug. Saint-Hil. in Flor. Brasil.* — *Blume, Flor. Jav.*)

---

(1) Suivant M. Aug. de Saint-Hilaire.

Ce genre paraît propre à la zone équatoriale. La plupart des espèces sont remarquables par la beauté et le parfum de leurs fleurs. Les espèces les mieux connues sont les suivantes :

SECTION I. HILARIANA Spach.

Pistil à ovaires très-nombreux. Syncarpe irrégulièrement ruptile.

TALAUMA DE PLUMIER. — *Talauma Plumierii* Swartz, Prodr. Flor. Ind. Occid. — *Magnolia Plumierii* Swartz, Flor. Ind. Occid. — *Anona dodecapetala* Lamk. Dict.

Feuilles obovales ou oblongues-obovales, subobtuses, beaucoup plus longues que le pétiole. Pétales au nombre de 9 à 12, oblongs, obtus.

Arbre atteignant 60 à 80 pieds de haut. Feuilles grandes. Sépales ovales, concaves, coriaces. Corolle blanche, du volume de celle du *Magnolia grandiflora*. Syncarpe ovale ou subglobuleux, bleuâtre.

Cette espèce croît aux Antilles.

TALAUMA A FEUILLES OVALES. — *Talauma ovata* Aug. Saint-Hil. Flor. Brasil. Merid. 1, tab. 4, fig. A.

Feuilles ovales, obtuses. Sépales ovales-orbiculaires, presque dressés, glauques. Pétales au nombre de 6, conformes aux sépales et presque aussi longs.

Feuilles longues de 5 à 7 pouces, larges de 3 à 4 pouces ; pétiole long de 1 pouce à 2 pouces. Pétales longs d'environ 20 lignes, blancs, concaves, subcoriaces, presque dressés.

Cette espèce croît dans les provinces méridionales du Brésil.

TALAUMA DE SELLOW. — *Talauma Sellowiana* Aug. Saint-Hil. l. c. tab. 4, fig. B.

Feuilles obovales-orbiculaires, très-obtuses. Sépales ovales-orbiculaires, glauques, concaves. Pétales ovales, obtus, concaves, presque dressés, au nombre de 6.

Feuilles longues de 3 à 5 pouces, larges de 3 à 4 pouces ; pétiole long d'environ 2 pouces. Pétales longs d'environ 15 lignes, blancs. Pistil conique, long de 1 pouce.

Cette espèce croît dans les provinces méridionales du Brésil.

SECTION II. BLUMIANA Spach.

Pistil à ovaires nombreux. Syncarpe se séparant en un nombre de pièces égal à celui des ovaires du pistil.

TALAUMA DE CANDOLLE. — *Talauma Candollii* Blume, in Bat. Verhandl. v. 9; Flor. Jav. fasc. 19, tab. 9 et 12, A. — *Magnolia pumila* Spreng. Syst. (excl. syn.)

Feuilles lancéolées-elliptiques ou lancéolées-oblongues, acuminées, glabres. Sépales elliptiques ou elliptiques-oblongs, acuminulés, verdâtres en dessous, étalés, ou réfléchis, du tiers plus courts que les pétales extérieurs. Pétales au nombre de 6 ou de 9, connivents en forme de cloche, obovales. Pistil de 11 à 15 ovaires; styles coniques-subulés. Syncarpe ovale au ovale-oblong.

Arbrisseau atteignant environ 15 pieds de haut, rameux vers le haut. Ramules jeunes, pédoncules, bourgeons et spathes veloutés. Feuilles longues de 7 pouces à 1 pied, larges de 2 à 4 pouces, éloignées, horizontales, ondulées aux bords, d'un vert foncé et luisantes en dessus, d'un vert pâle en dessous, souvent terminées brusquement en longue pointe réfléchie; pétiole long d'environ 1 pouce. Stipules linéaires, acuminées. Spathe large, ovale, membranacée. Fleurs grandes, plus ou moins penchées, d'abord blanches, finalement jaunâtres. Sépales longs d'environ 2 pouces, submembranacés. Pétales extérieurs longs d'environ 3 pouces, sur 2 pouces de large; pétales intérieurs un peu plus courts et plus larges que les extérieurs. Étamines longues de 1/2 pouce. Pédoncule fructifère long de 2 à 3 pouces. Syncarpe verdâtre, granuleux. Graines solitaires ou géminées dans chaque loge, subtrigones, du volume d'un gros Pois. (Blume, l. c.)

Cette espèce croît à Java, où on la cultive aussi dans les jardins.

Talauma a fleurs changeantes. — *Talauma mutabilis* Blum. Flor. Jav. fasc. 19, tab. 10, 11, et 12, B.

Cette espèce est très-voisine de la précédente, et également indigène à Java. Suivant M. Blume, elle diffère par son calice à peu près aussi long que la corolle, et par des styles plus courts : ses fleurs se succèdent presque sans interruption toute l'année. La plante est très-variable quant à sa hauteur, de même que dans la grandeur de ses feuilles et de ses fleurs.

Talauma nain. — *Talauma pumila* Blum. Flor. Jav. fasc. 19, tab. 12, C. — *Liriodendron liliifera* Linn. — *Gwillimia indica* Rottl. ined. (ex Blum.) — *Magnolia pumila* Andr. Bot. Rep. tab. 226. — Vent. Malm. tab. 37. — Bot. Mag. tab. 977. — *Liriodendron Coco* Lour.?

Feuilles lancéolées-oblongues, ou lancéolées-elliptiques, acuminées, très-glabres. Sépales aussi longs que les pétales. Pétales au nombre de 6, égaux. Anthères claviformes, obtuses.

Arbrisseau très-rameux, Feuilles longues d'environ ½ pied. Fleurs blanches, larges de 2 pouces et plus.

Cette espèce, qu'on cultive dans les collections de serre, est indigène en Chine et dans l'Inde.

Genre AROMADENDRUM. — *Aromadendron* Blume.

Sépales 4, verdâtres, foliacés. Pétales 20 à 32, plurisériés, disposés en ordre quaternaire. Anthères serrées, linéaires, introrses : appendice apicilaire subulé. Ovaires très-nombreux, soudés, bi-ovulés, subquadrangulaires. Ovules horizontaux, collatéraux. Styles ascendants, courts, subulés. Syncarpe globuleux ou ovoïde, presque ligneux, aréolé, multi-loculaire, caduc à la maturité, finalement (après sa chute) se désunissant en une multitude de nucules polyèdres, obpyramidales. Graines par avortement solitaires dans chaque loge, horizontales, enfoncées chacune dans une alvéole du gynophore.

Arbre. Feuilles subdistiques, très-entières, coriaces,

courtement pétiolées. Fleurs terminales, pédonculées, solitaires, très-odorantes, grandes, blanchâtres, avant l'épanouissement enveloppées chacune dans une spathe monophylle, coriace, caduque, insérée au sommet du pédoncule. Sépales flasques. Pétales étalés, plus fermes que les sépales : les intérieurs graduellement plus courts et plus étroits. Étamines au nombre de 60 à 70, très-rapprochées, apprimées, imbriquées, plus courtes que les pétales, recouvrant en partie le pistil; filets très-courts. Gynophore claviforme. Ovaires subquadrangulaires, glabres, complétement soudés. Styles terminaux, non-persistants, papillifères antérieurement. Pédoncules fructifères latéraux (par le développement d'un nouveau bourgeon). Syncarpe gros, stipité, verdâtre, ou brunâtre, composé d'une multitude de nucules uniloculaires, lesquelles ne se désunissent que longtemps après la chute du fruit, par l'effet de la putréfaction; épicarpe subéreux; mésocarpe ligneux; endocarpe chartacé, luisant; réceptacle commun claviforme, ligneux en dedans, subéreux à la surface, profondément alvéolé. Graines obovales-lenticulaires, recouvertes d'un arille finalement membraneux, rougeâtre; tégument extérieur presque osseux, d'un brun noirâtre. Périsperme huileux, blanchâtre. Embryon petit : cotylédons courts, obtus, subfoliacés; radicule presque trois fois plus longue que les cotylédons, cylindrique, obtuse. (*Blume*, *Flor. Jav.*)

Ce genre n'est fondé que sur l'espèce suivante :

Aromadendrum élégant. — *Aromadendron elegans* Blume, Bijdr. 1, p. 10; Flor. Jav. fasc. 19, tab. 7 et 8.

Arbre haut de 80 à 120 pieds. Tronc droit, très-gros, lisse. Cime ample, touffue, très-rameuse. Ramules cylindriques, brunâtres, ponctués, glabres. Feuilles longues de 4 à 6 pouces et plus, larges de 1 ½ pouce à 2 pouces, horizontales, très-glabres, un peu luisantes, légèrement veineuses, oblongues, ou oblongues-lancéolées, ou elliptiques-oblongues, en général acuminées, arrondies ou subcunéiformes à la base; pétiole long d'environ 4 lignes. Stipules vertes, linéaires, glabres, acuminées. Pédoncules longs de 1 pouce à 2 pouces, dressés, solitaires. Boutons oblongs-cylindracés, pointus, velus au sommet. Spathe ovale, pointue, verdâtre, cotonneuse vers le sommet, glabre inférieurement. Sépales liguliformes, pointus, longs de 2 $^1/_2$ pouces, caducs avant les pétales. Pétales pointus, lancéolés-linéaires : les extérieurs aussi longs que les sépales. Syncarpe du volume d'un poing. (Blume, l. c.)

Cet arbre croît dans les forêts de Java, où il est connu des habitants sous les noms de *kilunglung* et de *gelatrang*. Il fleurit pendant toute l'année. Ses fleurs exhalent une odeur pénétrante mais agréable. « C'est, dit M. Blume, l'un des plus beaux arbres que l'on puisse voir, et qui fournit un bois de construction très-solide. Parmi toutes les Magnoliacées de Java, son écorce est celle qui joint à l'amertume l'arome le plus agréable, et qui par cette raison doit être employée de préférence comme stomachique. Les feuilles, aromatiques et à peine amères, sont à recommander comme emménagogues et carminatives. »

Genre MANGLIÉTIA. — *Manglietia* Blume.

Sépales 3, non-colorés, étalés, ou défléchis. Pétales 6 ou 9, disposés en ordre ternaire, connivents. Anthères introrses, linéaires, serrées : appendice apicilaire subulé. Ovaires multisériés, cohérents, 6- ou pluri-ovulés. Ovules bisériés. Styles dressés, subulés, courts. Étairion strobiliforme, ovoïde : follicules subligneux, anguleux, un peu comprimés, polyspermes, ou par avortement monospermes ou oligospermes, finalement disjoints et incomplétement bivalves. Graines anguleuses, finalement pendantes.

Arbres, ayant le port des *Magnolia*. Feuilles pétiolées, très-entières, subcoriaces. Fleurs jaunâtres ou blanches, solitaires, terminales, courtement pédonculées, très-odorantes, avant l'épanouissement enveloppées chacune dans une spathe monophylle, membraneuse, caduque, longitudinalement déhiscente, insérée au-dessus du milieu du pédoncule. Pétales uni-bi- ou tri-sériés, un peu charnus. Étamines nombreuses, très-serrées, apprimées, plus courtes que les pétales; filets courts, épais. Ovaires anguleux, ponctués, glabres, canaliculés au dos. Styles terminaux, non-persistants, papillifères antérieurement vers leur sommet. Étairion stipité par le réceptacle : follicules de grandeur inégale, plus ou moins comprimés bilatéralement, ponctués, convexes au dos; endocarpe lisse, chartacé. Graines ellipsoïdes, vagues, recouvertes d'un arille rouge un peu charnu. (*Blume, Flor. Jav.*)

On ne connaît que les deux espèces dont nous allons parler.

Mangliétia glauque. — *Maglietia glauca* Blum. in Batav. Verhandl. v. 9, p. 149. — Flor. Jav. fasc. 19, tab. 6.

Feuilles lancéolées-elliptiques, ou lancéolées-oblongues, acuminées, glauques en dessous, glabres (de même que les boutons). Sépales oblongs, subobtus, étalés, un peu connivents. Pétales 6, pointus, connivents en forme de cloche : les extérieurs elliptiques-oblongs, à peu près aussi longs que les sépales; les 3 intérieurs lancéolés, moins larges.

Arbre très-élevé. Tronc droit, haut de 60 à 80 pieds, sur 5 à 6 pieds de diamètre; cime ample, touffue. Ramules brunâtres, cylindriques, glabres. Feuilles longues de 5 à 8 pouces, larges de 2 à 3 pouces, d'un vert clair et luisantes en dessus, glauques en dessous; pétiole long de 1/2 pouce à 1 pouce. Stipules linéaires, acuminées, vertes, glabres. Pédoncules longs de 1 pouce à 2 pouces, verts, dressés, glabres, quelquefois latéraux après la floraison (par l'allongement du ramule). Fleurs larges d'environ 3 pouces. Spathe membraneuse, glabre, d'un jaune verdâtre, ovoïde. Sépales d'un jaune verdâtre, minces, flasques. Pétales jaunes. Étairion ellipsoïde ou subglobuleux, dressé, du volume d'un œuf de poule; follicules d'abord soudés par les côtés, glabres, verdâtres, ponctués (de petites verrues blanches) : valvules cymbiformes. Graines au nombre de 2 à 12 dans chaque follicule, sublenticulaires, longues d'environ 2 lignes : test dur, fragile, brunâtre; embryon minime, obcordiforme : radicule obconique, infère. (Blume, l. c.)

Cette espèce croît dans les forêts des montagnes de Java, à une élévation de 3000 à 4000 pieds au dessus du niveau de la mer; les Javanais la désignent par le nom de *Mangliet*. Son bois, très-solide et de couleur blanchâtre, est fort recherché des habitants, pour les constructions.

Mangliétia élégant. — *Manglietia insignis* Blume, Flor. Jav. fasc. 19, p. 22 (in adnot.) — *Magnolia insignis* Wallich, Flor. Nepal. v. 1, tab. 1; Plant. Asiat. Rar. tab. 182.

Feuilles lancéolées-obovales, ou lancéolées-oblongues, cuspidées; pointe obtuse. Boutons pubérules. Sépales réfléchis, oblongs, obtus. Pétales oblongs-obovales, acuminés. Étairion oblong, obtus.

Grand arbre. Tronc atteignant souvent 4 à 5 pieds de diamètre. Feuilles non-persistantes, luisantes, longues de ½ pied et plus. Fleurs très nombreuses, de la grandeur de celles du *Magnolia Yulan*. Sépales d'un brun tirant sur le roux. Pétales d'un blanc jaunâtre, lavés de rose vers le haut. Étairion long d'environ 3 pouces, de couleur pourpre.

Cet arbre magnifique croît dans les montagnes du Népaul, dans les régions élevées de 6,000 à 10,000 pieds au-dessus du niveau de la mer. Il fleurit en avril et en mai. Ses feuilles tombent en novembre, et il ne s'en développe de nouvelles qu'au mois de février suivant. Les fleurs sont très-odorantes. Le bois est d'un jaune pâle, à grain fin et très-serré.

Cet arbre résisterait sans doute, en plein air, aux hivers du midi, et peut-être même du nord de la France.

Genre MICHÉLIA. — *Michelia* Linn. (Blume.)

Sépales 3 ou 5, colorés, ou verdâtres. Pétales 3 à 12, disposés en ordre ternaire ou rarement en ordre quinaire. Anthères introrses ou latéralement déhiscentes, linéaires; appendice apicilaire souvent épaissi au sommet. Ovaires pauci-sériés ou multisériés, distincts, serrés, 6- ou pluri-ovulés, agrégés en épi. Ovules renversés, bisériés. Styles subobliques, filiformes, courts, non-persistants. Étairion spiciforme : follicules coriaces, subglobuleux, persistants, bivalves au sommet, lâchement imbriqués, polyspermes, ou par avortement mono-ou oligo-spermes. Graines finalement pendantes, anguleuses.

Arbres, ou arbrisseaux : rameaux divariqués. Feuilles très-entières. Pédoncules axillaires et terminaux, solitaires, courts, uni-flores, ou rarement biflores. Fleurs odorantes, avant l'épanouissement enveloppées chacune dans une spathe (soit monophylle, soit composée de deux bractées connées) caduque, latéralement déhiscente. Pétales blancs ou jaunâtres, uni- ou pluri-sériés : les extérieurs plus grands. Étamines rapprochées, plus courtes que les pétales, glabres. Gynophore claviforme, plus ou moins allongé. Ovaires non-stipités, gibbeux postérieurement, plus ou moins soyeux. Styles terminaux, légèrement papilleux antérieurement. Follicules (souvent par avortement en moindre nombre que les ovaires) obtus, ou mucronulés par la base du style, ponctués (de petites verrues). Graines au nombre de 6 à 15 (ou par avortement moins) dans chaque follicule, enveloppées dans un arille charnu de couleur rouge. Périsperme charnu. Embryon petit : radicule obtuse, infère. (*Blume*, *Flor. Jav.*)

Ce genre, dont on a énuméré 11 espèces, est propre à l'Asie équatoriale. Tous les *Michélia* sont remarquables par la beauté et le parfum de leurs fleurs. Nous n'allons faire mention que des espèces suffisamment connues.

Michélia Champac. — *Michelia Champaca* Linn. — Blum. Flor. Jav. fasc. 19, tab. 1. — *Michelia suaveolens* Pers. — *Champaca* Hort. Malab. 1, tab. 19. — *Sampaca* Rumph. Amb. 2, tab. 67.

Feuilles lancéolées, ou lancéolées-elliptiques, ou lancéolées-oblongues, acuminées, soyeuses en dessous à la côte; pétiole soyeux de même que les pédoncules et spathes. Pétales lancéolés ou lancéolés-linéaires, pointus, en général au nombre d'environ 12. Étairion ovale ou ovale-oblong, non-stipité : follicules pluri-sériés, 3-12-spermes.

Arbre à tronc atteignant trente pieds de haut, gros, dressé; écorce lisse, grisâtre; bois blanchâtre, mou. Branches grosses, peu nombreuses, étalées. Ramules glabres, cylindriques. Bourgeons-terminaux coniques-oblongs, pointus. Feuilles longues de 5 à 8 pouces, larges de 2 à 3 pouces, coriaces, horizontales, ou subhorizontales, en dessus glabres, d'un vert gai et luisantes, un peu glauques en dessous; pétiole long d'environ 1 pouce. Stipules membraneuses, lancéolées, pointues. Pédoncules plus courts et plus gros que les pétioles. Boutons coniques-oblongs, pointus, soyeux à la surface externe. Sépales jaunes, conformes aux pétales, longs d'environ 2 pouces. Pétales jaunes, flasques : les 3 extérieurs aussi longs que les sépales, larges d'environ 4 lignes, étalés de même que les sépales; les intérieurs très-étroits, longs d'environ 1 pouce, d'abord connivents, finalement étalés, souvent convolutés. Gynophore (à l'époque de la floraison) long d'environ 1 pouce. Étairion long de 3 à 6 pouces, à axe défléchi ou tortueux; follicules subglobuleux, du volume d'un gros grain de raisin, d'un vert pâle ponctué de verrues blanches. Graines du volume d'un gros pois. (Blume, Flor. Jav.)

Cette espèce croît dans l'Inde et aux Moluques, où on la nomme *Champaca* ou *Chumpa*; le parfum délicieux que répandent ses fleurs, dont l'arbre est orné pendant presque toute l'année, la fait cultiver communément dans ces contrées, autour des habitations. On prépare aussi avec ces fleurs et de l'huile de cocotier, une pommade odorante, dont les Hindous et les Malais font fréquemment usage. L'écorce et les feuilles sont aromatiques et amères; on les emploie fréquemment, dans l'Inde, comme remède tonique et emménagogue. Les graines sont très-acres : M. Blume assure qu'étant pulvérisées et mêlées à du gingembre et du galanga, on les administre avec succès en frictions, contre les fièvres intermittentes.

Michélia a longues feuilles. — *Michelia longifolia* Blume, Flor. Jav. fasc. 19, tab. 2 et 3.

Feuilles lancéolées-elliptiques, ou lancéolées-oblongues, ou elliptiques-oblongues, acuminées, glabres. Pédoncules, bourgeons et spathes soyeux. Pétales lancéolés ou lancéolés-linéaires, acuminés, au nombre de 7 à 12. Étairion longuement stipité; follicules paucisériés.

Grand arbre. Feuilles longues de 7 à 12 pouces, larges de 3 à 4 pouces, coriaces, raides, luisantes en dessus, d'un vert pâle en dessous, horizontales, ou défléchies; pétiole long d'environ 1 pouce. Stipules lancéolées, acuminées. Pédoncules dressés, à peu près aussi longs que le pétiole. Fleurs blanches. Pétales subisomètres, longs d'environ 1 ½ pouce, étroits, arqués, connivents : les intérieurs à peu près du tiers moins larges que les extérieurs. Pistil d'environ 15 ovaires multi-ovulés. (Blume, l. c.)

Cette espèce croît à Java, où d'ailleurs elle se cultive aussi dans les jardins; on la nomme *Tsjampaca*. Ses fleurs ont une odeur plus suave que celles de l'espèce précédente.

Michélia a nervures pubescentes. — *Michelia pubinervis* Blum. l. c. tab. 5. — *Michelia rufinervis* Blum. Bijdr.

Feuilles lancéolées-oblongues, ou lancéolées-elliptiques, acuminées, pubérules en dessous aux nervures. Bourgeons, pédoncules et spathes veloutés. Sépales 5, oblongs-spathulés, obtus. Pétales environ 10, lancéolés-linéaires, plus courts que les sépales. Pédoncules fructifères étalés ou déclinés. Follicules subglobuleux ou obovés, en général oligospermes.

Arbre haut de 50 à 60 pieds. Feuilles longues de 4 à 7 pouces, larges de 1 ½ pouce à 3 pouces, horizontales, coriaces, d'un vert foncé et luisantes en dessus, un peu glauques en dessous; pétiole long d'environ 1 pouce. Pédoncules gros, plus courts que les pétioles. Boutons oblongs-cylindracés, presque obtus. Fleurs glabres, jaunes, très-odorantes, de la grandeur de celles du *Michelia Champaca*. Sépales et pétales en nombre subquinaire. Étairion courtement stipité; follicules plus ou moins nombreux, glabres, d'un vert gai, ponctués de verrues jaunes, longs d'environ 4 lignes. (Blume, l. c.)

Cette espèce croît dans les montagnes de Java. Son bois, de couleur blanche, est assez compacte.

Michélia des montagnes. — *Michelia montana* Blum. in Batav. Verh. v. 9; Flor. Jav. fasc. 19, tab. 5.

Feuilles elliptiques ou elliptiques-oblongues, courtement acuminées, glabres (de même que les bourgeons, les spathes et les pédoncules). Pétales au nombre de 6, lancéolés, pointus, conformes aux sépales et à peu près aussi longs. Étairion longuement stipité; follicules environ 4, substipités, mucronés, obliquement obovés, ou ellipsoïdes, un peu comprimés, 2-12-spermes.

Arbre haut de 40 à 60 pieds, ayant le port du *Champaca*. Feuilles longues de 5 à 7 pouces, larges de 2 ½ à 3 ½ pouces, horizontales, coriaces, d'un vert foncé et luisantes en dessus, d'un vert pâle en dessous; pétiole long d'environ ½ pouce. Stipules linéaires, acuminées, ciliolées aux bords. Boutons ovales, obtus. Sépales 3, verdâtres, très-caducs. Pétales blancs ou d'un jaune pâle, connivents, longs d'environ 1 pouce : les 3 intérieurs un peu plus étroits. Gynophore très-grêle, presque filiforme. Pistil en général d'environ 4 ovaires. Follicules subhorizontaux, du volume d'une prune, glabres, verts, ponctués de verrues jaunâtres. Graines anguleuses : arille rose.

Cette espèce croît dans les montagnes de Java; elle fleurit toute l'année. L'odeur de ses fleurs est moins pénétrante que celle des fleurs du *Champac*. Son bois est assez solide. M. Blume recommande l'écorce comme un excellent remède tonique et stimulant.

Michélia a petites fleurs. — *Michelia parviflora* De Cand. in De Less. Ic. Sel. 1, tab. 85. — Blum. Flor. Jav. fasc. 19, p. 18. — *Magnolia parvifolia* De Cand. Syst.

Feuilles lancéolées-elliptiques, subobtuses, glabres. Ramules, boutons et spathes veloutés. Sépales 3, elliptiques, obtus, connivents. Pétales 3, conformes aux sépales mais moins larges. Étairion stipité, à follicules pluri-sériés.

Arbrisseau très-rameux, haut de 7 à 10 pieds. Feuilles longues de 1 1/2 pouce à 3 pouces, larges de 2/3 de pouce à 1 1/2 pouce, coriaces, d'un vert foncé en dessus, d'un vert plus pâle en dessous; pétiole très-court. Stipules soudées en spathe oblongue-cylindracée, pointue. Pédoncules très-courts, dressés, 1-ou 2-flores. Spathe monophylle, ovoïde, obtuse. Fleurs à peine longues de 1 pouce, d'un blanc carné, finalement jaunâtres. Sépales et pétales assez épais, un peu concaves, connivents en forme de cloche.

Cette espèce est cultivée à Java, dans les jardins. M. Blume assure qu'elle n'est pas indigène, et il présume qu'elle a été introduite de Chine.

Genre LIRIOPSIS. — *Liriopsis* Spach.

Sépales 3, subonguiculés, colorés, conformes aux pétales. Pétales 3 (1), dressés et connivents de même que les sépales. Étamines courtes, apprimées; filets charnus, subcylindriques; anthères latéralement déhiscentes, linéaires-tétragones, un peu comprimées, mucronées; connectif étroit. Ovaires très-nombreux, distincts, imbriqués, biovulés. Ovules collatéraux, subhorizontaux, attachés vers le milieu de l'angle interne. Styles courts, subulés, non-persistants? papillifères antérieurement. Gynophore columnaire, nu dans sa moitié inférieure. (Péricarpe et graines inconnus.)

Arbrisseau. Bourgeons, jeunes feuilles et ramules cotonneux-ferrugineux. Feuilles coriaces, persistantes, très-finement ponctuées, très-entières, courtement pétiolées, toutes éparses. Spathes stipulaires coriaces, adhérentes au pétiole, finalement diphylles (du moins les supérieures des jeunes pousses non-florifères, ainsi que celles des ramules florifères). Pédoncules solitaires, courts, uniflores, dressés, ter-

(1) On pourrait dire, à tout aussi juste titre, qu'il y a 6 pétales et point de sépales, ou bien, qu'il y a 6 sépales et point de pétales.

minant de courts ramules axillaires (sur les pousses de l'année précédente) tantôt monophylles au sommet, tantôt aphylles (la feuille tombant souvent avec la spathe stipulaire). Bouton avant l'épanouissement recouvert d'une spathe monophylle, submembranacée, insérée au sommet du pédoncule. Fleurs de grandeur médiocre, dressées, odorantes. Calice et corolle glabres, un peu charnus, d'un pourpre brunâtre, connivents en forme de cloche. Pétales subonguiculés, plus étroits et moins longs que les sépales. Étamines beaucoup plus courtes que les pétales, longuement débordées par le pistil; anthères jaunes, plus larges et plus longues que les filets, couronnées d'un court appendice triangulaire et pointu. Réceptacle court, conique. Pistil longuement stipité par la partie nue du gynophore.

Ce genre, qui paraît ne différer essentiellement des *Michelia*, que par des ovaires bi-ovulés, n'est fondé que sur l'espèce suivante :

Liriopsis a fleurs brunes. — *Liriopsis fuscata* Spach. — *Magnolia fuscata* Andr. Bot. Rep. tab. 229. — Salisb. Parad. Lond. tab. 5. — Bot. Mag. tab. 1008. — *Magnolia fasciata* Vent. Malm. in adnot. sub n° 24.

Arbrisseau ou buisson. Ramules bruns, flexueux, feuillés : les adultes glabres. Bourgeons coniques ou ovoïdes, pointus : les floraux gros, axillaires, solitaires, monophylles. Feuilles longues de 1 ½ pouce à 3 pouces, larges de 10 à 20 lignes (celles des ramules florifères beaucoup plus petites), luisantes, d'un vert gai en dessus, d'un vert pâle en dessous, finement penninervées, lancéolées, ou lancéolées-oblongues, ou lancéolées-elliptiques, ou lancéolées-obovales, acuminées-cuspidées (à pointe obtuse), cunéiformes à la base, finalement très-glabres excepté en dessous à la côte (laquelle reste garnie d'un duvet velouté roussâtre); pétiole très-court, gros, subcylindrique, plane en dessus, transversalement rugueux. Ramules florifères en général plus courts que les pédoncules (souvent à peine plus long que le pétiole), et couverts (de même que le pédoncule, la spathe stipulaire, et la spathe florale) d'un duvet velouté ferrugineux. Pédoncules longs de ½ pouce à 1 pouce (toujours beaucoup plus courts que la feuille à l'aisselle de laquelle naît le ramule-florifère), grêles, obliquement dressés, brusquement épaissis au sommet en forme de cupule. Spathe stipulaire du ramule-florifère (longue d'environ 1 pouce) et spathe florale brunâtres, glabres à la surface interne, coniques-cylindracées, acuminées. Fleurs longues d'environ 1 pouce. Sépales elliptiques-oblongs, acuminulés, presque planes, larges de 4 à 5 lignes. Pétales lancéolés-oblongs, acuminulés, larges d'environ 3 lignes, un peu moins longs que les sépales. Étamines longues de 2 à 3 lignes : anthères trois fois plus courtes que le filet. Gynophore (à l'époque de la floraison) long d'environ 6 lignes; ovaires veloutés à la base.

Cette espèce, originaire de la Chine, se cultive fréquemment, en serre tempérée, comme arbrisseau d'agrément.

Genre YULANIA. — *Yulania* Spach.

Sépales 3, aussi grands ou moins grands que les pétales, inonguiculés, étalés. Pétales 6 (disposés en ordre ternaire), subisomètres, onguiculés, connivents. Étamines courtes, apprimées : filets charnus, un peu comprimés; anthères latéralement déhiscentes, linéaires-tétragones, un peu comprimées, mucronées : connectif étroit. Ovaires cohérents latéralement ou non-cohérents, très-nombreux, imbriqués, subtrigones, bi-ovulés. Ovules tantôt collatéraux, tantôt superposés, de direction vague. Styles subulés, non-persistants, papillifères antérieurement. Étairion strobiliforme, cylindracé : follicules distincts, coriaces, bivalves, persistants, lâchement imbriqués, mutiques, par avortement monospermes (accidentellement dispermes). Graines ovales ou ellipsoïdes, lenticulaires, finalement pendantes hors les follicules; tégument externe lisse, testacé.

Arbres ou buissons. Bourgeons laineux, très-développés dès l'automne. Feuilles non-persistantes, subcoriaces, très-entières, rapprochées en rosette à l'extrémité des ramules florifères. Stipules laineuses en dehors, d'abord adnées au pétiole : les extérieures (des bourgeons) coriaces, connées, caduques sous forme de spathe; celles des feuilles supérieures membranacées, ponctuées, finalement distinctes. Pédoncules solitaires, terminaux (sur les ramules de l'année précédente), gros, turbinés, très-courts, uniflores, dressés. Bouton recouvert de 3 à 6 spathes (stipules d'une feuille dont le pétiole est très-visible, mais la lame souvent abortive) coriaces, laineuses, en partie caduques longtemps avant l'épanouissement de la fleur, s'ouvrant chacune (au moment de sa chute) en deux valves égales. Fleurs blanches, ou roses, odorantes, dressées, très-grandes, vernales, paraissant soit avant le développement des feuilles, soit à la même époque. Sépales caducs en même temps que la corolle, soit submembranacés et beaucoup plus petits que les pétales, soit aussi grands que les pétales et de même consistance. Pétales bi-sériés, un peu charnus, courtement onguiculés, un peu concaves, beaucoup plus longs que les étamines, dressés, un peu divergents. Réceptacle gros, court, cylindrique, columnaire. Étamines très-nombreuses, pluri-sériées, imbriquées, plus courtes que le pistil (les extérieures plus courtes que les intérieures); filets subovales, au moins 4 fois plus courts que les anthères; anthères jaunes. Gynophore columnaire. Ovaires contigus ou cohérents, irrégulièrement ovoïdes, glabres, gibbeux postérieurement, acuminés, glabres, non-stipités, un peu comprimés bilatéralement : ceux de la série basilaire prolongés inférieurement au-delà de leur base. Ovules tantôt suspendus, tantôt renversés, tantôt horizontaux ou plus ou moins obliques. Styles longs, élargis vers leur base, apprimés inférieurement, oncinés ou recourbés vers leur sommet, finement papilleux (presque dès la base), caducs peu après la floraison. Étairion grand, dressé, courtement stipité par le réceptacle : follicules contigus (mais toujours distincts à la maturité), un peu charnus avant la maturité, lisses, subovoïdes, acuminulés par la base du style, comprimés bilatéralement, carénés au dos (carène tranchante); endocarpe cartilagineux, adhérent. Graines grosses, remplissant les follicules, obtuses aux 2 bouts, ou acuminées au sommet, tranchantes aux bords, recouvertes d'un arille épais, charnu, aromatique, de couleur écarlate ou pourpre; hile tantôt apicilaire, tantôt infra-apicilaire ou presque médian, latéral; chalaze grande, située à l'une des extrémités de la graine; raphé inapparent; tégument extérieur brun, luisant; tégument intérieur membraneux. Périsperme conforme à la graine, charnu, huileux, non-rugueux. Embryon minime : cotylédons minces, suborbiculaires, contigus; radicule mammiforme, apiculée.

Ce genre se compose des trois espèces suivantes :

A. *Sépales semblables aux pétales. Anthères à peu près 4 fois plus longues que les filets. Ovaires non-cohérents. Graines à arille très-épais, de couleur pourpre; tégument extérieur acuminé au sommet. — Fleurs d'un blanc pur, très-précoces (paraissant toujours longtemps avant le développement des feuilles).*

Yulania magnifique. — *Yulania conspicua* Spach. — *Magnolia conspicua* Salisb. Parad. Lond. tab. 38. — Bot. Mag. tab. 1621. — Guimp. et Hayn. Fremd. Holz. tab. 72. — *Magnolia Yulan* Desfont. Arb. 2, p. 6. — Bonpl. Nav. tab. 20.

Feuilles obovales, ou oblongues-obovales, ou elliptiques-obovales, ou obovales-orbiculaires, brusquement acuminées-cuspidées, arrondies ou cunéiformes à la base : les jeunes cotonneuses; les adultes glabrescentes. Pétales obovales, ou oblongs-obovales, ou oblongs-spathulés, subacuminés, ou très-obtus, glabres.

Arbre atteignant 40 pieds de haut, et plus. Branches nombreuses, très-rameuses, disposées en tête ovale touffue. Rameaux plus ou moins divergents : écorce brunâtre, luisante, ponctuée. Jeunes pousses cotonneuses, cylindriques, flexueuses, finalement glabres. Bourgeons-axillaires ovales ou coniques, pointus, couverts d'un épais duvet blanchâtre et luisant; spathes stipulaires oblongues, un peu comprimées, pointues. Stipules des feuilles supérieures finalement libres, liguliformes-oblongues, subnaviculaires, pointues, ou acuminées, longues d'environ 1 pouce. Feuilles longues de 3 à 8 pouces, larges de 1 ½ pouce à 6 pouces, d'un vert foncé et luisantes en dessus (les adultes glabres), d'un vert pâle et légèrement pubescentes en dessous (surtout aux nervures), fortement penninervées, finement réticulées aux 2 faces, subverticales; pétiole subcylindrique, pubescent, élargi à la base, long de 4 à 12 lignes. Bourgeons-florifères très-gros, en général aphylles, ovales ou ovales-oblongs, obtus, formés en général par 5 ou 6 spathes très-rapprochées, longues d'environ 1 pouce, brunâtres et glabres à la surface intérieure, couverts à la surface externe d'un duvet laineux très-épais, blanchâtre, luisant; valves elliptiques-oblongues, ou elliptiques, obtuses : celles des spathes extérieures caduques avant la fin de l'hiver; celles des spathes supérieures persistant jusque vers la floraison. Corolle longue de 3 à 4 pouces. Étamines longues de 3 à 6 lignes. Étairion long de 4 à 6 pouces, oblong-cylindracé, rougeâtre avant la maturité. Graines du volume d'un haricot (longues de 5 à 6 lignes).

Cette espèce est indigène en Chine, où elle porte le nom de *Yu-lan*; la beauté et le parfum de ses fleurs, comparables à celles du Lys, la font généralement cultiver dans toute l'étendue de ce vaste empire. Les fleuristes de Pékin l'élèvent en caisse, dans des serres, pour le faire fleurir en hiver. On confit au vinaigre les jeunes boutons de fleurs. L'arille des graines a une odeur très-prononcée de citron. L'infusion du fruit passe pour pectorale et adoucissante.

Le *Yulan* est introduit en Europe depuis la fin du dernier siècle, et aujourd'hui on le rencontre assez fréquemment dans les jardins. Il résiste parfaitement aux hivers les plus rigoureux du nord de la France, où il fleurit dès le commencement du printemps; sa culture n'exige aucun soin particulier, et réussit dans tout sol fertile.

B. *Sépales membranacés, 3 à 6 fois plus courts que les pétales. Filets beaucoup plus courts que les anthères. Ovaires cohérents. Graines obtuses aux 2 bouts : arille de couleur écarlate. — Fleurs tantôt roses, tantôt d'un pourpre violet, tantôt blanches, paraissant tantôt avant les feuilles, tantôt à la même époque.*

YULANIA DU JAPON. — *Yulania japonica* Spach.

— α : A FLEURS POURPRES (*purpurea*). — *Magnolia obovata* Thunb. in Act. Soc. Linn. 2, p. 336. — Guimp. et Hayn. Fremd. Holz. tab. 52. — *Magnolia purpurea* Curt. Bot. Mag. tab. 390. — Jaume Saint-Hil. Flore et Pom. Franç. tab. 454. — Duham. Arb. ed. 2, v. 2, tab. 66, bis. — *Magnolia discolor* Vent. Malm. tab. 24. — *Magnolia denudata* Lamk.

— β : A FLEURS BLANCHES (*candida*). — *Magnolia liliflora* Lamk. Dict. — Banks, Ic. Kæmpf. tab. 44.

— γ : A FLEURS CARNÉES (*incarnata*). — *Magnolia Soulangiana* Sweet, Brit. Flow. Gard. tab. 260. — Bot. Reg. tab. 1164.

Feuilles obovales, ou lancéolées-obovales, ou lancéolées-elliptiques, ou lancéolées-oblongues, brusquement acuminées, ou cuspidées, cunéiformes à la base : les jeunes pubescentes; les adultes glabres (du moins en dessus). Sépales linéaires ou linéaires-lancéolés, pointus, glabres, réfléchis. Pétales obovales, ou oblongs-obovales, ou oblongs-spathulés, ou lancéolés-oblongs, ou lancéolés, pointus, ou obtus, glabres.

Buisson haut de 6 à 10 pieds, très-rameux, touffu. Rameaux dressés ou presque dressés, glabres, cylindriques; écorce lisse ou ponctuée, brunâtre. Jeunes pousses plus ou moins cotonneuses, cylindriques, flexueuses, finalement glabres. Bourgeons-axillaires ovales ou coniques, pointus, petits, couverts d'un épais duvet blanchâtre et luisant; spathes stipulaires oblongues ou ovales-oblongues, un peu comprimées, pointues. Stipules des feuilles supérieures finalement libres, liguliformes, ou linéaires-lancéolées, brunâtres, pointues, ordinairement plus longues que le pétiole. Feuilles longues de 3 à 8 pouces, larges de 1 pouce à 4 pouces, luisantes aux 2 faces, d'un vert gai et glabres en dessus, d'un vert pâle et quelquefois légèrement pubérules en dessous, fortement penninervées, finement réticulées aux 2 faces, subverticales; pétiole long de 4 à 8 lignes, subcylindrique, grêle, élargi à la base, ordinairement pubérule. Bourgeons florifères cylindracés ou coniques-cylindracés, pointus, beaucoup plus gros que les bourgeons axillaires, en général 1-3-phylles, composés de 3 ou 4 spathes soyeuses à la surface externe. Sépales longs de ½ pouce à 1 pouce, rougeâtres ou d'un rose pâle. Pétales longs de 3 à 4 pouces, en général d'un pourpre violet en dessous, et blanchâtres ou d'un rose pâle en dessus, moins souvent soit d'un blanc pur aux deux faces, soit d'un rose très-pâle. Étamines longues de 2 à 6 lignes, glabres de même que le pistil. Étairion long de 2 à 3 pouces, oblong-cylindracé; follicules longs de 3 à 4 lignes, acuminulés, ou apiculés. Graines du volume d'un petit Haricot.

Cette espèce, originaire du Japon, se cultive fréquemment dans les jardins; elle est aussi rustique que le *Yulan*, mais ne prospère qu'en terre de bruyère. Sa floraison a lieu vers la fin d'avril et en mai.

Yulania Kobus. — *Yulania Kobus* Spach. — *Magnolia Kobus* De Cand. Syst. et Prodr. — *Magnolia tomentosa* Thunb. — Banks, Ic. Kæmpf. tab. 42. — *Magnolia gracilis* Salisb. Parad. Lond. tab. 87.

Cette plante, originaire du Japon, et que nous ne connaissons que d'après les courtes définitions des auteurs cités, est peut-être une variété de l'espèce précédente; du moins les différences qu'on indique paraissent se réduire à ce que les jeunes feuilles seraient plus cotonneuses en dessous, et les styles plus longs. Les fleurs ressemblent à celles du *Yulania japonica*; elles paraissent toujours, à ce qu'on dit, avant le développement des feuilles.

Genre MAGNOLIA. — *Magnolia* Linn.

Sépales 3, colorés en dessus, inonguiculés, à peu près aussi longs ou plus longs que les pétales. Pétales 6 ou 9 (disposés en ordre ternaire), onguiculés. Étamines courtes, apprimées; filets subcylindriques ou comprimés, charnus; anthères linéaires, comprimées, introrses, trisulquées antérieurement, courtement appendiculées au sommet; connectif étroit, cylindrique. Ovaires cohérents latéralement, très-nombreux, imbriqués, subtrigones, bi-ovulés; ovules tantôt collatéraux, tantôt superposés, de direction vague. Styles subulés ou linéaires-lancéolés, longs, persistants, papillifères antérieurement. Étairion strobiliforme : follicules persistants, imbriqués, monospermes (par avortement; ou accidentellement 2-spermes), finalement distincts et bivalves. Graines trigones ou lenticulaires, finalement pendantes hors les follicules; tégument externe osseux ou testacé, lisse, ou anfractueux.

Arbres. Bourgeons glabres ou laineux : les axillaires foliaires; les terminaux à la fois floraux et foliaires. Feuilles persistantes ou non-persistantes, coriaces, ou membranacées, non-ponctuées, très-entières, rapprochées en rosette vers l'extrémité des ramules florifères, éparses sur les jeunes pousses non-florifères. Stipules ponctuées, d'abord adhérentes au pétiole (excepté dans une espèce) : celles des feuilles inférieures (des bourgeons) foliacées ou coriaces, connées, petites, caduques sous forme de spathe ouverte du côté extérieur; celles des feuilles supérieures membranacées, graduellement plus grandes, finalement distinctes. Pédoncules solitaires, terminaux (sur les ramules provenant des bourgeons terminaux de l'année précédente), uniflores, courts, dressés, cylindriques, souvent épaissis au sommet. Bouton recouvert d'une spathe latéralement déhiscente, coriace, ou foliacée, ou membranacée. Fleurs très-grandes, blanches, odorantes, ne paraissant qu'après le développement des feuilles. Sépales subconvolutés, ponctués, subcoriaces, ou membranacés, verdâtres en dessous, blancs en dessus, étalés ou réfléchis lors de l'épanouissement, caducs en même temps que les pétales. Pétales plus ou moins bombés en dessous et concaves en dessus, épais, subcoriaces, 2- ou 5-sériés, isomètres, ou les intérieurs plus courts et moins larges que les extérieurs. Étamines multisériées, beaucoup plus courtes que la corolle, imbriquées : les inférieures plus longues que les supérieures; filets en général beaucoup plus courts que les anthères; anthères jaunes. Réceptacle conique ou subcolumnaire, gros. Gynophore columnaire, ou fusiforme, ou ovoïde, ou subglobuleux, finalement ligneux, comme stipité par le réceptacle. Pistil débordant les étamines. Ovaires glabres ou laineux, non-stipités, très-serrés, curvilignes et carénés au dos, comprimés bilatéralement, rectilignes au bord antérieur lequel est adné dans toute sa longueur au gynophore. Ovules attachés vers le milieu de l'angle interne ou un peu plus bas, tantôt horizontaux, tantôt suspendus, tantôt renversés ou plus ou moins obliques. Styles longs, persistants (du moins longtemps après la floraison), apprimés, ou recourbés, papillifères presque dès la base. Étairion très-compacte, dressé, comme stipité par le réceptacle; follicules d'abord charnus (dans plusieurs espèces : de couleur rose) et déhiscents par une fente dorsale, finalement coriaces et bivalves; endocarpe cartilagineux, luisant, se séparant du mésocarpe. Graines oblongues, ou ovales, ou arondies, acuminulées au sommet, échancrées ou mamelonnées à la base (par la chalaze); arille rouge, charnu, aromatique; tégument extérieur dur ou fragile; chalaze saillante ou ombiliquée; périsperme huileux, cordiforme à la base, lisse ou rugueux à la surface, quelquefois comme didyme. Embryon minime : radicule conique ou obovée, cuspidée, ou apiculée; cotylédons minces, subconvolutés, très-obtus, plus ou moins divergents.

Parmi les végétaux propres aux climats tempérés, il en est peu qui puissent rivaliser de beauté avec les *Magnolia*, lorsque ces végétaux se couvrent de leurs grandes fleurs odorantes, d'un blanc brillant et accompagnées d'un feuillage très-élégant, qui acquiert dans plusieurs espèces une ampleur extraordinaire. Aussi les *Magnolia* font-ils l'un des principaux ornements des jardins paysagers et autres plantations d'agrément.

La culture des *Magnolia* exige un sol frais et fertile; quelques espèces ne prospèrent qu'en terre de bruyère.

Ce genre est propre aux régions tempérées de l'Amérique septentrionale; dans les limites que nous lui assignons, il se réduit aux cinq espèces dont nous allons traiter.

Section I. THEORHODON Spach.

Stipules inadhérentes. Feuilles coriaces, persistantes. Pétales au nombre de 9 (moins souvent 6), presque étalés lors de l'épanouissement. Réceptacle subcolumnaire. Filets très-courts, comprimés. Styles linéaires-lancéolés, apprimés. Graines oblongues, tantôt trigones, tantôt lenticulaires; arille de couleur écarlate; tégument extérieur lisse, testacé, fragile, acuminé au sommet, fortement caréné à sa surface interne (par le raphé); chalaze grosse, conique, charnue; périsperme uni-sulqué du côté correspondant à la carène du tégument.

Magnolia a grandes fleurs. — *Magnolia grandiflora* Linn. — Andr. Bot. Rep. tab. 518. — Bot. Mag. tab. 1952. — Mich. Arb. v. 3, p. 71, Ic. — Duham. Arb. ed. 2, vol. 2, tab. 65.

Feuilles lancéolées, ou lancéolées-oblongues, ou lancéolées-elliptiques, ou lancéolées-obovales, ou rarement obovales, courtement acuminées, ou pointues, marginées en dessous, tantôt glabres aux deux faces, tantôt cotonneuses-ferrugineuses en dessous. Bourgeons laineux. Sépales elliptiques ou elliptiques-oblongs, obtus, subcoriaces, à peu près aussi longs que les pétales extérieurs. Pétales subacuminés ou obtus : les extérieurs obovales ou elliptiques ; les intérieurs oblongs-obovales, ou ovales-elliptiques, moins grands que les extérieurs. Anthères subsessiles, à appendice-apiculaire ovale-triangulaire, pointu. Ovaires laineux. Étairion ellipsoïde ou ovoïde : follicules acuminés, cotonneux. Gynophore subfusiforme.

Arbre atteignant 60 à 90 pieds de haut, sur 2 à 3 pieds de diamètre. Tronc très-droit ; écorce grisâtre, lisse, semblable à celle du Hêtre. Cime pyramidale. Ramules cylindriques, verdâtres : les jeunes cotonneux. Feuilles longues de 5 à 10 pouces, larges de 1 pouce à 3 pouces, luisantes et d'un vert gai en dessus, d'un vert pâle ou ferrugineuses en dessous, réticulées aux 2 faces ; pétiole subcylindrique, renflé à la base, long de 3 à 6 lignes ; bourgeons axillaires (en général peu ou point développés avant le printemps) petits, subovales, obtus. Bourgeon terminal conique-cylindracé, pointu. Spathes stipulaires cotonneuses-ferrugineuses : les extérieures coriaces ; celles des feuilles supérieures grandes, membraneuses, acuminées. Pédoncules courts, laineux (ferrugineux ou blanchâtres), épaissis au sommet. Fleurs très-odorantes, larges de 6 à 8 pouces. Calice et corolle glabres. Sépales verdâtres en dessous, d'un blanc pur en dessus. Pétales larges de 1 pouce à 2 pouces, d'un blanc pur. Étamines glabres, longues de 6 à 9 lignes. Pistil ovoïde, long d'environ 1 pouce ; styles glabres. Étairion long de 3 à 4 pouces, de la grosseur d'un œuf d'oie, porté sur un stipe columnaire long d'environ 6 lignes ; follicules longs de 5 à 7 lignes : valves subtrapéziformes, acuminées, presque planes, très-épaissies au bord extérieur. Graines longues de 5 à 6 lignes, larges de 2 à 3 lignes ; arille épais ; tégument extérieur jaune, luisant, tranchant au bord ; raphé filiforme à l'extérieur, correspondant à la carène de la graine. Embryon minime : cotylédons oblongs, très-obtus, concaves, un peu divergents, 2 fois plus longs que la radicule ; radicule obovée, apiculée.

Cette espèce habite les provinces méridionales des États-Unis, jusque vers le 36° degré de Lat. N. Elle abonde surtout dans les Florides, ainsi que dans les basses régions de la Louisiane et de la Géorgie; dans ces contrées on la nomme vulgairement *Laurier-Tulipier*, et *Big-Laurel* (c'est-à-dire gros Laurier). Elle ne vient que dans les lieux frais et ombragés, dont le sol est meuble, profond et très-fertile. M. Michaux remarque, que là où elle croît, se trouve aussi presque constamment le *Magnolia tripetala*. Dans son climat natal, elle fleurit depuis le mois de mai jusqu'en août.

Le bois du *Magnolia grandiflora*, dit M. Michaux, est d'une texture tendre et remarquable par sa grande blancheur : couleur qu'il conserve même après sa parfaite dessiccation. Il se travaille assez facilement, et n'est point sujet à se tourmenter; mais, exposé aux injures de l'air, il est peu durable; aussi les planches qu'on en confectionne, en Amérique, ne sont-elles employées qu'à la menuiserie intérieure.

Le *Magnolia grandiflora* est l'un des plus magnifiques arbres que l'on connaisse; il surpasse tous ses congénères quant à la beauté des fleurs, lesquelles exhalent un parfum délicieux, qui embaume l'air à des distances très-considérables. Ce *Magnolia* prospère dans toute l'Europe méridionale, jusque vers le 45e degré de Latitude. A la faveur d'une situation abritée, et en ayant soin de le protéger contre les grands froids, on peut le cultiver en pleine terre jusqu'aux environs de Paris; mais il y fleurit rarement, et ne produit plus de graines.

Section II. AROMANTHE Spach.

Stipules adhérentes. Feuilles subcoriaces (subpersistantes dans les pays chauds). Pétales au nombre de 9 ou de 12, connivents presque en forme de boule. Réceptacle conique. Filets courts, subcylindriques. Styles subulés, recourbés. Graines ovales-orbiculaires, lenticulaires : tégument extérieur lisse, crustacé, fragile, fortement caréné de chaque côté à la surface interne; périsperme profondément uni-sulqué de chaque côté (et par conséquent comme didyme) : les sillons correspondants aux carènes de la surface interne du tégument.

MAGNOLIA GLAUQUE. — *Magnolia glauca* Linn. — Mich. Arb. p. 77, Ic. — Bonpl. Nav. tab. 42. — Loddig. Bot. Cab. tab. 215. — Bot. Mag. tab. 2164. — Duham. Arb. ed. 2, vol. 2, tab. 66. — *Magnolia Thompsoniana* Sweet. — Jaume Saint-Hil. Flor. et Pom. Franç. tab. 452. — *Magnolia arborea* Hortul.

Feuilles elliptiques, ou ovales-elliptiques, ou ovales-oblongues, ou lancéolées-elliptiques, ou lancéolées-oblongues, ou lancéolées, subacuminées, ou pointues, ou obtuses, glabres et luisantes en dessus, glauques ou satinées-argentées en dessous. Sépales oblongs ou elliptiques-oblongs, obtus, submembranacés, presque aussi longs que les pétales extérieurs. Pétales elliptiques, ou elliptiques-oblongs, ou obovales, arrondis au sommet ou subacuminés : les extérieurs un peu plus courts que les intérieurs. Anthères à appendice apicilaire ovale, subobtus. Pistil glabre. Étairion ovoïde : follicules acuminés, glabres. Gynophore subfusiforme.

Buisson haut de 5 à 12 pieds, ou arbre atteignant jusqu'à 40 pieds de haut sur 1 pied de diamètre. Tronc tortueux, très-rameux; écorce lisse, grisâtre. Branches divariquées, irrégulièrement dichotomes. Ramules cylindriques, glabres, verdâtres : les florifères courts, épaissis au sommet. Bourgeons petits, coniques-cylindracés, pointus, soyeux (comme argentés) : les axillaires peu ou point développés avant le printemps. Feuilles longues de 2 pouces à 1 pied, larges de 1 pouce à 1/2 pied : les jeunes satinées-argentées aux 2 faces ou du moins en dessous; les adultes glabres ou presque glabres, d'un vert foncé et luisantes en dessus, très-glauques en dessous; pétiole grêle, subcylindrique, long de 4 à 15 lignes. Stipules satinées-argentées en dessous : les extérieures spathacées, subcoriaces; les intérieures membranacées, brunâtres, plus longues que le pétiole, finalement libres, liguliformes, ou linéaires, pointues, ou acuminées. Pédoncules très-courts, satinés-argentés, épaissis au sommet. Spathe florale roussâtre et cotonneuse en dehors, presque membranacée. Fleurs très-odorantes, larges de 2 à 5 pouces. Calice et corolle glabres. Sépales verdâtres en dessous, blancs en dessus, ponctués. Pétales d'un blanc pur, larges de ½ pouce à 2 pouces. Étamines glabres, longues de 3 à 5 lignes; anthères au moins 3 fois plus longues que le filet. Pistil ovoïde, long de 6 à 8 lignes. Étairion long de 1 pouce à 2 pouces, porté sur un gros stipe conique (long de 3 à 4 lignes); follicules longs de 4 à 6 lignes : valves obliquement obovales, presque planes, épaissies au bord extérieur, irrégulièrement carénées en dehors. Graines du volume d'un petit haricot; arille de couleur pourpre; tégument externe luisant, d'un brun de Châtaigne. Embryon minime; radicule conique, cuspidée; cotylédons courts, ovales, concaves, divergents.

Cette espèce abonde dans les provinces méridionales des États-Unis, et on la retrouve, quoique moins communément, dans le nord, jusque vers le 46e degré de Latitude. Elle croît de préférence dans les marais à fond de sable quartzeux, dont elle constitue souvent la masse de la végétation; on la rencontre surtout au voisinage du littoral. Elle fleurit en été.

Le bois de ce *Magnolia* ne s'emploie à aucun usage. L'écorce, surtout celle des racines, a une odeur aromatique et une saveur amère; les habitants des États-Unis ont coutume de la faire infuser dans de l'eau-de-vie, et de boire de cette teinture pour se guérir des affections rhumatismales.

Le *Magnolia glauca* résiste parfaitement aux hivers les plus rigoureux du nord de la France, et il y produit même des graines fécondes; mais il ne prospère qu'en terre de bruyère; les ardeurs du soleil lui sont très-contraires, à moins que le sol ne soit tenu constamment humide.

Section III. RYTIDOSPERMUM Spach.

Stipules adhérentes. Feuilles membranacées, non-persistantes, inauriculées. Pétales au nombre de 9 ou 12 : les 3 ou 6 intérieurs étroits, dressés, connivents; les autres étalés ou réfléchis. Réceptacle gros, conique. Filets courts, subcylindriques : les extérieurs à peu près aussi longs que les anthères; les intérieurs 2 à 3 fois plus courts. Styles linéaires-lancéolés, comprimés, apprimés. Graines suborbiculaires, lenticulaires : tégument extérieur osseux, anfractueux à la surface externe, rugueux à la surface interne; périsperme anfractueux à la surface.

MAGNOLIA A OMBRELLES. — *Magnolia Umbrella* Lamk. — *Magnolia tripetala* Linn. — Michx. Arbr. 3, p. 90, Ic. — Jaume Saint-Hil. Flore et Pom. Franç. tab. 449. — Guimp. et Hayn. Fremd. Holz. tab. 18.

Feuilles lancéolées-elliptiques, ou lancéolées-oblongues, ou lancéolées, courtement acuminées : les jeunes pubescentes en dessous; les adultes glabres. Sépales étalés ou réfléchis, oblongs, ou lancéolés-oblongs, mucronés, à peu près aussi longs que les pétales extérieurs. Pétales acuminés ou pointus, dissemblables : les 3 extérieurs longuement onguiculés, elliptiques, ou lancéolés-elliptiques, ou lancéolés-obovales; les intérieurs de moitié à 1 fois plus courts, courtement onguiculés, oblongs, ou lancéolés-linéaires. Appendice apicilaire des anthères court, arrondi. Pistil glabre. Étairion ovoïde, ou ellipsoïde, ou oblong-cylindracé, comme spinelleux (par les styles) : follicules acuminés-cuspidés, glabres. Gynophore cylindracé ou subfusiforme.

Arbre de grandeur médiocre, atteignant rarement jusqu'à 40 pieds de haut, sur 5 à 6 pouces de diamètre. Tronc dressé, très-droit; écorce lisse, grisâtre. Branches peu nombreuses, divergentes (de même que les rameaux), disposées en tête ovale-pyramidale. Ramules effilés, lisses, cylindriques, d'un brun jaunâtre, glabres. Bourgeons glabres : les axillaires en général peu ou point développés avant le printemps; les terminaux (développés dès l'automne) assez grands, coniques-cylindracés, pointus. Stipules glabres : celles des feuilles inférieures (du bourgeon) foliacées, vertes, soudées en spathe pointue; celles des feuilles supérieures membranacées, brunâtres, finalement distinctes. Feuilles atteignant jusqu'à 2 pieds de long, sur 7 à 8 pouces de large, parfaitement horizontales, soyeuses dans le bouton; pétiole très-court. Pédoncules courts, glabres, épaissis au sommet. Fleurs grandes, légèrement odorantes. Calice et corolle glabres. Sépales longs de 3 à 4 pouces, submembranacés, finement 3-ou 5-nervés, subconvolutés, d'un blanc verdâtre. Pétales d'un blanc mat : les 3 extérieurs larges de 1 pouce à 1 ¹/₂ pouce, à onglet long d'environ 1 pouce; les intérieurs longs de 2 à 3 lignes. Étamines glabres : les extérieures longues d'environ 6 lignes; les intérieures plus courtes. Pistil ovoïde, débordant, long de 1 pouce à 2 pouces; ovaires carénés au dos; styles papilleux presque dès leur base, canaliculés et comprimés au dos. Étairion long de 3 à 5 pouces, sur environ 2 pouces de diamètre, d'un beau rose vers l'époque de la maturité, courtement stipité; follicules longs de 6 à 12 lignes, fortement carénés au dos. Graines assez grosses, larges de 4 à 5 lignes (étant recouvertes par l'arille), en général un peu moins longues que larges; arille d'un rouge pâle; tégument extérieur plus ou moins profondément échancré à la base (par la chalaze), acuminulé au sommet, arrondi aux bords, plus ou moins convexe des deux côtés, souvent unisulqué ou comme didyme de l'un des côtés, peu ou point caréné, assez mince mais très-dur, noirâtre et irrégulièrement anfractueux à la surface externe, jaunâtre et très-rugueux à la surface interne; périsperme subcordiforme, moulé sur le tégument externe. Embryon minime : cotylédons très-courts, un peu divergents, arrondis; radicule conique-cylindracée, longuement cuspidée.

Cette espèce croît dans les États-Unis, depuis la Floride jusqu'à la partie septentrionale de l'État de New-Yorck; elle demande un terrain meuble, fertile, profond, et abrité ou ombragé par de grands arbres. Au témoignage de M. A. Michaux, on la trouve en général dans les mêmes localités que le *Magnolia grandiflora*, mais jamais dans les marais où croissent le *Magnolia glauca*, le *Gordonia Lasianthus*, etc. Elle fleurit en été.

Le bois de ce *Magnolia*, très-tendre et spongieux, ne peut être employé à aucun usage; l'odeur de l'écorce n'est pas très-agréable.

Les fleurs du *Magnolia Umbrella*, quoique très-grandes, sont peu odorantes et moins belles que celles des autres espèces congénères; mais l'arbre produit un effet très-pittoresque, par l'ampleur de ses feuilles, lesquelles forment, à l'extrémité des ramules, des rosaces de deux à trois pieds de diamètre; c'est à ce caractère que fait allusion le nom spécifique. D'ailleurs, ce *Magnolia* est l'espèce la plus rustique du genre, et elle prospère en tout sol frais et fertile. C'est aussi de cette espèce que se servent les pépiniéristes pour greffer les espèces moins communes.

SECTION IV. TULIPARIA Spach.

Stipules adhérentes. Feuilles membranacées, non-persistantes, ou subpersistantes, cordiformes ou bi-auriculées à leur base. Pétales 6 ou moins souvent 9, presque étalés. Filets courts, comprimés, subovales, plus larges que les anthères. Appendice apicilaire des anthères pointu. Styles comprimés, linéaires-subulés. Graines elliptiques ou oblongues, tantôt subtrigones, tantôt comprimées : tégument extérieur très-lisse, mince, testacé, très-fragile; périsperme lisse.

A. *Feuilles en dessous d'un vert pâle (quelquefois légèrement glauque) et non-pulvérulentes, très-glabres de même que les bourgeons. Gynophore subfusiforme. Pistil glabre. Pétales immaculés.*

MAGNOLIA AURICULÉ. — *Magnolia auriculata* Lamk. — Mich. Arb. v. 3, p. 94, Ic. — Bot. Mag. tab. 1206. — Jaume Saint-Hil. Flore et Pom. Franç. tab. 453. — *Magnolia auricularis* Salisb. Parad. Lond. tab. 43. — *Magnolia pyramidata* Bartr. — Pursh, Flor. Amer. Sept. — Bot. Reg. tab. 407.

Feuilles obovales-spathulées, ou lancéolées-obovales, ou lancéolées-elliptiques, ou lancéolées-rhomboïdales, subacuminées, ou obtuses, cordiformes ou cordiformes-auriculées à la base : oreillettes parallèles, ou divergentes, ou convergentes, arrondies, ou rarement pointues. Sépales oblongs, ou oblongs-obovales, subacuminés, ou très-obtus, subcoriaces, presque aussi longs que les pétales extérieurs, étalés. Pétales elliptiques, ou elliptiques-oblongs, ou lancéolés-oblongs, acuminés, ou obtus, brusquement onguiculés : les intérieurs 2 à 3 fois moins larges et jusqu'à de moitié plus courts que les extérieurs. Étairion ovoïde.

Arbre atteignant une quarantaine de pieds de haut, sur 12 à 15 pouces de diamètre. Tronc droit, en général indivisé jusqu'à la moitié de la hauteur de l'arbre. Branches fort espacées, peu ramifiées, disposées en tête ovale-pyramidale. Ramules violets, glabres, effilés, cylindriques, ponctués de points blancs. Bourgeons glabres : les axillaires en général peu ou point développés avant le printemps; les terminaux (développés dès l'automne) assez grands, coniques-cylindracés, pointus. Feuilles longues de 4 pouces à 1 ½ pied, larges de 1 ½ pouce à 8 pouces, minces, subhorizontales (du moins celles des rosettes ramulaires), d'un vert gai en dessus, en général plus ou moins profondément bilobées à la base, moins souvent légèrement échancrées ou tronquées ; côte et nervures souvent violettes en dessus ; pétiole grêle, strié, long de 1 pouce à 2 pouces. Stipules glabres : celles des feuilles inférieures (des bourgeons) foliacées, vertes, soudées en spathe pointue ; celles des feuilles supérieures membranacées, brunâtres, finalement distinctes, liguliformes, pointues, aussi longues ou plus longues que le pétiole. Pédoncules longs de ½ pouce à 1 pouce, glabres, peu ou point épaissis au sommet. Fleurs très-odorantes, longues d'environ 2 pouces. Calice et corolle glabres. Sépales larges de 10 à 15 lignes, striés, d'un blanc verdâtre en dessous, blancs en dessus. Pétales d'un blanc pur : les extérieurs aussi larges ou un peu plus larges que les sépales, à onglet long d'environ 6 lignes ; les intérieurs larges de 6 à 9 lignes. Étamines glabres : les extérieures longues d'environ 6 lignes ; les intérieures plus courtes. Pistil ovoïde, débordant les étamines, à l'époque de la floraison long de 6 à 10 lignes. Étairion long de 3 à 4 pouces, de la grosseur d'un œuf de poule, vers l'époque de la maturité de couleur rose. Arille rouge.

Cette espèce habite les forêts humides et épaisses des Alléghanys, en Géorgie et dans les Carolines. Sa floraison a lieu en été. Le bois, tendre, spongieux, et très-léger n'est propre à aucun usage. M. A. Michaux fait remarquer que, si l'on enlève l'épiderme de l'écorce, en moins d'une minute le tissu cellulaire sous-jacent, par le seul contact de l'air, passe de la couleur blanche à la couleur jaune. Cette écorce a une odeur aromatique assez agréable; infusée dans une liqueur spiritueuse, elle passe, chez les montagnards des États-Unis, pour un excellent sudorifique, dont ils font usage dans les affections rhumatismales.

Le *Magnolia auriculata* réussit parfaitement en plein air, dans toute la France; toutefois, il ne prospère guère qu'en terre de bruyère, et dans une exposition ombragée. Ses fleurs sont très-belles et répandent une odeur des plus agréables.

B. *Feuilles en dessous pulvérulentes, très-glauques, et finement pubérules (de même que les bourgeons). Pétales marqués vers leur base d'une tache pourpre. Gynophore subglobuleux. Ovaires laineux.*

MAGNOLIA A GRANDES FEUILLES. — *Magnolia macrophylla* Michx. Flor. Bor. Amer. — Mich. Arb. v. 3, p. 97, Ic. — Bot. Mag. tab. 2189.

Feuilles oblongues-obovales, ou lancéolées-obovales, ou spathulées-oblongues, obtuses, ou subacuminées, cordiformes ou cordiformes-bilobées à leur base. Sépales oblongs ou elliptiques-oblongs, obtus, réfléchis, subcoriaces, à peu près de moitié plus courts que la corolle. Pétales lancéolés-elliptiques, ou elliptiques, ou elliptiques-lancéolés, ou lancéolés-oblongs, obtus, ou pointus, très-courtement onguiculés : les intérieurs jusqu'à 3 fois plus courts que les extérieurs. Étairion ovale-globuleux, ou ellipsoïde.

Arbre atteignant quarante pieds de haut, sur 4 à 6 pouces de diamètre. Tronc droit. Écorce lisse, très-blanche. Branches espacées, plus ou moins divergentes, disposées en tête ovale-pyramidale. Ramules grêles, fragiles, remplis de moëlle. Jeunes pousses et bourgeons soyeux (comme argentés). Bourgeons axillaires peu ou point développés avant le printemps; bourgeons terminaux coniques-cylindracés, assez gros, pointus. Stipules satinées-argentées à l'extérieur : celles des feuilles inférieures (dans les bourgeons) subcoriaces, petites, soudées en spathe; celles des feuilles supérieures grandes, membranacées, finalement distinctes. Feuilles horizontales (du moins celles des rosettes ramulaires), d'un vert gai en dessus, d'un glauque soit bleuâtre soit blanchâtre en dessous : celles des jeunes pousses (non-florifères) atteignant jusqu'à 4 pieds de long, sur 1 pied de large; celles des ramules florifères longues de 6 à 15 pouces, larges de 3 à 6 pouces; nervures fines, blanchâtres ou rougeâtres en dessus, cotonneuses ou veloutées (subferrugineuses) en dessous; lobes basilaires arrondis, plus ou moins divergents, ou convergents; pétiole long de 2 à 4 pouces, cylindrique, strié, pubérule, atteignant (dans les feuilles les plus grandes) la grosseur d'un tuyau de plume d'oie. Pédoncules longs de 1 pouce à 2 pouces, glabres, cylindriques, peu ou point épaissis au sommet. Fleurs très-odorantes, longues de 4 à 4 ½ pouces. Calice et corolle glabres. Sépales longs de 2 ½ à 3 pouces, larges d'environ 1 pouce, blancs en dessus, verdâtres en dessous, striés. Pétales d'un blanc pur : les extérieurs larges de 2 à 2 ½ pouces; les intérieurs larges d'environ 6 lignes. Étamines glabres : les extérieures longues d'environ 9 lignes. Réceptacle long de 6 à 8 lignes. Étairion long d'environ 4 pouces, de la grosseur du poing, d'un rose vif vers l'époque de la maturité. Graines longues de 4 à 6 lignes (y compris l'arille), larges de 3 à 4 lignes, tantôt elliptiques, tantôt oblongues, ou ovales-oblongues, comprimées, ou plus ou moins distinctement trigones, échancrées à la base (par la chalaze), acuminulées au sommet; arille rouge; tégument extérieur d'un brun de Châtaigne; périsperme cordiforme à la base, du reste conforme à la graine. Embryon petit : cotylédons ovales-elliptiques, très-obtus, concaves, un peu divergents, plus longs que la radicule; radicule obovée, apiculée.

Cette espèce croît dans la Louisiane ainsi que dans les montagnes du Tennessée et des Carolines; mais les localités dans lesquelles on la rencontre sont rares. Elle fleurit en été.

Parmi tous les *Magnolia* connus, cette espèce a le feuillage et les fleurs les plus amples; aussi est-elle à recommander en particulier comme arbre d'ornement, d'autant plus qu'elle ne craint point les hivers du nord de la France, et qu'elle prospère en tout sol fertile, frais et profond; toutefois, ses feuilles étant susceptibles d'être brisées ou lacérées par les coups de vent, il est bon de la planter dans une situation abritée.

Genre TULIPASTRUM. — *Tulipastrum* Spach.

Sépales 3, submembranacés, inonguiculés, étalés, beaucoup plus courts que les pétales. Pétales 6 ou accidentellement 9 (disposés en ordre ternaire), onguiculés, subisomètres, dressés, connivents en forme de cloche. Étamines courtes, apprimées; filets courts, comprimés; anthères linéaires, comprimées-tétragones, latéralement déhiscentes, mucronulées; connectif linéaire. Ovaires très-nombreux, imbriqués, soudés, bi-ovulés; ovules tantôt collatéraux, tantôt superposés, de direction vague. Styles subulés, non-persistants, papillifères antérieurement. Étairion ellipsoïde ou oblong-cylindracé, strobiliforme : follicules persistants, imbriqués, mutiques, par avortement monospermes, finalement coriaces et bivalves. Graines lenticulaires ou subtrigones, finalement pendantes hors les follicules; tégument externe testacé, lisse.

Arbre. Bourgeons laineux, très-développés dès l'automne : les axillaires en général seulement foliaires; les terminaux à la fois floraux et foliaires. Feuilles subcoriaces mais non-persistantes, non-ponctuées, subsinuolées, rapprochées (2 à 5) à la base des ramules florifères, éparses sur les jeunes pousses non-florifères. Stipules ponctuées, d'abord adhérentes au pétiole : celles des feuilles inférieures (dans le bourgeon) coriaces, connées, caduques sous forme de spathe tantôt indéhiscente, tantôt s'ouvrant du côté extérieur; celles des feuilles supérieures graduellement plus longues, membranacées, finalement distinctes. Pédoncules solitaires au sommet des jeunes pousses (en général très-courtes), uniflores, courts, dressés, cylindriques, épaissis au sommet. Bouton recouvert d'une spathe membranacée, latéralement déhiscente, insérée peu au-dessous du sommet du pédoncule. Fleurs grandes, légèrement odorantes, paraissant un peu plus tard que les feuilles. Calice caduc en même temps que la corolle; sépales égaux, presque planes, ponctués, d'un jaune verdâtre, glauques en dessus. Pétales plus ou moins bombés en dessous et concaves en dessus, subcoriaces mais assez minces, tantôt d'un jaune verdâtre ou orangé, tantôt blanchâtres, souvent striés ou lavés de rouge, couverts aux deux surfaces d'une poussière glauque (bleuâtre) très-abondante. Étamines multisériées, imbriquées, plus courtes que les sépales : les extérieures plus longues que les intérieures; filets beaucoup plus courts que les anthères; anthères jaunes, linéaires, plus larges que les filets. Réceptacle assez gros, subcolumnaire. Gynophore allongé, subfusiforme. Ovaires trigones (convexes ou planes au dos, comprimés bilatéralement), adnés au gynophore. Ovules tantôt plus ou moins obliques, tantôt horizontaux, tantôt suspendus, attachés vers le milieu de l'angle interne ou un peu plus bas. Styles longs, caducs peu après la floraison, plus ou moins oncinés au sommet. Étairion très-compacte, dressé, comme stipité par le réceptacle; follicules mutiques, d'abord charnus et déhiscents par une fente dorsale, finalement coriaces et bivalves. Graines grosses, ovales, ou ovales-oblongues, subacuminées au sommet, arrondies aux bords ou aux angles, mamelonnées à la base (par la chalaze); arille rouge, charnu, aromatique; tégument externe mince, fragile, très-lisse aux 2 surfaces; chalaze conique, saillante, charnue; périsperme huileux, très-lisse à la surface, cordiforme à la base, du reste conforme à la graine. Embryon notablement moins petit que celui des *Magnolia* et des *Yulania*; radicule ovale-conique, apiculée; cotylédons elliptiques, très-obtus, divergents, presque planes, 2 fois plus longs que la radicule.

Ce genre, qui ne diffère essentiellement des *Magnolia* que par la conformation des anthères, n'est fondé que sur l'espèce dont nous allons traiter.

TULIPASTRE D'AMÉRIQUE. — *Tulipastrum americanum* Spach.

— α : COMMUN (*vulgare*). — *Magnolia acuminata* Linn. — Catesb. Carol. tab. 15. — Mich. Arb. 3, p. 82, Ic. — Loddig. Bot. Cab. tab. 418. — Bot. Mag. tab. 2427 (mala.) — Jaume Saint-Hil. Flore et Pom. Franç. tab. 450. — Guimp. et Hayn. Fremd. Holz. tab. 17. — Feuilles arrondies ou cunéiformes à la base.

— β : SUBCORDIFORME (*subcordata*). — *Magnolia cordata* Mich. Flor. Bor. Amer. — Mich. Arb. 3, p. 87, Ic. — Bot. Reg. tab. 325. — Loddig. Bot. Cab. tab. 474. — Jaume Saint-Hil. Flor. et Pom. Franç. tab. 454. — Feuilles légèrement cordiformes à leur base.

Arbre haut de 40 à 90 pieds, sur 1 à 3 pieds de diamètre. Tronc très-droit, subcolumnaire, souvent indivisé jusqu'aux $^2/_3$ de la hauteur de l'arbre. Écorce fendillée, grisâtre. Branches nombreuses, rameuses, disposées en tête ovale-arrondie, large et touffue. Ramules bruns, cylindriques, plus ou moins flexueux, épaissis au sommet. Jeunes pousses cotonneuses : les florifères très-courtes. Bourgeons gros, obtus : les foliaires obovés, subtrigones; les floraux ovales. Feuilles longues de 3 à 8 pouces, larges de 1 $^1/_2$ pouce à 5 pouces, minces mais fermes (après la floraison) : les jeunes cotonneuses et pubescentes aux 2 faces, les adultes glabres et d'un vert foncé (un peu luisant) en dessus, glauques et plus ou moins pubescentes (quelquefois presque cotonneuses) en dessous, ovales, ou ovales-elliptiques, ou elliptiques, ou elliptiques-oblongues, ou lancéolées-elliptiques, ou rarement obovales, plus ou moins longuement acuminées, ou rarement subobtuses, légèrement sinuolées; pétiole grêle, sillonné, ou strié, cylindrique, pubescent, ou cotonneux, long de 4 lignes à 1 pouce. Spathes stipulaires couvertes à leur surface externe d'un épais duvet soyeux (argenté). Stipules des feuilles supérieures glabrescentes, jaunâtres, liguliformes, acuminées, plus longues que le pétiole. Pédoncules glabres ou glabrescents, longs de 3 lignes à 1 pouce. Spathe florale jaunâtre, ou brunâtre, glabre, obtuse, longue de $^1/_2$ pouce à 1 pouce. Fleurs longues de 1 pouce à 2 $^1/_2$ pouces. Calice et corolle glabres. Sépales longs de 5 à 10 lignes, larges de 2 à 3 lignes, oblongs, ou elliptiques-oblongs, très-obtus, ou acuminés, striés. Pétales longs de 1 pouce à 2 $^1/_2$ pouces, larges de 6 lignes à 1 pouce, oblongs-obovales, ou oblongs-spathulés, ou obovales, ou lancéolés-spathulés, ou obovales-spathulés, ou oblongs-liguliformes, ou elliptiques-oblongs, très-obtus, ou acuminés, striés. Étamines glabres, longues de 2 à 5 lignes. Pistil glabre, oblong-cylindracé, ou ellipsoïde, 2 à 3 fois plus long que les étamines. Styles jaunâtres, presque filiformes, papillifères presque dès leur base. Étairion long de 2 à 4 pouces, sur 8 à 12 lignes de diamètre, obtus, verdâtre, glabre, porté sur un stipe long de 4 à 6 lignes. Graines (y compris l'arille) de la grosseur d'un haricot, longues de 4 à 5 lignes; arille de couleur écarlate; tégument luisant, d'un brun de Châtaigne à la surface externe, jaunâtre intérieurement.

Au témoignage de M. A. Michaux, cet arbre abonde dans le nord des États-Unis, et dans toute la chaîne des Alléghanys, jusqu'à leur terminaison en Géorgie; le point le plus septentrional où il ait été observé, est, suivant cet habile dendrologiste, près de la fameuse chute du Niagara, par 43° de Lat. Les vallons très-frais et les bords escarpés des torrents sont les localités que cette espèce choisit de préférence, et les seules dans lesquelles elle prospère. On la désigne généralement, dans les États-Unis, sous le nom de *cucumber-tree*, c'est-à-dire *arbre à concombres*, parce que ses fruits, encore verts, ont beaucoup de ressemblance avec un petit concombre. La floraison a lieu en mai et juin.

Le vieux bois de l'arbre, dit M. Michaux, est d'un jaune brun, et d'une texture assez tendre : à cet égard il a quelque rapport avec celui du Tulipier (*Liriodendron*); comme lui, il a le grain fin et prend un beau poli : mais il a moins de force et ne résiste pas aussi bien aux intempéries des saisons. Débité en planches, il sert seulement pour la menuiserie dont on revêt en dedans la charpente des maisons en bois. Sa légèreté le fait aussi employer à la confection des pirogues.

Les montagnards des États-Unis ont coutume de faire infuser dans de l'eau-de-vie, les jeunes fruits du *Tulipastrum ;* ils considèrent cette liqueur, laquelle est très-amère, comme un excellent préservatif contre les fièvres automnales. L'écorce de l'arbre est aussi très-aromatique.

Le *Tulipastrum* n'est nullement sensible aux froids les plus rigoureux qu'on éprouve en France ; mais il exige un sol frais et profond. L'élégance de son port et la précocité de sa floraison lui font trouver place dans les jardins, quoique ses fleurs soient beaucoup moins belles que celles des vrais *Magnolia.*

Genre LIRIANTHE. — *Lirianthe* Spach.

Sépales 3 ou 4, charnus. Pétales 5 ou 6, charnus. Étamines nombreuses, imbriquées ; anthères linéaires, arquées, latéralement déhiscentes. Ovaires nombreux, distincts, imbriqués, gibbeux, bi-ovulés. Styles ensiformes. Stigmates terminaux. Étairion strobiliforme : follicules très-nombreux, imbriqués, distincts, mono-ou di-spermes, longuement ailés au sommet (par le style), déhiscents par la suture dorsale, persistants. Graines subtrigones, finalement pendantes hors le péricarpe.

Arbre. Feuilles très-entières, coriaces, glabres. Stipules adnées au pétiole, soudées en spathe caduque. Fleurs solitaires, terminales, très-grandes, odorantes, avant l'épanouissement recouvertes par plusieurs spathes caduques. Sépales verts en dessous, blancs en dessus. Pétales blancs. Étairion très-grand. Graines à arille de couleur orange, charnu : tégument extérieur bivalve en germination ; tégument intérieur membraneux. Périsperme huileux. Embryon petit : cotylédons cordiformes ; radicule ovale, centripète. (*Roxburgh*, *Flor. Ind.*)

On ne peut rapporter avec certitude à ce genre, que l'espèce dont nous allons parler.

LIRIANTHE A GRANDES FLEURS. — *Lirianthe grandiflora*

Spach. — *Liriodendron grandiflora* Roxb. Flor. Ind. 2, p. 653. — *Magnolia pterocarpa* Roxb. Corom. 3, tab. 266.

Arbre de moyenne taille, très-rameux. Jeunes pousses glabrés de même que toutes les autres parties de la plante. Feuilles lancéolées-oblongues, ou lancéolées-obovales, obtuses, glauques (surtout en dessous), fortement penninervées, réticulées, longues de 6 à 9 pouces, larges de 3 pouces ou plus. Fleurs de la grandeur de celles du *Magnolia grandiflora*. Sépales et pétales elliptiques-oblongs, fermes, épais, amincis et ondulés aux bords. Étairion oblong, long d'environ 16 pouces, sur 7 à 8 pouces de circonférence. (Roxburgh, l. c.)

Cet arbre, remarquable par ses fleurs magnifiques, croît dans le nord du Bengale, où on le nomme *Douli tchampa*. A l'époque de la floraison, laquelle a lieu en avril et mai, il parfume l'air à des distances considérables. Les graines sont mûres en octobre et novembre; à cette époque elles pendent hors les cones, et donnent de nouveau à l'arbre un aspect fort pittoresque.

Section II. LIRIODENDRINÉES. — *Liriodendrineæ* Spach.

Feuilles tronquées ou bilobées au sommet, en général plus ou moins profondément sinuées-lobées aux bords; lame en vernation repliée sur le pétiole. Étamines plus longues que le pistil, presque aussi longues que la corolle. Anthères extrorses, arquées. Étairion composé de samares distinctes, indéhiscentes, caduques à la maturité. Graines inarillées, adhérentes à l'endocarpe.

Genre LIRIODENDRE. — *Liriodendron* (Linn.) De Cand.

Sépales 3, subcoriaces, concaves, inonguiculés. Pétales 6, bisériés (en ordre ternaire), onguiculés, dressés, connivents, presque égaux. Étamines nombreuses, conniventes : filets linéaires, comprimés; anthères linéaires; appendice apicilaire court, ovale, acuminulé. Ovaires très-nombreux, distincts, imbriqués, petits, trigones, ailés aux bords : les basilaires uni-ovulés, ou inovulés; les autres bi-ovulés. Ovules (collatéraux lorsqu'ils sont géminés) suspendus au sommet de l'angle interne. Styles larges, linguiformes, aplatis, carénés au dos, décurrents des deux côtés, acuminés, imbriqués, terminés chacun par un petit stigmate onciniforme. Étairion strobiliforme, composé de quantité de samares imbriquées, subéreuses, irrégulièrement trapéziformes, mono-ou di-spermes, comprimées bilatéralement, tronquées, prolongées au sommet en longue aile chartacée linguiforme. Graines suspendues, adhérentes (soudées par les côtés contigus, lorsqu'elles sont géminées), subovoïdes, pointues au sommet; tégument extérieur mince, osseux.

Arbre, très-glabre sur toutes ses parties. Bourgeons très-développés dès l'automne : les axillaires en général non-florifères; le terminal (de chaque ramule de l'année précédente) à la fois foliaire et floral. Feuilles grandes, lisses, subcoriaces, non-persistantes, non-ponctuées, penninervées, longuement pétiolées, le plus souvent sinuées-lobées. Stipules inadhérentes au pétiole, cohérentes par les bords, ponctuées, subcoriaces : les inférieures (des bourgeons) tombant sous forme de spathe latéralement déhiscente; les autres graduellement plus grandes, finalement distinctes. Pédoncules solitaires, terminaux, uniflores, turbinés, inclinés au sommet (après la floraison dressés). Bouton avant l'épanouissement recouvert d'une spathe subcoriace, ponctuée; s'ouvrant latéralement, insérée peu au-dessous du sommet du pédoncule. Fleurs grandes, légèrement odorantes, inclinées, paraissant après le complet développement des feuilles. Sépales caducs à la même époque que la corolle, presque aussi longs que les pétales, ponctués, striés, verdâtres, presque égaux : l'un (supérieur) un peu moins large que les deux autres (inférieurs). Corolle subcampaniforme :

pétales un peu charnus, presque planes, ponctués, striés, d'un jaune verdâtre avec une tache basilaire de couleur orange : les 3 intérieurs un peu moins larges et moins longs que les extérieurs; onglet large, charnu. Réceptacle court, gros, annulaire, alvéolé. Étamines subisomètres, pauci-sériées, très-rapprochées, imbriquées avant la floraison, plus tard un peu distantes; filets charnus, comprimés, presque aussi longs que les anthères; anthères jaunes, comprimées, un peu plus larges que les filets, profondément canaliculées entre les deux bourses; connectif linéaire, caréné, antérieur. Pistil assez gros, conique, pointu. Gynophore subfusiforme. Ovaires comprimés bilatéralement, carénés au dos (excepté ceux de la série basilaire), ailés de chaque côté par la décurrence du style. Styles charnus, beaucoup plus longs que les ovaires, comprimés en sens inverse de l'ovaire. Étairion très-compacte, dressé, non-stipité; samares non-stipitées, curvilignes au dos, planes et rectilignes antérieurement, marginées des deux côtés par la décurrence de l'aile, laquelle est beaucoup plus grande que la loge séminifère. Graines anatropes, cylindriques, ordinairement solitaires; tégument extérieur mince, fragile; chalaze basilaire relativement au péricarpe; raphé inapparent; tégument interne membraneux, adhérent au périsperme. Périsperme huileux, conforme à la graine. Embryon petit, apicilaire; cotylédons minces, suborbiculaires, contigus; radicule supère, conique, pointue, à peu près aussi longue que les cotylédons.

L'espèce que nous allons décrire constitue à elle seule le genre.

Liriodendre Tulipier. — *Liriodendron tulipifera* Linn. — Gærtn. Fruct. 1, tab. 178. — Schk. Handb. tab. 147. — Trew. Ic. Ehret. tab. 10. — Duham. Arb. ed. 2, vol. 3, tab. 18. — Michx. Arb. v. 3, p. 202, Ic. — Bot. Mag. tab. 275. — Guimp. et Hayn. Fremd. Holz. tab. 19.

— α : A lobes pointus (*acutiloba*).

— β : A LOBES OBTUS (*obtusiloba*).

— δ : A FEUILLES NON-LOBÉES (*integrifolia*).

Arbre atteignant souvent 100 et quelquefois jusqu'à 140 pieds de haut. Tronc de 1 à 7 pieds de diamètre, parfaitement droit, subcylindrique, indivisé jusqu'à la moitié de la hauteur totale de l'arbre. Écorce des vieux troncs fendillée, grisâtre. Branches rameuses, disposées en tête ovale, ample, touffue. Ramules cylindriques, un peu flexueux, épaissis au sommet, d'un brun de Châtaigne : les florifères tantôt courts, tantôt plus ou moins allongés. Feuilles longues de 2 pouces à 1 pied (y compris le pétiole), larges de 3 à 10 pouces (en général aussi larges ou plus larges que longues), d'un vert gai et luisantes en dessus, plus ou moins glauques en dessous (surtout étant jeunes), subovales ou ovales-orbiculaires en leur contour, tronquées au sommet, ou terminées en deux lobes divergents; bords tantôt très-entiers, tantôt (et plus fréquemment) creusés en 1 à 3 lobes plus ou moins profonds, acuminés, ou pointus, ou quelquefois obtus, très-entiers, ou rarement sinués-dentés; base légèrement cordiforme, ou arrondie, ou cunéiforme; sinus larges, arrondis; côte blanchâtre (de même que les nervures), plane en dessus, convexe et très-saillante en dessous, assez grosse depuis la base jusque vers la moitié de la longueur, puis très-atténuée, prolongée au-delà du sommet en mucron sétacé; pétiole en général aussi long que la lame, grêle, subcylindrique, obscurément anguleux, peu épaissi à la base. Stipules liguliformes-oblongues ou elliptiques, obtuses, brunâtres à l'extérieur. Pédoncules longs de 4 lignes à 1 pouce. Spathe florale longue d'environ 1 pouce, d'un jaune verdâtre. Fleurs de la forme et de la grandeur d'une Tulipe. Sépales elliptiques-oblongs, ou oblongs-spathulés, obtus, longs de 18 lignes à 2 pouces, larges de 6 lignes à 1 pouce. Pétales elliptiques, ou elliptiques-oblongs, obtus, larges de 7 à 12 lignes : onglet long d'environ 3 lignes, sur 2 lignes de large. Étamines longues de 1 pouce à 1 1/2 pouce. Pistil (à l'époque de la floraison) long de 8 à 12 lignes. Étairion long de 2 à 3 pouces; samares longues de 4 à 6 lignes, larges d'environ 2 lignes, d'abord vertes et charnues, finalement brunâtres et subéreuses. Graine petite.

Cet arbre, auquel ses fleurs ont fait donner le nom vulgaire de *Tulipier*, croît dans les États-Unis, ainsi qu'au Canada jusque vers le 45e degré de Latitude. Il ne se plaît que dans les terrains meubles, profonds, fertiles et constamment frais, tels que ceux qui avoisinent le cours des rivières, ou les marais.

Dans la plus grande partie des États-Unis, cet arbre est désigné par le nom de *poplar* (peuplier); les Français de la Louisiane l'appellent *Bois-jaune*.

Le bois du Tulipier est d'un jaune plus ou moins foncé, tirant sur le vert, et quelquefois nuancé de violet. Son grain est fin et très-serré; il se travaille facilement et prend un beau poli. Étant bien sec, il résiste facilement aux intempéries de l'air, et il joint à cet avantage celui de ne pas être sujet aux attaques des insectes. Partout où le Tulipier abonde dans les États-Unis, on s'en sert pour revêtir intérieurement la charpente des maisons; on ne s'en sert pas moins fréquemment dans la menuiserie, ainsi qu'à la confection de quantité d'ustensiles domestiques.

L'écorce du Tulipier, notamment celle de ses racines, a une odeur agréable, jointe à une saveur aromatique très-amère. Aux États-Unis, c'est un remède très-usité contre les fièvres intermittentes et rémittentes, ainsi que comme vermifuge et emménagogue. Les habitants des campagnes font infuser cette écorce dans de l'eau-de-vie, avec une égale portion d'écorce de *Cornus florida;* ils ont coutume de prendre de cette liqueur pour se préserver des fièvres.

Le Tulipier est introduit en France depuis plus de soixante ans; il y prospère partout, pourvu que la nature du sol lui soit favorable. Son tronc droit et élevé, et la tête touffue et régulière dont il est couronné, en font un végétal d'un effet très-pittoresque, quoique ses fleurs soient privées de l'éclat et du parfum des fleurs des *Magnolia*. Sa floraison se fait en été.

VINGTIÈME CLASSE.

LES TRISÉPALES.

TRISEPALÆ Bartl.

CARACTÈRES.

Arbres ou *arbrisseaux*. Rameux subcylindriques, inarticulés.

Feuilles éparses, simples, en général coriaces, indivisées, très-entières ; stipules nulles.

Fleurs hermaphrodites ou unisexuelles, régulières ; pédoncules axillaires, ou terminaux, ou latéraux, ou oppositifoliés, solitaires, ou fasciculés, 1-flores, ou moins souvent pluri-flores.

Calice persistant ou non-persistant, inadhérent (par exception adhérent) ; sépales au nombre de 3 (rarement 2 ou 4), uni-sériés, distincts, ou plus ou moins soudés ; estivation valvaire.

Pétales (quelquefois nuls ; par exception uni-sériés au nombre de 2 ou 3) 6, bisériés (en ordre ternaire), hypogynes (par exception périgynes), non-persistants, distincts (rarement soit soudés, soit cohérents), souvent coriaces : ceux de la série externe alternes avec les sépales ; ceux de la série interne alternes avec les premiers.

Réceptacle en général prolongé en gynophore plus ou moins allongé, ou concave et ovarifère à la surface interne. *Disque* inapparent.

Étamines hypogynes, ou (soit lorsque le réceptacle est concave, soit lorsque le calice est adhérent) moins souvent périgynes, en général plurisériées et en nombre indéfini, rarement 1-ou 2-sériées et en nombre défini ternaire (1). Filets libres ou rarement monadelphes, en général charnus et très-courts. Anthères continues aux filets, dithèques, extrorses (toujours?) : bourses déhiscentes chacune par une fente longitudinale; connectif gros, en général subtétragone, prolongé en appendice apicilaire glandiforme.

Pistil : Ovaires uni-bi-ou pluri-ovulés, inadhérents (par exception adhérents), distincts, ou plus ou moins soudés, 1-loculaires, monostyles, ou astyles, en général en nombre indéfini et pluri-sériés, rarement en nombre défini (uni-ou pauci-sériés) ou solitaires.

Péricarpe étairionnaire, ou syncarpique, ou rarement très-simple (soit par avortement, soit par conformation originaire), sec, ou charnu, ou drupacé.

Graines solitaires, ou géminées, ou en nombre indéfini (dans chaque loge), arillées, ou inarillées, anatropes. Périsperme charnu ou corné (souvent huileux), gros, transversalement rimeux presque jusqu'au centre, ou poreux : les interstices remplis par des replis lamelliformes du tégument de la graine (2). Embryon petit, rectiligne, axile, terminal, inclus.

Cette classe, qui mérite à peine d'être séparée de la précédente, se compose des Myristicées et des Anonacées.

---

(1) Dans ce cas, les étamines (du moins les extérieures) sont insérées devant les pétales.

(2) Cette singulière conformation du périsperme, qu'on considère à tort comme l'un des caractères différentiels des Anonacées, existe aussi dans les graines de plusieurs *Magnolia*.

CENT DOUZIÈME FAMILLE.

LES ANONACÉES. — *ANONACEÆ*.

Anonæ Juss. Gen. — *Anonaceæ* Dunal, Monogr. des Anonacées. — De Cand. Syst. Nat. 1, p. 463; Prodr. 1, p. 83. — Bartl. Ord. Nat. p. 245. — Blume, in Flor. Jav. — Aug. Saint-Hil. Plant. Us.; Flor. Brasil. Merid. — De Cand. fil. Revis. Anonac. in Mém. de la Soc. d'Hist. Nat. de Genève, v. 5. — *Ranunculaceæ*, tribus III : *Magnolieæ*, subtrib. III : *Anoneæ* Reichenb. Syst. Nat. p. 278.

Cette famille, qui ne diffère guère de celle des Magnoliacées (1), est presque exclusivement propre à la zone équatoriale; on en connaît environ deux cents espèces, dont aucune n'est indigène dans les contrées extra-tropicales de l'Ouest de l'ancien continent, tandis que plusieurs croissent spontanément en Chine et dans l'Amérique septentrionale.

Les *Anonacées* ont en général un port élégant et touffu; leur écorce et leurs feuilles exhalent d'ordinaire une odeur pénétrante soit agréable, soit fétide; les fleurs, très-élégantes dans plusieurs espèces, sont peu apparentes dans le plus grand nombre, et elles participent souvent à l'odeur particulière aux parties herba-

(1) L'estivation des enveloppes florales, laquelle est valvaire (pour chaque verticille considéré à part) dans les Anonacées, tandis qu'elle est subimbricative dans les Magnoliacées, est le seul caractère différentiel entre ces deux familles, d'ailleurs semblables tant par le port que par la conformation des fleurs, des fruits et des graines. L'absence de stipules dans les Anonacées n'est point un caractère différentiel, parce que les Magnoliacées-Wintérées sont également dépourvues de stipules; il en est de même quant au périsperme, lequel est anfractueux ou rimeux dans plusieurs *Magnolia*.

cées de la plante : celles de certaines espèces exhalent des parfums très-suaves. Plusieurs Anonacées produisent des fruits succulents, ou charnus, qu'on compte parmi les productions les plus exquises des climats intertropicaux ; dans d'autres, le péricarpe ou les graines sont très-aromatiques et peuvent tenir lieu d'épices.

Caractères de la Famille.

Arbres, ou *arbrisseaux*, ou rarement *sous-arbrisseaux*. Rameaux et ramules cylindriques, inarticulés, en général distiques, ou subdistiques ; écorce presque toujours réticulée.

Feuilles éparses (ordinairement alternes-distiques), simples, très-entières, penninervées, ou penniveinées, indupliquées en vernation, très-souvent pubescentes en dessous ; pétiole court, articulé par la base. Stipules nulles. Bourgeons en général non-écailleux, cotonneux, ou soyeux. Pubescence simple ou étoilée.

Fleurs hermaphrodites (par exception monoïques ou dioïques), régulières ; boutons en général soyeux ; pédoncules axillaires, ou latéraux, ou oppositifoliés, ou rarement terminaux, uni-ou pauci-flores (rarement multiflores), solitaires, ou fasciculés, souvent bractéolés (soit à la base, soit plus haut).

Calice inadhérent (excepté dans l'*Eupomatia*), persistant, ou non-persistant; sépales au nombre de 3 (par exception 2, ou 4, ou 5), uni-sériés, distincts dès la base, ou plus ou moins soudés ; estivation valvaire.

Pétales (nuls dans quelques espèces ; par exception uni-sériés au nombre de 2 ou 3) 6 (1), bisériés (en ordre ternaire ; par exception 5), hypogynes (par excep-

(1) Accidentellement (dans les *Asimina*) au nombre de 9, trisériés.

tion périgynes), non-persistants, distincts (rarement soit soudés, soit cohérents), ordinairement coriaces et inonguiculés : ceux de la série externe alternes avec les sépales ; ceux de la série interne alternes avec les premiers.

Réceptacle concave (et, dans ce cas, ovarifère à la surface interne), ou plus souvent convexe et prolongé en gynophore soit plus ou moins allongé, soit subglobuleux.

Disque inapparent.

Étamines hypogynes, ou (soit lorsque le réceptacle est concave, soit lorsque le calice est adhérent) moins souvent périgynes, serrées, apprimées, non-persistantes (articulées au réceptacle), en général pluri-sériées et en nombre indéfini, rarement 1-ou 2-bisériées en nombre défini ternaire et insérées (du moins les extérieures) devant les pétales, le plus souvent beaucoup plus courtes que la corolle. Filets libres, en général charnus et très-courts. Anthères continues aux filets, dithèques, extrorses (toujours?) ; bourses contiguës ou disjointes, parallèles, déhiscentes chacune par une fente longitudinale ; connectif gros, subtétragone, prolongé en appendice apicilaire glandiforme (quelquefois nectarifère).

Pistil : Ovaires uni-bi-ou pluri-ovulés, inadhérents (excepté dans l'*Eupomatia*), distincts, ou plus ou moins soudés, 1-loculaires, monostyles, ou astyles, en général en nombre indéfini et pluri-sériés (très-serrés et imbriqués), rarement en nombre défini (uni-ou pauci-sériés) ou solitaires. Ovules horizontaux, ou obliques, ou renversés, ou suspendus, anatropes, 1-ou 2-sériés, attachés soit au fond des loges, soit à l'angle interne. Styles distincts ou moins souvent soudés, terminaux, en général courts. Stigmates terminaux, ou longitudinaux (décurrents sur le bord ou la face antérieure des styles), distincts, ou moins souvent soudés, simples.

Péricarpe composé soit de baies soudées ou distinctes, soit de follicules charnus, ou drupacés, ou coriaces, distincts, ou soudés, déhiscents, ou indéhiscents.

Graines (en général grosses) solitaires (dans chaque loge ou coque), ou géminées, ou en nombre indéfini, renversées, ou obliques, ou horizontales, ou suspendues, 1-ou 2-sériées, arillées, ou inarillées, anatropes. Tégument extérieur coriace ou testacé, inadhérent, en général lisse et luisant. Hile subterminal, souvent large et allongé. Raphé et chalaze inapparents. Tégument intérieur subcartilagineux, mince, adhérent, plissé transversalement en lamelles enfoncées dans le périsperme. Périsperme charnu ou corné (souvent huileux), gros, transversalement rimeux ou poreux presque jusqu'au centre (les interstices remplis par les replis du tégument interne). Embryon petit, rectiligne, axile, terminal, inclus, voisin du hile : cotylédons minces, courts, souvent écartés; radicule subcylindracée, supère, ou infère, ou centripète.

La famille des Anonacées se compose des genres suivants :

Anona (Linn.) Adans. — *Rollinia* Aug. Saint-Hil. — *Lobocarpus* Wight et Arn. — *Henschelia* Presl. — *Guatteria* Ruiz et Pav. (Aberemoa et Cananga Aubl. — *Duguetia* Aug. Saint-Hil. — *Xylopia* Linn. — *Polyalthia* Blum. — *Anaxagorea* Aug. Saint-Hil. — *Artabotrys* Blum. — *Bocagea* Aug. Saint-Hil. — *Orophea* Blum. — *Hyalostemma* Wallich. — *Miliusa* De Cand. fil. — *Hexalobus* De Cand. fil. — *Cardiopetalum* Schlecht. — *Cœlocline* De Cand. fil. — *Habzelia* De Cand. fil.

— *Unona* Linn. fil. (Bulliarda Neck. non Linn. Krockeria Neck. Desmos Loureir. Melodorum Loureir. Marentiera Noronh.) — *Mitraphora* Blum. — *Uvaria* L. — *Porcelia* Ruiz et Pav. — *Asimina* Adans. (Orchidocarpum Michx.) — *Trigynœa* Schlecht. — *Monodora* Dunal.

Genre anomale, à ovaire adhérent.

Eupomatia R. Br.

Genre ANONA. — *Anona* (Linn.) Adans.

Calice triparti ou trilobé, non-persistant. Pétales 6, coriaces, distincts : les extérieurs plus grands que les intérieurs. Étamines nombreuses, linéaires-claviformes : appendice apicilaire large, tronqué, anguleux. Gynophore conique. Ovaires nombreux, soudés, uni-ovulés : ovule renversé, attaché au fond de la loge. Styles distincts ou soudés, quelquefois nuls. Stigmates capitellés, ou continus avec les styles, quelquefois sessiles. Syncarpe écailleux, ou spinelleux, ou tuberculeux, ou lisse, subcoriace à la surface, pulpeux en dedans, pluri-loculaire, polysperme. Graines ovoïdes ou elliptiques : radicule infère. (*Aug. Saint-Hil. Flor. Brasil.*)

Arbres, ou arbrisseaux, ou sous-arbrisseaux. Pubescence simple ou étoilée, en général roussâtre ou ferrugineuse. Pédoncules axillaires, ou extra-axillaires, ou oppositifoliés, uni-ou pauci-flores, ordinairement solitaires, en général bractéolés à la base. Fruit gros.

Ce genre (qui porte le nom vulgaire de *Corosol*) est propre à l'Afrique et à l'Amérique équatoriales; toutefois plusieurs espèces se cultivent fréquemment, comme arbres fruitiers, tant en Asie, que dans les régions chaudes des contrées extra-tropicales. On connaît environ quarante espèces, dont voici les plus remarquables :

A. *Pétales extérieurs linéaires-oblongs, étroits, concaves à la base, trièdres au sommet, souvent connivents ; pétales intérieurs minimes.*

Anona écailleux. — *Anona squamosa* Linn. — Sloan. Jam. v. 2, tab. 227. — Jacq. Obs. 1, tab. 6, fig. 1. — Tuss. Flor. Antill. v. 3, tab. 4. — Hook. in Bot. Mag. tab. 3095. — *Anona Forskalii* De Cand. Syst. et Prodr. — *Anona glabra* Forsk. Ægypt. p. 102, tab. 15.

Arbre atteignant la hauteur de 20 pieds. Écorce fongueuse. Rameaux étalés. Jeunes pousses presque glabres. Feuilles longues de 2 à 3 pouces, larges d'environ 9 lignes, ponctuées, lancéolées-elliptiques, ou lancéolées-oblongues : les jeunes en général poilues ou pubescentes et plus ou moins glauques en dessous ; les adultes glabres ; pétiole long de 3 à 4 lignes. Pédoncules longs de 6 à 8 lignes, solitaires, ou géminés, oppositifoliés, 1-ou 2-flores, recourbés, glabres. Calice minime : sépales cordiformes-ovales, pointus. Pétales extérieurs longs d'environ 3 lignes, larges de 2 lignes, verdâtres, connivents, linéaires, ou oblongs, obtus ; pétales intérieurs minimes, de couleur pourpre. Syncarpe ovoïde, ou subglobuleux, comme écailleux (par des mamelons saillants et imbriqués, provenant de la partie supérieure des ovaires), d'un vert noirâtre, du volume d'une orange.

Cette espèce, connue sous les noms vulgaires de *Cœur de bœuf, Pommier de cannelle, Attier,* et *Atocire,* se cultive fréquemment comme arbre fruitier, dans toute la zone équatoriale ainsi que dans les régions chaudes des contrées extra-tropicales ; sa patrie n'est pas certaine. La chair de son fruit est très-molle, blanchâtre, d'une odeur suave et d'une saveur très-agréable ; on préfère en général ce fruit à la plupart des autres fruits d'Anonacées.

Anona Chérimolier. — *Anona Cherimolia* Lamk. Enc. — *Anona tripetala* Hort. Kew. — Wendl. Obs. tab. 3, fig. 24.

— Trew. Ehret. tab. 49. — Feuill. Pérou. 3, p. 24, tab. 17. — Bot. Mag. tab. 2011.

Petit arbre, haut de 15 à 20 pieds. Rameaux réclinés. Feuilles molles, aromatiques, d'un beau vert, non-ponctuées, ovales-lancéolées, soyeuses en dessous. Pédoncules solitaires ou fasciculés, ferrugineux-pubescents. Pétales extérieurs connivents, cotonneux en dessous. Syncarpe du volume du poing, subglobuleux, écailleux, d'un vert clair : chair blanche.

Cette espèce croît au Pérou, et on la cultive dans beaucoup de contrées de l'Amérique. Son fruit, que beaucoup de personnes préfèrent à l'Ananas, offre une chair fondante et vineuse, d'une saveur douce et aromatique.

Anona a fleurs obtuses. — *Anona obtusiflora* Tussac, Flore des Antilles, v. 1, tab. 28. — *Anana mucosa* Jacq.

Arbre de moyenne taille. Écorce grisâtre. Rameaux diversement disposés. Feuilles grandes, distiques, nerveuses, oblongues-lancéolées, ondulées, acuminées : les jeunes cotonneuses; les adultes glabres. Pédoncules axillaires, uniflores, nutants. Pétales extérieurs grands, verdâtres en dessous, oblongs, obtus; pétales intérieurs très-courts, arrondis, couleur de chair. Syncarpe gros, subglobuleux, tuberculeux, verdâtre : pulpe blanche, succulente.

Cette espèce, indigène aux Antilles, se cultive à Saint-Domingue. M. de Tussac assure que son fruit ne le cède en aucun point à celui du *Chérimolier*.

Anona réticulé. — *Anona reticulata* Linn. — Sloan. Jam. tab. 226. — Jacq. Obs. 1, tab. 6, fig. 2. — Tussac, Flore des Antilles, v. 1, tab. 29.

Arbre de moyenne taille. Cime très-touffue. Rameaux droits, rapprochés, grisâtres. Feuilles oblongues-lancéolées, pointues, glabres, finement ponctuées. Pédoncules latéraux, 1-4-flores, souvent rameux dès la base. Fleurs d'un vert jaunâtre. Sépales triangulaires, pointus. Pétales extérieurs oblongs, pointus, connivents. Syncarpe ovale-globuleux, subcordiforme à la base, aréolé à la surface, jaunâtre, ou roussâtre, luisant : aréoles pentagones.

Cette espèce, indigène aux Antilles et dans l'Amérique méridionale, se cultive aussi comme arbre fruitier; aux Antilles, on a coutume de la planter aux alentours des habitations, à cause de son feuillage touffu. Le fruit, nommé vulgairement *Cœur de bœuf*, ou *Cachiman*, est mangeable, mais beaucoup moins estimé que celui des espèces précédentes; M. de Tussac assure qu'il est fort échauffant. Les feuilles de l'arbre ont une odeur forte et narcotique. « Le suc des jeunes branches », dit M. de Tussac, « est très-caustique, et l'on doit prendre des précau-» tions, quand on coupe cet arbre, afin qu'il n'en jaillisse pas » dans les yeux; le contre-poison est, dit-on, le Citron. »

B. *Pétales extérieurs elliptiques-oblongs, obtus; pétales intérieurs petits, lancéolés. Calice grand, coriace, subcampanulé, trifide.*

ANONA A GRANDES FLEURS. — *Anona grandiflora* Lamk. Dict. — Dunal, Monogr. tab. 6.

Arbre à rameaux ponctués. Feuilles grandes, luisantes en dessus, glauques en dessous, réticulées, glabres, coriaces, ovales-lancéolées. Pédoncules axillaires, solitaires. Calice velouté. Pétales longs de 1 pouce, couverts d'un duvet blanchâtre. Syncarpe ovoïde, glabre, ponctué.

Cette espèce croît à Madagascar et à l'île de France, où on la connaît sous le nom de *Bois-blanc*.

ANONA DES MARAIS. — *Anona palustris* Linn. — Aug. Saint-Hil. Plant. Us. des Bras. tab. 30. — *Araticu-pana* Pis. Bras. 48, 70, Ic. — *Anona palustris* et *Anona glabra* Dunal. — De Cand. Syst. et Prodr.

Feuilles ovales, ou ovales-elliptiques, pointues, ou subacuminées : les naissantes pubescentes-ferrugineuses; les adultes glabres. Pédoncules extra-axillaires, solitaires, 1-flores. Sépales ovales, subcordiformes, pointus, pubescents aux bords. Pétales larges, ovales, pointus : les intérieurs de moitié plus courts que les extérieurs. Syncarpe ovoïde, obtus, presque lisse, aréolé.

Arbrisseau droit, rameux, haut de 6 à 7 pieds. Ramules grêles. Feuilles longues de 2 à 5 pouces, larges de 1 pouce à 2 pouces. Pédoncules courbés, longs d'environ 9 lignes. Calice petit. Corolle glabre : pétales dressés, longs de 4 à 6 lignes, larges de 4 lignes. Pistil glabre : ovaires complétement soudés; styles aplatis ; stigmates terminaux, capitellés. Syncarpe jaune, du volume d'une poire ordinaire. Graines elliptiques, d'un roux pâle.

Cette espèce croît dans les localités sujettes aux inondations de la marée. Sa racine, spongieuse, molle et légère, est employée en guise de Liége; suivant Marcgrave, les naturels du Brésil s'en servaient jadis pour la confection de leurs boucliers.

Anona des bois. — *Anona sylvatica* Aug. Saint-Hil. Plant. Us. des Bras. tab. 29.

Feuilles ponctuées, pubérules en dessus, pubescentes en dessous, lancéolées-elliptiques, pointues. Pédoncules extra-axillaires, solitaires. Syncarpe globuleux, pubérule, aréolé.

Arbre. Ramules pubescents. Feuilles longues de 5 à 9 pouces, larges de 2 à 3 pouces; pétiole long de 3 à 4 lignes, pubescent-ferrugineux de même que la côte et les nervures. Pédoncules courts, courbés, pubescents. Syncarpe du volume d'une pomme de reinette, couvert d'écailles aplaties, peu serrées, allongées, obtuses.

Cette espèce croît au Brésil, dans les forêts de la province des Mines. Son fruit, au témoignage de M. Aug. de Saint-Hilaire, est d'une saveur très-agréable, et mérite tous les soins de la culture, parce que, même à l'état sauvage, il n'est point inférieur au fruit des Anonacées le plus généralement cultivées. Le bois de l'arbre, blanc, compacte, tendre, et léger, serait excellent pour des ouvrages de sculpture.

Anona pulvérulent. — *Anona furfuracea* Aug. Saint-Hil. Flor. Brasil. Merid. 1, tab. 6.

Feuilles coriaces, subpulvérulentes en dessus, furfuracéesargentées en dessous, ovales, ou oblongues, obtuses, rétrécies au sommet ou aux 2 bouts. Pédoncules oppositifoliés, subbiflores. Sépales ovales-elliptiques, obtus. Pétales ovales, obtus, subisomètres, cotonneux en dessus, pulvérulents en dessous. Syncarpe globuleux, écailleux, pulvérulent.

Sous-arbrisseau haut de 2 à 3 pieds. Tiges nombreuses, ligneuses, rameuses. Ramules couverts d'une pubescence furfuracée soit roussâtre, soit jaunâtre. Feuilles longues de 3 à 5 pouces, larges de 1 à 2 pouces, satinées-roussâtres en dessous. Fleurs larges d'environ 18 lignes. Calice pulvérulent, de moitié plus court que la corolle. Pétales d'un rouge verdâtre. Pistil velu; ovaires libres supérieurement. Styles cylindriques. Syncarpe du volume d'une noix, à écailles pyramidales, 4-ou 5-angulaires, inégales. Graines elliptiques, très-obtuses, comprimées.

Cette espèce a été observée par M. Aug. de Saint-Hilaire, dans les provinces méridionales du Brésil.

Anona a fruit spinelleux. — *Anona muricata* Linn. — Jacq. Obs. 1, tab. 5. — Mérian. Surinam. tab. 14. — Tussac, Flore des Antilles, v. 2, tab. 24.

Petit arbre, haut d'environ 15 pieds. Écorce brune, ayant (de même que les feuilles et les fleurs) une odeur très-pénétrante. Feuilles ovales-lancéolées, glabres, luisantes. Pédoncules solitaires, 1-flores. Fleurs assez grandes, d'un blanc jaunâtre. Pétales extérieurs cordiformes, acuminés, étalés; pétales intérieurs obtus. Syncarpe gros (acquérant quelquefois un poids de 3 à 4 livres), cordiforme-oblong, ou conique, hérissé de pointes charnues, molles, recourbées au sommet.

Cette espèce, indigène aux Antilles et dans l'Amérique méridionale, se cultive très-communément dans ces contrées. Son fruit, connu sous le nom de *Cachiman épineux*, se préfère en général aux fruits de tous les autres *Anona;* ce fruit offre une chair blanchâtre, fondante, de la consistance du beurre, et d'une saveur douce avec un léger mélange d'acide; la manière la plus habituelle de le manger est d'en enlever la pulpe, en rejetant l'écorce, laquelle a une saveur désagréable et une odeur analogue à la térébenthine; d'ailleurs on l'emploie aussi à faire des crêmes et autres mets délicats; cueilli au quart de sa grosseur, et étant cuit ou frit, il constitue une nourriture saine et agréable. En exprimant le suc des cachimans bien mûrs et en le laissant fermenter pendant deux jours avec du sucre, on obtient une boisson vineuse d'une saveur délicieuse, mais peu susceptible d'être conservée; cette liqueur, en passant à l'acide, donne un bon vinaigre. On regarde le cachiman comme antiscorbutique, et on le permet même aux fiévreux.

Anona a fruit ponctué. — *Anona punctata* Aubl. Guian. tab. 247.

Arbre haut d'environ 20 pieds. Feuilles ovales-oblongues, pointues, glabres. Fleurs solitaires, axillaires, subsessiles, petites, jaunes. Pétales pointus. Syncarpe globuleux, ponctué, d'un brun foncé en dehors, rougeâtre en dedans.

Cette espèce croît dans la Guiane; suivant Aublet, ses fruits sont mangeables.

Anona a longues feuilles. — *Anona longifolia* Aubl. Guian. tab. 248.

Arbre haut d'environ 20 pieds. Feuilles oblongues, acuminées, mucronées, glabres. Pédoncules assez longs, axillaires. Pétales pointus. Fleurs grandes, pourpres. Syncarpe ovale-globuleux, ponctué, réticulé, charnu, gélatineux en dedans.

Cette espèce, qui produit également un fruit mangeable, croît dans les mêmes localités que la précédente.

Genre ROLLINIA. — *Rollinia* Aug. Saint-Hil.

Calice triparti, non-persistant. Pétales 6, soudés en corolle subglobuleuse, courtement 6-lobée au sommet, prolongée au dos en 3 grands appendices cultriformes, très-obtus, correspondants aux lobes extérieurs. Étamines nombreuses, linéaires-claviformes : appendice apicilaire arrondi, anguleux. Ovaires nombreux, soudés, oblongs, comprimés, uni-ovulés : ovule renversé. Styles courts, cohérents de même que les stigmates. Syncarpe charnu, écailleux, multiloculaire.

Arbres, ou arbrisseaux. Ramules poilus : poils ferrugineux ou roussâtres. Pédoncules solitaires ou rarement géminés, extra-axillaires, 1-flores. Fleurs petites.

Ce genre, propre à l'Amérique équatoriale, se compose de 9 espèces, dont voici les plus notables :

Rollinia a longues feuilles. — *Rollinia longifolia* Aug. Saint-Hil. Flor. Brasil. Merid. 1, tab. 5.

Arbre haut d'environ 20 pieds. Ramules cotonneux-ferrugineux. Feuilles longues de 4 à 6 pouces, larges d'environ 18 lignes, pointues, ou obtuses, oblongues, glabres en dessus, cotonneuses-ferrugineuses en dessous ; pétiole long de 2 à 3 lignes. Pédoncules subtriangulaires, bractéolés à la base, longs de 6 à 18 lignes. Sépales cordiformes-ovales, pointus, cotonneux. Corolle d'environ 1 pouce de diamètre (y compris les appendices), cotonneuse-ferrugineuse, à appendices dolabriformes. Syncarpe globuleux, pubescent.

Cette espèce a été trouvée par M. Aug. de Saint-Hilaire au Brésil, près de Saint-Sébastien.

Rollinia a feuilles de Hêtre. — *Rollinia fagifolia* Aug. Saint-Hil. l. c.

Arbrisseau à ramules pubescents. Feuilles longues de 2 à 5 pouces, larges de 6 à 30 lignes, ovales, ou ovales-oblongues, cuspidées, pubescentes en dessous et en dessus : côtes et veines ferrugineuses-velues ; pétiole long de 3 à 4 lignes. Pédoncules longs de 1/2 pouce, grêles, non-bractéolés. Sépales cordiformes-ovales, acuminés, velus. Corolle longue de 2 lignes, large de 4 lignes, pubescente, glauque : appendices courts, très-obtus. Pistil glabre.

M. Aug. de Saint-Hilaire a observé cette espèce dans la province de Rio-Janeiro.

Genre GUATTÉRIA. — *Guatteria* Ruiz et Pav.

Calice triparti, non-persistant : sépales subcordiformes, obtus. Pétales 6, distincts : les 3 intérieurs souvent plus grands que les extérieurs. Étamines nombreuses, claviformes ; filets aplatis ; appendice apicilaire plus large que l'anthère, tronqué, anguleux. Ovaires nombreux, distincts, serrés, anguleux, velus, uni-ovulés. Ovule renversé. Styles et stigmates soudés. Gynophore cupuliforme ou columnaire, à sommet plane ou concave. Étairion à follicules secs ou charnus, indéhiscents, stipités, ou substipités, monospermes.

Arbres, ou arbrisseaux. Rameaux étalés, cylindriques. Pédoncules axillaires ou oppositifoliés, courts, solitaires, ou géminés, ou ternés, uniflores, ou pauciflores, bractéolés à la base. Fleurs en général vertes.

On connaît environ quarante espèces de ce genre ; toutes habitent la région équatoriale ; on en trouve dans l'ancien ainsi que dans le nouveau continent. Les espèces les plus remarquables sont les suivantes :

Guattéria a fleurs rouges. — *Guatteria rufa* Dunal. — Bot. Reg. tab. 836. — Loddig. Bot. Cab. tab. 612.

Arbre. Feuilles elliptiques-oblongues, acuminées, ou obtuses, cordiformes à la base, presque glabres en dessus, cotonneuses en dessous. Pédoncules latéraux ou oppositifoliés, très-courts, uni-ou bi-flores. Calice et corolle veloutés. Follicules ovoïdes, un peu charnus. — Fleurs d'un pourpre brunâtre, larges de 1 pouce.

Cette espèce, indigène aux Moluques et en Chine, est cultivée dans les serres.

Guattéria toujours vert. — *Guatteria sempervirens* De Cand. Syst. et Prodr. — Hort. Malab. v. 5, tab. 16.

Arbrisseau peu élevé, orné de fleurs et de fruits pendant la plus grande partie de l'année. Feuilles coriaces, luisantes, glabres, ovales-oblongues. Pédoncules axillaires, uniflores, soyeux.

Pétales oblongs, pointus, rougeâtres. Étairion d'environ 9 baies glabres, noirâtres, globuleuses.

Cette espèce est commune dans l'Inde. Ses fruits, dont la saveur est à la fois acidule et sucrée, sont mangeables.

Guattéria Korinti. — *Guatteria Korinti* Dunal, Monogr. — Hort. Malab. v. 5, tab. 14.

Arbrisseau haut de 10 à 12 pieds. Feuilles coriaces, luisantes, glabres, ovales-oblongues. Pédoncules axillaires, uniflores. Pétales oblongs, obtus. Étairion d'environ 7 baies, rouges à la maturité.

Cette espèce croît dans l'Inde; la chair de ses fruits est douce et mangeable.

Guattéria a grandes feuilles. — *Guatteria macrophylla* Blum. et Fisch. Flor. Jav. 1, tab. 47.

Petit arbre. Rameaux subhorizontaux. Feuilles longues de 8 à 10 pouces, larges de 3 à 4 pouces, ovales, ou elliptiques-oblongues, rétrécies aux 2 bouts, glabres en dessus, pubescentes en dessous. Pédoncules très-courts, latéraux, pauciflores, recouverts de bractées imbriquées. Sépales ovales, pointus, soyeux en dessous. Étairion de 6 à 15 follicules coriaces, substipités, ovoïdes, rougeâtres, du volume d'une Olive.

Cette espèce, remarquable par la beauté de son feuillage, a été trouvée par M. Blume à Java.

Genre XYLOPIA. — *Xylopia* Linn. (Aug. Saint-Hil.)

Calice trifide ou triparti, court, cupuliforme, non-persistant, coriace. Pétales 6 (ordinairement dressés), étroits, concaves à la base : les intérieurs trièdres, moins longs que les extérieurs. Réceptacle cupuliforme ou globuleux, profondément creusé, mince, ovarifère au fond, staminifère à la surface externe. Étamines très-nombreuses, cunéiformes; filets très-courts, aplatis; anthères couronnées d'un appendice large, tronqué, anguleux. Ovaires en nombre indéfini, inclus, ou peu saillants, distincts, oblongs, anguleux, velus, 4-ovulés. Ovules axiles, renversés, uni-sériés. Styles soudés en colonne prismatique-triangulaire. Stigmates inapparents. Étairion à follicules peu nombreux (par avortement), légèrement charnus, uni-valves (déhiscents antérieurement), ou rarement soit 2-valves, soit indéhiscents, par avortement 1-ou 2-spermes, ou 4-spermes. Graines ovoïdes, arillées, obliquement horizontales, ou renversées.

Arbres, ou arbrisseaux. Ramules en général distiques. Feuilles souvent soyeuses : poils simples. Pédoncules uni- ou pluri-flores, axillaires, bractéolés, plus courts que les feuilles. Boutons soyeux, pointus.

Ce genre est propre à l'Amérique équatoriale; on en connaît environ 12 espèces, dont voici les plus notables :

Xylopia soyeux. — *Xylopia sericea* Aug. Saint-Hil. Plant. Usuelles des Brasil. tab. 33. — *Embira, Pindaïba* Pis. Bras. p. 71, Ic. — *Ibira* Marcg. Bras. p. 99, Ic. — *Unona carminativa* Arrud. ex Saint-Hil. l. c.

Arbre assez élevé. Ramules distiques, couverts de poils roux. Feuilles longues d'environ 4 pouces, larges de 9 à 10 lignes, distiques, très-rapprochées, luisantes en dessus, soyeuses-argentées en dessous, lancéolées-oblongues, acuminées-cuspidées : pointe obtuse. Pédoncules 3-flores, très-courts. Bractées imbriquées, ovales, obtuses. Calice cupuliforme, triparti, velu. Pétales longs de 8 à 10 lignes, larges de 1 ligne à 2 lignes, pubérules, blancs : les extérieurs linéaires-oblongs, obtus; les intérieurs linéaires-lancéolés, pointus. Pistil d'environ 15 ovaires, débordé par les pétales; colonne stylaire longue d'environ 3 lignes, assez grosse à la base. Follicules longs de 1/2 pouce, d'un rouge foncé, courtement stipités, obovales, obtus, lisses, glabres, d'abord charnus, finalement secs et uni-valves.

Cet arbre croît au Brésil, où on le connaît sous les noms vulgaires de *Pindaïba*, et d'*Embira* : ce dernier mot, dit M. Aug. de Saint-Hilaire, est appliqué par les Brésiliens-Portugais à tous les arbres dont l'écorce peut servir à faire des liens. Ses fruits, très-aromatiques, ont l'odeur du Poivre, mais une saveur moins forte. Les fleurs ressemblent à celles des Calycanthes.

Xylopia frutescent. — *Xylopia frutescens* Aubl. Guian. 2, tab. 292.

Arbrisseau haut de 4 à 5 pieds. Branches droites; ramules longs, flexibles, velus. Feuilles oblongues-lancéolées, acuminées, soyeuses en dessous. Pédoncules solitaires, ou géminés, ou ternés, très-courts. Calice velu : sépales concaves, pointus. Pétales oblongs, velus, couverts d'un duvet grisâtre. Étairion à follicules longs de 4 à 6 lignes, larges de 2 à 4 lignes, indéhiscents, courtement stipités, ovoïdes, un peu comprimés, pointus, 1-ou 2-spermes. Graines ovoïdes, brunâtres, lisses.

Cette espèce croît à Cayenne et dans la Guiane. Son fruit a une saveur âcre, analogue à celle de la térébenthine; les graines sont aussi aromatiques : les nègres en font usage en guise d'épices.

Xylopia a grandes fleurs. — *Xylopia grandiflora* Aug. Saint-Hil. Flor. Brasil. Merid. 1, tab. 8.

Arbre. Ramules cotonneux au sommet. Feuilles longues d'environ 4 pouces, sur 18 lignes de large, subsessiles, distiques, rapprochées, oblongues-lancéolées, pointues, échancrées ou arrondies à la base, pubérules en dessus, cotonneuses en dessous. Pédoncules très-courts, biflores : pédicelles courbés. Bractées larges, ovales, cotonneuses-ferrugineuses. Fleurs longues d'environ 2 pouces. Calice cupuliforme, tridenté. Pétales soyeux, rougeâtres, linéaires, pointus : les extérieurs larges d'environ 4 lignes; les intérieurs très-étroits, bi-auriculés à la base.

Cette espèce, remarquable par l'élégance de son feuillage et de ses fleurs, croît dans les forêts-vierges du Brésil méridional.

Genre ARTABOTRYS. — *Artabotrys* R. Brown.

Calice triparti. Pétales 6, connivents par leur partie inférieure et recouvrant les organes sexuels. Étamines en nombre indéfini. Ovaires 3 à 11 (rarement un plus grand nombre), distincts, bi-ovulés. Ovules collatéraux, renversés. Styles et stigmates soudés. Étairion à follicules bacciformes, charnus, indéhiscents, ovoïdes, dispermes, ou par avortement monospermes, pulpeux en dedans. Graines solitaires ou géminées, collatérales, renversées, inarillées, planes d'un côté, convexes de l'autre ; tégument osseux.

Arbrisseaux glabres, sarmenteux. Ramules oncinés au sommet. Pédicelles uniflores, subterminaux, fasciculés. Fleurs d'un jaune tirant sur le roux.

Ce genre ne renferme que 4 espèces, indigènes dans l'Inde australe et dans les archipels voisins. Ces plantes se font remarquer par un port élégant et par des fleurs fort odorantes.

Artabotrys parfumé.—*Artabotrys odoratissimus* R. Brown, in Bot. Reg. tab. 423. — Blum. et Fisch. Flor. Jav. 1, tab. 28 et 31. — *Anona hexapetala* Linn. fil. — *Anona uncinata* Dunal, Monogr. tab. 12 et 13.—*Modira Walli* Hort. Malab. vol. 7, tab. 86.

Feuilles oblongues, acuminées. Pétales intérieurs plus grands, ovales-oblongs. Baies subglobuleuses.

Arbrisseau à rameaux divariqués, grimpants. Feuilles longues de 5 à 10 pouces, coriaces, très-glabres. Pédoncules un peu courbés, longs d'un pouce. Pétales soyeux : les extérieurs longs d'environ 8 lignes ; les intérieurs lancéolés, un peu plus courts. Étairion de 3 à 7 baies de la grosseur d'une noix, glabres, ponctuées, mucronulées, pulpeuses en dedans.

Cette espèce a été indiquée dans l'Inde, à Java, en Chine et à l'île de France ; mais M. Blume observe qu'on a peut-être confondu sous ce nom diverses espèces distinctes. L'*Uvaria esculenta* Roxb., est, selon M. Blume, sinon la même plante, du moins une espèce très-voisine.

Artabotrys cirrifère. — *Artabotrys hamata* Blum. et Fisch. Flor. Jav. 1, tab. 29, et 31, C. — *Unona hamata* Dun. Monogr. tab. 27.

Feuilles oblongues-lancéolées, pointues aux deux bouts. Pétales linéaires-lancéolés, presque égaux. Baies oblongues, rétrécies aux deux bouts.

Grand arbrisseau à rameaux divariqués, allongés, sarmenteux. Ramules cirrifères vers le sommet. Pédoncules courbés, subclaviformes. Pétales longs d'un pouce. Baies rougeâtres, longues d'environ 2 pouces.

Cette espèce croît à Java, dans l'Inde, et en Chine.

Artabotrys suave. — *Artabotrys suaveolens* Blum. et Fisch. Flor. Jav. 1, tab. 30, et 31, D.

Feuilles oblongues-lancéolées, acuminées aux deux bouts. Pétales presque égaux, cuspidés. Baies obtuses.

Arbrisseau sarmenteux. Tronc noirâtre, de la grosseur du bras. Ramules cirrifères. Feuilles longues de 2 à 4 pouces. Fleurs petites, jaunâtres. Étairion de 3 baies verdâtres ou jaunâtres, charnues, lisses, longues de 1 pouce.

Cette espèce croît dans la plupart des îles de l'Archipel Malai. On se sert de ses sarments en guise de cordes. M. Blume assure que l'infusion des feuilles est très-utile dans le traitement du choléra.

Genre POLYALTHIA. — *Polyalthia* Blum.

Calice triparti, ou quelquefois cupuliforme et indivisé. Pétales 6, anisomètres, ordinairement connivents. Étamines en nombre indéfini. Ovaires nombreux, distincts, biovulés. Ovules suspendus, ou horizontaux, ou renversés, superposés. Étairion à follicules nombreux, stipités, ou substipités, globuleux, ou secs, ou charnus, ovoïdes, indéhiscents, dispermes, ou par avortement monospermes. Graines horizontales ou obliquement incombantes.

Arbres ou arbrisseaux. Feuilles le plus souvent glabres. Pédoncules axillaires, ou oppositifoliés, ou latéraux, solitaires, ou agrégés, uniflores. Fleurs de grandeur médiocre, d'un vert pâle ou jaunâtre.

Ce genre, propre à l'Asie équatoriale, renferme 6 espèces.

L'écorce des *Polyalthia*, et particulièrement celle de leurs racines, est douée des propriétés aromatiques les plus prononcées. Les Javanais en font un usage médical très-fréquent.

A. *Pétales dressés ou étalés : les extérieurs plus longs que les intérieurs. Réceptacle subcylindracé à sa partie inférieure. Gynophore convexe, subglobuleux. Ovules attachés vers le milieu de l'angle interne : l'un renversé; l'autre suspendu. Stigmates obtus, cohérents. Follicules pulpeux à l'intérieur.*

POLYALTHIA A FEUILLES SUBCORDIFORMES.—*Polyalthia subcordata* Blum. et Fisch. Flor. Jav. 1, tab. 33, et 36, B. — *Unona subcordata* Blum. Bijdr.

Feuilles subsessiles, oblongues, acuminées, subcordiformes à la base, cotonneuses sur la côte. Pédoncules axillaires, uniflores. Baies stipitées, subglobuleuses.

Arbrisseau haut d'environ 10 pieds. Écorce d'un brun pâle. Jeunes ramules cotonneux. Feuilles longues de 5 à 10 pouces, larges de 2 à 3 pouces, très-longuement acuminées. Pétales blanchâtres ou jaunâtres, presque obtus, légèrement soyeux en dessous. Étairion de 20 à 30 baies de la grosseur d'un Pois, disposées en ombelle, remplies d'une pulpe douceâtre.

Cette espèce croît dans les montagnes de l'ouest de Java, à 1500 pieds au-dessus du niveau de la mer; elle y porte le nom de *Kitjantung*, ou *Balun-Anjuk*. Les naturels de l'île en emploient le fruit contre les coliques spasmodiques.

POLYALTHIA ELLIPTIQUE. — *Polyalthia elliptica* Blum. et Fisch. Flor. Jav. 1, tab. 34, et 36, C. — *Unona elliptica* Blum. Bijdr.

Feuilles subsessiles, ovales-oblongues, acuminées, subcordiformes à la base, glabres de même que les ramules. Pédoncules axillaires ou oppositifoliés, uniflores. Baies obtuses, subsessiles, ovoïdes.

Arbrisseau haut de 3 à 5 pieds, peu rameux. Feuilles longues de 4 à 8 pouces. Fleurs d'abord blanches, jaunâtres après l'anthèse. Pétales dressés, linéaires-lancéolés, obtus, pubescents. Étairion de 3 à 5 baies rouges, remplies d'une pulpe blanche.

Cette espèce croît dans les montagnes de Java.

B. *Réceptacle et gynophore comme ceux des espèces précédentes. Pétales fermés, appliqués par la base contre les organes sexuels : les extérieurs beaucoup plus longs que les intérieurs ; ceux-ci cohérents supérieurement en coiffe. Ovules renversés, attachés un peu au-dessus de la base de l'angle interne. Follicules secs, ordinairement monospermes.*

Polyalthia cunéiforme. — *Polyalthia cuneiformis* Blum. et Fisch. Flor. Jav. 1, tab. 35, 36, D, et 37. — *Guatteria cuneiformis* Blum. Bijdr.

Feuilles obovales-elliptiques, rétuses, ou un peu pointues, subcordiformes à la base, presque glabres, glauques en dessous. Pédoncules solitaires, latéraux, ou oppositifoliés, uniflores. Follicules pédicellés, ovales, mucronés, lisses, ordinairement monospermes.

Arbrisseau très-élégant. Rameaux un peu sarmenteux, d'un brun noirâtre. Feuilles longues d'un pied et plus, larges de 2 à 6 pouces. Pédoncules grêles, longs de 1 pouce à 3 pouces. Boutons falciformes. Pétales extérieurs longs de près de 3 pouces, sur 6 lignes de large, linéaires-oblongs, acuminés, subfalciformes. Pétales intérieurs lancéolés, acuminés, longs d'environ 8 lignes. Étairion à follicules très-nombreux, verdâtres, coriaces, fort aromatiques.

Cette espèce a été observée par M. Blume à Java, dans les forêts du mont Salak. Les Javanais l'appellent *Kitjantung Aroy*.

C. *Calice cupuliforme, persistant, à peine denté. Corolle comme celle de l'espèce précédente. Gynophore très-long, tronqué au sommet. Ovules horizontaux, attachés vers le milieu de l'angle interne. Styles et stigmates libres. Follicules charnus.*

POLYALTHIA DE KENT. — *Polyalthia Kentii* Blum. et Fisch. Flor. Jav. 1, tab. 38, et 52, A.

Feuilles oblongues-lancéolées, rétrécies aux 2 bouts, glabres et luisantes en dessus, pubescentes en dessous. Pédoncules axillaires, uniflores.

Arbrisseau élégant, très-rameux, haut de 10 à 15 pieds. Feuilles longues de 2 à 5 pouces, sur 1 pouce à 2 pouces de large. Pédoncules nutants. Pétales extérieurs ovales, ou elliptiques-oblongs, obtus, rougeâtres et veloutés en dessous, jaunâtres en dessus. Pétales intérieurs 3 fois plus courts que les extérieurs, ovales-oblongs, obtus, couleur de chair. Étairion de 5 à 8 baies roussâtres, globuleuses, substipitées.

Cette espèce croît à Java, dans les forêts humides du mont Salak; elle ressemble au Muscadier par le port, et toutes ses parties sont imprégnées d'un arôme délicieux.

D. *Calice grand, coriace, triparti. Corolle comme celle des deux espèces précédentes. Gynophore peu saillant, convexe. Étamines insérées dans une dépression orbiculaire entourée d'un rebord hexagone. Ovules horizontaux, attachés vers le milieu de l'angle interne. Follicules charnus.*

POLYALTHIA A GRANDES FEUILLES. — *Polyalthia macrophylla* Blum. et Fisch. Flor. Jav. 1, tab. 39, et 52, B.

Feuilles oblongues, acuminées, arrondies à la base, glabres. Pédoncules supra-axillaires, solitaires, uniflores.

Arbrisseau haut de 6 pieds, ou buisson. Écorce grisâtre. Feuilles longues de 10 à 18 pouces, larges de 3 à 8 pouces, coriaces, veineuses. Corolle verte, inodore. Pétales extérieurs oblongs-lancéolés, acuminés-obtus, 3 fois plus longs que les sépales. Pétales intérieurs subrhomboïdaux. Étairion de 7 à 12 baies verdâtres, ponctuées, presque sèches, ovoïdes, presque glabres.

Cette espèce, très-distincte par l'ampleur de son feuillage, a été trouvée par M. Blume, au mont Salak, et dans d'autres montagnes de Java. Les habitants, qui la désignent par le nom de *Kikapas* ou *Kitjantung*, emploient l'infusion des racines contre les fièvres putrides et les varioles.

Genre BOCAGÉA. — *Bocagea* Aug. Saint-Hil.

Calice triparti, ou cupuliforme et 3-denté. Pétales anisomètres, libres. Étamines 6, insérées devant les pétales. Ovaires 3, distincts, ou cohérents, 5-8-ovulés; ovules axiles. Styles courts ou presque nuls. Réceptacle à peu près plane. Étairion à baies subsessiles, presque sèches, oligo-ou mono-spermes. Graines unisériées, horizontales, comprimées.

Arbrisseaux ou petits arbres. Ramules et feuilles souvent pubescents. Pédoncules axillaires ou oppositifoliés, solitaires, 1-flores. Fleurs petites, inodores.

« Ce genre, dit M. Aug. de Saint-Hilaire, est extrêmement remarquable, non-seulement parcequ'il est le seul, parmi les Anonacées, qui présente des étamines et des ovaires en nombre déterminé, mais encore parce qu'il fait connaître la position relative des étamines et des pétales dans cette même famille, position qui confirme ses rapports avec les Berbéridées et les Ménispermées. »

On ne connaît que les deux espèces suivantes :

Bocagéa a fleurs blanches. — *Bocagea alba* Aug. Saint-Hil. Flor. Brasil. Merid.

Feuilles ovales-lancéolées, acuminées, glabres, luisantes. Pétales étalés au sommet : les extérieurs linéaires, pointus; les intérieurs plus courts et plus étroits, trièdres au sommet. Calice cupuliforme, tridenté. Étamines linéaires. Ovaires (5-ovulés) et styles légèrement cohérents.

Petit arbre. Ramules grêles, presque glabres. Feuilles longues de 18 à 30 lignes. Fleurs blanches, longues de 4 lignes. Baies obovées, tuberculeuses, pubescentes, longues de 8 lignes.

M. Aug. de Saint-Hilaire a trouvé cette espèce au Brésil, dans les forêts-vierges de la province de Rio-Janéiro.

Bocagéa a feuilles vertes. — *Bocagea viridis* Aug. Saint-Hil. l. c. 1, tab. 9.

Feuilles lancéolées ou ovales-lancéolées, acuminées, glabres en dessus, poilues en dessous. Calice triparti. Pétales connivents, pointus; les extérieurs ovales, concaves; les intérieurs plus larges, ovales-arrondis. Étamines larges, elliptiques. Ovaires 8-ovulés, distincts. Styles nuls.

Arbrisseau haut d'environ 6 pieds. Ramules pubescents. Feuilles longues de 18 à 24 lignes. Pédoncules filiformes, souvent réfléchis. Fleurs très-petites. Baies obovées, obtuses, tuberculeuses, glabres.

Cette espèce a été observée par M. Aug. de Saint-Hilaire, au Brésil, dans les forêts-vierges limotrophes des provinces de Rio-Janéiro et des Mines.

Genre HABZÉLIA. — *Habzelia* De Cand. fil.

Calice 3-lobé. Pétales 6, distincts : les 3 intérieurs plus petits. Étamines très-nombreuses. Réceptacle convexe. Étairion à follicules nombreux, coriaces, indéhiscents, cylindracés, striés longitudinalement, irrégulièrement toruleux, ou ventrus, polyspermes, transversalement pluri-loculaires. Graines ellipsoïdes, luisantes, renversées, arillées, solitaires dans chaque compartiment des follicules; arille formé de 2 membranes blanches, inégales, obcordiformes.

Arbrisseaux. Feuilles couvertes en dessous d'une pubescence simple. Pédoncules 1-ou 2-flores, axillaires.

Les fruits des *Habzelia* sont très-aromatiques. M. Alph. de Candolle rapporte à ce genre 5 espèces, dont voici les plus notables :

Habzélia d'Afrique. — *Habzelia æthiopica* De Cand. fil. in Mém. de la Soc. d'Hist. Nat. de Genèv. v. 5, p. 207. —

Unona æthiopica Dunal. — *Uvaria æthiopica* Rich. in Flor. Seneg. — *Piper æthiopicum* Math. Comm. 1, p. 434, Ic. — Lobel. Ic. 2, tab. 205.

Ramules veloutés au sommet. Feuilles longues de 3 pouces, larges d'environ 1 pouce, glabres en dessus, pubérules en dessous, ovales, pointues; pétiole long d'environ 2 lignes, canaliculé en dessus. (Fleurs inconnues.) Pédoncules axillaires : les fructifères gros, ligneux, longs d'environ 4 lignes. Réceptacle fructifère subglobuleux. Étairion de 12 à 18 follicules longs de 1 à 2 pouces, siliquiformes, toruleux, très-glabres, 8-12-spermes. Graines noirâtres, longues de 3 lignes; arille long d'environ 1 ligne.

Cette espèce croît dans la Sénégambie ainsi qu'à Sierra-Léone. Ses fruits qui ont la saveur du poivre, sont employés comme épicerie par les nègres et les maures; jadis on les importait aussi en Europe, sous le nom de *poivre d'Éthiopie* ou *Habzel*.

Habzélia aromatique. — *Habzelia aromatica* De Cand. fil. l. c. — *Uvaria zeylanica* Aubl. Guian. 2, tab. 243 (excl. syn.) — *Unona aromatica* Dunal.

Arbre haut d'environ 20 pieds. Feuilles oblongues, acuminées. Pédoncules 1-ou 2-flores, axillaires. Pétales extérieurs lisses et violets en dessus, veloutés et blanchâtres en dessous; pétales intérieurs d'un violet noirâtre. Étairion à follicules oblongs, toruleux, subsessiles.

Cette espèce croît dans la Guiane, où l'on l'appelle vulgairement *Poivre d'Éthiopie*, *Poivre de nègre*, et *Maniguette*. Les nègres ont coutume de se servir de ses fruits, pour assaisonner leurs aliments, à défaut d'autres épices.

Habzélia a pétales crépus. — *Habzelia undulata* De Cand. fil. l. c. — *Xylopia undulata* Pal. Beauv. Flore d'Ow. et Ben. tab. 16. — *Unona undulata* Dunal.

Arbuste de moyenne grandeur. Feuilles longues de 2 à 3 pouces, larges de 6 à 12 lignes, subsessiles, oblongues, ou elliptiques-oblongues, pointues. Pédoncules solitaires, uni-flores, grêles, défléchis, plus courts que les feuilles, uni-bractéolés au milieu. Bractée ovale, concave, poilue. Pétales extérieurs longs d'environ 18 lignes, d'un beau rouge, oblongs, crépus aux bords; pétales intérieurs 2 fois plus courts que les extérieurs, verdâtres, poilus, ovales, subobtus. Follicules longs de $^1/_2$ pouce à 1 pouce, brunâtres, glabres, stipités, oblongs-cylindracés, obtus, disposés en ombelle.

Cette espèce, remarquable par l'élégance de ses fleurs, croît dans le pays d'Oware. Au rapport de Palisot de Beauvois, les nègres en emploient le fruit en guise d'épice, et ils ont même coutume de le mâcher sans autre mélange.

Genre UNONA. — *Unona* Linn. fil.

Calice trifide ou triparti. Pétales (quelquefois 2) 3, ou 6 (les 3 intérieurs soit aussi longs que les extérieurs, soit plus longs ou plus courts). Ovaires en nombre indéfini, distincts, multi-ovulés. Ovules renversés, uni-sériés. Étairion composé de follicules moniliformes, ou submoniliformes, septulés transversalement, charnus, ou coriaces, indéhiscents, polyspermes, ou par avortement oligospermes. Graines solitaires dans chaque article (par exception géminées) et attachées à sa base, ovoïdes, luisantes, inarillées. (*Blume, Flor. Jav. — De Cand. fil. Mém. Anon.*)

Arbres ou arbrisseaux. Pédoncules axillaires, ou oppositifoliés, ou latéraux (sur les jeunes pousses), uniflores, en général allongés, bractéolés vers leur milieu. Fleurs assez grandes. Pétales accrescents durant la floraison.

Suivant M. Alphonse de Candolle, on ne peut rapporter, avec certitude, à ce genre, que sept espèces; les autres *Unona* des auteurs sont ou incomplétement connus, ou à transférer dans d'autres genres.

La plupart des *Unona* sont remarquables comme végétaux très-aromatiques, et plusieurs se parent de fleurs élégantes. Les espèces les plus notables sont les suivantes :

Unona discolore. — *Unona discolor* Vahl, Symb. 2, tab. 36. — Roxb. Flor. Ind. 2, p. 669. — Blum. et Fisch. Flor. Jav. 1, tab. 26, et 31, A. — *Uvaria monilifera* Gærtn. Fruct. 2, tab. 114. — *Desmos chinensis* Loureir. Flor. Cochinch.

Arbre. Feuilles lancéolées, ou lancéolées-oblongues, ou oblongues, ou ovales, acuminées, ou pointues, glabres en dessus, glauques et pubérules en dessous, subcordiformes à la base. Pédoncules latéraux ou oppositifoliés, grêles, uni-bractéolés vers le milieu. Calice 3-parti. Segments oblongs-lancéolés, acuminés, caducs. Pétales lancéolés ou oblongs-lancéolés, acuminés, veloutés : les 3 intérieurs beaucoup plus petits que les extérieurs. Étairion à follicules nombreux, courtement stipités, 2-8-articulés : articles subglobuleux.

Arbre assez élevé : tête conique, peu fournie ; écorce scabre. Ramules étalés. Feuilles longues de 3 à 6 pouces, larges d'environ 2 pouces, subcoriaces, lisses, glabres. Pédoncules longs d'environ 1 pouce. Fleurs grandes, jaunâtres, soyeuses, nutantes. Sépales beaucoup plus courts que les pétales. Étamines nombreuses, cunéiformes, couronnées d'une glande tronquée. Pistil d'environ 20 ovaires linéaires, cotonneux-ferrugineux, subastyles ; stigmates recourbés, nus. Gynophore ferme, globuleux. Follicules d'un vert pourpre, à articles monospermes. Graines ovales-globuleuses, brunes, luisantes.

Cette espèce croît dans l'Inde et à Java ; son bois s'emploie aux constructions.

Unona a longues fleurs. — *Unona longiflora* Roxb. Flor. Ind. 2, p. 668.

Buisson. Feuilles linéaires-oblongues, glauques en dessous. Pédoncules axillaires, solitaires, filiformes, 1-flores, pendants. Sépales 3, réniformes, acuminés. Pétales 2, ou rarement 3, ensiformes, très-longs. Étairion de plusieurs follicules longuement stipités, pendants, 2-4-articulés : articles grêles, subcylindracés.

Jeunes pousses très-lisses, flexueuses. Feuilles longues de 6 à 12 pouces, larges de 2 à 4 pouces, lisses, glabres, courtement pétiolées. Pédoncules longs de 3 à 10 pouces. Fleurs pendantes. Sépales très-petits, velus. Pétales longs de 6 à 8 pouces, jaunes en dessous, d'un orange vif en dessus, charnus, épais. Pistil de 8 à 10 ovaires claviformes, très-velus, pauci-ovulés; styles courts; stigmates grands, recourbés.

Cette espèce, remarquable par la longueur de ses fleurs, croît au Bengale.

Genre UVARIA. — *Uvaria* Linn.

Calice trifide ou triparti. Pétales 6, distincts (ou quelquefois les intérieurs soudés en coiffe), soit presque égaux, soit les intérieurs moins longs (rarement plus longs) que les extérieurs. Étamines en nombre indéfini. Ovaires en nombre indéfini, distincts, multi-ovulés. Étairion à follicules stipités, ou non-stipités, secs, ou charnus, ovales-globuleux, ou oblongs, indéhiscents. Graines bi-sériées, ou uni-sériées, ou par avortement solitaires.

Arbres ou arbrisseaux. Tige quelquefois sarmenteuse. Pédoncules courts, axillaires, ou oppositifoliés, ou latéraux, solitaires, ou quelquefois agrégés, uni-ou pauci-flores (quelquefois corymbifères), bractéolés, souvent articulés. Pubescence étoilée.

Le péricarpe de certains *Uvaria* ressemble à une petite grappe de raisin : c'est de là que dérive le nom générique. Le nombre des espèces connues s'élève aujourd'hui à près de cinquante, y compris, ainsi que le fait remarquer M. Blume, plusieurs des *Unona* de MM. Dunal et De Candolle. Presque tous les *Uvaria* croissent dans les régions intertropicales de l'Asie. La plupart sont parés d'un feuillage élégant et de fleurs odorantes, auxquelles succèdent des fruits aromatiques, ou mangeables. Voici les espèces les plus intéressantes :

Section I.

Follicules stipités.

A. *Pétales ovales ou oblongs, de longueur presque égale. Follicules ovales ou oblongs, polyspermes.*

a). *Pétales étalés ou réfléchis, libres.*

Uvaria a grandes fleurs. — *Uvaria grandiflora* Roxb. Flor. Ind. 2, p. 665.

Tronc dressé. Feuilles cunéiformes-oblongues, pointues, pubescentes en dessous. Pédoncules oppositifoliés, solitaires, nutants, uniflores, velus, uni-ou bi-articulés et tribractéolés vers le milieu. Pétales étalés, obtus : les 3 extérieurs ovales; les 3 intérieurs obovales-oblongs. Étairion à follicules peu nombreux, charnus, oblongs-cylindracés, lisses, longuement stipités, 6-20-spermes.

Buisson haut d'environ 6 pieds. Tronc atteignant la grosseur de la jambe d'un homme. Branches nombreuses, subdistiques, presque dressées. Feuilles longues d'environ 6 pouces, larges de 3 pouces, courtement pétiolées. Fleurs inodores, larges d'environ 3 pouces, d'abord pourpres, puis d'un rouge foncé. Pétales lisses, un peu charnus, pubérules. Étamines cunéiformes, arquées en avant, cristées. Ovaires nombreux, multi-ovulés, astyles. Follicules longs de 1 pouce à 3 pouces, lisses, jaunes. Graines lisses, brunes.

Cette espèce, remarquable par la beauté de ses fleurs, croît à Sumatra; la pulpe de ses fruits est douceâtre et mangeable.

Uvaria a grandes bractées. — *Uvaria bracteata* Roxb. Flor. Ind. 2, p. 660.

Tige grimpante. Feuilles lancéolées ou oblongues, pubescentes. Pédoncules latéraux (sur les jeunes pousses), veloutés, bifurqués, biflores. Fleurs inclinées. Bractées grandes, pubescentes. Pétales elliptiques-oblongs, concaves. Étairion à follicules peu nombreux (par avortement), charnus, pendants, ovoïdes, ou oblongs, par avortement oligospermes.

Arbuste grimpant à des hauteurs très-considérables. Jeunes pousses veloutées. Feuilles longues de 4 à 8 pouces, larges de 2 à 3 pouces. Pédoncules munis d'une bractée à la bifurcation, et d'une autre bractée sur chacune des branches. Fleurs petites, d'un blanc jaunâtre. Calice triparti : segments suborbiculaires, pubescents. Étamines linéaires, plus longues que le pistil. Ovaires nombreux. Stigmates bidentés, sessiles. Follicules bacciformes, jaunes, du volume d'un œuf de poule, obtus aux 2 bouts. Graines elliptiques-oblongues. (Roxburgh. l. c.)

Cette espèce croît au Silhet; à l'époque de la maturité des fruits, qui arrive en septembre, elle offre un aspect très-pittoresque.

Uvaria a fleurs pourpres. — *Uvaria purpurea* Blum. et Fisch. Flor. Jav. tab. 1, et 13, A. — *Unona grandiflora* De Cand. Syst. et Prodr.

Tiges sarmenteuses. Feuilles elliptiques-oblongues, acuminées ou subobtuses, un peu cordiformes à la base, cotonneuses en dessous et en dessus (de même que les ramules). Pédoncules oppositifoliés ou latéraux, uniflores, dibractéolés. Bractées arrondies, réticulées.

Tronc de la grosseur du bras. Feuilles longues de 3 à 8 pouces, membranacées, comme aranéeuses. Fleurs grandes, d'un pourpre noirâtre, très-odorantes. Pétales ovales, obtus, longs d'un pouce.

Cette espèce, l'une des plus belles du genre, croît à Java (où elle porte le nom de *Kadjung*) ainsi que dans l'Inde.

Uvaria de Java. — *Uvaria javana* Dunal, Monogr. tab. 14. — Blum. et Fisch. Flor. Jav. 1, tab. 3, et 13, B.

Tiges sarmenteuses. Feuilles ovales, pointues, ou obtuses, subcordiformes à la base, cotonneuses en dessous. Pédoncules latéraux ou oppositifoliés, 2-4-flores, presqu'en ombelle. Pédicelles uni-bractéolés vers leur milieu. Pétales ovales-oblongs, pointus.

Arbrisseau grimpant à des hauteurs considérables. Tronc de la grosseur du bras. Ramules cotonneux. Feuilles un peu coriaces, longues de 2 pouces à 2 ½ pouces. Pétales jaunâtres, longs d'un demi-pouce.

Cette espèce croît à Java et dans quelques petites îles environnantes.

UVARIA DE TIMOR. — *Uvaria timoriensis* Blum. Fl. Jav. 1, p. 21.

Tronc arborescent. Feuilles ovales-oblongues, acuminées, ou obtuses, subcordiformes à la base, pubescentes en dessus, cotonneuses en dessous. Pédoncules oppositifoliés. Follicules courtement stipités, arrondis, ou ovales-oblongs, cotonneux.

Arbre de moyenne taille. Feuilles longues de 3 à 6 pouces. Fleurs inconnues. Étairion de 3 à 5 follicules.

Cette espèce a été découverte à Timor, par le docteur Reinwart.

UVARIA HÉRISSÉ. — *Uvaria hirsuta* Blum. et Fisch. Flor. Jav. 1, tab. 5.

Tiges sarmenteuses. Feuilles oblongues, ou ovales-oblongues, acuminées, subcordiformes à la base, pubescentes en dessus, hérissées en dessous. Pédoncules latéraux, 1-ou 2-flores, bractéolés. Pétales elliptiques, obtus. Follicules longuement stipités, ovales-oblongs, cotonneux.

Feuilles longues de 3 à 7 pouces, larges de 1 pouce à 2 pouces. Pétales coriaces, d'un rouge foncé. Étairion de 15 à 20 follicules coriaces.

Cette espèce a été découverte par M. Blume, dans les parties occidentales de Java.

b) *Pétales infléchis.*

UVARIA ARGENTÉ. — *Uvaria argentea* Blum. et Fisch. l. c.

Tiges sarmenteuses. Feuilles elliptiques-oblongues, pointues, arrondies à la base, presque glabres en dessus, argentées en dessous. Pédoncules oppositifoliés, subuniflores, articulés et munis au-dessus de la base d'une bractée foliacée elliptique. Pétales ovales, obtus. Follicules longuement stipités, oblongs, obtus, tüberculeux.

Feuilles longues de 4 à 7 pouces. Pétales d'un brun pourpre. Étairion de 13 à 18 follicules un peu charnus, disposés en ombelle.

Cette espèce a été trouvée par M. Blume dans l'ouest de Java.

B. *Pétales lancéolés, libres, pendants, presque égaux. Follicules 4-12-spermes.*

Uvaria odorant. — *Uvaria odorata* Lamk. — Blum. et Fisch. Flor. Jav. 1, tab. 9, et 14, B. — *Unona odorata* Dunal. Monogr. — *Cananga* Rumph. Amb. vol. 2, tab. 65.

Tige arborescente. Feuilles ovales-oblongues ou ovales-lancéolées, acuminées, ondulées, obliques et arrondies à la base, presque glabres aux deux faces. Pédoncules axillaires, rameux; pédicelles fasciculés, recourbés. Pétales linéaires, acuminés. Follicules ovoïdes.

Arbre à tronc épais, haut de 30 à 60 pieds. Branches peu nombreuses, fortes, divariquées. Feuilles longues de 3 à 7 pouces, inclinées. Pétales d'un jaune verdâtre, longs de 3 pouces, larges d'un demi-pouce. Étairion de 15 à 20 follicules disposés en ombelle, longuement stipités, du volume d'une olive, 6-12-spermes, remplis d'une pulpe verdâtre.

Cette espèce est fréquemment cultivée autour des habitations par les Malais, les Chinois et les Hindous, à cause du parfum très-agréable et pénétrant qu'exhalent ses fleurs. Les femmes ont coutume d'en orner leurs cheveux. On en met dans les appartements, dans les habits, dans le tabac à fumer et dans les pommades.

C. *Pétales extérieurs étalés, plus grands que les intérieurs; pétales intérieurs onguiculés, connés supérieurement en coiffe. Follicules ovales, 4-ou poly-spermes.*

Uvaria a feuilles obtuses. — *Uvaria obtusa* Blum. et Fisch. Flor. Jav. tab. 10, et 14, C.

Tige arborescente. Feuilles ovales, ou elliptiques, obtuses, pubescentes-ferrugineuses en dessous. Pédoncules latéraux ou oppositifoliés, pauci-flores. Follicules ellipsoïdes.

Arbre, souvent haut de plus de 40 pieds. Rameaux divariqués, d'un brun noirâtre. Feuilles longues de 1 pouce à 3 pouces. Pétales jaunes, striés de pourpre, de forme et de grandeur variables. Étairion de 7 à 15 follicules veloutés, brunâtres, légèrement charnus, oligospermes.

Cette espèce croît dans les montagnes du nord de Java. Son bois, blanc et assez compacte, est employé dans les constructions.

Uvaria polysperme. — *Uvaria polypyrena* Blum. et Fisch. Flor. Jav. 1, tab. 12, et 14, D.

Tige arborescente. Feuilles ovales, acuminées, arrondies à la base, glabres, luisantes. Pédoncules oppositifoliés, bractéolés, pauciflores. Follicules longuement pédicellés, ellipsoïdes, obtus, polyspermes.

Arbre à rameaux cylindriques, un peu rugueux, glabres, d'un gris tirant sur le roux. Feuilles longues de 3 à 7 pouces. Pétales striés. Étairion d'environ 15 follicules disposés en ombelle, coriaces, cloisonnés transversalement, de la grosseur d'une Prune.

Cette espèce croît à Java.

D. *Pétales libres, connivents : les extérieurs ovales-triangulaires; les intérieurs minimes. Follicules subglobuleux, 4-8-spermes.*

Uvaria a larges feuilles. — *Uvaria latifolia* Blum. et Fisch. Flor. Jav. 1, tab. 15, et 25, A. — *Unona latifolia* Dunal. Monogr. — *Cananga sylvestris* Rumph. Amb.

Tiges sarmenteuses. Feuilles elliptiques-oblongues, rétuses, ou pointues, veloutées en dessous. Grappes axillaires, 2-5-flores. Pédicelles bractéolés au milieu.

Arbrisseau. Ramules divariqués, brunâtres. Feuilles longues de 4 à 10 pouces. Pétales couleur de chair. Étairion de 8 à 15 follicules disposés en ombelle, charnus, d'un pourpre noirâtre, de la grosseur d'une Noisette.

Uvaria a fruits ronds. — *Uvaria sphaerocarpa* Blum. et Fisch. Flor. Jav. 1, tab. 16.

Tiges sarmenteuses. Feuilles ovales-oblongues, pointues, obtuses à la base, veloutées-ferrugineuses en dessous. Follicules charnus, globuleux, lisses, tétraspermes, longuement stipités.

Feuilles longues de 3 à 6 pouces. Étairion de 7 à 15 follicules pulpeux, jaunâtres, de la grosseur d'une Noisette.

Cette espèce croît à Java.

Section II.

Follicules peu ou point stipités.

A. *Ovaires en petit nombre. Fleurs hermaphrodites.*

Uvaria effilé. — *Uvaria virgata* Blum. et Fisch. Flor. Jav. 1, tab. 19, 6, et 25, B.

Tige arborescente. Feuilles oblongues-lancéolées, acuminées, rétrécies à la base, glabres en dessus, pubescentes en dessous aux nervures. Pédoncules axillaires, uniflores. Pétales linéaires-oblongs, acuminés : les intérieurs plus courts que les extérieurs, tuberculeux à la base. Follicules oblongs, subtoruleux, 4-7-spermes.

Arbre ou arbrisseau. Ramules grêles, glabres. Feuilles longues d'environ 8 pouces. Pétales d'un vert jaunâtre ou rougeâtre : les extérieurs longs d'un pouce et demi. Étairion de 3 à 5 follicules coriaces, légèrement pulpeux en dedans.

Cette espèce croît à Java.

Uvaria des montagnes. — *Uvaria montana* Blum. et Fisch. Flor. Jav. 1, tab. 20.

Tige arborescente. Feuilles oblongues, acuminées, rétrécies à la base, glabres en dessus, pubescentes en dessous sur la côte. Pédoncules uniflores, uni-bractéolés à la base. Follicules ovales-oblongs, veloutés, polyspermes.

Petit arbre très-rameux, haut de 15 à 20 pieds. Feuilles longues de 6 à 10 pouces. Étairion de 3 ou 4 follicules charnus, veloutés, brunâtres, de la grosseur d'un œuf de poule.

Cette espèce a été découverte par M. Blume, dans les montagnes de Java, à 2200 pieds au-dessus de l'Océan.

UVARIA DE HASSELT. — *Uvaria Hasseltii* Blum. et Fisch. Flor. Jav. 1, tab. 21.

Tige frutescente. Feuilles ovales, pointues, arrondies et obliques à la base, glabres de même que les ramules. Étairion de 1 à 4 follicules ellipsoïdes, mucronulés, polyspermes.

Feuilles longues de 4 à 5 pouces. Follicules de la grosseur d'une Noisette.

Cette espèce croît à Java.

B. *Ovaires nombreux. Fleurs unisexuelles.*

UVARIA BURAHOL. — *Uvaria Burahol* Blum. et Fisch. Flor. Jav. 1, tab. 23, et 25, C.

Tige arborescente. Feuilles oblongues, pointues aux deux bouts, glabres de même que les ramules. Pédicelles latéraux, fasciculés, uniflores. Fleurs dioïques. Follicules obovales.

Arbre haut de 20 à 60 pieds. Tronc assez gros. Écorce d'un brun noirâtre. Feuilles longues de 5 à 8 pouces. Fleurs penchées, d'un vert jaunâtre. Follicules coriaces en dehors, pulpeux en dedans, de la grosseur d'une Noix.

Cet arbre croît dans les montagnes de Java. Les naturels de l'île lui donnent le nom de *Burahol,* et ils en emploient le bois à la fabrication de toutes sortes d'ustensiles.

Genre ASIMINA. — *Asimina* Adans.

Sépales 3, distincts, non-persistants. Pétales 6 ou 9, distincts, ascendants et concaves à la base, plus ou moins connivents : les intérieurs moins grands que les extérieurs. Étamines nombreuses, cunéiformes, imbriquées en capitule hémisphérique; anthères extrorses. Réceptacle convexe. Ovaires au nombre de 3 à 8, distincts, non-stipités, linéaires-tétragones, 8-ou pluri-ovulés. Ovules opposés-bisériés, horizontaux. Styles très-courts, distincts, terminés chacun en stigmate charnu, assez gros, subclaviforme, recourbé, tronqué, ou échancré. Étairion de 1 à 5 (en général 3) baies obliquement ovoïdes, ou oblongues, ou subglobuleuses, substipitées, distinctes, charnues, polyspermes. Graines par avortement uni-sériées, subglobuleuses, ou plus ou moins comprimées, lisses, inarillées, séparées les unes des autres par des diaphragmes pulpeux; tégument extérieur dur, coriace.

Arbrisseaux à bourgeons presque nus, cotonneux-ferrugineux, peu ou point développés avant le printemps : les uns (en général solitaires au sommet des ramules de l'année précédente) foliaires; les autres axillaires, aphylles, uniflores. Feuilles persistantes ou non-persistantes, en général grandes, avant leur parfait développement couvertes d'un duvet soyeux couleur de bronze. Pédoncules courts ou presque nuls, réfléchis, ou inclinés, cotonneux, uni-ou di-bractéolés à la base, nus supérieurement, épaissis au sommet, solitaires, axillaires, ou latéraux (de l'aisselle des feuilles de l'année précédente), uniflores. Fleurs petites ou grandes, nutantes : les supérieures plus précoces que les inférieures. Sépales non-persistants, apprimés, bombés, d'un pourpre verdâtre, souvent cotonneux-ferrugineux en dessous, isomètres, ou anisomètres (l'un, supérieur, plus petit que les 2 inférieurs). Pétales accrescents pendant la floraison, un peu charnus, beaucoup plus longs que les étamines, d'un pourpre brunâtre, plus ou moins bombés, carénés au dos, subonguiculés, rugueux, veineux. Réceptacle charnu, hémisphérique, non-prolongé en gynophore. Étamines carénées antérieurement, apprimées, très-serrées, petites, débordées par le pistil; filets charnus, très-courts; anthères jaunâtres : appendice apicilaire charnu, plus large que l'anthère, convexe, ou concave. Ovaires agrégés au sommet du réceptacle, petits, charnus, basifixes, contigus, mais non-imbriqués, tantôt rectilignes, tantôt plus ou moins courbés.

Stigmates sans papilles apparentes. Graines au nombre de 7 à 12 dans chaque baie, grosses, oblongues, ou elliptiques, et plus ou moins comprimées, ou sycylindriques, ou subglobuleuses, obtuses aux deux bouts; hile grand, terminal, oblong, ou elliptique; raphé et chalaze inapparents; tégument intérieur membraneux, adhérent à la surface du périsperme et prolongé vers l'intérieur en quantité de lamelles remplissant les fentes du périsperme; périsperme corné, un peu huileux, rugueux à la surface, transversalement rimeux presque jusqu'au centre; embryon petit; radicule longue, très-grêle, cylindrique, pointue; cotylédons minces, ovales, beaucoup plus courts que la radicule.

Ce genre, propre à l'Amérique, renferme cinq ou six espèces, indigènes (à l'exception d'une seule) dans les provinces méridionales des États-Unis. Ces végétaux sont remarquables, comme étant les seules Anonacées qui croissent spontanément dans les régions extra-tropicales de l'hémisphère septentrional. Les deux espèces que nous allons décrire se cultivent comme arbrisseaux d'ornement : leur feuillage est très-élégant: leur écorce est fort tenace et, lorsqu'on la broie, elle exhale une odeur fétide.

SECTION I.

Feuilles minces, non-persistantes. Pédoncules latéraux, c'est-à-dire naissant sur les ramules de l'année précédente, des aisselles des feuilles déjà tombées. Fleurs paraissant à la même époque que les jeunes feuilles, ou même plus précoces.

A. *Pétales extérieurs au moins 2 fois plus longs que les sépales. Appendice apiculaire des anthères subhémisphérique, convexe. Ovules au nombre d'environ 20 dans chaque ovaire.*

a) *Pétales recourbés dans leur moitié supérieure, dressés et un peu connivents inférieurement (de sorte que la corolle est campaniforme).*

ASIMINA A FLEURS CAMPANIFORMES. — *Asimina campani-*

flora Spach. — *Anona triloba* (Linn?) (1) Duham. Arb. éd. 1, tab. 19 et 20. — Duham. éd. 2, vol. 2, tab. 25. — Michx. fil. Arb. v. 3, p. 161, Ic. — *Asimina triloba* De Cand. Syst. et Prodr. — *Orchidocarpon arietinum* Mich. Flor. Bor. Amer. — *Porcelia triloba* Pursh.?

Feuilles cunéiformes-lancéolées, ou cunéiformes-oblongues, ou lancéolées-obovales, acuminées-cuspidées, finalement glabres ou presque glabres. Fleurs pédonculées. Sépales suborbiculaires, ou ovales-orbiculaires, obtus, un peu recourbés au sommet, 3 fois plus courts que les pétales extérieurs. Pétales très-obtus : les 3 extérieurs ovales-elliptiques ou ovales-orbiculaires; les suivants ovales, très-rugueux en dessus, de moitié plus courts et presque 2 fois moins larges que les extérieurs; la troisième série (souvent nulle) à pétales conformes à ceux de la deuxième série, mais 2 à 3 fois plus petits.

Buisson, ou petit arbre atteignant jusqu'à 30 pieds de haut. Branches nombreuses, grêles, très-rameuses; écorce brune. Jeunes pousses effilées, flexueuses, d'abord soyeuses-ferrugineuses, finalement glabres. Feuilles longues de 4 pouces à 1 pied, larges de 1 ½ pouce à 3 ½ pouces, d'un vert gai et un peu luisantes en dessus, d'un vert pâle et finement réticulées en dessous, assez rapprochées: côte saillante en dessous, fine et canaliculée en dessus, assez grosse inférieurement, très-atténuée (presque capillaire) vers le sommet de la feuille; nervures latérales filiformes ou capillaires; pétiole long de 1 ligne à 2 lignes, trigone, canaliculé en dessus. Pédoncules longs d'environ 2 lignes, soyeux-ferrugineux. Sépales longs de 3 à 4 lignes, révolutés aux bords, finement striés, tantôt égaux, tantôt le supérieur moins large et un peu plus court que les 2 inférieurs. Pétales de la série externe longs de 8 à 12 lignes, larges de 6 à 10 lignes : ceux de la série suivante longs de 5 à 7 lignes; ceux de la troisième série (souvent nulle ou abortive) longs au plus de 3 lignes. Étamines longues à peine de 1 ligne, imbriquées en capitule du volume d'un

(1) Ce nom est tout aussi impropre qu'amphibologique, et, en outre, il a été appliqué indistinctement tant à cette espèce qu'à la suivante.

Pois. Baies longues de 2 à 3 pouces, pendantes (de même que le pédoncule fructifère), jaunes, lisses, obliquement ovoïdes, ou suboblongues. Graines longues de 5 à 8 lignes, plus ou moins grosses, d'un brun de Châtaigne, tantôt elliptiques et plus ou moins comprimées, tantôt subglobuleuses, ou ellipsoïdes et sub-cylindriques, quelquefois un peu courbées.

Cette espèce croît dans les provinces méridionales des États-Unis, jusqu'au Kentuckey; elle ne se plaît que dans un sol frais et très-fertile. Les Français de la Louisiane la nomment *Assiminier;* les Anglais l'appellent *papaw*. Elle résiste parfaitement aux hivers les plus rigoureux du nord de la France, où elle fleurit au moi de mai, mais sans jamais y produire de fruits. Ce fruit est mangeable et d'assez belle apparence; mais il ne mériterait point les soins de la culture.

b) *Pétales connivents presque jusqu'à leur sommet en forme de cone pyramidal-trigone.*

Asimina conoïde. — *Asimina conoidea* Spach. — *Asimina triloba* Willd. ex Guimp. et Hayn. Fremd. Holz. tab. 53 (mala). — *Asimina grandiflora* Hortul. (non Dunal.)

Feuilles cunéiformes-lancéolées, ou cunéiformes-oblongues, ou lancéolées-obovales, acuminées-cuspidées, finalement glabres ou presque glabres. Fleurs pédonculées. Sépales suborbiculaires, ou ovales-orbiculaires, ou ovales-elliptiques, subobtus, non-recourbés au sommet, 1 à 3 fois plus courts que les pétales extérieurs. Pétales obtus, à peine recourbés au sommet: les 3 extérieurs elliptiques, ou elliptiques-oblongs, ou ovales-oblongs; les 3 intérieurs ovales-lancéolés, ou oblongs-lancéolés, plus courts d'un tiers que les extérieurs.

Petit arbre ou buisson, tout à fait semblable à l'espèce précédente, tant par le port que le feuillage, mais très-caractérisé par la forme de la corolle. Pédoncules longs de 2 à 6 lignes, soyeux, accompagnés chacun à sa base de 2 bractées ovales ou elliptiques, obtuses, petites, subcoriaces, soyeuses en dessous. Sépales longs de 4 à 6 lignes, subrévolutés aux bords, réticulés, soyeux en dessous, tantôt égaux, tantôt le supérieur plus petit que les 2 inférieurs. Pétales légèrement soyeux en dessous, glabres ou très-légèrement pubérules en dessus : les extérieurs longs de 7 à 14 lignes, larges de 3 à 7 lignes ; les intérieurs longs de 5 à 10 lignes.

Cette espèce, qu'on a confondue tant avec la précédente, qu'avec l'*Asimina grandiflora* Dunal, (1) est sans doute originaire des États-Unis. Elle se cultive aussi comme arbrisseau d'ornement.

Genre MONODORA. — *Monodora* Dunal.

Sépales 3, soudés par la base. Pétales 6, soudés par la base ; les 3 extérieurs étalés, oblongs-lancéolés, crépus ; les 3 intérieurs cordiformes, connivents. Étamines nombreuses ; anthères sessiles, recouvrant la base de l'ovaire. Ovaire solitaire, 1-loculaire, conique, multi-ovulé. Stigmate sessile. Baie lisse, subglobuleuse, polysperme. Graines nidulantes.

L'espèce dont nous allons traiter constitue à elle seule le genre.

Monodora Faux-Muscadier. — *Monodora Myristica* Dunal, Monogr. — Hook. in Bot. Mag. tab. 3059. — *Anona Myristica* Gærtn. Fruct. v. 2, tab. 125, fig. 1.

Grand arbre très-rameux, ayant le port des *Anona*. Feuilles distiques, oblongues, ou obovales, quelquefois cordiformes à la base, très-entières, veineuses, luisantes en dessus, pâles en dessous, longues de 4 à 5 pouces, larges de 1 à 2 pouces. Pétiole très-court. Pédoncules oppositifoliés, uniflores, pendants, longs de 4 à 7 pouces, ordinairement solitaires sur chaque ramule. Sépales ovales-lancéolés, ondulés, réfléchis, longs d'environ 1 pouce. Pétales soudés par la base en tube court, réfléchi. Pétales extérieurs de moitié plus longs que les intérieurs, d'un jaune vif marbré de pourpre-brunâtre ; pétales intérieurs blancs en dessous, jaunes et tachés de pourpre en dessus. Baie corti-

(1) Cette espèce n'existe point dans les jardins des environs de Paris.

quée, glabre, du volume d'une Orange. Graines grosses, très-nombreuses, ovales-oblongues, ferrugineuses.

Ce végétal paraît être originaire de l'Afrique équatoriale. On n'en connaît qu'un ou deux individus, introduits à la Jamaïque par les nègres. Il est remarquable par la beauté et par la singulière conformation de ses fleurs. Ses graines sont imprégnées d'une huile essentielle, dont la saveur ne diffère en rien de celle de la *Noix-muscade* des Moluques. Il est surprenant, dit M. Hooker, que cette propriété n'ait pas engagé les créoles de la Jamaïque à multiplier un arbre, qui pourrait devenir pour eux la source d'une industrie fort productive.

CENT TREIZIÈME FAMILLE.

LES MYRISTICÉES. — *MYRISTICEÆ.*

Myristiceæ R. Brown, Prodr. p. 399. — Bartl. Ord. Nat. p. 244. — Genera *Lauris* affinia Juss. — *Aristolochieæ*, sect. III : *Myristiceæ* Reichenb. Consp. p. 86 ; id. Syst. Nat. p. 175.

Le *Muscadier* ou *Myristica* est considéré comme le type de ce petit groupe, qu'on ne devrait peut-être envisager que comme une tribu des Anonacées. On ne connaît qu'une vingtaine d'espèces de *Myristicées*, toutes indigènes de la zone équatoriale; ces végétaux ont des fleurs peu apparentes; leur écorce et leur fruit contiennent en général un suc-propre âcre et caustique, de couleur rouge; le périsperme des graines de plusieurs espèces (notamment de la *noix-muscade* du commerce) est rempli d'une huile grasse très-aromatique; l'arille charnu qui enveloppe ces graines, offre le même principe aromatique, à un degré encore plus éminent; d'autres espèces, au contraire, sont insipides dans toutes leurs parties.

Caractères de la Famille (1).

Arbres ou *arbrisseaux*. Rameaux cylindriques, épars. Sucs-propres souvent colorés.

Feuilles éparses, coriaces, simples, indivisées, très-entières, pétiolées, non-ponctuées, souvent cotonneuses en dessous. Stipules nulles.

Fleurs régulières, petites, unisexuelles, en général accompagnées chacune à sa base d'une bractéole cucul-

(1) Suivant les auteurs cités ci-dessus.

liforme; inflorescence en grappes, ou en glomérules, ou en panicules, axillaire, ou terminale.

Calice inadhérent, coriace, trifide (par exception quadrifide), ou tridenté, souvent cotonneux à la surface externe (à pubescence étoilée) et glabre à la surface interne, non-persistant; estivation valvaire.

Corolle nulle.

Étamines (nulles dans les fleurs femelles) en nombre défini ternaire (3 à 12), insérées au calice. Filets libres, ou soudés en androphore columnaire. Anthères distinctes ou connées, adnées, extrorses, dithèques : bourses déhiscentes chacune par une fente longitudinale.

Pistil (nul dans les fleurs mâles) : Ovaire solitaire, inadhérent, uni-loculaire, uni-ovulé, non-stipité; ovule renversé, attaché au fond de la loge. Style nul, ou terminal, court, indivisé. Stigmate terminal, légèrement lobé, ou lacinié.

Péricarpe : follicule charnu, subcoriace, finalement bivalve.

Graine solitaire, recouverte d'un arille charnu diversement lacinié; tégument extérieur osseux; tégument intérieur mince, plissé en lamelles enfoncées dans le périsperme; périsperme gros, charnu, sébacé, irrégulièrement rimeux (comme le périsperme des Anonacées). Embryon axile, rectiligne, terminal (basilaire relativement au péricarpe), inclus : radicule infère, mammiforme; cotylédons plissés, foliacés; plumule perceptible.

Cette famille ne se compose que des deux genres suivants (1) :

---

(1) Le *Hernandia*, rapporté aux Myristicées par MM. Bartling et Reichenbach, paraît être plus voisin des Thymélées et des Aristolochiées.

Myristica Linn. (Virola Aubl.) — *Knema* Loureir. (Horsfieldia Willd.)

Genre MUSCADIER. — *Myristica* Linn.

Fleurs dioïques. Calice trifide ou tridenté, coloré (en dedans), subglobuleux, ou campanulé, urcéolé. Corolle nulle. — *Fleurs mâles* : Étamines 3 à 12, monadelphes; androphore columnaire; anthères connées ou distinctes. — *Fleurs femelles* : Ovaire ovale ou ovale-oblong, uni-sulqué d'un côté. Style très-court, pyramidal. Stigmate bilobé. Follicule pyriforme, ou subglobuleux, ou ellipsoïde, charnu, coriace, monosperme, finalement bivalve. Graine grosse, arillée.

Arbres ou arbrisseaux. Feuilles coriaces, très-entières. Fleurs petites : pédoncules 1-ou pluri-flores, solitaires, ou fasciculés, en général inclinés ou pendants, axillaires, ou axillaires et terminaux, ou latéraux; pédicelles fasciculés, ou en grappe, ou en panicule, uni-bractéolés au sommet.

Ce genre renferme environ 15 espèces, dont voici les plus remarquables :

Muscadier officinal. — *Myristica officinalis* Linn. — Gærtn. Fruct. v. 1, tab. 41, fig. 1. — Hook. Exot. Flor. tab. 155 et 156. — Bot. Mag. tab. 2756, A, et 2757, B. — Turp. in Dict. des Sciences Nat. et in Chaum. Flor. Médic. Ic. — *Myristica moschata* Thunb.—Woodv. Med. Bot. tab. 134. — *Myristica aromatica* Lamk. Act. Acad. Par. 1788, p. 155, tab. 5, 6, et 7. — Lamk. Ill. tab. 832. — Roxb. Corom. tab. 267. — *Nux Myristica* Rumph. Amb. v. 2, p. 14, tab. 4. — *Nux moschata* Pluck. Phyt. tab. 219. — Lobel. Ic. 2, p. 140. — Blackw. Herb. tab. 153.

Arbre atteignant la hauteur d'environ 30 pieds, et ayant le port de l'Oranger. Branches nombreuses, subverticillées, subhorizontales, formant une tête arrondie, ample et très-touffue. Écorce assez lisse, d'un brun cendré, saturée d'un suc propre rougeâtre. Feuilles longues de 2 ½ pouces à 7 pouces, larges de 1 ½ pouce à 3 pouces, subdistiques, persistantes, coriaces, luisantes, très-glabres, penninervées, très-lisses et d'un beau vert en dessus, d'un vert blanchâtre en dessous, lancéolées, ou lancéolées-oblongues, ou lancéolées-elliptiques, ou elliptiques-oblongues, subacuminées ; nervures simples ; pétiole long de 5 à 8 lignes, plane et canaliculé en dessus. Pédoncules axillaires, solitaires, dressés : ceux des fleurs mâles 2-7-flores ; ceux des fleurs femelles longs de 2 à 3 lignes, 1-3-flores ; pédicelles très-grêles, inclinés ou pendants, épaissis au sommet, disposés en corymbe : ceux des fleurs mâles longs de 6 à 7 lignes ; ceux des fleurs femelles longs de 2 à 3 lignes. Bractéoles ovales, bombées, caduques, petites. Fleurs de la forme et du volume de celles du Muguet : les femelles en général un peu plus courtes que les mâles. Calice un peu charnu, tridenté, d'un jaune pâle, couvert à l'extérieur d'un duvet roussâtre : dents dressées ou un peu recourbées, ovales, pointues. Étamines au nombre de 9 ou de 12 ; filets connés en androphore à peu près aussi long que le calice ; anthères linéaires, cohérentes. Pistil plus court que le calice. Follicule du volume d'une noix ou d'une poire, pyriforme, ou subglobuleux, pendant, charnu, d'un vert soit jaunâtre, soit blanchâtre à la maturité ; chair épaisse (de 5 à 6 lignes), blanche, filandreuse. Graine subglobuleuse ou ellipsoïde, du volume de la loge ; arille mince, comme réticulaire, très-aromatique, de couleur écarlate, finalement (étant sec) subcartilagineux et jaunâtre ; tégument extérieur osseux, fragile, mince (d'une demi-ligne d'épaisseur), brun ou noirâtre à l'extérieur, grisâtre en dedans ; tégument intérieur roussâtre vers le bout inférieur, blanchâtre et ponctué de rouge vers le sommet. Périsperme ferme, charnu, blanchâtre, très-aromatique, parsemé dans toute sa substance de veines irrégulièrement rameuses et remplies d'une huile grasse jaunâtre de la consistance du beurre.

Cette espèce, qu'on désigne vulgairement sous le nom de *Muscadier* sans autre épithète, est indigène des Moluques ; ce sont ses graines, dépouillées de leur arille et de leur tégument osseux, puis séchées à la fumée et macérées pendant quelque temps dans une forte lessive de chaux, qui constituent les *noix de muscade* du commerce; le *macis* ou la *fleur de muscade* n'est autre chose que l'enveloppe charnue (ou arille) de cette même graine. Par la distillation, on extrait de l'amande de la muscade une huile essentielle caustique, et, par l'expression, une huile grasse de la consistance du suif; ces substances, qui s'emploient en thérapeutique, sont connues sous le nom d'*huile de muscade*.

Le bois du Muscadier est blanc, poreux, filandreux, d'une extrême légèreté, et dépourvu d'arome. En incisant l'écorce, il en sort un suc visqueux assez abondant, d'un jaune pâle, d'une saveur aromatique mais très-âcre. L'odeur des feuilles est analogue à celle de la noix de muscade, mais beaucoup plus faible. L'arbre est orné de fleurs et de fruits durant toute l'année; ceux-ci ne sont mûrs qu'au bout de 9 mois, à partir de la floraison. Ce fruit, à l'époque de la maturité, ressemble à une Goyave blanche, ou à une pêche-brugnon de grosseur moyenne; sa chair, d'une saveur extrêmement âcre, n'est point comestible à l'état cru; mais on l'emploie à faire des confitures. L'arbre commence à fructifier à l'âge de 7 ou 8 ans.

La culture du Muscadier, comme l'on sait, fut dans l'origine monopolisée à Amboyne, par la compagnie hollandaise; mais depuis la fin du siècle dernier, ce végétal se cultive aux îles de France et de Bourbon, ainsi que dans l'Inde et dans plusieurs établissements coloniaux de l'Amérique équatoriale.

Muscadier Porte-suif. — *Myristica sebifera* Lamk. Act. Acad. Par. — *Virola sebifera* Aubl. Guian. tab. 345.

Arbre à tronc haut de 40 à 60 pieds, sur 2 pieds et plus de diamètre. Écorce épaisse, roussâtre, gercée, ridée. Bois blanchâtre, peu compacte. Branches nombreuses, tortueuses, rameuses, vagues. Feuilles atteignant jusqu'à 8 pouces de long, sur 3 ½ pouces de large, oblongues, pointues, échancrées à la base, vertes en dessus, cotonneuses-ferrugineuses en dessous. Panicules axillaires et terminales, racémiformes, amples. Fleurs petites, sessiles, fasciculées. Calice cyathiforme, tridenté. Étamines au nombre de 6 : anthères distinctes. Ovaire globuleux. Stigmate charnu, obtus. Follicule glabre ou cotonneux, subglobuleux, acuminé, coriace, verdâtre, caréné du côté de la suture, finalement bivalve. Graine couverte d'un arille réticulaire de couleur rouge; tégument extérieur testacé, noirâtre; tégument intérieur grisâtre; périsperme très-huileux, marbré de veines roussâtres.

Cette espèce habite la Guiane; les indigènes le nomment *virola*. Lorsqu'on entaille son écorce, il en sort un suc rouge plus ou moins abondant et très-âcre; ce suc s'emploie à Cayenne pour guérir les aphthes, et pour apaiser les douleurs causées par les dents cariées. On retire de l'amande de ses graines une sorte de suif dont on fait des chandelles.

FIN DU TOME SEPTIÈME DES PHANÉROGAMES.

FLORE

DE

RIO-DE-JANEIRO,

(*FLORA FLUMINENSIS*).

Prospectus.

Nul pays n'offre peut-être de plus grandes richesses végétales que le territoire brésilien; nul n'offre une plus vaste source d'instruction et d'intérêt sous ce rapport. Ce fut donc une pensée digne de l'esprit élevé de Don Pédro, que le projet de faire imprimer, à Paris, un ouvrage sur la botanique de cette région, sous le titre de *Flora Fluminensis*. Le luxe de l'exécution devait ainsi répondre à la richesse de la matière et aux longs et savants travaux qui avaient préparé l'ouvrage.

En effet le Père Vellozo, de la compagnie de Jésus, y avait consacré vingt-cinq ans d'études non interrompues. C'était à la fois une œuvre de savoir et de goût, une œuvre accomplie avec amour et passion par son auteur, exécutée avec magnificence par le gouvernement qui l'avait ordonnée. Déjà seize cent cinquante dessins d'après nature, rassemblés dans onze volumes in-folio, accompagnés d'un énorme volume de texte, étaient déposés à la bibliothèque impériale, et excitaient l'admiration des savants voyageurs qui avaient occasion de voir ces dessins, et qui y puisaient toujours des connaissances précieuses.

Le bibliothécaire d'alors, monseigneur l'Évêque d'Animuria, qui consulta les botanistes les plus distingués de Paris, en reçut les réponses les plus encourageantes. M. du Petit-Thouars, entre autres, lui écrivait : « C'est la » manière large de Plumier pour les dessins. La grâce de » la pose en général, l'exactitude et la finesse des détails, » offrent un charme particulier dans chaque feuille et prou- » vent du sentiment profond de l'auteur. Cet ouvrage ne » peut manquer d'exciter le plus haut intérêt. »

L'impression des dessins, gravés en fac simile, fut confiée aux soins de M. E. Knecht, successeur de Senefelder. Le texte devait également s'imprimer à Rio-de-Janeiro, mais les événements qui, en 1830, troublèrent l'empire du Brésil, en interrompirent l'exécution. Aujourd'hui cet ouvrage forme onze volumes, chacun de cent quarante à cent quatre-vingts planches, auxquels on a ajouté un texte composé de deux tables des espèces figurées, l'une alphabétique, et l'autre méthodique, avec des indications propres à jeter quelque jour sur leur détermination botanique, et la mettre en rapport avec les travaux les plus récents.

Le système de Linné a été suivi pour la classification. On nous a proposé de le changer, mais nous avons préféré livrer cet ouvrage tel que l'auteur l'a conçu, et tel que le gouvernement du Brésil l'avait ordonné.

Le prix de la souscription est fixé à 15 fr. par volume en grand vélin; 12 fr. en petit vélin.

PARIS,

A LA LIBRAIRIE ENCYCLOPÉDIQUE DE RORET,

RUE HAUTEFEUILLE, AU COIN DE LA RUE DU BATTOIR.

ET A LA LIBRAIRIE ENCYCLOPÉDIQUE DE RORET,

RUE HAUTEFEUILLE, 10 *bis*.

PARIS. — IMPRIMERIE DE BOURGOGNE ET MARTINET, rue Jacob, 30.

www.ingramcontent.com/pod-product-compliance
Ingram Content Group UK Ltd.
Pitfield, Milton Keynes, MK11 3LW, UK
UKHW020610230726
13926UKWH00005B/2307